半导体与集成电路关键技术丛书

IC 工程师精英课堂

微电子引线键合

（原书第 3 版）

[美] 乔治·哈曼（George Harman） 著

罗建强　周文艳　肖　庆　高　峰　裴洪营　崔苇波

徐榕青　武海军　张　剑　康菲菲　闫未霞　付　全　译

徐诺心　赵刘和　李俊焘　季兴桥　张　深　孔建稳

伍艺龙　甘　俊　李　悦

机械工业出版社

本书系统总结了过去70年引线键合技术的发展脉络和最新成果，并对未来的发展趋势做出了展望。主要内容包括：超声键合系统与技术、键合引线的冶金学特性、引线键合测试方法、引线键合金属界面反应、键合焊盘镀层及键合可靠性、清洗、引线键合中的力学问题等，最后讨论了先进引线键合技术、铜/低介电常数器件——键合与封装、引线键合工艺建模与仿真。

本书适合从事微电子芯片封装技术以及专业从事引线键合技术研究的工程师、科研人员和技术人员阅读，也可作为高等院校微电子封装工程专业的高年级本科生、研究生和教师的教材和参考书。

George Harman

WIRE BONDING IN MICROELECTRONICS 3/E

ISBN：978-0-07-147623-2

Copyright ©2010 by McGraw-Hill Education.

北京市版权局著作权合同登记　图字：01-2021-1671号

图书在版编目（CIP）数据

微电子引线键合：原书第3版/（美）乔治·哈曼（George Harman）著；罗建强等译．—北京：机械工业出版社，2022.2（2024.1重印）

（半导体与集成电路关键技术丛书．IC工程师精英课堂）

书名原文：Wire Bonding in Microelectronics 3/E

ISBN 978-7-111-69709-1

Ⅰ.①微…　Ⅱ.①乔…②罗…　Ⅲ.①微电子技术–电子器件–芯片–引线技术–键合工艺　Ⅳ.①TN4

中国版本图书馆CIP数据核字（2021）第245016号

机械工业出版社（北京市百万庄大街22号　邮政编码100037）
策划编辑：吕　潇　　　　责任编辑：吕　潇
责任校对：樊钟英　刘雅娜　封面设计：马精明
责任印制：单爱军
北京虎彩文化传播有限公司印刷
2024年1月第1版第3次印刷
169mm×239mm·21印张·2插页·420千字
标准书号：ISBN 978-7-111-69709-1
定价：168.00元

电话服务　　　　　　　　网络服务
客服电话：010-88361066　机　工　官　网：www.cmpbook.com
　　　　　010-88379833　机　工　官　博：weibo.com/cmp1952
　　　　　010-68326294　金　书　网：www.golden-book.com
封底无防伪标均为盗版　机工教育服务网：www.cmpedu.com

译者序

在微电子封装领域，从 1947 年具有两根键合引线的晶体管发明到现在，每年全球键合的引线超过万亿根，世界上超过 90% 的芯片互连采用的都是引线键合技术。在可预见的将来，尽管其他芯片互连技术（例如倒装芯片技术）也在快速发展，但引线键合作为芯片互连的基础结构，使用的范围非常广泛，以至于没有其他芯片互连的方法可以完全替代引线键合。

本书的英文版 *Wire Bonding in Microelectronics 3/E* 是目前微电子封装领域关于引线键合技术的一本重要著作。作者 George Harman 研究员是 IMAPS 的前任主席和 IEEE CPMT 委员会前任主席，是当今引线键合技术领域的权威之一。

本书第 1 章首先对引线键合技术进行了概述性介绍；第 2 章介绍了超声键合系统与技术；第 3 章介绍了键合引线的冶金学特性；第 4 章详细介绍了引线键合的测试方法；第 5 章详细介绍了引线键合中的金属界面反应；第 6 章详细介绍了键合焊盘镀层技术及可靠性；第 7 章介绍了键合焊盘的清洗技术；第 8 章详细介绍了引线键合中的力学问题；第 9 章介绍了先进引线键合技术；第 10 章介绍了铜/低介电常数器件封装中的引线键合技术；第 11 章介绍了引线键合过程的工艺建模与仿真。

本书的翻译工作是基于引线键合材料、工具及应用研究的需求，为满足国内企业技术人员和科研人员的需要，由中国电子科技集团公司第二十九研究所罗建强和贵研铂业股份有限公司周文艳博士发起，在这两个单位以及中国工程物理研究院电子工程研究所员工的共同努力下合作完成。本书原书前言部分主要由高峰⊖ 翻译；第 1 章主要由罗建强和裴洪营⊖ 翻译；第 2 章主要由闫未霞博士⊖ 和李俊焘博士（中国工程物理研究院电子工程研究所）翻译；第 3 章主要由周文艳博士和崔苇波⊜ 翻译；第 4 章主要由张剑博士⊖ 和徐榕青⊖ 翻译；第 5 章主要由季兴桥⊖ 和张深⊖ 翻译；第 6 章主要由徐诺心博士⊖ 和肖庆⊖ 翻译；第 7 章主要由赵刘和⊖ 和李悦⊖ 翻译；第 8 章主要由罗建强和周文艳博士翻译；第 9 章主要由康菲菲⊖ 和孔建稳⊜ 翻译；第 10 章主要由武海军⊖ 和伍艺龙⊖ 翻译；第 11 章主要由付全博士⊖ 和甘俊⊖ 翻译。罗建强和周文艳博士承担全书统稿、审译工作和部分较难章节的翻译工作，肖庆对译稿进行了审读，并提出了诸多重要修改意见。

⊖ 来自中国电子科技集团公司第二十九研究所。

⊜ 来自贵研铂业股份有限公司。

对于译者而言，翻译本身就是一个系统学习和提高的过程，同时也被作者在引线键合领域的研究探索和辛勤耕耘所感动。本书的英文版中引用的资料来源较多，不同资料中的个别术语表述方式、一些单位名称及物理量符号的使用标准不甚一致，为避免不必要的错误，译者对此并未刻意进行统一。由于引线键合涉及的知识面较宽，新材料和新工艺概念和术语较多，书中概念的中文表达不当或不妥之处在所难免，敬请读者批评指正。

译　者

原书前言

在 1970 年，引线键合在所有半导体器件失效中占很高的比例，一度高达 1/3。然而，当时已认知的失效机制数量非常有限。通常，失效问题有"紫斑"、不可粘合、过键合和由未知的污染引起的腐蚀。截至 2009 年，已经识别出几十种化学、冶金和机械失效机制。发现这些新机制的一部分原因是极大地改善了分析方法和设备（例如俄歇分析和 SIMS 分析），另一部分原因是制造了数以万亿计的键合点（数百万到数十亿失效），还有一部分原因是技术的演变发展（例如新的冶金、塑料包封）。最近关于金（Au）丝和铝（Al）丝键合失效论文的研究表明，尽管已发现的失效机制或它们的演变状态仍在持续发现，但发现新失效机制的速度已经放缓。因此，本书回顾了已知的引线键合失效模式和机制，对它们进行分类，并在可能的情况下对其进行解释或给出解决办法（新键合金属学具有非常广泛的研究范围）。

因为失效通常是通过测试揭示出来的，所以本书仍然对键合拉力和剪切测试方法进行了描述，并更新了细节距、新型模塑料等内容。本书还讨论了机械、冶金、化学和其复合的失效机制，其中一些内容存在重复的情况，因此会将其编排在最合适的章节进行讨论。

本书主要关注来自芯片到封装体间引线键合点的失效和良率问题，对于其他引线键合点，如交叉丝和印制电路板（PCB）上的键合点，则根据情况包括在内，比如第 2 章简要讨论了倒装芯片、载带自动键合、引线框架键合等，在其他章节还包括已观察到的引线键合界面和失效机制。新型焊盘金属层 [如镍（Ni）基焊盘] 在第 6 章 6-B 部分中进行了充分讨论，并在第 3 章中讨论了越来越流行的铜（Cu）丝键合。关于芯片清洗、镀 Au 和 Au-Al 金属间化合物的讨论仍然很重要。引线键合机本身没有可详细讨论的内容，原因是这种设备每年都在更新，通常是特定功能且有专利保护的，制造商通常会提供关于它们的参数设置和使用的资料。

本书作为一本独立撰写的书籍，可配合作者和其他人员用于教授课程的配套资料，并额外提供了彩色图片资料，原因是书中少数图片在没有颜色的情况下不利于深入理解。本书是基于实践情况而撰写的，可供生产线工程师在解决问题或避免键合问题发生时使用。此外，本书还为失效分析人员或其他对设计和项目课题研究感兴趣的人员提供了非常多的细节和参考依据。

本书有几位特邀作者，他们提供了特定的章节和附录，提供了更多样化的知识，为本书拓展了新的知识领域，非常感谢这些贡献新知识的人员。

基于本书整体的内容定位和知识层次，建议本书读者具有单个或多个器件封装、混合 /SIP 电路组装技术的基本知识储备。

至此，还需要对本书的架构进行以下必要的说明。

参考文献和各章的组织：本书的每一章都有单独的参考文献和编号体系。在某些情况下，将发生相同的参考文献出现在两章或多章中的情况，这是作者刻意为之，认为能最大程度地便于读者阅读，同时更恰当地描述细节或释义，这些参考文献乃至相关内容会通过在正文中相互引用的方式结合在一起。

编写风格：本书的行文偏向技术论文的风格，而不是作者在其关于该主题的演讲和课程中所使用非正式的风格。全书尽量使用化学符号来代替元素的完整名称，特别是金属元素，即铝 =Al、铜 =Cu、金 =Au 等，主要关注大部分场景中的应用，本书使用的绝大多数符号在第 1 章的图 1-6 中都有列举，可供对照。

量和单位：本书使用了不同标准的单位，包括国际单位制（SI）单位、英制单位和美制单位等，此举不是作者的本意，原因是部分美国半导体组装协会仍在使用非 SI 单位。然而，许多数字是直接从技术论文中复制出来的，这些单位可能在某一体系中单独被使用。在英语出版物中仍然经常使用一些混用的单位。力学的单位可能是最令人困惑的，正文中最常用的单位是克力 (gf)，读者可以将 1gf 转换为 9.8mN（毫牛）。对于任何未进行转换的长度单位，应该注意，1mil=0.001in=25.4μm。在适当的情况下，正文中还包括了一些其他的转换关系。

实验设备：本书中给出了某些具体的商业设备、仪器或材料，以充分地展现实验程序。这种展现并不意味着是作者的推荐或认可，也不意味着所给出的材料或设备必然是在任何时刻中的最佳应用。

作者简介

乔治·哈曼（George Harman）是美国国家标准和技术研究所（NIST）一名退休研究员，于美国弗吉尼亚理工学院取得物理学学士学位，于美国马里兰大学取得物理学硕士学位（1959）。哈曼是国际微电子组装与封装协会（IMAPS）的前任主席（1995—1996）和美国电气电子工程师学会组件封装与制造技术学会（IEEECPMT）委员会前任主席（1988—2002），并且作为国际半导体技术发展路线图（ITRS）的组装和封装委员会的成员超过10年。

哈曼被广泛认为是世界上引线键合方面的权威人士，他发表了 60 多篇论文，出版了 3 本关于引线键合的书籍，拥有 4 项专利，30 年间在世界各地开设了大约 1000 学时关于引线键合的短期课程。哈曼在美国国内和国际上都获得了许多奖项，截至本书英文版出版时，最近的获奖是 IMAPS "终身成就奖"（2006）和 IEEE "元器件、封装和制造技术现场奖"（2009）。

目 录

（本书部分图片附有彩色版本，读者可关注封底"科技电眼"公众号，发送"引线键合"即可获取。）

第1章 技术概论

截至 2008 年，每年全球键合的引线就已超过 80 亿根。大部分引线用在 1600 亿只集成电路（Intergrated Circuit，IC）中，还有较多的引线用在晶体管、LED 等产品上。从 1947 年的 2 根或 3 根键合引线（如图 1-1 所示）到现在，引线数量每年都在大幅增加（每一根引线需要两次键合）。在可预见的将来，尽管其他互连技术也在快速发展，尤其是倒装芯片技术的快速演变，但引线键合作为基础的互连结构，使用的范围仍会非常广泛，以至于没有其他芯片互连的方法可以替代引线键。微电子行业正在驱使引线键合技术的持续发展：提高良率（缺陷 < 25ppm $^{\ominus}$ ）（参见第 9 章）、使节距（pitch）更小（对于楔形键合和球形键合的细节距大约为 20μm），以及尽可能低地降低成本。然而，上述目标的实现面临着许多新的特定技术和材料问题。这些问题包括新的键合焊盘材料（例如第 5 章讲到的 Pd 焊盘和第 6 章讲到的多种 Ni 基金属化焊盘）、高频的超声能量（参见第 2 章，对于不同材料，键合频率需要多高，如何优化）、缺乏超声键合机制的理解、实际生产中缺少真实键合时间的监控、来自晶圆制造过程中持续发现的新失效模式（例如键合焊盘起层）、关于新塑封化合物的可靠性问题（例如"绿色环保"模塑化合物），以及逐渐增加的引线 - 偏移（wire-sweep）问题（Cu 丝球形键合的潜在解决方法）。上述问题所带来的结果，都将令芯片互连技术面临更严峻的挑战。

本书 2.5 节中提到了一些历史上可参考的引线键合方法。同时，该节还描述了关于键合设备（例如转换器和键合工具）的内容，以及介绍了超声键合的机制。

为便于选择适当的引线键合或可替换的技术，本书第 2 章中的表 2-1 展示了不同键合体系间的区别并对其优缺点进行了对比。载带和梁式引线是曾经考虑使用的先进技术，但现在已经很少使用了。

$\ominus$　ppm，即 part per million，意为百万分之一。

世界上第一根键合的引线！

注意是手工连接的键合引线

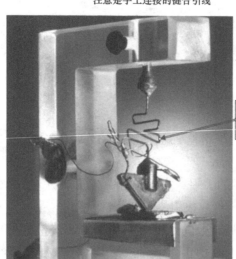

第一根键合
的引线

图 1-1　可重复生产的第一只晶体管，暗示实现了第一根引线互连（来自 Bell 实验室 /Lucent, 1947 年）

1.1　楔形和球形键合机操作

图 1-2 分步骤简要描述了楔形键合操作，图 1-3 则描述了球形键合操作，图中配有文字说明。近 30 年，这些键合步骤无较大的变动，所以也没有使用新图表的必要。自动球焊机的键合速度是自动楔焊机的数倍，因为在成球实现第一键合点之后，引线会随着瓷嘴直接沿任一方向移动并实现第二键合点的键合。然而，对于楔形键合，在第一键合点键合之前，键合装置（或换能器）必须在两键合点之间机械地指向某个大致的直线方向。如果不这样，随着引线沿某个角度向第二键合点位置移动，第一楔形键合点较薄的跟部将会发生侧弯（受压导致虚焊或产生裂纹）。在从第一键合点到第二键合点移动的过程中，最新的线弧成形技术可使引线以一个线平滑弧线的半径弯曲，并且该方法的键合速率也在缓慢增加，但其应用效果似乎不明显。

图 1-4 所示为在超声（Ultrasonic，US）楔形键合的引线键合工艺过程中键合劈刀和引线的局部放大图。箭头指示为运动劈刀上超声的振动方向。图 1-5 所示为与楔形键合相似的球形键合。任一种键合方式，如果使用加热来辅助超声键合工艺，则称为热超声（Thermosonic，TS）键合。

键合设备的操作台面（固定封装体的基座）通常可用来加热，但是在一些键合设备中，也可以用键合劈刀或瓷嘴进行加热。TS 键合通常是在不小于 150℃ 的温度下进行，但是也有许多温度高于或低于 150℃ 的引线键合在使用。当温度接近 300℃ 时，可以在无超声的条件下进行金丝键合，该方法称为热压（Thermo-compression, TC）键合。TC 键合步骤与 TS 键合相同，参见图 1-3，无需施加超声能量，但需要更长的键合时间，且阶段温度较高（≥ 300℃）。如今已经很少使用 TC 键合，主要原因是高温会损伤塑封材料，以及该键合工艺比 TS 键合工艺（见本书第 7 章）更容易受到污染。此外，现代高速自动键合机需要的键合时间（10 ~ 15ms）更短。在一些自动键合机公司的网站上可获得瓷嘴运动的动画，读者可查阅加深理解。

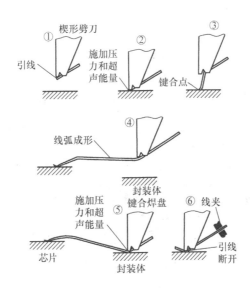

图 1-2　使用典型的楔形劈刀，在芯片和封装体之间的键合焊盘上进行超声引线键合的示例图：①将引线固定在劈刀的键合表面和待键合处之间，当使用手动键合机时，将劈刀高度降到第一个搜索位置区域（距键合点表面 75 ~ 125μm 处），该高度由键合操作者决定，而自动键合机可完全取消该搜索位置的步骤；②降低劈刀使用预定的力将引线压在键合表面上，并施加预定时间的超声能量，完成第一键合点的引线键合；③抬升劈刀，同时将引线从线轴中抽出（图中未显示）；④移动操作台面直至第二个键合点位置移动到劈刀下方（如果是自动键合机，通常是转换器和劈刀移动），形成线弧，然后劈刀降低到第二个搜索位置区域（高度与步骤①描述相似）；⑤劈刀降低到键合焊盘上，并且完成第二键合点的键合，与步骤②描述相似；⑥在第二键合点键合完成后，关闭线夹（在劈刀后面），回抽引线直到使键合点跟部位置的引线断开，然后抬升劈刀，将引线的尾端向劈刀的下方输送，直到该尾丝定位在劈刀前部为止，之后键合机开始循环往复地进行楔形键合 [1-2]

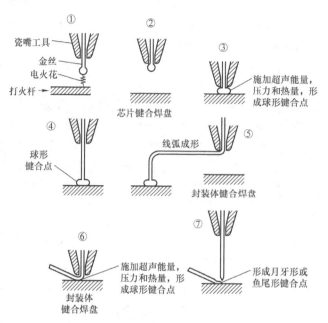

图 1-3　使用瓷嘴工具形成焊球 - 鱼尾引线互连的简要示例图：①通过瓷嘴进行送丝，然后 EFO（电子打火）形成电火花使金丝熔融，在尾丝处形成一个金球（通常该金球会消耗长约 300μm、直径 25μm 的金丝，用于细节距键合的金丝量会减少）；②缩回金丝以便该金球固定在瓷嘴底部；③将瓷嘴降低到键合焊盘处并且对金球施加压力，界面的键合温度升高（来自操作台面的加热器），施加超声能量，最后完成球形键合；④瓷嘴抬升，界面上留下球形键合点，然后向第二键合点位置移动并形成线弧；⑤将键合工具（或瓷嘴）定位到键合焊盘上方；⑥降低瓷嘴，和步骤③相似，并形成第二键合点，将该键合点（在金丝断开之前形成的任何键合点）称为鱼尾形键合；有时，最后的键合点因其形状也称为月牙形键合；⑦在鱼尾形键合后，抬升瓷嘴，同时瓷嘴上方的线夹（图中未显示）回抽使金丝轻断开，瓷嘴继续抬升，线夹向下充分送丝并形成另一个金球，之后键合机开始循环往复地进行球形键合

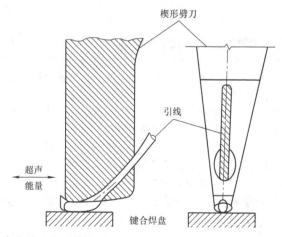

图 1-4　超声楔形键合中劈刀和引线的局部放大图：箭头指示超声能量的方向。劈刀材质通常是 WC，但是一些劈刀是由硬质材料 TiC 制成的[1-3]

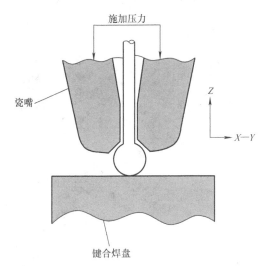

图 1-5　球形键合瓷嘴尖端（剖面）压在键合焊盘（在施加键合压力之前）上焊球的局部放大图：箭头指示键合载荷（压力）的施加方向。瓷嘴通常由材质坚硬的 Al_2O_3 制成，但是也有许多其他材质的瓷嘴已经得到应用 [1-3]

1.2　如何解决键合问题

1.2.1　哪些材料可以进行超声键合

在某些情况下，当必须在一种特殊金属焊盘上进行 US 键合时，需要判断其键合的可能性。参考文献 [1-3] 提供了一张图，如图 1-6 所示，其展示了可用精细丝实现超声焊接（键合）的冶金组合。需要注意的是，该表格没有提供两种材料焊接后的可靠性或潜在的良率信息。Au 丝可在 Pd 薄膜上（在本书第 5 章中讨论了量产工艺）进行 TS 键合，Cu 丝也可在量产 IC 产品上的 Al 焊盘上进行 TS 键合。大直径 Al 丝可容易地在不锈钢和 Ni 上键合，也可以直接在 Si 上键合。在超导器件上，退火的 Nb 丝也已经键合在 Nb 薄膜上 [1-4]。综上可见，在使用新材料进行 US 键合的领域中充满了创造力。

当在传感器、MEMS、高温器件、超导等类型的产品上碰到新键合问题时，使用表 1-1 中的数据解决问题是非常实用的。该表由美国焊接协会（ASW）开发，通常用于 US 焊接领域，并没有专门用于微电子键合领域。许多金属丝的键合需要进行特殊准备，详见文献 [1-4]。尽管一些金属丝键合需要的温度高于微电子器件能承受的温度，使得难熔的硬金属不能用于微电子器件的引线，然而表 1-1 仍在展示潜在可键合材料的适用范围上很有参考价值。

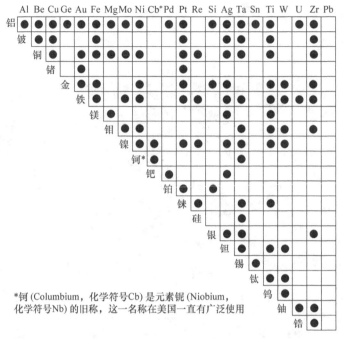

图 1-6 使用超声焊接方法可成功连接在一起的两种金属，或已证实焊接可行性的金属图（来自 AWS《焊接手册》委员会，A.Obrien 和 C.Guzman，2007）

*钶 (Columbium，化学符号Cb) 是元素铌 (Niobium，化学符号Nb) 的旧称，这一名称在美国一直有广泛使用

表 1-1 电化序

反应	标准还原电位 /V
$Au^+ + e \longleftrightarrow Au$	1.69
$Au^{+++} + 2e \longleftrightarrow Au^+$	1.4
$AuCl_4^- + 3e \longleftrightarrow Au + 4Cl^-$	1.0
$Al^{+++} + 3e \longleftrightarrow Al$	−1.66
$Cu^+ + e \longleftrightarrow Cu$	0.52
$Ag^{+++} + 2e \longleftrightarrow Ag^+$	1.9
$Ni^{++} + 2e \longleftrightarrow Ni$	−0.26

注：1. 该表仅具有象征性意义。

2. 电化序（electrochemical series）是按照金属的化学活泼性顺序排列的序列，最活泼的在最上面，活泼性低的"贵金属"在下面）。

3. 表中的数值是使用标准氢电极的势能测量到的。然而，对于键合焊盘，可能有水汽、电解质类物质，因此存在特殊电势差，使得芯片上可能引发坏的反应。因此，该表仅用于理论上分析，也可参看附录 5B 的腐蚀反应。

1.2.2　新键合系统的可键合性和可靠性

有时（尤其在 MCM、MEMS 和传感器行业内）必须将新金属系统与引线键合在一起。可以考虑按下面列出的步骤来解决这些问题，表 1-2 列出了步骤并使用一些案例对细节进行描述。

表 1-2　新键合 - 金属 - 系统的可靠性评估

1）是否知道使用 US、TC 或 TS 方法可实现焊接？（参见图 1-6）
2）是否有潜在的金属掺杂物（金属中的 Cu 或 Ti）会影响可键合性、弹坑的形成或可靠性？（参见本书第 8 章和第 9 章）
3）对于批量生产（Cu 容易氧化）是否有可能发生潜在的可键合性问题或因处置引发的问题？
4）金属与自身相比是否会形成软的或硬的氧化物（对于键合来说最好形成硬的氧化物）？
5）是否有新丝材（或金属）比 Al 或 Au 更硬？可能存在弹坑或可键合性问题（参见本书第 8 章）
6）是否会形成许多金属间化合物？如果形成，熔点高还是低？查看相图（高，>600℃更稳定）（参见本书第 5 章）
7）个别材料容易被腐蚀吗？两材料间的键合会形成腐蚀偶吗？检查电化序（参见表 1-1）
8）金属是否容易受到卤素或硫化合物（到处都是）的腐蚀？（参见本书第 5 章附录 5B）

1）用 US、TS 和 / 或可能的 TC 方法能实现焊接吗？首先，查看《焊接手册》[1-3] 中可 US 键合的材料，参见图 1-6。对于器件金属层，应考虑任何潜在的掺杂物（例如 Al 中的 Cu 和 Si）可能会影响键合强度和形成弹坑（cratering）。有人已经解决了这些面临的问题，他们的研究成果将节省处理问题的时间和金钱。例如，为了在 Nb 薄膜上键合 50μm 直径的超导 Nb 丝 [1-4]，有必要在约 2200℃下进行退火（在真空中通电流），使 Nb 丝（退火态）软化，维氏硬度计硬度值从 180kgf⊖/mm² 降到 80kgf /mm²。在键合前为防止薄膜焊盘氧化，将在丝线上溅射一层薄钯（Pd）涂层（4nm）。热处理后，使用 90gf（880mN）的键合力和额外施加一定时间的功率可得到高强度的键合。尽管在这个例子中，可能需要大量的聪明才智才能解决问题，但是在大多数情况下，使用图 1-6 展示的结果就可实现良好的键合。

2）对于批量生产，是否有可能发生潜在的可键合性问题或因处置引发的问题？在长期贮存或正常化学处理过程中，金属层可能会形成软的氧化物。作为案例，Ni 和 Cu、Al 和 Au 是可键合的，但是表面都有一层软的氧化层（覆盖在硬金属层上），该氧化层会降低键合强度，必须将该氧化层去除或开发特殊键合工艺或新技术。Al 是软的，但是有硬且易碎的氧化物，该氧化物可轻易被粉碎，然后在键合过程中会将该粉碎物推向键合的周围区域（后面的图 2-7 绘画般地展示了该工艺），这类氧化物不会引入键合问题。

3）新型丝材会比 Al 或 Au（例如 Cu）更硬吗？如果是这样，当在 Si、GaAs

⊖　kgf（千克力）是力的单位，1kgf = 9.80665N。

或其他断裂韧性较低的半导体芯片焊盘上键合时，产生弹坑的可能性会增加，此时需要使用特殊键合技术、工艺窗口，或通过增加例如 Ti、Ti-W、Ti-N 或 Ta 的硬阻挡层来改善焊盘下的结构（参见 5.1.5 节）。

4）是否会形成大量金属间化合物（Intermetallic Compounds，IMC）并且影响键合的可靠性？查看相图，如果金属间化合物存在并且熔点高（例如 > 1000℃）时，则 IMC 是稳定的并且不应该显著地影响可靠性；如果熔点较低（500℃），则 IMC 不是那么稳定，并且 IMC 成分将会持续扩散，就会存在 IMC 的可靠性问题。个别的化合物活化能可使用下式进行估算：

$$活化能 \approx \frac{熔点(K)(kcal/mol)}{A}$$

对于面心立方金属，这里的 A 约为 35，而对于 Au-Al 金属间化合物，A 约为 50（注意：$1eV \approx 23kcal/mol$）。在使用该公式时有许多困难，因为晶核及其特性会随化合物不同而有所差异，但这仅仅是一个开始。例如，Ni-Al 化合物有非常高的熔点，它们在喷射式涡轮叶片（jet turbine blade）的高温下是难熔的并且是稳定的，因此 Ni-Al 键合不会因为中间化合物的问题而失效。

即使在二元金属的键合系统中没有金属间化合物，但仍然存在相互扩散，并可能会导致柯肯达尔（kirkendall）空洞。例如，Au 与 Ag 的键合以及是否会产生问题，这取决于器件的热环境和存在的冶金缺陷类型（针对 Au 键合，在厚膜银层上的键合比在镀银层上的键合是不可靠的）。再例如，在 Pt 金属上可能考虑使用 Au 球键合。这是完全混溶的冶金体系，但因为对于相互扩散而言，活化能是非常高的，所以 Pt 不太可能扩散到 Au 中。由 Hall 给出的数据（参见第 6 章图 6-A-5）指出在 400℃温度的范围内，会发生明显的相互扩散，而在 100～200℃范围内 Ni 可能会通过晶界扩散进入 Au 中（参见 3.4 节的讨论内容）。

5）个别材料容易被腐蚀吗？两金属间的键合被 Cl 腐蚀的可能性高不高？卤素以及 S 化合物是无所不在的，所以需要查阅它们对裸金属的作用影响，可在图 1-6 中查阅电化序的势能 [1-5]。如果两金属最常见的还原反应距离很远，则很可能发生卤素和水汽的腐蚀。例如，Al 有强的负势能（-1.66），而 Au 有正势能（1.69），这可形成良好的蓄电池作用，则很容易发生消耗 Al 的腐蚀现象；而 Au 和 Ag 都有很强的正势能，因此可认为这些键合是不会发生腐蚀的。在本书中的几个章节讨论了该类腐蚀。再有，除某种材料外，大多数的 Ni 反应都是负的，发生腐蚀的可能性较小。因此，没有发现过 Ni-Al 两材料间发生腐蚀的现象。必须谨慎使用电化序，因为只有在非常特殊的条件下才能进行测量。然而，这些信息对于预测某新型冶金结合潜在的问题来说是非常有用的。

1.2.3　引线键合的特殊用途

　　键合可用于许多不同的应用场景，而不仅仅只有通过引线进行电气连接的一种作用。图 1-7 给出了在两个不同平面的导体之间，形成电气连接球形键合的创新型应用。在这种情况下[1-6]，使用钎焊方法是不切实际的。球形键合也被用作凸点芯片倒装键合的一种无晶圆厂（feb-less）方式 [通常称为柱凸点（stud bump），参见本书第 9 章]，该凸点用于芯片倒装键合，同时每一家自动键合机的制造厂商都为此目的专门制造设备，甚至专门用于整个晶圆的凸点形成（参见本书第 9 章）。

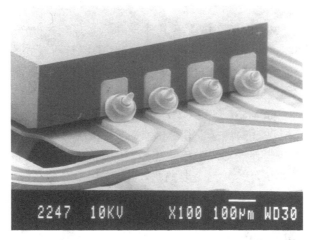

图 1-7　在两个不同平面的导体之间，使用球形键合形成电气连接的特殊应用示例图：在这种情况下，超声能量（瓷嘴运动方向）与元器件的长方向平行。两个键合表面都是金镀层（在 Cu/Ni 上）；焊球（丝）材质为 Au，含 1%Pd。此外，还需要使用专门（沿封装体的某个角度固定）的夹具，以在平面上固定单件（来自美国 Hutchinson 技术公司）

参考文献

1-1　Wesselmann, C., "Flip Chip off the Dime," an editorial in *Advanced Packaging*, V-5 (March/April 1996), p. 7.

1-2　Schafft, H. A., Modified from Testing and Fabrication of Wire-Bond Electrical Connections—A Comprehensive Survey, National Bureau of Standards (NIST) Tech. Note 726 (September 1972), pp. 1–129.

1-3　Ultrasonic Welding, In: *Welding Handbook*, 9th Ed, Vol 3, Welding Processes, Part 2, Miami: American Welding Society, 2007. ISBN 0-978-87171-053-6.

1-4　Jaszczuk, W, ter Brake, H. J. M., et. al., "Bonding of a Niobium Wire to a Niobium Thin Film", *Measurement Science and Technology*, v-2 (1991), pp. 1121–1122.

1-5　Any chemical handbook or the Handbook of Chemistry and Physics (CRC Press) contains such tables.

1-6　Houk, G. D., private communication Hutchinson Technology, Hutchinson, Minnesota.

第2章 超声键合系统与技术

2.1 引言

截至 2008 年，集成电路（IC）及其他半导体芯片超过 90% 的互连采用某种超声（US）焊接的方式进行，其他互连形式包括带焊料凸点的器件、各种倒装形式的芯片（C4）和少数需要热电极 - 键合的 TAB 器件（参见图 2-20）。Al-Al 冷超声焊接通常是含 1%Si 的 Al 丝（线径为 25 ~ 50μm）与半导体芯片上不同类型的铝合金键合焊盘（含 1%Si，1% ~ 2%Cu 等）进行的焊接，或经常与封装体上的 Ni-Au、Pd 等金属层进行的焊接。粗 Al 丝（线径粗约 0.75mm，通常以完全退火态供应）常应用于需要有数安培电流的功率器件中的互连。Al 带在非常大的电流互连应用中逐渐得到认可，并且主要的粗丝键合机制造厂商都已可以提供铝带键合的能力（参见 2.7.1 节）。然而，如今 Au 球热超声键合目前已大量应用于微电子互连中（基于成本和某些力学 / 电学特性的原因，Cu 丝在部分应用中正逐渐替代 Au 丝，参见本书第 3 章）。

超声换能器是所有类型引线键合设备中的核心部件，因此在本章首先进行介绍。此外，本章还对各种引线键合技术以及与之竞争的互连技术进行了对比和描述。

2.2 超声换能器及键合工具的振动模式

超声换能器与键合工具（伸到适当长度）共同组成一个机械共振结构。通过选择工作频率以便上述两部件均能够与正在焊接的结构尺寸匹配（即通常构件越小，工作频率越高）。小尺寸、低质量 / 惯性换能器会加速机械运动，目前大多数自动键合系统的工作频率都已超过 100kHz，通常在 120kHz ~ 140kHz 范围（实验中施加的工作频率可高达 250kHz）。图 2-1 所示为用于微电子键合的传统老式换能器（60kHz）示例，包含瓷嘴（或键合工具）。换能器包含五个主要零件。第一个零件（A）为实现电能向机械能转换的换能器。其通常为一个压电元件[⊖]，将 60kHz（或更高频率）的电能（由超声电源提供）转换为机械振动并传输至键合

⊖ 这些元件通常具有高阻抗，某些情况下，在施加键合载荷的过程中振幅将会降低。

工具上。第二个零件（B）为固定夹，它位于振动节点上，是被键合机夹紧或紧固的零件。如果其位于节点之外，那么一部分超声能量将被注入到机器壳体中，而不是传送至键合工具处。第三个零件（C）常被称为变幅杆，通常包含一个能放大超声波幅度的锥形体，如同能提高电压的电力变压器。第四个部分（D）为超声波的振幅。第五个零件（E）为键合工具（劈刀或瓷嘴），键合工具的夹持方向与变幅杆轴心相垂直，因此它以前后振动模式驱动。超声供电系统提供的电能通过锁相电路进行稳定以使漂移最小化，并在键合过程中使超声系统保持接近共振状态。应用于换能器的能量可能快速或缓慢地爬升，这是由特定的制造商和应用所决定的。图 2-2 所示为现代的 120kHz 自动键合机的换能器，其功能与图 2-1 所示的换能器相同，但由于其设计 [其体积小（约 4cm 长）、质量轻] 及更高的频率，因此机械惯性小。两者对不断提高的自动键合机操作速度都有重要影响，一些其他自动键合机制造商的换能器形状与图 2-1 所示的样子更相似，但减少的尺寸则与图 2-2 所示相似。

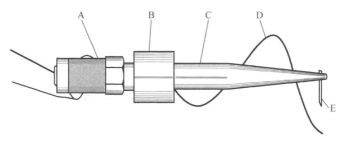

图 2-1　用于手动微电子引线键合（焊接）的典型超声换能器的示例图：键合工具（瓷嘴）在尖端附近，A 是换能器元件；B 是固定夹，位于振动节点上，并被夹持在键合机上；C 被称为变幅杆（设计成锥形以实现超声波放大功能）；D 表示超声波振幅；E 是劈刀或瓷嘴，通常垂直于变幅杆轴线安装，该 60kHz 的构件长约 12cm（5in）

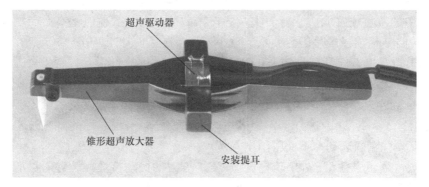

图 2-2　高速自动键合机的换能器示例图：它的质量很轻、只有约 4cm（1.6in）长（导致低惯性），使其可以进行高速运动。US 驱动器的频率约为 120kHz（来自 K&S）

楔形键合劈刀的振动模式在 20 世纪 70 年代得到广泛研究，研究单位主要有

IBM[2-1 ~ 2-4]、NIST（NBS）[2-9 ~ 2-11, 2-14, 2-15] 与 Takeda 公司 [2-17]。目前，最主要的自动键合设备生产商都自行设计换能器并使用某些测量系统对其进行表征。已经用于研究键合工具振动的技术手段有激光干涉仪、非激光光纤探头、电容扩声仪以及磁性拾音器。在空载与键合过程中典型的 60kHz 键合工具的振动模式[2-8 ~ 2-12, 2-14, 2-15] 如图 2-3 ~ 图 2-5 中的曲线 1 ~ 3 所示，采用激光干涉仪对其绝对振幅进行测量。这些研究中，驱动换能器的 US 供电系统维持恒定频率约为 60kHz 且在键合过程中保持幅值稳定⊖。在图 2-3 中，"T" 代表换能器的末端。

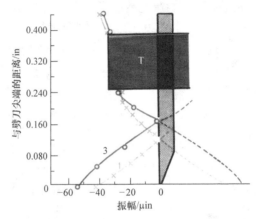

图 2-3　60kHz 激励下楔形键合中劈刀的振动模态图：采用激光干涉仪测量振幅（峰 - 峰值）（如图 2-3 ~ 图 2-5 所示）；图中 T 区域的黑影部分表示换能器变幅杆的位置和振幅，换能器频率为 60kHz；该模态图展示了在空载和实际键合 25μm 含 1%Si 的 Al 丝过程中，短的、30°（Al 丝穿进劈刀的角度）碳化钨劈刀的振动情况；键合力为 25gf；曲线 1 为空载，曲线 3 为接近实际键合周期的末期；劈刀后面的虚线曲线展示了振动的对称性；为了清晰起见，在随后的图中省略了这些振幅曲线的镜像，只显示振动的前部；大的黑影区（T）表示换能器变幅杆的位置和振幅（注：10mil = 0.254mm）[2-9 ~ 2-11]

施加载荷的振动节点很少与空载条件下一样锐利（通常更缓和）或完整。键合过程中的节点位置取决于劈刀尖端的机械载荷，而该载荷值基本上与键合点的形变（约 1.6 倍线径）呈函数关系。较小形变情况（例如 1.2 倍）的节点，与空载位置的节点相比，仅升高 0.50 ~ 0.64mm（20 ~ 25mil）。在键合过程中劈刀尖端的振幅没有发生显著变化，但是如果增加键合力和 / 或键合形变则会发生变化。曲线中每个标绘点代表三个测量值的平均值，测量的详细信息以及激光干涉仪在参考文献 [2-11 ~ 2-15] 中进行了详细描述。近来，已经出现多种的激光技术来表征键合劈刀 / 瓷嘴的运动，下面将给出示例。

图 2-4 展示了薄型、60° 碳化钨（WC）劈刀的振动特性。该劈刀目的是适用于狭小空间，或应用于反向（封装到芯片）键合。初步研究表明，该劈刀具有不

⊖　现代 US 电源是带锁相功能的，并且可以在键合过程中改变几百赫兹的频率以保持谐振系统的最佳调谐，且不应该显著改变模态图或工具施加载荷的效果。

同的键合特性，因此对施加载荷作用的研究比对其他应用的键合工具所开展的研究更全面，并且在键合周期的初期与末期均进行了数据采集。

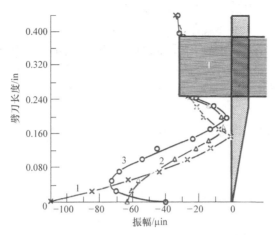

图 2-4 在空载和实际键合 25μm 含 15%Si 的 Al 丝过程中的 60° 劈刀的模态图，键合力为 25gf：曲线 1 为空载，曲线 2 为键合周期开始后 7ms，曲线 3 为键合结束前 5ms，显示接近键合结束时劈刀振动载荷的下降；带载曲线（2 和 3）上的每个点都是来自三个键合点的平均值；将劈刀以指定的伸出长度夹紧在 T 区域中；纵坐标显示了该零件长度的刻度；然而，横坐标显示的是一个小很多的刻度，因为其代表了激光测量劈刀的超声波振幅，振动轨道线在劈刀前面以实线和虚线绘制；这些劈刀的振动测量结果发表在参考文献 [2-7 ~ 2-11] 中

如上所述，在键合过程中，节点使劈刀上升，对于 60° 劈刀而言，在整个键合周期内，劈刀薄尖端的振幅会显著降低。这种影响是由于键合点形变时劈刀的机械载荷增加所致。对这种劈刀载荷的影响关系进行了建模 [2-2]。上述测量结果表明，60° 劈刀通过大幅或小幅减小劈刀载荷的方式在一定程度上可补偿键合焊盘或引线特性的细微差异。

图 2-5 所示为较长 WC 键合劈刀在空载及键合 25μm 含 1%Si 的 Al 丝过程中的模态图。虽然在键合过程中节点向上移动，但对劈刀尖端振幅的影响很小。

由不同材料（或尺寸）制成

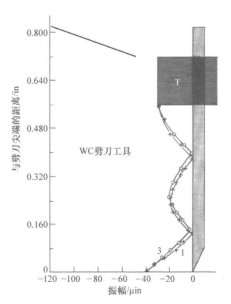

图 2-5 在空载和实际键合 25μm 含 1%Si 的 Al 丝时，长 WC 楔形键合劈刀的模态图，键合力为 25gf：曲线 1 为自由振动，曲线 3 为 50ms 键合周期最后 5ms 的模态

的劈刀，其振动模式会改变振动图形。例如，碳化钛（TiC）劈刀（有时用于 Au 楔键合）比 WC 的密度低很多，并且柔韧性更好。此类劈刀的节点位置比具有相同几何形状的 WC 劈刀的节点位置高约 0.5mm（20mil）。因此，在相同的换能器驱动下，空载条件下劈刀尖端的振幅约大 20%[2-15]。

为便于比较，图 2-6 中给出了 60kHz 和 80kHz 两种频率下用于键合 0.2mm（8mil）粗线径引线的典型 WC 劈刀的自由振动模态图[2-16]。键合这种引线的劈刀伸出长度与图 2-5 相比更长（5cm 与 1.9cm），且直径更粗（0.3cm 与 0.16cm），因此在 60kHz 时具有相似的振动模态图。一些粗线径引线键合机换能器的超声频率已从标准 60kHz 提高到约 80kHz 以改善键合质量。图 2-6 给出了两个频率下的等效劈刀振动模态图。

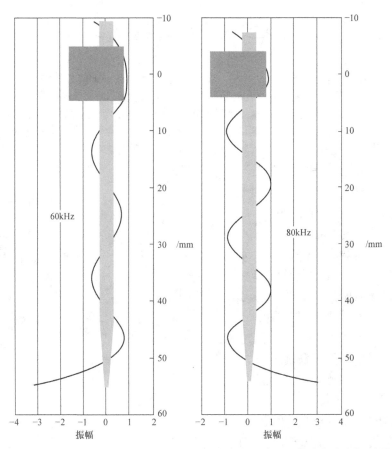

图 2-6　两种用于键合 200μm（8mil）引线的现代 WC 楔形劈刀空载（自由）振动图：纵坐标单位为 mm，横坐标为相对振幅；劈刀底部的机械锥度使振动运动增大；在使用瞬时干涉仪测量时，60kHz 劈刀底部尖端正在向左移动，80kHz 劈刀正在向右移动；使用激光干涉仪对数据进行采集，振幅测量是相对的，在每张图中都显示了超声频率[2-16]（来自 Orthodyne Electronics）

　　目前，对陶瓷球形键合瓷嘴的等效振动模式已有了研究。使用电容扩声仪进行测量，具体内容请查阅参考文献 [2-14]。劈刀自由（空载）振动模式下的测量结果如图 2-7 所示。该图显示了单个节点的位置，并通过校正数据推断出瓷嘴尖端附近的振幅增加。电容扩声仪的分辨率（在平坦的表面上为 100μm）限制了所测瓷嘴尖端附近的精度。用在不同换能器中的瓷嘴已经显示出节点的一些位移差异，通常是向上而不是向下。一些异形的瓷嘴，例如瓶颈结构的设计，在键合过程中更难测量，但可以使用有限元分析（FEA）软件或分析方法进行建模 [2-2, 2-9]。这样的瓷嘴在键合过程中与 60° 劈刀相比载荷降低更多。

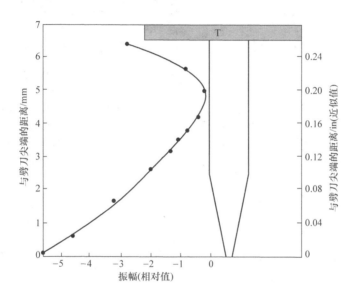

图 2-7　用于球形键合的典型陶瓷瓷嘴的空载振动模态图：纵坐标单位为 mm 和 in（换能器以下伸出的长度为 6.5mm）；使用电容扩声仪对数据进行采集，因此振幅测量是相对的。超声频率约为 60kHz

　　Wilson 早期使用激光全息干涉仪对换能器和劈刀的振动模式进行了研究 [2-4]。该方法显示了沿变辐杆振动的最大值和最小值，同时显示了不均匀的劈刀键合载荷对换能器和劈刀的影响。

　　目前，可以使用商用设备测量键合劈刀和换能器的完整振幅振动模式 [2-7]，显示出瓷嘴和换能器的运动轨迹 / 速度，从而给出幅度、离轴振动和旋转的详细信息。图 2-9 给出了一个示例，一种激光测振仪，还可以在选定的频率范围内绘制劈刀和换能器的频率与振动速度的关系曲线，从而实现换能器 / 系统性能的优化，如图 2-8 和图 2-9 所示。

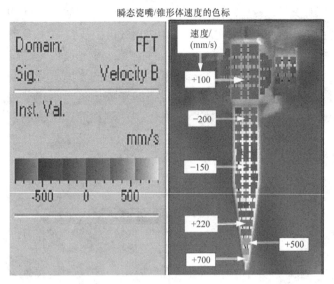

图 2-8　使用激光测振仪监测键合过程中瓷嘴和换能器尖端速度的输出图：截面速度（mm/s）是从 FFT（左）图的颜色中读取的，参考配套彩图可以更清楚地理解这些图案，从不同颜色可以看出，数值通常在贯穿整个劈刀和换能器的水平方向上发生改变。该特殊换能器测试的 US 驱动频率为 250kHz（来自 K&S）

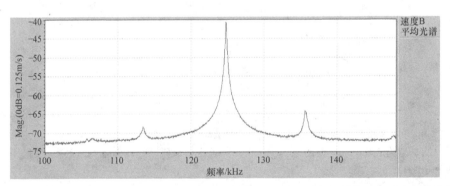

图 2-9　换能器频率扫描（快速傅里叶变换）示例图：数据同样由激光测振仪测出，但使用了不同的试验换能器，频率峰值约为 125kHz；其他较小的共振峰也很明显（来自 K&S）

2.3　超声键合的形成（经验描述）

微电子互连中形成的小超声焊接点通常采用线径为 25 ～ 33μm 的、软的、面心立方的金属引线（例如 Al 丝、Cu 丝和 Au 丝）。目前尚没有关于超声焊接过程公认的数学模型。这是一个复杂的过程，并且还没有完全理解其物理过程。基于对该过程已有的众多研究和 / 或解释[2-1、2-9、2-10、2-18 ～ 2-21]（并在第 11 章中进行了建模），本节对观察到的键合过程进行了经验描述，这种经验描述主要来自 Harman[2-9, 2-10] 的研究工作。

在常规 Al 焊盘上对 Al 丝（线径 25μm）进行超声键合，通过检查留在焊盘上不粘连的键合印迹，研究了超声楔形键合的形成过程。这些印迹称为键合脱开（lift-off）图形，是早期研究键合形成过程的最佳方法。通过保持夹紧力（clamping force）和超声波功率恒定来获得上述图形，然后将常规键合时间逐渐减小到引线将形成粘附的时间以下，因而形成脱开。图 2-10a 所示的图形是将引线置于焊盘上并施以常规的 25gf 夹紧力，未施加超声能量制成的图案；图 2-10b 所示为通过施加 4ms 时超声能量制成的脱开图案，引线 - 焊盘间的微焊点已在键合点周边附近形成；图 2-10c 所示的脱开图案是由 7ms 键合时间制成的，焊接区域已在键合点周边部分扩展；图 2-10d 所示为在 10ms 键合时间形成的图案，焊接区域已明显增加，但仍主要局限在键合点周边。在更长的键合时间下，如果不撕开焊盘或拉断引线，则引线与焊盘无法脱开。通过许多这种模式的检查表明，焊接的形成始于引线周边，但是没有两个相等时间可形成完全相同的图案，围绕键合点周边的焊接量和焊接位置可能表现有很大的变化。但是，图 2-10 依然是研究各个键合时间和功率设置可观察到的典型键合过程示例。图 2-11 所示的图片进一步验证了超声楔形焊接过程，这也是从键合点周边开始进行的。这些是破坏金属层后的照片，是从 Al 金属化的熔凝石英衬底背面观测获得的。在每张图片中，除功率外其他键合参数保持不变。需要注意的是，第三个键合点（图 2-11c）是使用最大的超声能量制成的，并使石英衬底破裂。这是由于过大超声能量导致弹坑的一个示例（有关弹坑的讨论，参见第 8 章）。通过腐蚀掉含 1%Si 的 Al 楔键合点获得的 Au/Ni/Cu 键合焊盘上键合界面的演变研究表明，其生长模式与图 2-10 和图 2-11 相似，例外之处仅在于随着键合过程的发展，键合点中心也被焊接 [2-12]。

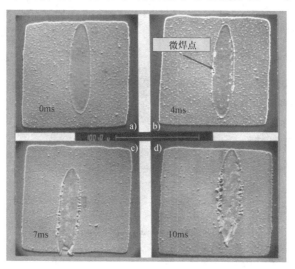

图 2-10　楔形键合点脱开后的图案，保持恒定的夹紧力（25gf）和超声振幅 0.88μm（约 35μin），逐渐减少焊接时间直到引线即将粘附的时间点（优化为 50ms）

　　a）零焊接时间（无超声能量）　b）4ms 焊接时间　c）7ms 焊接时间　d）10ms 焊接时间

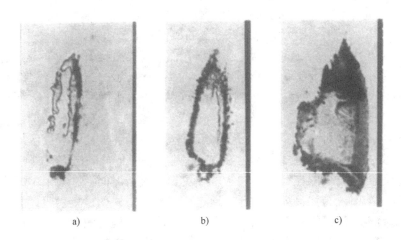

a)   b)   c)

图 2-11 "穿透键合焊盘底部"的观测图：从约 0.2μm 的薄蒸镀 Al 焊盘的底面观察到焊盘的破裂，该焊盘是沉积在透明的熔凝石英基板表面；保持恒定的键合力和键合时间，同时增加每个 Al 楔键合点的超声功率以获得这三种图形；从左到右的功率设置分别为 4.5、5.5 和 9.5；第三个键合点为最高的超声功率制成，已使石英衬底破裂，这是第 8 章讨论的弹坑的一个示例 [2-11]。

Zhou[2-13] 研究了 Au-Au 新月形楔形焊接（在球形键合后）形成的图案，并且发现其类似于超声 Al 楔键合的生长模式（即开始从周边生长，通常随功率 / 时间向内生长）。因此，大多数键合过程都是从周边开始生长并向内发展成熟的，但却有许多不同的研究报道。

尽管与超声楔形键合一样，热压（TC）球形键合的初始焊接是围绕键合点周边形成，但如图 2-12 所示 [2-22]，热超声（TS）键合似乎遵循更随机的生长模式。微焊点可以在超声振动运动的方向上生长。该图的焊接时间为 2 ~ 16ms，频率为 100kHz，在 60kHz 键合频率下没有进行等效图案的比较。但是，在图 2-12e 中比较了来自制造商最新键合机完成的完全焊接键合点的图像，其中金属间化合物表现为漩涡状，该现象也被其他研究者观察到。因此，每种键合机都可以形成不同的焊接图案（通过腐蚀后呈现[⊖]）。

⊖ 通常使用 Au-Al 金属间化合物形成的数量来证明焊接的程度 [2-25, 2-36, 2-52,] 以确保可重复生产性。用 20% 的 KOH 溶液或其他不腐蚀金的腐蚀溶液腐蚀 Al 焊盘（焊球下方）后，通过观察金球键合表面的破坏程度（粗糙度）来判断键合界面中的金属间化合物含量。然而，在某些情况下，使用更复杂的失效分析技术来检查、识别和分析形成的实际金属间化合物。虽然这些技术提供了很好的焊接区域视觉证据，但这些技术耗时且昂贵，以至于无法用于执行设计的实验，甚至无法设置键合机。为解决这些问题，焊球剪切测试是一种更快速、更定量的测试方法，测试结果与加工态键合界面 [2-36, 2-52]（以保证可重复生产性）中焊接面积的大小有关。

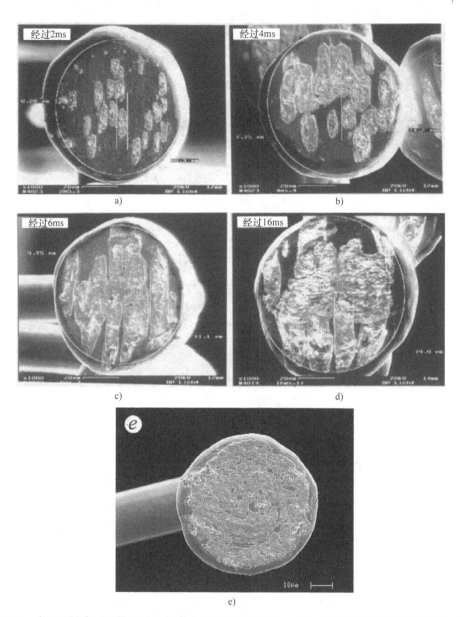

图 2-12　在不同键合时间得到的热超声球形键合焊接图案，从 Al 键合焊盘上将焊球腐蚀掉：使用 46gf（450mN）的力、10kHz 的超声能量和 250℃的工作台温度焊接获得键合点；当键合点生长成熟后，较长的键合时间不会增加这种键合的焊接面积 [2-22]（来自 ESEC）；图 e 的下部通过腐蚀去除后的键合点为使用最新的键合机获得接近完全焊接的键合点，键合节距为 70μm，超声频率为 120kHz，显示出了旋流状的金属间化合物图案 [2-23]（来自 K & S）；一些其他图案显示同样有漩涡状金属间化合物，但中心没有形成焊接 [2-20]（参见本书第 5 章附录 5A，图 5A-1）

　　　　a）焊接时间为 2ms　b）焊接时间为 4ms　c）焊接时间为 6ms　d）焊接时间为 16ms

2.3.1 超声与热超声键合过程简述

超声焊接是一种基于形变的焊接方式，其中首先通过超声波能量使金属软化，然后通过夹紧力使软化的引线或焊球变形并置于同样软化的键合焊盘上，扫除脆性的表面氧化物和污染物，使待接触焊接的表面清洁。图 2-13 形象地描述了球形键合的这一过程，其也同样适用于如图 2-14 所示的楔形键合过程。关于超声键合过程的建模在本书第 11 章中将进行详细介绍。

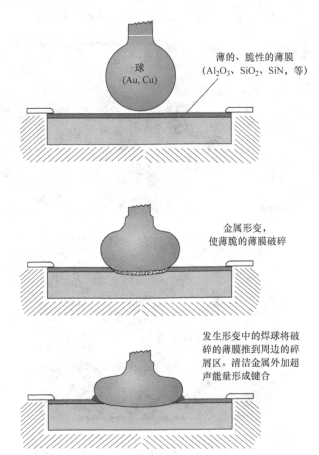

图 2-13 键合力和超声能量穿透薄的表面氧化膜，将其推扫到一边，然后施加超声能量形成焊接

焊接的中心位置几乎不发生形变，因此氧化物和污染物大部分仍保留在该位置，并且经常可观察到该区域未形成焊接，如图 2-14 中的楔形键合所示。据推测，在不产生大量热的情况下，软化金属的相同能量传递机制可满足金属 - 金属相互扩散以及形成（对于 Au-Al 键合而言）金属间化合物所需的活化能。形成这

种金属 - 金属（原子）键合只需要几毫秒。注意在较高的夹紧力下也可以形成等效的引线形变，但在没有超声能量或热量的情况下不会形成焊接，且引线也很容易脱开。

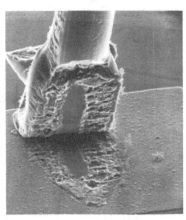

图 2-14　手动楔形键合机采用常规超声楔形键合参数形成的键合点图，采用线径 25μm、含 1%Si 的 Al 丝：键合点（右图）已部分被拉起以看到焊接图案，中心依然没有被焊接上。左图则是类似的完全去除引线的键合点焊盘

Langenecker[2-23] 已研究了在 15kHz ~ 1MHz 范围内超声波对键合金属的软化及随后在应力作用下的变形，他的大部分工作都是在 20kHz 下完成的。他对 Al 单晶金属中（恒定温度下，20kHz 超声能量）应力与延伸率关系和由热引起等效伸长关系的相似性进行了比较，研究结果如图 2-15 所示。应该注意的是，Langenecker 并未研究甚至没有考虑超声键合或焊接，只研究了金属的超声软化、金属形变和加热。但是，他所描述的超声软化过程已涉及键合过程研究的几种解释[2-1, 2-9, 2-21]。应力与延伸率的关系本质上类同于压力载荷下的形变，例如在金属成型和超声焊接过程中发生的情况。由此可见，在给定的应力下，超声波或热量都可以独自引起同等的形变。然而，两种类型的激励之间存在显著差异，主要的一种差异在于，在 Al 中产生形变所需的超声能量密度比单独由热能产生的等效形变所需的能量密度小约 1000 万倍，尽管此类超声作用过程也附带产生了一些热量。在进行超声软化和焊接形变后去除超声能量，金属会形成加工硬化态（声子硬化），而等效的热变形会使金属永久变软（退火）。Coucoulas[2-24] 已用实验验证了 Al 超声楔形键合中的这种加工硬化，Pantaleon[2-25] 对键合的 Au 球以及 Srikanth[2-26] 对铜丝键合分别进行了实验验证。但是 Krazanowski[2-19] 观察到，键合后可以保留多种结构，这取决于实验所涉及的金属，因此这种硬化在所有材料中和 / 或由所有键合设备生产的情况下可能并不普遍存在。

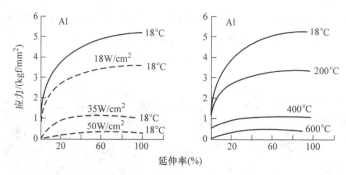

图 2-15　Al 单晶的应力与延伸率关系图：左图曲线表示在 20kHz 超声能量辐照（虚线）下的应变（延伸率）；右图曲线显示出仅由加热导致的类似应力 - 应变行为；实线表示仅施加指定温度而未施加超声能量的情况（来自 Langenecker[2-23]，©IEEE）（作者指出，这项工作并未采用现代测量设备 / 技术复现，尽管被认为是正确的，但仍应该予以验证，这是一门很好的大学论文主题）

几乎没有实验证据证实超声键合过程发生的原因是超声能量所产生的热量。多种键合过程中的测量表明，其最大的温升为 10 ～ 100℃[2-1]。Mayer[2-27] 和 Suman[2-28] 使用周围安装的传感器测得界面温度仅有微小变化（约 10℃）。位于金属或 Al 焊盘底部的传感器可以在 Au 球键合约 150℃的高温下进行实验。

然而，一项研究通过观察粗线径 Al 丝楔形键合中形成晶体缺陷的微观结构推断出界面温度达到 250℃ [2-19]。另一项研究将 Au 球直接键合到热电偶（溅射的）K 型薄膜表面上，获得的结果表面温度从 240℃升高到 320℃，此处省略了其他键合条件 [2-29]。温度上升归因于摩擦但考虑到键合是将热电偶作为焊盘，因此将不会发生任何的焊接（键合）过程。因此这些结果无法与实际的键合测量结果进行比较，在实际的焊接测量中，微焊点可能会在几毫秒后使滑移 / 摩擦产生的热量降至最低。

实际上，任何情况下都不会发生键合界面温度达到焊件熔点的情况，或者是达到或超过热压键合通常所需的 300℃。此外，在浸入温度 77K[2-1, 2-9] 的液氮中也可进行 Al-Al 楔形超声键合。既然高热量不是必要条件，因此形成金属 - 金属键合的活化能可能以声子 - 晶格相互作用的形式进行传输。较低的夹紧力条件可使界面温度升高约 25℃，这意味着在整个键合周期的某个部分过程中界面的摩擦将增加（请注意，类似的低键合力也会导致出现弹坑和不良的键合）。一些论文将整个键合过程归因于摩擦，并提出了界面的熔化温度 [2-30]，但是在实际发生焊接的过程中，几乎没有获得其直接的证据。

将 Langenecker 的金属软化机制与上述讨论内容共同考虑时，可以将 Al 丝与典型的 IC 芯片 Al 焊盘楔形键合的过程总结如下：在首次施加超声能量时，肯定会发生一些引线对焊盘的界面运动（摩擦），从而形成一些界面的清洁作用和适中的摩擦温升。几毫秒后，小的微焊点正好在对偶面的周边内部形成，如图 2-10 和

图 2-12 中引线脱开的图案所示。在形成微焊点后，引线 - 焊盘的界面运动停止⊖。然后超声波能量被整个焊件区域（引线、界面和键合焊盘）吸收。由于形变清洁的结果，楔形键合区的中心区域未形成完全焊接。如果在键合过程中存在环向或侧向的劈刀振动则中心位置也会形成微焊点，这种情况便不会发生。

　　通过透射电子显微镜[2-19]以及 SEM[2-1]可获得更多的键合界面微观结构细节。沿同种金属超声焊接的界面获得的图像表明其结构多种多样：有晶界、无晶界、氧化物和污染物的碎屑区，以及许多晶体学缺陷。然而，通常同种金属键合过程形成的界面类似于多晶材料中的晶界，但是沿界面方向上是连续的。在室温下进行 Au-Al 超声焊接时，显示出了碎屑区以及清晰的金属界面（类似于晶界），沿该界面还存在金属间化合物，这是常见的 Au-Al 键合形成的产物[2-31]。作为形变清洁的结果，键合区域的中心区未形成焊接（在压缩变形的焊球 / 引线的中心发生最小质量运动）。如果在键合过程中存在劈刀（瓷嘴）环向或侧向的振动模式，则可能不会发生这种情况。如图 2-9 所示，通过现代的激光测振仪可以轻松揭示这种模式。

　　键合界面内的污染物通过阻止形变的金属表面间紧密接触来抑制焊接的形成。软金属表层上的坚硬氧化物薄膜，例如在 Al 层上的 0.5 ~ 1nm（50 ~ 100Å）厚的 Al_2O_3 层，在键合过程中将会破碎，被稀薄地散开或推向"碎屑"区，这对平均焊接区域的影响很小。但是，在较硬的金属层上形成软的氧化层，例如 Ni 层上的 NiO 层（用于粗线径功率器件封装中），似乎在初始焊接接触和形变期间会充当润滑剂，保留在表面上并阻止焊接的形成。对于软金属层上的软氧化层（例如 Cu_xO_y）也是如此（例如 Au 不具有氧化物，扩散到表面上的 Cu 将被氧化，并已被证明这会显著增加 Au-Au 热压键合所需的活化能[2-32]）。研究表明，低至 0.2nm（20Å）厚的碳质污染物也会降低任意键合表面上的可键合性（参见本书第 7 章）。因此，了解给定键合焊盘金属上的表面污染物或氧化物对理解其对可键合性和可靠性的影响十分重要。

2.4　高频超声能量键合

　　最初选择 60kHz 超声的原因已不清楚，但是细线引线键合机从 20 世纪 60 年代至今一直使用该频率进行键合，基于此共振频率的换能器和劈刀均适用于微电子器件的尺寸，并且在键合期间稳定工作。其他频率（例如 25kHz）已用于功率器件中的粗线径 Al 丝键合，在更宽的频率范围内进行超声焊接的可能性已经为人所知了一段时间。参考文献 [2-33] 中介绍的超声焊接频率范围为 0.1kHz ~

⊖　Joshi[2-1] 使用激光干涉仪观察到在大多数键合过程中，键合工具、键合点、焊盘和层压聚合物基板在一起运动。这种基板运动不会发生在硬且脆的基板上，如硅基衬底或陶瓷基板。在这里，最后一个动作肯定是发生在键合工具和引线之间，如参考文献 [2-9] 中所发现的。然后，超声能量被吸收进整个焊件中（引线、界面和键合焊盘）。

300kHz。此外，Langenecker 验证了在高达 1MHz 频率下依然会发生超声软化的过程，因此如果可以证明其存在优势，高频超声可应用在微电子键合中也就不足为奇了。人们对使用高频（High Frequency，HF）进行微电子引线键合的兴趣是由 Ramsey 和 Alfaro[2-34] 开始引起的，他们研究了使用 90kHz～120kHz 范围内的超声能量在 IC 焊盘上进行热超声金球键合，并报道了这样的频率在较低的温度和较短的键合时间下能产生更好的焊接效果。这也将形成更完整的 Au-Al 金属间化合物以及更完整的焊接界面。最近，数篇论文给出了球形键合和楔形键合中使用高频（＞60kHz）[2-35] 的其他优势，接下来将对此进行论述。

目前尚没有大量（发表的）实施案例和实验设计（Design of Experiment，DOE）来比较在不同频率之间的性能以及面临许多可能的键合问题（如弹坑、污染、金属氧化物和软基材等）。然而，大约从 2000 年开始，所有细引线自动键合机都将 100kHz～140kHz 之间的频率应用于换能器驱动。小型高频换能器的质量（惯性）较小，可让键合机更快运行，另一个优点是可以以较小的形变和较短的键合时间获得牢固的楔形键合点[2-34]，所有这些对于高速和细节距键合都是理想的。但是，一项研究[2-36] 通过实验设计研究比较了 60kHz 和 120kHz 的 Al 楔形键合，其发现低形变并没有优势。作者发现，在 120kHz 时，在键合周边发生的金属飞溅较少，并且在较短的键合时间内获得了更高的良率。在其他研究[2-37] 中发现与 60kHz 相比，较高的频率范围（100kHz、140kHz、250kHz）在低温（50℃）时就可以制备良好的 Au 球形键合，在 250kHz 时可获得最佳的剪切强度和最短的键合时间。但是，在如此低的温度下键合工艺窗口较窄，需要对键合机参数、加热台温度和材料进行更严格的控制。这样的低温研究尚未在生产中得到实施，Charles[2-38] 发表了目前唯一一项关于 60kHz 和 100kHz 的 Au 球形键合实验设计对比结果。他的研究结论是，对于 Au 球形键合，60kHz 的键合窗口比 100kHz 的键合窗口范围大，但是对于难以键合的键合焊盘（例如软基材、PTFE）则键合效果不佳。使用 100kHz 能够减小 Au 球形键合和 Al 楔形键合的时间。除这些研究之外，还发现 Au 球形键合中新月形键合点（第二键合点）在高频下具有非常窄的键合窗口，有时需要更高的温度才能获得高良率。目前至少有一家公司生产了双频换能器（二次谐波用于焊球键合而基频用于新月点键合）。

另一篇论文[2-39] 报道了使用 60kHz、190kHz 和 330kHz 的键合频率对线径为 100μm 的 Al 丝在 Cu 板上的键合。该作者称 330kHz 可在更短的时间、更低的振幅下获得更牢固的键合点。其他研究人员报告说，90kHz～120kHz 的超声能量在 IC 芯片有源区聚酰亚胺表面焊盘上可以更好地实现球形键合[2-40]。也有未公开的声明称，高频改善了与软聚合物（例如 PTFE）焊盘的键合特性，如果得到证实，则可能意味着该聚合物在高频下吸收的能量较少，从而为键合界面留下了更多的能量。但是，关于超声在聚合物中的能量吸收方面知之甚少。因此，当用在某特定聚合物上键合时，特定频率可能比另一频率或多或少更有效。在对用作基板的所有材料进行表征并获得公认的理解之前，将需要进行数百次实验设计进行比较研究。由于此类高频应用是在 1996 年才出现，因此可以预见，在将来其局限性和优势将越来越明显，这也还是一个较新的研究领域。

Shirai[2-35] 提出了一种在较高超声频率下楔形键合差异的解释，并在参考文献 [2-21] 中也一起进行了描述。在这种解释中，劈刀到引线的高频振动会产生较高的应变速率，因此会在 Al 丝中产生更高的应力。引线的应变速率硬化，形变更少，且更多的能量被传递到焊接界面上，形成了具有较低形变的牢固的 Al 楔形键合点。Ramsey[2-34] 发现，较高的频率会增加金属相互扩散的速度并使金属焊接更好。这种解释似乎是合理的，但是，还有许多悬而未决的问题，关于高频键合机理还需进行更多的研究。Shirai 的解释是基于单晶 LiF、Ge 和 Si 的应变速率模型 [2-41]，这些是脆性的离子键化合物以及共价键化合物材料。引线键合是使用柔软的、多晶的、面心立方的金属（Au 和 Al），它们可以通过轻松地形变来对应力形成响应，尽管它们也会有一些尚未明确的高应变速率修正的响应，但对 Al 应变速率硬化的编译也无法支撑所提出的机制 [2-42]。此外，Langenecker 已验证了高达 1MHz 的超声软化机制，表明在该频率以下的应变速率硬化并不明显。但是，该论文遗漏了许多测量细节，并且自身对此留下了疑问。Shirai 提出的机制在定性上可能是正确的，应该进一步研究，特别是该理论应当围绕软的、多晶的、面心立方金属的已知特性进行重新推导。我们对超声软化和焊接机制的大多数理解是基于 20 世纪 60 年代初期至中期进行的基础研究，这些实验应该使用现代的测量方法进行重复验证并使用高速计算机对模型进行计算。随着更快速度、更小节距（约 20μm），尤其是高良率的极限发展，充分理解超声键合的机理是持续向前发展的必要基础。目前我们的理解主要是经验性的，并且这些知识已到了瓶颈阶段。

2.5 键合过程（实时）监控

通过电气或机械的实时（即过程中）质量控制系统来提高键合良率是人们长期以来的愿望，迄今为止的努力主要是凭经验进行的，包括测量超声电源的电参数、换能器的阻抗、键合过程中键合工具的下降进程（与键合形变相关）、键合后的工具抬升力、通过封装体传输的超声能量、换能器上传感器输出的二次和三次谐波。在某些情况下，键合时间可以延长至指定参数或电源输入改变为止。现代高速计算机（集成在高级自动键合机上）使其中的几种监控成为可能且可操作，其中一些方法已经公开，一些方法已申请专利，其他方法仅出现在公司内部或军事合同报告中 [2-43 ~ 2-51]。至今使用的许多方法都是基于早期报道或专利进行的细微改变。当前整个系统的诸多细节通常是有专利保护的，而这些系统和其他键合监控系统的全面回顾则不在本书讨论的范围和目的之内。键合机制造商将与顾客讨论其特定的系统，有些在其网站上有更详细的信息。

键合监控系统本质上是经验性的，原因是没有公认的超声 / 热超声键合的定量理论。电信号系统需要定义或建立一些根据经验确定的键合质量窗口（通常基于单个窗口的过程控制将会使某些良好的键合错判和 / 或遗漏一些不良键合点），其他系统则对键合形变进行测量和控制，每一种键合监控系统都有助于改善键合的质量控制。然而，尽管经验的监控系统确实有助于改善质量控制，但使用键合机在进行真实的在线监控之前，有必要对超声焊接过程有一个全面的理解。如上所述，已经进行了许多超声键合机理的研究，但是还没有公认的和经过验证的数学模型可以用来指导键合监控设备的设计者。

目前，使用本书第 4、7 和 9 章中描述的方法可以获得非常高良率的键合，例如分子级清洗以及使用 DOE 仔细优化的键合参数，通过遵循这些程序，可以在中到大批量生产中达到小于 25ppm 的缺陷率 [2-52]。在这种情况下，如果键合过程速度降慢或仅将缺陷数量减少百万分之几，就很难证明在每个自动键合机上添加昂贵监控系统的合理性。但是，采用不同货源多种芯片的小尺寸混合电路、SIP 和其他技术很少能达到如此高的良率。对于那些缺陷率可能在几百 ppm 至几千 ppm 之间的应用情况，可以使用当前可用的键合监控设备来收回成本。在小批量生产情况下，很难确定小于 50 或 100 件的产品在每百万量级范围内的缺陷率会真正降低。为证明这一点，需要更好地理解小样本量的统计学，或者进行 100 000 次的键合设置和测试（参见本书第 9 章）。因此，在每台自动键合机中配备昂贵的键合监控设备可能并不适用于所有应用，但肯定可以增强许多功能。

2.6　引线键合技术

2.6.1　热压键合

贝尔实验室在 1957 年开发了用于微电子的热压（TC）楔形键合和球形键合技术 [2-53]，该技术直到 20 世纪 60 年代中期才被超声楔形键合技术大范围取代。尽管 Au-Au 热压焊接可在室温高真空下进行，但此类焊接需要在常规的制造环境中进行高压力和高界面温度的焊接。热压键合是一种固相焊接，结合热量和力使焊件发生塑性形变，扫除表面污染物（空气、碳杂质、氧化物等）从而形成清洁表面的紧密接触。在这一接触点上，通过短程原子间力以及热量提供了金属 - 金属活化能从而形成了金属焊接。主要过程变量（时间、温度和形变）遵循 Arrhenius 关系，并且其活化能已经被研究 [2-32]。活化能由高的界面温度提供，对于大多数热压键合来说该温度约为 300℃。通常通过加热整个器件来提供热量，也就是说将其与加热的工作台（WH）接触。但是，也可以单独使用加热的键合工具（ ≥ 400℃）或与 WH 加热相结合的方法。球形键合技术通常通过瓷嘴将引线送入，并且在球形键合后，瓷嘴可以沿任何方向移动，当前的自动球焊机比楔焊设备的键合速度快几倍。

大部分热压键合机理研究是在贝尔实验室和 Western Electric 中完成的 [2-32,2-54~2-56]。

但是，其他人也做了重要的相关工作 [2-57, 2-58]。热压键合比其他任何键合方法（参见 7.2 节）对表面污染物更敏感，键合时间更长，界面温度更高。由于这些原因，该技术在如今的微电子互连领域大多已被热超声键合所代替。

2.6.2 超声楔形键合

超声楔形键合大约在 1960 年被引入微电子行业，并在器件生产中占主导地位，直到被金球热超声自动键合机取代。通常在室温下即可进行超声楔形键合（如果加热，也称为热超声键合）。尽管该技术可以使用特殊的"金键合"劈刀（十字形槽）进行 Au 丝键合，但主要还是用于 Al 丝与 Au 或 Al 焊盘的键合。粗线径的 Al 丝超声键合依然是功率器件互连的主要方法。超声焊接是通过施加夹紧力的同时，结合通过共振换能器 - 劈刀上的超声能量而形成的。在图 2-1 和图 2-2 中给出了换能器和键合劈刀的外形以及振动模式，并在第 1 章图 1-2 中给出了键合顺序。在进行第一个键合点之前，楔形键合系统（换能器 - 劈刀组合）必须在第一键合点到第二键合点之间大致成一条直线，这不利于自动键合机，原因是这需要针对每条直线机械地对准封装体或换能器，从而使引线键合过程的速度降低了 50% 以上。与键合相同数量器件的热超声球形键合机相比，需要数倍的自动键合机（和其他间接成本）。

粗线径的 Al 丝键合主要用于功率器件和混合电路，其每条引线上的电流超过数安培，本书的各个环节均在适当的上下文中（而不是在单独的章节中）介绍了这种引线键合技术。粗 Al 丝使用冷超声焊接方法进行键合，超声电源使用 60kHz 或 80kHz 频率，尽管在早期，也有使用 25kHz 的。通常粗线径引线范围是 75μm 或 100μm ~ 0.5mm（3 ~ 30mil）。图 2-16 所示为粗线径 Al 丝的键合点，典型使用的引线通常为 99.99% 的 Al 丝或含 1%Si 的 Al 丝。本书第 3 章将讨论粗引线的冶金特性和熔断特性。目前粗线径的引线键合技术包括手动键合和自动键合。较早时期的键合机在第二键合点后使用手动或电动剪刀或刀片切断引线，在某些情况下，这种键合是通过镊子焊接完成的（参见 2.7.2 节）。然而，通过开发一种既可以键合也可以切断引线的特殊键合劈刀，极大地促进了该领域的发展，因此引线键合和引线切断都能采用超声完成，这提高了键合速度，并使自动键合机成为可能。当今由 Orthodyne 开发的键合劈刀在键合过程中将引线定位在平行的倒 V 形槽中，从而使键合点的颈部牢固 [2-59]。这与用于细线径引线楔形键合使用相对扁平的键合劈刀完全不同。即使通常对粗线径的引线进行完全退火，它们也非常硬，其键合力（大约 1kgf）也远远大于细线径引线楔形键合所需的键合力（25 ~ 35gf），所需的超声能量也相当高，最高可达约 25W，而细线的超声能量大多小于 1W。大多数功率器件封装体通常都镀 Ni，并且如果没有氧化物，则粗线径的 Al 丝可以与金属镀层形成良好的键合。粗线径的 Al 丝键合可能具有与细线径 Al 丝键合同样的可靠性问题，然而，参数设置良好的过程则很少会经历这种失效。因为此类键合具有高线弧，所以可以通过拉力测试和剪切测试对其进行测试（参见本书第 4 章）。

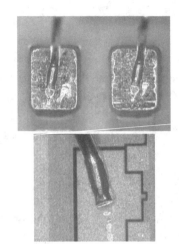

图 2-16　现代粗线径铝丝键合图：左图为 250μm（约 10mil）；右图为 150μm（约 6mil），键合频率为 80kHz（来自 Orthodyne Electronics）

2.6.3　热超声球形键合与楔形键合

Coucoulas 在 1970 年率先将超声能量与热量结合用于热超声键合的生产，他因此被称为热超声键合之父，他称这项技术为"热加工超声键合"[2-60]。如今，集成电路的绝大部分互连都是使用热超声 Au 球形键合技术，该技术有时也用于 Au 楔形键合，这种键合方法结合超声和热压焊接技术，可根据不同的微电子应用质量进行最佳优化。热压焊接通常需要 300℃量级的界面温度，该温度可能会损伤某些现代裸芯片的粘接材料、封装材料、层压板和一些敏感的芯片。然而，在热超声焊接中，界面温度会低很多，通常为 125 ~ 220℃（但可在很宽的范围内改变），从而避免了因高温而损伤的问题；同时，键合时间比热压键合（> 100ms）要短得多，通常小于 10ms。在键合周期的早期阶段，超声能量有助于驱散污染物，并结合热能形成成熟的焊接。这两种技术的结合还可以使超声能量保持足够小，并可以最大程度地减少对半导体芯片造成的弹坑损伤（参见本书第 8 章）。对于球形键合而言，将引线穿过毛细管状的瓷嘴，电火花使引线的末端熔化从而在瓷嘴的底部烧结成球。瓷嘴对焊球施加载荷（焊球形变）压在加热的焊盘上（约 150℃），并施加超声能量以完成如图 2-13 所示的过程形成键合（焊接）。

2.6.4　新型 / 不同的引线键合技术

有时可能必须为某些新应用选择引线键合技术，或者可能需要更改当前产品上使用的现有技术。三种引线键合方法（热压、超声和热超声）有许多优点和缺点，在表 2-1 中对其进行了比较，这可用于帮助选择适合的键合技术。

表 2-1　引线键合技术的比较

优点	缺点
（A）TC：热压（金）球形键合（2008 年已很少使用）	
可靠性优异的 Au-Au 键合	需要较高的界面温度（300℃）
键合机设置参数（一般为 2 个或稍多）简单	非常易受污染物影响
从焊球为起点的全方向键合	需要大的键合焊盘
自动键合比楔形键合速度快	与芯片 Al 焊盘的键合会形成疲劳
与超声键合和热超声键合相比，弹坑缺陷极少	良率低于超声楔形键合或热超声键合
（B）TS：热超声（金丝和铜丝）球形键合（2008 年主导的键合技术）	
键合界面温度适中（约 150℃）	较容易受到污染物影响，受影响程度大于超声键合但小于热压键合
超声能量较低（相比于超声楔形键合）	有一定量的弹坑缺陷风险，风险大于热压键合
从焊球为起点的全方向键合[*]	键合机设置参数（4 个）
自动键合速度快	
优异的、可靠的 Au-Au 键合	
弹坑缺陷比超声楔形键合低	与芯片 Al 焊盘的键合会形成疲劳
（C）US：超声（铝丝和金丝）楔形键合（2008 年使用率约为 5%）	
最不易受到污染的影响	自动楔形键合机比自动球形键合机速度慢（< 1/2）
在室温下形成可靠的 Al 丝键合	需要设置 X-Y 引线 - 焊盘的方向（减慢了键合过程）
细节距，< 50μm	有产生弹坑缺陷更大的可能性，可能性高于热压和热超声键合
优异、可靠的 Al-Al 键合	Au-Au、Cu 和室温键合需要使用特殊劈刀（楔形）
有最高的良率，< 20ppm	键合机设置参数（3 个）
粗线径 Al 丝键合	在 Ag 焊盘上的 Al 丝键合不可靠
可获得的线弧最低，< 75μm	在没有加热的情况下 Au 丝键合不良

　　注：[*] 进行球形键合后，可以在任何方向上形成线弧；因此，这是一种无方向性的键合方法，是快速自动键合的理想选择。

　　在上述键合技术之中有多种选择。其中一些方法为的是改变传统的键合引线或键合焊盘的冶金特性，例如使用 Cu 或 Pd 的球形键合、使用可能为镀 Pd 的焊盘，或者试图增加超声键合频率。在某些情况下，可以用薄带线代替圆线（详见 2.7.1

节）。通常，除非有充分的理由，否则不应该更改当前使用的、理解充分的高良率工艺。例如，如果是用于工作在非常高频率（数 GHz 范围）的器件，或者需要非常紧密的芯片贴装（叠放），则可以将引线键合技术调整为倒装芯片技术。但是，请记住，任何技术的更改（即使是在三种引线键合技术中）都需要新设备、操作人员培训、较长的学习曲线以及对现有产品进行广泛（昂贵）的重新认证。后文的表 2-2 简要介绍了一些无引线的键合技术。

2.7 细引线键合技术的演变

尽管绝大多数引线键合都是通过使用圆形引线的热超声或冷超声键合方法完成的，但在较少的情况下也会使用特殊的 Al 带超声键合和 Au 带热超声键合技术。对于中等线径或粗线径的引线，尤其是对于 Pt 和其他不易通过常规超声手段键合的引线，也存在一些放电的平行间隙焊（分离的电极）技术进行焊接。此类引线还可通过聚焦的激光器进行键合，但通常涉及熔化过程，这并不在本书固相和超声焊接的范围内讨论。

2.7.1 薄带线键合

数十年来，薄带线已用于混合微电路中，主要用作飞线，由于其较大的矩形周长可降低损耗，因此也用于微波电路。最初，所有薄带线均为 Au 带，并通过热压或平行间隙焊进行键合。然而，在 1969 年，Kessler[2-11, 2-61] 和后来的其他人 [2-62, 2-63] 研究了 Al 带和 Au 带的超声楔形键合。图 2-17 所示为 Al 带超声楔形键合的 SEM 图。薄带线相对于圆线的优点之一是其高频阻抗较低，具体取决于宽度（w）与厚度（t）的比值，从而降低了电感和趋肤效应的损耗。因此，5 ~ 10 甚至更高 w/t 比的薄带线通常应用在微波器件和混合电路中。直的薄带线电感 L（以 nH 为单位）由公式（2-1）给出 [2-64]。

$$L = 2 \times 10^{-4} l \left\{ \ln[2l/(t+w)] + 0.5 + 0.2235 \times (t+w)/l \right\} \tag{2-1}$$

式中，t 是薄带线的厚度；w 是宽度；l 是长度；均以 μm 为单位。

趋肤效应会降低高频下的电感（在 2% ~ 6% 范围内），但会大大增加阻抗（参见本书第 9 章）。w/t 比大的薄带线的高频损耗可能远低于 TAB 引线（几乎为正方形）以及圆线的高频损耗。

薄带线键合时遇到了两个可校正的问题。当 w/t 比增加（> 5）时，键合工具和基板必须保持高度平行（小于 1°），否则薄带线的一侧会焊接不良（对于非常宽的薄带线为了避免上述问题，常用的键合方法是使用小型键合工具并在宽度方向上进行多次焊接）。同时，薄带线在键合过程中很少有大的形变，所以对界面上的氧化物和污染物的清洁有限。因此，为了获得良好的焊接效果，应该在键合前对键合焊盘进行等离子体或紫外线臭氧的短暂清洗（参见本书第 7 章）。上述原因意味着在焊盘上使用良好的可键合金属并仔细优化键合机参数是非常重要的。如果热超声键合 Au 带 / 线，使用最高的实际键合界面温度是有帮助的。当前，已有了多家薄带线供应商。

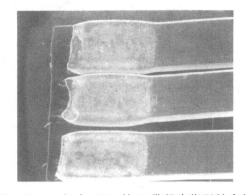

近年来，大 Al 带 [例如 80mil × 10mil（2 mm × 0.25mm）] 在大功率器件上的使用越来越多，并且应用于此的自动键合机也陆续开发出来以提高产量。此外，还开发了带特殊织纹的键合劈刀形状，这有助于使薄带线形变并在键合过程中清洁表面从而提高良率。薄带线减少了单个互连点的数量，减少了大功率芯片所需的引线

图 2-17　三根含 1%Si 的 Al 带超声楔形键合的 SEM 图，12.5μm × 38μm（0.5mil × 1.5mil）。值得注意的是其非常低的形变

键合时间，并且还促进了流经大裸芯片表面 / 金属层上电流的传输，如图 2-18 所示。这些大薄带线需要特殊的技术来进行拉力测试等，以评估其强度，参见参考文献 [2-65]。

图 2-18　使用"华夫饼"图案的超声键合劈刀形成的大铝带 [80mil × 8mil（2mm × 0.2mm）] 键合的照片：上面的照片是直接从顶部拍摄，清楚地显示"华夫饼"图案的劈刀印迹，以及显示了连接贴装裸芯片或焊盘的键合是如何直线定位的；下图倾斜了一定拍摄角度以显示两键合点间应力释放后的线弧（来自 Orthodyne Electronics）

2.7.2 平行间隙电极焊和镊子焊接

1. 平行间隙电极焊

平行间隙电极焊（Parallel-Gap electrode Welding，PGW）（有时称为分离式电极焊）通常用于电阻和较硬的金属引线，包括圆形引线和薄带线，以及特殊的金属层。例如，Pt 丝在冷超声楔形焊过程中会发生显著的加工硬化，因此，Pt 丝经常使用平行间隙焊（放电）进行键合[2-66 ~ 2-68]，这是热压键合的一种形式（不发生熔化）。图 2-19 所示为平行间隙焊的典型配置。Pt 具有高电阻率和低导热率，这对于这种焊接方法是有益的特性。两个紧密间隔的电极之间通过引线放电，将其加热到适当的热压键合温度（几百摄氏度），而夹紧力将其压在焊盘金属层上，从而形成了热压（形变）键合。

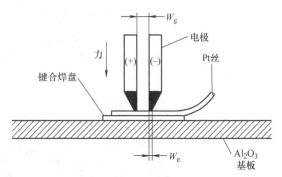

图 2-19 用于细线径引线焊接的平行间隙焊机的示意图，显示了电极 - 引线 - 焊盘的排列位置[2-68]：W_g 是平行间隙宽度，W_e 是单个电极宽度（与留在引线上的压痕相关）；在两个电极之间通过电容器放电，加热引线并形成热压焊接（Springer Science and Business Media 授权）

PGW 通常用于较粗线径的引线 [例如线径 ≥ 100μm（4mil）]，其不适用于高速键合，而通常适用于手动键合，一次只能键合一根引线，这种键合方法经常用于高温电子产品。Johnson 和 Fendrock[2-67,2-68] 描述了键合参数的设置方法（即力、电功率和时间）和其他焊接的设置信息。在一个示例中，将线径为 125μm（5mil）的 Pt 丝焊接到蓝宝石衬底上 0.5μm 厚的 Pt 键合焊盘上，在这种情况下，建议使用加热台（约 200℃）。

2. 镊子焊接

镊子焊接是一种老式的手动引线键合技术，用于将粗线径的 Al 丝键合到功率器件封装体的端子上。然而，至今某些功率器件的专业公司仍在使用这种焊接技术。本书第 4 章图 4-6 中给出了包含镊子焊接的器件示例。封装体肯定具有一个高的、镀金的、合金 42 端子，且该端子通过金属 - 玻璃密封体向外伸出以实现外部的电气连接。芯片的键合是通过超声焊接（类似于现代粗线的超声键合）完成的，可以将引线预先切成一定长度，或者在第一键合点完成后使用专用剪刀将其切断。然后，未键合的一端由操作人员手动夹持到镀金键合端子的一侧，操作人员通过使用由弹簧张紧的"引线夹子"（镊子）将引线紧紧地夹持在端子上，通过引线夹子放电并加热 Al 丝（低于其熔点），并在一定程度上加热端子，形成一个放电的热压焊接。焊接位置的光学检查显示键合点周边形成大量的 Au-Al 金属间化合物，这通常被用作良好键合的外观特征。与大多数热压键合一样，键合点中心并未形成良好焊接。尽管用镊子正确焊接而形成的键合是相当可靠的，但也存在许多可靠性问题，主要原因在于焊接过程完全取决于操作人员，夹紧力取决于引线夹子中弹簧张紧力以及操作人员的适当的放置。很难测试键合强度（界面），最好的方法是剪切引线并在焊接平面（侧面）上进行 90° 的剥离测试。在某些情况下，在键合后，伸出的引线尾部会被剥离起来进行非破坏性拉力测试（NDPT）。作者不清楚任何关于这种键合方法已发表的文献，大多数仍在使用的设备已正常运转 20 年以上。

2.8 引线键合的替代技术（倒装芯片和载带自动键合）

随着片外（off-chip）速度增加和键合节距减小，引线键合的电感和串扰限制了其应用（参见 10.6 节），同时，引线键合的互连无法满足某些硅芯片高密度的需求。随着芯片功率增加、工作电压降低（低至 1V）和节距缩短，引线键合将无法承载所需的电流。某些预测指出，单个高性能芯片将消耗 100A 以上的电流，这需要数百根线径 25μm 的引线键合来分担其功率。另外，随着 I/O（输入 / 输出）焊盘节距的缩短和外围焊盘数量的增加，在某些时刻，面阵列焊盘将需要进行互连。ITRS[2-69] 的预测表明，在单排外围键合焊盘中，可以实现最近的引线键合节距（在高键合良率和充足的载流能力下）将为 20 ~ 25μm。使用现代自动键合机可以实现超过 4μm 深的多排键合，称为面阵列键合（area array bonding），但其串扰会限制性能。在某些时刻，解决未来的 I/O 互连限制问题需要向倒装芯片（C4、微焊球和导电聚合物等）或某些尚未发现的技术的改变。

替代引线键合最显著的方法是基于倒装芯片互连的一些演变技术。对这些技术及其变化的详细讨论超出了本书的讨论范围，但接下来在本章中将进行简要讨论和比较。

2.8.1 倒装芯片

1. 焊球倒装

替代引线键合最常用、先进的互连技术是倒装芯片技术 [称为 C4，即可控塌陷芯片连接（Controlled Collapse Chip Connection）或 FC（Flip Chip，倒装芯片）]，参见文献 [2-70]。这项技术是在 20 世纪 60 年代中期由 IBM 发明，每个引线具有最低的电感，为 0.05 ~ 0.1nH（相比而言，线径为 25μm 的引线电感约为 1nH/m），因此具有最高的频率响应以及最低的串扰和同步开关噪声。倒装芯片还提供最高的 Si 芯片封装密度，在密封的封装体内，在陶瓷基板上 Si 芯片以接近 125μm（5mil）高度紧密"叠放"在一起，对于需要环氧树脂底部填充的层压基板，倒装芯片的间隔约为 0.5mm（20mil）。通过焊料凸点可以将适量的热量通过芯片的正面传导至下面的封装体，但是，非常高的热量（在运算速率最快的器件中产生）必须从裸芯片的背面（面朝上）移除。尽管使用硅脂或聚合物的散热连接已成为一种更便宜的选择，但这可能需要精心制备的导热片/棒和昂贵的封装体，封装体和 I/O 焊盘必须围绕特定目的的植球芯片进行设计，这意味着非常高的体积或高的成本。最近，倒装芯片已用于层压基板（如 PCB）上，其通过使用底部填充的聚合物纠正热膨胀系数的失配（CTE）问题，虽然这些聚合物基板降低了封装成本，但是可能进一步降低了散热能力。为了进一步降低工艺成本，在现存的 Al 焊盘周边，部分研究采用热超声球形键合技术（移除引线）在键合焊盘上形成凸点。同时，还使用了导热聚合物或微球。为了充分利用倒装芯片技术的优势，有必要对现有芯片重新设计面阵列 I/O 的倒装芯片焊盘，但该焊盘在常规封装中并不能进行有效的引线键合（尽管正在开发面阵列自动键合）。最初这种重新设计减慢了倒装芯片技术的使用，尽管长期以来已有程序将外围键合焊盘重新排版为面阵列的焊盘格式[2-71]，与最初面阵列 I/O 的芯片设计相比，这些设计的热传递效率（通过凸点）较低且串扰较大，因此这只是一个过渡阶段。然而，由于小体积和高频的需求，大量使用的便携式终端，如移动电话的应用，已经克服了这个问题。当前，这些应用需要更高性能的芯片和更高的 Si 芯片密度（叠放），且目前更多的芯片设计成真实的面阵列、倒装芯片格式。这种互连方法的增长速度比引线键合快，并且猜测最终（许多年）可能会取代它们，成为许多产品应用的首选互连方法。

2. 球凸点/柱凸点倒装

近来，带球凸点（柱凸点）的倒装芯片使用得越来越多。例如，每年有数十亿个声表面波（SAW）滤波器以及数亿个 IC 由它们互连，该技术令球形键合机可实现 Au（或 Cu）倒装凸点粘合到为常规引线键合而设计的现有晶圆上或芯片上。该技术应用需求体量如此之大，以至于几乎每个自动键合设备制造商都生产出了专用的球凸点键合机，该机器可以将数万个球凸点快速粘合到整个晶圆上，切割后即可用于芯片倒装（通常使用导电环氧树脂或其他键合方法）。本书中的其他部分讨论和展示了其中部分技术与应用。还有一些出版物详细描述了这些技术的制造以及经济影响[2-77]。

2.8.2　载带自动键合

载带自动键合（Tape-Automated Bonding，TAB）技术在 20 世纪 60 年代被发明。⊖ 它由矩形的（或带状的、镀锡的）铜梁引组成，该铜梁引通过薄的聚合物

⊖　通常认为 TAB 技术起源于通用电气，称为"GE minimod"，但第一项专利是由 Francis Hugel 于 1966 年提出的（美国专利 3 440 027）。

载带（通常为聚酰亚胺）固定在适当位置，载带通常为 35mm 薄膜标准。通常，这些梁引被大量焊接（合金化）到芯片外围植有 Au 凸点的焊盘上。TAB 或引线键合都不适用于如倒装芯片的面阵列键合。TAB 引线也可以被热超声键合[2-72] 到镀有凸点或球形键合的凸点上[2-73]，甚至可以使用改装的自动引线键合机直接键合到普通焊盘上（无凸点 TAB）[2-74]，也可以使用激光将 TAB 引线焊接到凸点上[2-75]。矩形引线的高频阻抗通常比圆引线低一些 [参见式（2-1）]，并且直到约 1990 年，其节距可能比楔形和球形键合更小（参见 2.9 节）。两金属层的 TAB 可以具有更低的电感和串扰（与引线键合比），但是非常昂贵。TAB 通常至少需要有和引线键合一样大的间距（不可能叠放），并且类似地将热量从裸芯片的背面传进基板中，引线短且电感低的倒装 -TAB 除外，但是必须通过裸芯片的背面散热，而不是像倒装芯片那样通过焊料凸点散热。与大功率倒装芯片一样，TAB 需要更昂贵的封装体。它与标准倒装芯片技术相似，不同之处在于互连使用金凸点而不是焊料凸点。图 2-20 所示为较老的 TAB 载带（12mm 和 35mm）和焊接到基板上的 TAB 芯片照片。

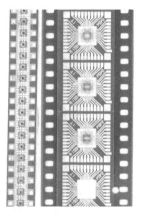

图 2-20 两条宽度分别为 12mm 和 35mm 的 TAB 载带（左图）和一个 TAB 焊料 - 键合的芯片（右图）

在交付昂贵的 SIP 或其他多芯片封装前，TAB 具有可测试性和芯片老练的优势。随着越来越多的确优裸芯片（Known-Good-Die，KGD）或经过测试的芯片尺寸封装的应用，这一优势已经减弱。通常 TAB 载带价格昂贵且不灵活，芯片或封装焊盘位置的每一次微小改变都需要更换新的载带（和掩模）。与倒装芯片一样，基于经济成本原因，TAB 需要非常大容量或非常昂贵的芯片（可忽略封装成本）作为支撑。TAB 是一种有利可图的技术，该技术还将继续寻找其适用的领域，但已经不适用于主流的芯片封装。

2.9 引线键合技术：比较和未来方向

引线键合是所有 IC 互连技术中最灵活的技术。如果裸芯片尺寸缩小或焊盘尺寸发生改变，则可以在很短的时间内对自动键合进行重新编程（示教），一旦进行了示教更改和保存，就可以通过插入适当的软盘在相同机器间对同一种裸芯片进行引线键合；短引线键合具有可接受的低电感（约为 1nH/mm），并且通过使用接地线围绕信号线的方式，在某些情况下可以使其近似于传输线，然而，在高性能芯片上使用引线键合的主要缺点是高频电感和串扰；引线键合对于小批量和大批量生产都具有成本效益；因为芯片是正面朝上键合的，所以热量可以通过裸芯片粘接材料从背面传导到基板中。如上所述，基本的引线键合技术与其他互连方法有很多结合，例如，带球凸点的 TAB 以及应用于 Au 或 Cu 凸点倒装（通常称为柱凸点）的演变、使用热超声引线键合机将 TAB 引线键合至芯片，以及在 TAB 之后位于切断的封装互连 TAB 引线上部的引线键合，被用于 KGD 测试的裸芯片上。因此，即使使用其他互连技术，也经常需要具备引线键合的知识和设备来进行互连。表 2-2 给出了这三种技术的比较。

表 2-2　主要互连技术的比较

比较项目	最好	中等	最差
成本	引线键合	低性能，倒装芯片	倒装芯片，TAB
可制造性	引线键合	倒装芯片（尤其是有底部填充的情况）	TAB
改变的灵活性	引线键合	倒装芯片，TAB	
可靠性	倒装芯片（取决于工艺过程）	WB（取决于材料）	TAB（取决于工艺过程）
性能（高速）	倒装芯片	薄带线	引线键合（圆引线）
密度（芯片叠放）	倒装芯片	倒装 TAB	引线键合，TAB

注：本表中的"引线键合"是圆引线的键合，如果使用薄带线键合，则性能应该优于 TAB；"倒装芯片"在此处仅考虑了带焊料凸点的 C4，而不考虑其他的演变技术。需要注意的是，TAB 在现阶段几乎不再是一项有利可图的技术。

考虑到上述互连技术（以及每种互连技术的多种可能的演变技术），很可能会同时使用引线技术和倒装芯片技术，并且往往在同一产品中并行使用很多年。这些互连技术可能同时存在于同一封装中，如 SIP/ 堆叠芯片 /BGA 等。至少就目前而言，诸如高密度互连（首先是芯片）、MCM 等高性能技术是细分的应用市场。将来可能会出现其他尚未发明的互连技术，也许是在晶圆级应用（与倒装芯片技术有关）中。某些较旧的、废弃的技术（例如"梁引"）也可能会重新使用（例如芯片级封装）。未来的制造商将会选择成本最低的互连技术和/或提供所需的性能，或者针对给定的应用需求进行优化，这种选择应该不受先入为主的技术限制。

参考文献

2-1 Joshi, K. C., "The Formation of Ultrasonic Bonds Between Metals," *Welding Journal*, Vol. 50, 1971, pp. 840–848.

2-2 Dushkes, S. Z., "A Design Study of Ultrasonic Bonding Tips," *IBM J. Res.*, Vol. 15, May 1971, pp. 230–235.

2-3 Crispi, F. J., Maling, G. C., and Rzant, A. W., "Monitoring Microinch Displacements in Ultrasonic Welding Equipment," *IBM J. Res.*, Vol. 16, May 1971, pp. 307–312.

2-4 Wilson, A. D., Martin, B. D., and Strope, D. H., "Holographic Interferometry Applied to Motion Studies of Ultrasonic Bonders," *IEEE Trans. on Sonics and Ultrasonics*, Vol. SU-19, Oct. 1972, pp. 453–461.

2-5 Hu, C. M., Guo, N. Q., Yu, J. D., and Ling, S. F., "The Vibration Characteristics of Capillary in Wire Bonder," *Proc. IEEE CPMT Electronics Packaging Technology Conference*, Singapore, 1998, pp. 202–208.

2-6 Osterwald, F., Lang, K.-D., and Reichl, H., "Increasing Bond Quality by Ultrasonic Vibration Monitoring," *Proc. 1996 ISHM/IMC*, Denver, CO, pp. 426–431.

2-7 Fritzsche, H., "Improvements in monitoring ultrasonic wire bonding process by simultaneously monitoring vibration amplitude and bonding friction using lasers and analytical models," *VTE* (Germany) Vol. 3, (2002), pp. 119–126.

2-8 Polytec, Inc. Tustin, California 92780.

2-9 Harman, G. G. and Leedy, K. O., "An Experimental Model of the Microelectronic Ultrasonic Wire Bonding Mechanism," *10th Annual Proc. Reliability Physics*, Las Vegas, Nevada, Apr. 5–7, 1972, pp. 49–56.

2-10 Harman, G. G. and Albers, J., "The Ultrasonic Welding Mechanism as Applied to Aluminum and Gold Wire-Bonding in Microelectronics," *IEEE Trans. on Parts, Hybrids, and Packaging*, Vol. PHP-13, 1977, pp. 406–412.

2-11 NBS Technical Notes in the series *Methods of Measurement for Semiconductor Materials, Process Control and Devices:* TN 495 (June 1969); TN 520 (Sept. 1969); TN 527 (Dec. 1969); TN 571 (Sept. 1970); TN 788 (Mar. 1973); TN 806 (June 1973); Special Publication 400-4 (Mar. 31, 1974).

2-12 Ji, H., Li, M. C., Wang, J. Guan, and H. S. Bang, "Evolution of the Bond Interface during Ultrasonic Al–Si Wire Wedge Bonding Process," *Journal of Materials Processing Technology*, Vol. 182, Issues 1–3, 2 Feb. 2007, pp. 202–206.

2-13 Zhou, Y., Li, X., and Noolu, N. J., "A Footprint Study of Bond Initiation in Gold Wire Crescent Bonding," *IEEE Trans. Packaging Technologies*, Vol. 28, Dec. 2005, pp. 810–816.

2-14 Harman, G. G. and Kessler, H. K., "The Application of Capacitor Microphones and Magnetic Pickups to the Tuning and Trouble Shooting of Microelectronic Ultrasonic Bonding Equipment," NBS *TN 573*, May 1971, pp. 1–22 (some availability in 2007).

2-15 Harman, G. G., (Editor/contributor), "Microelectronic Ultrasonic Bonding," *NBS Special Publication 400-2*, Jan. 1974, pp. 1–103, which summarized 5 years of this work (some availability in 1996).

2-16 McKeown, M. and Voronel, "A. 80 kHz as an Alternate Frequency for Large Aluminum Wire Bonding," *Proc. IMAPS*, San Diego, CA, Oct. 8–12, 2006, pp. 659–702.

2-17 Takeda, K., Ohmasa, M., Kurosu, N., and Hosaka, J., "Ultrasonic Wirebonding Using Gold Plated Copper Wire onto Flexible Printed Circuit Board," *Proc. 1994 1MC*, Apr. 20–22, 1994, pp. 173–177.

2-18 Chen, G. K. C., "The Roll of Micro-Slip in Ultrasonic Bonding of Microelectronic Dimensions," *1972 Intl. Microelectronic Symposium (ISHM)*, Washington, D.C., Oct. 30–31 Nov. 1, 1972, pp. 5-A-1-1 to -9, (has 66 early references to bonding and mechanisms).

2-19 Krazanowski, J. E., "A Transmission Electron Microscopy Study of Ultrasonic Wire Bonding," *IEEE Trans. CHMT*, Vol. 13, Mar. 1990, pp. 176–181.

2-20 Qi, J., Hung, N. C. Li, M., and Liu, D. "Effects of Process Parameters on Bondability in Ultrasonic Ball Bonding," *Scripta Materialia* 54 (2006), pp. 293–297.

2-21 Levine, L., "The Ultrasonic Wedge Bonding Mechanism: Two Theories Converge," *ISHM 1995 Proceedings*, Los Angeles, CA, Oct. 24–26, 1995, pp. 242–246.

2-22 Carrass, A., and Jaecklin, V. P., *Analytical Methods to Characterize the Interconnection*

Quality of Gold Ball Bonds, Proc. EuPac '96, Essen, Germany, Jan. 31–Feb. 2, 1996, pp. 135–139.

2-23 Langenecker, B., "Effects of Ultrasound on Deformation Characteristics of Metals,"*IEEE Trans. Sonics and Ultrasonics SU-13*, 1966, pp. 1–8.

2-24 Coucoulas, A.,"Ultrasonic Welding of Aluminum Leads to Tantalum Thin Films," *Trans. Metallurgical Soc. of AIME*, Vol. 236, 1966, pp. 587–589.

2-25 Pantaleon, R., and Manolo, M., "Rationalization of Gold Ball Bond Shear Strengths," *44th Electronic Components & Technology Conference*, May 1–4, Washington, D.C., 1994, pp. 733–740.

2-26 Srikanth, N, Murali, S, Wong, YM, and Vath, CJ, "Critical study of thermosonic copper ball bonding," *Thin Solid Films*, Vol. 462, 2004, pp. 339–345.

2-27 Mayer, M., Paul, O., and Baltes, H.,"In-situ Measurement of Stress and Temperature under Bonding Pads During Wire Bonding Using Integrated Microsensors", *Proc EMIT '98*, Bangalore, India, Feb 17–19, 1998, pp. 129–133.

2-28 Suman, S, Gaitan, M, Joshi, Y, and G. Harman, "Wire Bonding Process Monitoring using Thermopile Temperature Sensor," *Proc. IEEE Trans. Adv. Packaging, Part B: Advanced Packaging*, Vol. 28, 2005, pp. 685–693.

2-29 J-R. Ho, C-C. Chen, C-H. Wang, "Thin film thermal sensor for real time measurement of contact temperature during ultrasonic wire bonding process," *Sensors and Actuators*, Vol. 111, 2004, pp. 188–195.

2-30 Karpel, G. Gur, Z. Atzmon, W. D. Kaplan, "TEM microstructural analysis of As-Bonded Al–Au wire-bonds," *J Mater Sci.* Vol. 42, 2007, pp. 2334–2346.

2-31 Ramsey, T., Alfaro, C., and Dowell, H.," Metallurgy's Part in Gold Ball Bonding," *Semiconductor. Intl.* Vol. 14, No. 5, Apr. 1991, pp. 98–102.

2-32 Spencer, T. H., "Thermocompression Bond Kinetics—The Four Principal Variables," *Proc. Intl. J. Hybrid Microelectronics*, Vol. 5, Nov. 1982, pp. 404–408.

2-33 Ultrasonic Welding, In: *The Welding Handbook*, Eighth (and earlier also) Edition, Vol. 2, Chapter 25, 1991, pp. 784–812.

2-34 Ramsey, T. H., and Alfaro, C.," The Effect of Ultrasonic Frequency on Intermetallic Reactivity of Au-Al Bonds," *Solid State Technology*, V34, Dec. 1991, pp. 37–38.

2-35 Shirai, Y., Otsuka, K., Araki, T., Seki, I., Kikuchi, K., Fujita, N., and Miwa, T., "High Reliability Wire Bonding Technology by the 120 kHz Frequency of Ultrasonic," *Proceedings of 1993 Intl. Conf. on Multichip Modules*, Denver, CO, Apr. 14–16, 1993, pp. 366–375.

2-36 Gonzalez, B., Knecht, S., and Handy, H., "The Effect of Ultrasonic Frequency on Fine Pitch Al Wedge Wirebond," *Proc. 1996 ECTC*, Orlando, FL, May 28–31, 1996, pp. 1078–1087.

2-37 Jaecklin, V. P., "Room Temperature Ball Bonding Using High Ultrasonic Frequencies," *Proc. Semicon/Test, Assembly & Packaging*, Singapore, May 2–4, 1995, pp. 208–214.

2-38 H. K. Charles, Jr., K. J. Mach, S. J. Lehtonen, A. S. Francomacaro, J. S. DeBoy and R. L. Edwards, "Wirebonding at higher ultrasonic frequencies: reliability and process implications," *Microelectronics Reliability*, Vol. 43, Issue 1, Jan. 2003, pp. 141–153.

2-39 Tsujino, J., Mori, T., and Hasegawa, K., "Characteristics of Ultrasonic Wire Bonding Using High Frequency and Complex Vibration Systems," *Proc. 25th Ann. Ultrasonic Industry Assn.*, Columbus, OH, Oct. 26–27, 1994, pp. 17–18. (abstract only).

2-40 Heinen, G., Stierman, R. J., Edwards, D., and Nye, L., "Wire Bonds Over Active Circuits," *Proc. 44th Electronic Components and Technology Conf*, Washington, D.C., May 1–4, 1994, pp. 922–928.

2-41 Johnson, W. G., "Yield Points and Delay Times in Single Crystals," *J. Appl. Phys.*, Vol. 33, Sept. 1962, pp. 2716–2730.

2-42 "Mechanical Testing, Effect of Strain Rate on Flow Properties," in *Metals Handbook*, 9th ed., Vol. 8, 1985. pp. 38–46.

2-43 See U.S. Patent 3,636,456, Jan. 8, 1972; U.S. Patent 3,693,158, Sept. 19, 1972; U.S. Patent 3,852,999, Dec. 10, 1974; U.S. Patent 4,815,001, Mar. 21, 1989.

2-44 Salzer, T. E., and Martin, C. T., Monitoring and Control Means for Evaluating the Performance of Vibratory-Type Devices, U.S. Pat. 3,794, 236, Feb. 26, 1974.

2-45 Rodionov, V. A., "The Stabilization of the Quality of Ultrasonic Welded Joints," *Svar. Proiz.* (Weld Production, USSR) No. 3, 1979, pp. 14–16.

2-46 Salzer, T. E., Method and Apparatus for Ultrasonic Bonding, U.S. Patent 4,373,653, Feb.15, 1983.

2-47 Raben, K-U., Monitoring Bond Parameters During Bonding, U.S. Patent 4,854,494, Aug. 8, 1989; German Patent 3,701,652, Jan. 21, 1987.

2-48 Jensen, J., and Bradner, D., "Monitoring Ultrasonic Wire Bonders with a Dynamic Signal Analyzer," *Solid State Technology*, Vol. 33, June 1990, pp. 53–55.

2-49 Gibson, 0. E., Gleeson, W. J., Burkholder, L. D., and Benton, B. K., Bond Signature Analyzer, U.S. Patent 4,998,664, Mar. 12, 1991.

2-50 Pufall, R., "Automatic Process Control of Wire Bonding," *Proc. 43th Electronic Components and Technology Conf*, Orlando, Florida, June 1–4, 1993, pp. 159-162.

2-51 Ingle, L., and Koontz, J., "Directly Bonded Interconnect Method and Adaptive Feedback Bond Signature Analysis System," *Proc. 1993 Intl. Conf on Multichip Modules*, Denver, Colorado, Apr. 14–16, 1993, pp. 384–390.

2-52 Short, R., "Fine Pitch Wedge Bonding for High Density Packaging," *Proc. 1994 Intl. Conf on Multichip Modules*, Denver, Colorado, Apr. 13–15, 1994, pp. 50–55.

2-53 Anderson, 0. L., and Christianson, H., "Technique for Attaching Electrical Leads to Semiconductors," *J. Appl. Phys.*, Vol. 28, 1957, pp. 923–924.

2-54 English, A. T., and Hokanson, J. L., "Studies of Bonding Mechanisms and Failure Modes in Thermocompression Bonds of Gold Plated Leads to Ti-Au Metallized Substrates," *9th Annual Proc. IRPS*, Las Vegas, Nevada, Mar. 31–April 2, 1971, pp. 178–186.

2-55 Ahmed, N., and Svitak, J. J., "Characterization of Au-Au Thermocompression (TC) Bonding," *Proc. Electronic Components Conf*, Washington, D.C., May 1975, pp. 52–63. Also In: Solid State Technology, Vol. 18, Nov. 1975, pp. 25–32.

2-56 Condra, L. W., Svitak, J. J., and Pense, A. W., "The High Temperature Deformation Properties of Gold and Thermocompression Bonding," *IEEE Trans. on Parts, Hybrids and Packaging*, Vol. 11, Dec. 1975, pp. 290–296.

2-57 Jellison, J. L., "Kinetics of Thermocompression Bonding to Organic Contaminated Gold Surfaces,"*Proc. 26th Electronic Components Conf.*, San Francisco, California, Apr. 26–28, 1976, pp. 92–97.

2-58 Antel, W. K., "Determining Thermocompression Bonding Parameters by a Friction Technique," *Trans. Met. Soc. AIME*, Vol. 236, Mar. 1966, pp. 392–396.

2-59 Smith, M., "Quality Assurance Issues Associated with Large-Wire Ultrasonic Bonding," *ASTM Committee F-1.07*, Jan. 26, 1995. Also see *"Hybrids: Designing for Maximum Yield in Power, Microwave and RF Devices."* Both available from Orthodyne Electronics Corp, 2300 Main St., Irvine, California 92714.

2-60 Coucoulas, A., "Hot Work Ultrasonic Bonding? A Method of Facilitating Metal Flow by Restoration Process," *Proc. 20th IEEE Electronic Components Conf*, Washington, D.C., May 1970, pp. 549–556.

2-61 Kessler, H. K., and Sher, A. H., "Microelectronics Interconnection Bonding with Ribbon Wire," NBS Technical Note 767, Apr. 1973, pp. 1–24.

2-62. Guidici, D. C., "Ribbon Wire vs. Round Wire Reliability for Hybrid Microcircuits," *IEEE Trans. Parts, Hybrids and Packaging*, Vol. PHP-11, June 1975, pp. 159–162.

2-63 Beck, D., "The Case for Ribbon Bonding of Large Packages to PCBs," *Surface Mount Tech.*, Vol. 8, Apr. 1994, pp. 38–44.

2-64 Terman, F. E., *Radio Engineers' Handbook*, McGraw-Hill, New York, 1943, pp. 47–57.

2-65 Wong, G., and Oftebro, K., "Bond Test Methodologies for Large Aluminum Ribbon," *Intl Symp. Microelectronics (IMAPS)*, San Jose, CA, Nov. 11–15, 2007, pp. 933–940.

2-66 Knowlson, P. M., "Fundamentals of Parallel Gap Joining," *Microelectronics and Reliability*, Vol. 5, Pergamon Press, 1966, pp. 203–206.

2-67 Johnson, D. R., and Knutson, R. E., "Parallel Gap Welding to Thick Film Metallization," *Proc. 26th Electronic Components Conf.*, San Francisco, California, Apr. 26–28,1976, pp. 66–73.

2-68 Fendrock, J. J., and Hong, L. M., "Parallel Gap Welding to Very Thin Metallization for High Temperature Microelectronic Interconnects," *IEEE Trans. on CHMT*, Vol. CHMT-13, June 1990, pp. 376–382.

2-69 International Technology Roadmap for Semiconductors. International Technology Roadmap for Semiconductors. http://www.itrs.net/home.html

2-70 "Solder Ball Technology," (multiple papers and authors), *IBM J. Res. and Dev.*, Vol. 37, Sept. 1993, pp. 581–675. Also, ibid, Vol. 13, May 1969, pp. 226-284.

2-71 Kromann, G. B., Gerke, R. G., and Huang, W. W., "Hi-Density C4/CBGA Interconnect Technology for a CMOS Microprocessor," *IEEE Trans. on CPMT-Part B*, Vol. 19, Feb. 1996, pp. 166–173.

2-72 Silverberg, G., "Single Point TAB (SPT): Versatile Tool for TAB Bonding," *1987 Proc. ISHM, Minn.*, MN, Sept. 28–30, 1987, pp. 449–456.

2-73 Larson, E. N., and Brock, M. J., "Development of a Single Point Gold Bump Process for TAB Applications," *Proc. 1993 Intl. Conf on Multichip Modules*, Denver, Colorado, Apr. 14–16, 1993, pp. 391–397.

2-74 Jacobi, J. W., Process for Bonding Integrated Circuit Components, U.S. Patent 4842662, June 27, 1989. Also see Deeney, J. L., Halbert, D. B., and Laszo, H., "TAB as a High-Leadcount PGA Replacement," *IEEE Trans. on CHMT*, Vol. 14, Sept. 1991, pp. 543–548.

2-75 Zakel, E., Azdasht, G., and Reichl, H., "Investigations of Laser Soldered TAB Inner Lead Contacts," *Proc. 41st Electronic Components and Technology Conf.*, Atlanta, Georgia, May 1–16, 1991, pp. 497–506.

2-76 ITRS, The International Technology Roadmap for Semiconductors, 2007. http://www.itrs.net/home.html

2-77 Evans, D., Couts, P., "Gold Stud Bumping for High Density Flip Chip Interconnect," *Proc IMAPS 2007 Symposium*, San Jose, CA, Nov. 11–15, 2007, pp. 1184–1190.

第 3 章　键合引线的冶金学特性

3.1　引言

本书中会在多个章节利用键合引线的材料学和冶金学特性来解释不同的键合现象，本章包含了影响键合测试、可键合性及可靠性结果的应力 - 应变特性、疲劳、引线硬度及其他性能，同时展示了引线的烧断（熔断）和老化特性，并在本章附录 3A 中综述了近年来适用于键合引线的 ASTM[⊖] 标准。本章还给出了引线的实际数据，并定义了必要的引线键合方面的冶金学术语，建议对冶金学 / 材料科学不熟悉的读者首先阅读一些该学科相关的介绍性文本，以更好地理解这些概念[⊖]，对这些概念的理解也有助于理解本书的其他章节。

带材的应用已在本书第 2 章中进行了讨论，除 3.8 节中有关疲劳的数据外，本章不再另做讨论，这里假设其与线径相当的圆引线（99.99%Au 线，无掺杂）具有相似的冶金性能。

3.2　键合引线的应力 - 应变特性

键合引线通常规定了其延伸率和拉断力（有时被错误地称为拉伸强度），可以推测有其他影响键合过程的性能，但未被理解或实际测量，这些性能可能与一致性、表面光洁度、硬度、晶体结构、热处理等有关（例如，有相似规定的、来自不同生产商的 Al 丝或 Au 丝常常需要采用不同的键合参数，以达到同等的键合水平）。

图 3-1 所示的曲线展示了典型键合引线的应力 - 应变的冶金基础性能，该数据是依据 ASTM F219 规范（参见本章附录 3A）获得的，对长度 25.4cm（10in）的引线进行拉伸（施加力）并持续记录其延伸率（拉伸）和实际的拉断力，应力轴表示施加的力（通常以 gms 或 mN 为单位），水平的应变轴表示引线对拉应力

⊖　ASTM（American So ciety for Testing and Materials），即美国材料与试验协会。

⊖　例如，*Understanding Materials Science: History*，*Properties*，*Applications*，第 2 版，Rolf E. Hummel 著，1988 年 5 月；或 *Fundamentals of Materials Science and Engineering: An Integrated Approach* 第 3 版，William D. Callister，Jr. 与 David G. Rethwisch 著，2007 年 12 月；对于数据、公式等，参看 *CRC Materials Science and Engineering Handbook*，第 3 版，J. F. Shackelford 与 W. Alexander（eds）著，2001 年。

的反应，表现为引线的伸长（拉伸）。曲线给出了同种（粗线径）Al 键合引线在两种不同退火状态下的数据，该曲线适用于粗或细的 Al 丝或 Au 丝，某些特殊引线产生的曲线形状可能稍有不同（例如在区域 3 处的曲线更加平缓）。由于应力消除态引线的曲线可能比退火态的曲线高（强）2～3 倍，因此对纵轴的应力数据进行了统一化（归一化）。曲线 A 为完全退火态，曲线 B 为应力消除态（轻微退火），区域 3 代表塑性变形区，此处引线发生永久的拉伸变形。点 4 表示为每种引线的拉断力，可由纵向应力（施加的力）轴读出。需要注意的是用于热超声键合和热压键合的 Au 丝是经过退火的，其应力 - 应变特性通常接近于图 3-1 中的曲线 A。

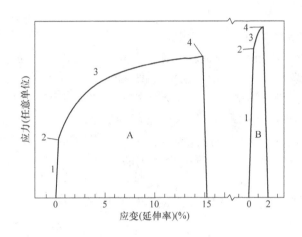

图 3-1　两种不同硬度状态的 Al 键合引线的典型应力（拉力）- 应变（延伸率）曲线图：引线 A 为经热处理后的典型粗线径的 Al 键合引线，但也与用于 TS 键合的 Au 丝相似；引线 B 为应力消除态（部分退火）引线，其特征与用于细线径超声楔形键合的引线（Al 丝或 Au 丝）相似；为了在同一图中展示两条曲线，将应力轴的单位进行了处理（引线 A 的拉断力约为引线 B 的一半）；对于两条曲线，1 为弹性区域，此处的应力与应变呈比例关系，2 为比例极限或弹性极限，3 为非弹性或塑性变形区域，4 为引线的拉断力；在断裂点 A 的延伸率为 15%，B 为 1.5%。

　　如果对引线进行非破坏性拉力测试（NDPT），则施加的载荷力不可超过弹性极限值（两条曲线中的点 2），否则引线将会产生不可逆的冶金性能改变，根据 NDPT 定义，则不能称其为非破坏性（参见 4.3 节）。

3.3　键合引线的存储寿命老化

　　大批量生产的制造商按照"精益管理"的方式按时收到运送的引线后，并在引线到货后的一周或一个月内使用，因此通常不会关注引线在保存期限内的老化性能，然而那些小型或者仅偶尔使用某种特定型号或规格引线的生产商，则需要关注多种型号键合引线的长期贮存（老化）性能。某些生产商将超过某一期限的引线丢弃，如 3 个月或 6 个月，他们通常不希望因引线冶金性能的改变而冒险影响其现有键合设备设置条件下的产量。在 20 世纪 80 年代中期，ASTM（F1.07 委员会）让几家引线生产商系统地研究了 25μm（1mil）线径的键合 Au 丝和 Al 丝的实际老化性能，缠绕在 5cm（2in）线轴上的引线在 22.8℃ ± 1.6℃（73°F ± 3°F）温度下贮存了两年并定期地进行测试。结合更新的 ASTM 键合引线标准，作者近期与一些引线生产商进行了接触，他们也都赞同现如今引线的常规老化特性并预期现今保存的引线仍然是有效的，甚至应该与球形键合用 Au 丝的主要冶金性能变化保持一致，在接下来的段落中将对此进行深入讨论。

以上提到的原始数据已在 ASTM F72 和 F487 标准中发布，2006 年，在征求了四家主流引线生产商和其他专家的意见后，对这些文件进行了更新和重新包装。细 Al 丝的主要成分仍然为含 1%Si 的 Al，与最初的测试结果相比，表现出几乎完全相同的特性，主要的区别在于因生产过程的改进而使得引线的可控性 / 可重复的生产性更好。现今用于高速自动键合机的键合 Au 丝，含有用于稳定 / 抑制金属间化合物的添加物已有差别，且添加物通常的百分含量更高（高达 1%）。尽管没有跨公司进行同等的老化试验，但仍可预期这些新型合金至少与 20 世纪 80 年代中期随时间老化的引线相比具有同等的稳定性。

通常，硬态、拉拔态引线的拉断力（从 5% ~ 15%）在生产后的 6 周内快速降低，因此基于可重复生产性的要求，大批量生产几乎不推荐使用硬态引线。超过 2 年的时间后，由于引线在室温下的自退火拉断力持续降低，但老化速度更加缓慢。应力消除态以及退火态的所有 Al 丝和 Au 丝在整个 2 年的测试期内其拉断力都始终保持在规定范围内。含 1%Si 的 Al 丝延伸率特性则比其拉断力更加不明确，可能升高或降低但仍处在规定的极限范围内，且通常在测试结束时恢复至中间值，这些数据被编辑并发布在 ASTMF 487 标准（Al，1%Si）及 F72（Au 合金，Be、Cu 掺杂）中。图 3-2 和图 3-3 分别给出了（1%Si）Al 丝和（Be 掺杂量 <10ppm）Au 丝的老化数据，其他引线的老化图表，如含 1%Mg 的 Al 丝及含 Cu 的 Au 丝，由于这些引线现如今已很少使用且已从 ASTM 标准中除去，因此这里不再进行重复讨论，这些资料包含于 ASTM 最初的研究中（分别参见 ASTM F638 和 F72 标准）。读者若需了解更多关于键合引线规范和性能的详细数据可直接查看 ASTM 标准（参见附录 3A 中的表格）。

从保存期限研究中得出的结论是，通常而言，经退火或应力消除的细引线（非硬态、拉拔态）可在长达 2 年的时间内使用且其拉断力仅发生微小的改变，尽管 Al 丝的延伸率波动较大，但仍处在整体规定的范围内。需要注意的是引线必须贮存在几乎恒定的室温条件下，且必须避免阳光直射、敞门通风或可能存在热源的环境中。

即使在 ASTM 试验后，某些个别用户仍倾向于处理掉存贮 6 个月左右的引线，其基本原因之一是在 2 年期内的引线环境和常规的处理无法始终得到保证；另一个原因是自从上次 ASTM 获取老化数据后，现代 Au 丝微观冶金的性能已经发生改变，且未对新引线的老化特征进行研究。我们注意到细 Au 丝在这期间已经得到非常大的改进（更加稳定、强化、颈部和弧形特征更优等），相反的是，Al 丝仍主要使用同样的含 1%Si 的合金，因而至今 Al 丝几乎没有变化，主要在一致性和可重复生产性方面得到了改进。

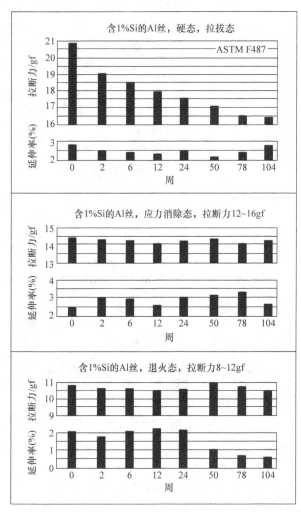

图 3-2　拉拔硬态、应力消除和退火条件下，25μm 线径，含 1%Si 的 Al 丝保存期限内的老化图（来自 ASTM F487 2006 修订版）

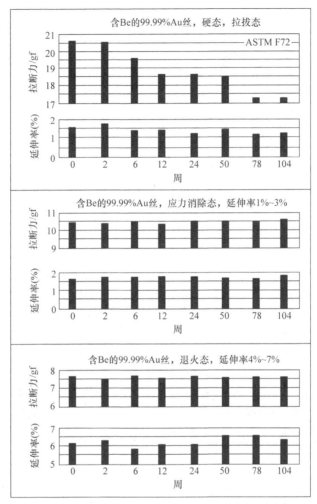

图 3-3　拉拔硬态、应力消除和退火条件下，25μm 线径，掺杂 Be 小于 10ppm 的 Au 丝保存期限内的老化图（来自 ASTM F72 2006 修订版）

对 100μm（4mil）以上的粗键合引线进行等效的老化性能研究非常有限。然而，目前大部分用于功率器件的粗 Al 丝成分为 99.99%，这些使用的引线通常是退火状态（延伸率 > 5%）。基于上述对细引线的老化性能测试，可以假设这些退火态引线的拉断力在两年期内的改变非常微小。图 3-4 给出了不同退火条件下粗引线的典型拉断力和延伸率示例，该曲线绘制出了不同时间热处理引线的性能。曲线左侧的点比右侧点的热处理时间更短，温度更低，例如，为制备典型的粗引线，可在 250℃退火 45min（99.99% 曲线可得到约 15% 的延伸率）。用不同时间和温度的条件进行重复退火过程以获得完整曲线。大多数使用曲线中高延伸率

（>5%）、拉断力平缓区的粗 Al 丝，且该 Al 丝在常规使用温度下可以保持稳定性。

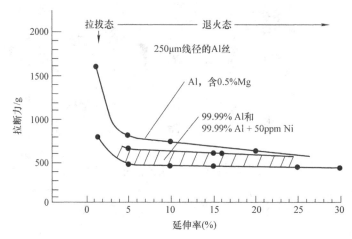

图 3-4 现代不同退火态（热处理）的典型 250μm 线径的 Al 键合引线的性能曲线：上面的曲线是含 0.5%Mg 的 Al 丝，下面条纹带的曲线表示由用户 / 生产商规定的 99.99%Al 丝和含 50ppm Ni 的 99.99%Al 丝，二者的冶金特性有所重叠。用户的需求规定（拉断力和延伸率）将决定生产商选取曲线上某一位置的退火态引线，以获得期望的性能（来自 Custom Chip Connection，2008）

    添加约 50ppm Ni 的掺杂元素，以用于改善粗引线对包封塑料的耐腐蚀性，然而，我们注意到，在所有粗引线的产品应用中大部分仍然使用标准的 99.99%Al 丝。线径高达 500μm（20mil），延伸率 10% ~ 20% 这也是现阶段行业中主流使用粗引线的参数。

    图 3-5[3-1] 所示为含 1%Si，25μm（1mil）线径 Al 丝的退火曲线。Si 掺杂的细线与粗线的差异非常显著，这种引线的确切曲线形状随退火温度、冷却时间和各自生厂商的工艺过程不同而改变，在某些情况下引线延伸率的变动（波动）会比图 3-5 中的变动大几倍。对这种延伸率波动的解释与引线晶体结构的变化有关，引线的轴向由拉拔态 <110> 向再结晶 <111>（热处理）过程的转变。对这些晶体学行为的详细说明已超出本书范畴⊖，读者可参考其他通用的冶金学书籍[3-2] 以获得更加完善的理解。

    ⊖ 例如 *Understanding Materials Science: History*，*Properties*，*Applications*，第 2 版，Rolf E. Hummel 著，Springer-Verlag，1988 年 5 月；或 *Fundamentals of Materials Science and Engineering: An Integrated Approach*，第 3 版，William D. Callister，Jr. 与 David G. Rethwisch 著，2007 年 12 月；对于数据、公式等，参看 *Materials Science and Engineering Handbook*，第 3 版，J. F. Shackelford 与 W. Alexander（eds）著，2001 年。

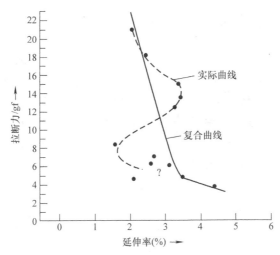

图 3-5　线径 25μm（1mil），含 1%Si 的 Al 丝拉断力 - 延伸率的关系图：中间区域的延伸率变动有些异常，这是由老化期间的参数离散导致的，参见图 3-3 [3-1]

3.4　键合金丝的综述

球形键合用的细 Au 丝有两种显著不同的类型，一种通常用于手动引线键合机，通常其拉断力范围为 6 ～ 8g，退火态，延伸率 4% ～ 7%（线径 25μm），这种 Au 丝通常采用质量百分数低于 100ppm 的 Cu、Ag 掺杂以达到稳定化；另一种用于高速自动键合机的则通常需要强度更高的 Au 丝，其（退火态）拉断力范围为 8 ～ 12gf，延伸率为 3% ～ 6%，该 Au 丝需要较高的强度，以防止因被键合瓷嘴快速拉扯而发生 Au 丝断裂或伸长的现象，尤其需要增强 Au 丝焊球颈部热影响区（就在焊球上部）的强度，以获得更好的成弧能力和热循环性能。较高强度的 Au 丝也可用在塑料封装中，以增强 Au 丝的抗偏移能力（参见 8.1.7 节）。许多不同掺杂的元素可用于使这些引线稳定，最初的掺杂为 Be，首先引入的掺杂量通常为 10 ～ 100ppm 范围，而最近使用的添加量在 5 ～ 8ppm 范围内 [3-3]。后面在 Au 丝中添加了 Ca（5 ～ 7ppm）及其他杂质元素以改善 Au 丝和焊球颈部特性，其添加量通常是有专利保护的。前文讲过，掺杂元素的总浓度量不超过 100ppm，即所有 Au 丝均规定为 99.99%Au。近年来在 Au 丝中掺入更多种杂质元素以进一步增强 Au 丝或焊球上方颈部的强度，并在细节距产品应用中减少了因金属间化合物导致的失效。在某些情况下，通常添加 Pd 或有专利权的掺杂元素使纯度降低至 99.9%Au。一些研究人员已经对 Au 丝焊球颈部区域（其长度、硬度、晶粒结构变化等）进行了分析讨论 [3-4, 3-5, 3-6]。尽管为满足高速自动键合机的需求而专门设计强度更高的 Au 丝，但该 Au 丝也可以很好地在手动键合机上使用。

供应的球形键合用 Au 丝为退火态。如果 Au 丝为硬态（拉拔态），则位于焊球上方的 Au 丝将会在 Au 丝熔化和焊球形成的过程中立即变为退火态，因此这个区域的 Au 丝将会比其他区域的 Au 丝更加脆弱，在焊球上方的 Au 丝将会发生急剧弯折（类似折点）而阻碍平滑线弧的形成（这种可导致颈部易于断裂的现象，可用于带球凸点倒装芯片的产品应用中，也可用于需要非常低线弧的产品中，例如 TSOP、智能卡和堆叠芯片，参见第 9 章）。即使采用特殊的添加物以改善强度并使颈部的长度 [38 ~ 100μm（1.5 ~ 4mil）] 尽量减小，但这个区域仍是引线键合系统中最为薄弱的部分[3-4]，将其称为热影响区（Heat Affected Zone，HAZ），且该区域的硬度比 Au 丝其余部分的硬度低约 20% 左右。图 3-6a 所示为焊球形成后该区域的晶粒结构示意图，图 3-6b 所示为实际的 Au 丝横截面，应该注意的是，HAZ 处的晶粒比 Au 丝其余部分的晶粒更大，使得 HAZ 处的 Au 丝为键合系统中最为薄弱的部分，在拉力测试中通常会在此处断裂。Au 丝制造商为强化这个区域的 Au 丝进行了持续的研究，进而达到改善弧形、抗疲劳性和抗引线偏移的目的。

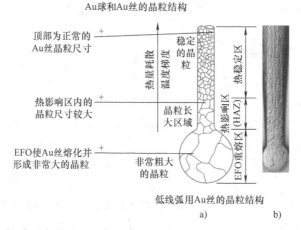

图 3-6　a）显示了焊球形成前后，热影响区的 Au 丝晶粒结构示意图（来自：H. Chia，AFWInc.）b）反映经腐蚀的 Au 丝和焊球的实际晶粒结构图（来自：K&S wire）

目前已经对与 Au 丝焊球成形和拱弧过程相关的一些冶金学问题进行了很久地研究[3-5]，这些问题包括：

1）形成高尔夫球杆形焊球（Au 丝与焊球球心偏移）。

2）焊球上部的 Au 丝晶粒增长和强度降低。

3）形成颈缩和引线框架连接条（tiebar）断裂。

4）Au 丝刮伤。

这些问题在实际情况中并不经常出现，且大多数自动键合机通常设置了程序以避免问题 3 发生，同时，在某些情况下通过改善 Au 丝冶金性能以限制问题 2 和 3 发生的范围。常规的防护通常可消除问题 4 的发生。然而，这些问题的发生确实足以引起人们的注意，表 3-1 给出了一些排除这些故障问题的方法。

表 3-1　Au 丝球形键合的问题 / 解决方案表

问题	可能的解决方法
高尔夫球杆形焊球	延长尾线长度，降低 EFO 位置，避免瓷嘴或设备的横向运动
Au 丝晶粒增长（HAZ 内的 Au 丝强度降低）	缩短 EFO 形成电火花时间，使用（掺杂）改善的 Au 丝
焊球上部颈缩，引线框架连接条断开	使用反向拱弧
Au 丝刮伤或印痕	清洁线夹，更换或清洁瓷嘴

关于引线和键合工具问题的特定排故信息通常可从引线和键合工具生产商处获得，其中有几个生产商有大量的手册信息，部分章节内容涵盖了这些问题并给出了常规的技术解释，通常他们有非常实用的网站，其中一些内容在本书结尾的章节中列出。

3.5　超声楔形键合用铝丝

用于超声楔形键合的细 Al 丝通常添加 1% 的 Si 以提高其强度（纯 Al 丝太软以致于不能拉拔至细线径尺寸）。这种 Al 合金丝从 20 世纪 60 年代一直采用至今，且已证明有令人满意的力学性能，所以至今的 Al 合金丝变动很少，只在一致性和可重复生产性上进行了提高。Si 在 500℃ 以下无法形成固溶体，因此在 Al 丝中呈精细分散的颗粒状态，这些颗粒在热处理时会增长，大颗粒会作为应力集中源（risers），在器件热循环过程中将诱发产生裂纹并导致 Al 丝断裂（参见 8.2 节）。然而，实际上在数十亿的器件中已证明含 1%Si 的 Al 丝键合是非常可靠的，关于 Al 丝的 ASTM 标准（F-487）在 2006 年进行了修订。含 1% 或 0.5%Mg 的 Al 合金丝在室温下为均匀的固溶体，依此而言，该类 Al 丝应该已经是行业应用中一个非常好的选择，然而在细 Al 丝的键合中已放弃使用这类 Al 丝，在 2006 年也已废弃使用该类 Al 丝的 ASTM 标准（F-638）。我们注意到在一些线径达 250μm（10mil）的粗引线互连中仍在有限的使用这种含 0.5%Mg 的 Al 丝。

超声楔形键合用细 Al 丝与线径相似的球形键合用 Au 丝的力学性能区别很大，通常供货的 Al 丝为应力消除态，意味着其未进行完全退火（仅部分退火），参见图 3.2，用于超声键合的 Al 丝拉断力为 12 ~ 21g（25μm 线径）。含 1%Si，完全退火的 Al 丝拉断力范围约为 4 ~ 7g，延伸率约 10%，这种 Al 丝太软以致于不能（有效地）与常规 IC 芯片的 Al 金属层实现超声楔形键合。典型的情况是，25μm 线径 Al 丝规定的拉断力为 14 ~ 16g，延伸率范围为 0.5% ~ 2%，该规定与几十年前使用的 Al 丝规定相同。选用低延伸率的 Al 丝是为了在完成第二键合点后便于进行引线夹紧 - 拉扯 - 夹断的过程，而使用的高延伸率引线在该过程中将被拉伸而不是断开，通常会使穿通的引线松弛，进而导致键合操作停顿。然而，高延伸率的粗线可利用特定设计的键合劈刀将引线切断，并利用倒 V 型、有平行沟槽的劈刀头限制键合点的变形量，在本书第 2 章中给出了粗引线键合的示例。因此，即使对粗 Al 丝进行完全退火，具有非常高的延伸率，但仍然可进行键合，如第 2 章图 2-16 所示。大多数粗 Al 丝成分为标准规定的 99.99%，少数为含 0.5%Mg 的 Al 丝。然而已经使用的 99.99%Al 丝含有约 50ppm 的 Ni 添加元素，如前文所讨论的，其目的是为了减少引线在塑料封装中的腐蚀，据称这些引线可经受高达 700h 的高压蒸汽试验（121℃，100%RH），但无这种合金的细线供应。因为粗 Al 丝通常与封装体上的 Ni 层或器件上的 Al 焊盘进行键合，所以任何关于 Au-Al 金属间化合物形成的可能影响在这里都不会成为问题。

3.6 引线及金属层硬度

为实现最优键合，通常需要评价引线与金属层硬度的匹配性和形成弹坑的可能性，以确定引线和焊球的硬度值$^{\ominus}$。这些数据在本书中的多个不同的地方进行了描述，并将在 5.1 节表 5-2 中进行了集中讲述。由于通常不会将必需的信息发布出来，所以这些数据通常使用不同的单位并且未进行直接转化，所以在表 5-2 中未包含典型金属层的硬度值，这是因为其硬度值取决于热处理和掺杂的合金元素，例如，当 Al 金属层中的 Cu 含量从 0 提高至 10% 时，其纳米硬度值 [或称超显微硬度值（ultramicrohardness，UMH）] 可提高达 4 倍（1 ~ 4GPa）[3-7]。另一UMH 试验 [3-8] 发现纯 Al 膜层的硬度值在 0.45 ~ 0.6GPa 范围内，含 2% ~ 4%Cu 的Al 膜层（有时用于 IC 金属层）的硬度值约为 2GPa，这种合金因时效硬化（age hardening）而闻名，所以其实际硬度值将取决于热处理和时效条件。测量薄金属层（约 1μm）的硬度需要使用特殊的 UMH 测试仪，测试时使用很低的载荷力（约0.2gf），且测试人员需要具备专业的训练和知识。目前引线和焊球上的硬度已可使用标准的显微硬度测试仪进行测量，使用的典型载荷力约为 1 ~ 4gf。

有两项研究已经衡量出金属层硬度和可键合性之间的关系，Nabatian[3-9]（引线与厚膜层的楔形键合）与 Klein[3-10]（引线与 IC 金属层的球形键合）均发现，在其他条件完全相同的情况下，随着金属层硬度提高，在金属层上的可键合性将会降低（参见第 9 章可键合性与硬度的关系示例）。此外，其他研究人员还发现最优可键合性的条件是引线和金属层的硬度基本相等 [3-11]。典型可键合的纯 Au 丝、Al 丝和膜层的硬度范围约为 50 ~ 90HKN（一种金属硬度单位），但硬度会随着杂质和气体（氧气）含量的变化而迅速提高。

3.7 EFO 极性的影响

1984 年左右，关于 Au 球形成的电火花方式，行业中从正极 EFO（Electronic

$\ominus$　加工态的未变形焊球和已键合焊球之间的硬度值也存在差异，后者硬度约高 40%（参见本书第 8章表 8-3），但该差异取决于金属种类（例如 Au、Cu）。

flame-off，电子打火）转变为负极 EFO[3-12]。这种改变的一个原因为负极 EFO 形成焊球的一致性更高（对现今的高良率和细节距键合的要求非常重要）；另一个原因为引线和瓷嘴不会吸附上外来（含碳的）颗粒物，同时，不会从 Au 丝上喷溅出来金并沉积在瓷嘴上，因此使用负极 EFO 可阻止这种沉积，并可明显提高瓷嘴的使用寿命，进而使得与瓷嘴相关的设备停机时间降至最低。此外，美国宾夕法尼亚大学[3-13] 关于形成焊球的大量理论研究表明，由负极 EFO 产生的从电火花到引线的热量传导更加有效且均匀。

EFO 极性的改变也有一些"据报道称的"益处，例如称产生的焊球更软进而形成的弹坑较少。然而关于分别从正极和负极 EFO 获得焊球硬度的有限报道表明后者实际获得的焊球略硬，其可能的原因是产生的晶粒结构更加细小[3-14]。报道采用负极 EFO 获得焊球的硬度值（平均值）为 39.3HKN，而正极 EFO 获得的硬度值（平均值）为 37.3HKN。因此，至今未有文献证明 EFO 极性对产生弹坑的影响，该问题仍未得到解释。

3.8　键合引线的疲劳性能

目前已经对因温度和功率循环导致的引线键合可靠性问题进行了大量的探讨，还将在 8.4 节图 8-17 ~ 图 8-19 中进行了说明，对金属疲劳进行了定义并列出一些典型的 *S-N* 失效曲线，但是没有给出应力与失效循环次数的冶金学数据。若干作者已研究了 Au 丝和 Al 丝的疲劳问题，部分出版物给出了 *S-N* 曲线[3-15 ~ 3-20]。下面展示了 Au 丝和 Al 丝合金的疲劳信息，其中也对 Cu 合金丝的 *S-N* 实验进行了描述[3-19]。

当一种金属（引线）承受反复应力时，如向前和向后弯曲，尽管这一应力远低于通过单次弯曲或拉伸使其断裂所需的应力，但其最终也可能会发生失效，这就是所谓的疲劳。关于材料疲劳的数据通常以应力与断裂循环次数（*S-N*）的关系形式给出，多数（键合）引线的疲劳数据是通过在恒定操作温度（通常为室温）下机械弯曲短引线的加速方式获得。然而现场失效的情况通常比较复杂，有功率（开 / 关）和包含有不同的加热时段、不同的保温时间和不同的速率降温的其他温度循环等情况，在真实的器件中，这种热循环会使引线弯曲，导致产品损伤，此外在连续高温下操作时的引线也会因局部退火而损伤。

目前已发表的关于键合引线的实际疲劳数据相对很少，其中很多数据都是通过其他数据计算推导出来或以不同的形式展现出来[3-16, 3-17]，有些使用变形量、纵向应变、应力等变量，给出的信息不充足而无法进行单位转换，也无法对数据进行直接比较。目前可获得的数据只能假设其对研究中使用的（通常未明确说明且是有专利保护权的）特定引线冶金学性能是准确的，典型的研究是对引线 A、B、C 进行的比较。通常在数据发布后，引线的制造过程（包括掺杂和退火）可能已经发生改变，然而可以利用这些通用数据对基于疲劳的引线键合寿命进行（非常）

近似的估算，如图 3-7 ~ 图 3-9 所示的三条 *S-N* 曲线，可认为这些通用数据适用于对裸线的认识和寿命的估算。此外，Uebbing[3-16] 使用来自锻造 Au 的 *S-N* 曲线研究了包封后 Au 丝的疲劳问题，读者可参见其论文以获得这些数据。

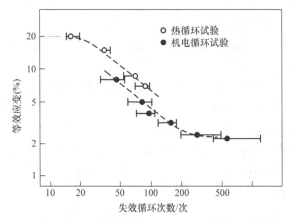

图 3-7 20μm×350μm 热压键合 Au 带的等效应变 - 失效循环次数关系图：上部的曲线结果来自热循环（−55 ~ 85℃）试验；下部的曲线来自等效位移下的机械循环试验[3-18]（©IEEE）

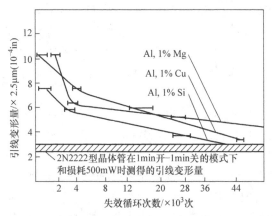

图 3-8 多种不同合金的 25μm 线径 Al 丝的 US 楔形键合点的疲劳曲线（基本为 *S-N* 曲线）图，这些数据是通过引线的机械加速疲劳试验而获得：下方的阴影线条部分代表温度循环条件下测得的发生于实际器件内部的引线变形量；需要注意的是 Mg 掺杂的 Al 丝比 Cu 或 Si 掺杂 Al 丝的耐疲劳性更好[3-15]（©IEEE）

文献 [3-18] 给出了 Au 带（薄带线，未给出纯度数据，但通常为 99.99%）机械弯曲（Mechanical Flexing，MF）和热循环（Thermal-Cycling，T-Cy）*S-N* 寿命的一组直接对比，发现在相同应变的情况下，T-Cy 的失效循环次数比 MF（室温）高约 60%，如图 3-7 所示。

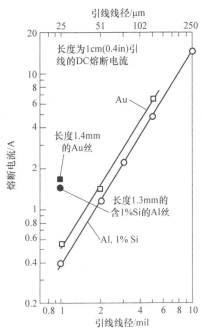

图 3-9　指定线径的 Au 丝和 Al 丝长度为 1cm 时的直流熔断电流图，剔除了长度较短引线的黑点熔断数据

　　美国康奈尔大学的一个团队进行了引线疲劳广泛的综合研究（*The broadest general study of wire fatigue*），搭建了可在不同温度（20℃、75℃ 和 125℃）和三种不同应变振幅下研究失效循环次数的特殊机器设备[3-20]。25μm 线径的 Al 丝和 Au 丝均可使用该设备进行研究，其中对含 1%Si 的标准 Al 丝的研究结果一直沿用至今，而对 Au 丝的研究结果至今仍可作为参考。研究报告中并未对两种 Au 丝的类型进行详细说明，研究结果可能与最新的引线应用会有明显差异。施加的应变振幅分别为 0.7%、5% 和 10%，通常期望微电子系统中的应变振幅为低的和可重复性的，基于此，（0.7%）应变振幅试验给出了失效循环次数范围为 1 000 ~ 10 000 次，在较低温度下具有较长寿命的数据。对于上述的 Au 丝样品，一种 Au 丝的失效循环次数高于 Al 丝，而另一种 Au 丝的失效循环次数则低于 Al 丝，这些数据过于复杂以致无法在一到两张图中合并绘出，感兴趣的读者可查阅原始参考文献。

　　当处于高温环境中时，含 1%Si 的 Al 丝内会形成大的 Si 团聚体并发展成脆弱的竹节结构，这些 Si 团聚体可作为应力集中源（引发裂纹）并缩短疲劳寿命。由于这个原因，这种 Si 掺杂 Al 丝的 T-Cy 寿命与未处于长时间高温环境下 Al 丝的预期寿命相比就更短。因此对于使用 Au 丝的真实器件，很难估算出该 Au 丝的准确寿命值。Ravi[3-15] 开展了几种特定 Al 合金丝的疲劳寿命研究，其数据如图 3-9 所示，并表明含 1%Mg 的 Al 丝具有优异的 CF 疲劳寿命（未测试温度循环的疲劳寿命），同时还对偏移量（deflection）与某一器件工作中的 Al 丝实测量值进行了比较。自 Ravi 研究工作以来，Al 合金丝的变化很微小，因此该比较结果至今仍然有效，但应该与上述拥有更加精确设备的康奈尔大学研究结果进行比较。考虑到前面所有讨论内容的不确定性，不论在空腔封装中还是塑料封装中，这些引线在热循环过程中确实会发生失效，因此在设计需要经受明显温度波动的互连系统时必须考虑这些问题，并且设计人员可能只有在有限数据的基础上预测疲劳寿命。这显然需要做更多的工作，通过使用相似的设备来更好地表征与键合引线相关的力学性能 [3-20]。在空腔封装中引线疲劳的实际解决方案是提高键合引线弧高与长度的比值，这使得在给定 ΔT 条件下的引线弯曲量降至最低（参见 8.2 节），该结果可同时适用于 Au 丝和 Al 丝。现已表明如湿度的其他环境因素可降低 Al 丝的疲劳寿命 [3-17]，然而，由于多数芯片/引线都是塑料包封的，围绕芯片/封装体的应变可能会发生改变，所以必须对其应变进行估测，目前唯一的实用方法就是利用温度循环得到真实的疲劳寿命，这已成为所有的封装研发中的标准。

3.9 球形键合用的铜丝

1. Cu 丝的应用现状

对于 Cu 丝的研究已超过 20 年，但只在最近才在实际的批量生产中得到应用（参见本书第 5 章），Cu 丝与 Au 丝相比，有许多不同，Cu 丝易于氧化因而在通过 EFO 形成焊球的过程中需要惰性气氛保护，且硬度更高因而更易发生弹坑等现象。然而，因为 Au 的高成本、Cu 的低电阻率（可承载更高电流）及其在塑料封装中的抗引线偏移能力，所以业界又对 Cu 丝重新燃起兴趣。Cu 丝在 Al 焊盘上的金属间化合物的可靠性及硬度提高的问题将在第 5 章中进行充分的讨论，并附有适当的参考文献。此外，热超声键合的 Cu 球硬度达 111HVN，明显高于初始 Cu 球的硬度（84HVN），该硬度能够且确实可引发弹坑现象（参见本书第 8 章）[3-21]。大多数球形键合用 Cu 丝产品的线径为 50μm（2mil），且可在小功率器件中使用更粗的线径，暂不清楚 25μm 或以下线径的 Cu 丝在大批量生产中应用的情况，但随着 Au 价格接近 1000 美元/盎司（2008 年），且当塑料封装中如球颈和月牙形线端疲劳等冶金学问题得到解决后，金价将必然会达到这一价格。所有的引线生产商都已开始生产 Cu 丝，且也很容易地获得了专为自动键合设计的 Cu 丝，然而至今还没有针对 Cu 丝的 ASTM 或国际标准，下面列出了许多应该会有帮助的 Au 丝的标准[⊖]。

来自封装行业的一些评论表明，塑料封装中线径小于 50μm（通常小于 40μm）的 Cu 丝已经出现了一些问题。Cu 对冷加工或再结晶的过程敏感，目前已经在塑料封装中观察到由温度循环导致的引线跟部和焊球颈部断裂现象的发生率

⊖ 关于 Cu 丝的应用可参照 YS/T 678《半导体器件键合用铜丝》等标准执行。——译者注

较高，且通常与 25μm 或以下线径的 Cu 丝键合有关。在温度循环过程中，Cu 丝会在鱼尾形引线跟部附近及焊球颈部处产生裂纹，因此，目前仍在对实现 25μm 或以下线径 Cu 丝的键合技术实施进行相关的研究工作。其他行业的评论表明，其他问题与引线的冶金性能问题可能同样重要，例如为了优化 Cu 丝键合，有必要使芯片键合焊盘硬化，这为在代工厂中进行芯片键合的公司带来了生产问题，键合工具磨损加快、细节距（≥40μm）下的穿丝过程变慢，复杂的冶金焊盘区域（例如 Cu/Lo-k）易于损伤 [目前有些低端娱乐器件产品的塑料封装中在使用细（约 25μm）Cu 丝，这种情况下的产品仅经受有限的温度循环]。因此，尽管前面列出了 Cu 丝的所有问题，但这相对于 Au 丝来说，Cu 丝的优势仍然十分显著，在适当的时候，这些遗留问题应该会得到解决。

Gaiser Tools 发布的技术通报中对 Cu 丝做了简要总结，列出 Cu 丝的优势和问题，附录 3B 中列出了这些简讯。

2. 绝缘的键合引线

用于防止相邻引线短路的绝缘键合引线的概念 [3-21, 3-23] 在许多年前就已提出，通过强阳极氧化在 Al 丝上引入这种涂层体系，对于楔形键合是非常有效的，但如果不需要在细节距上应用时则无明显优势。随后尝试了其他涂层，但在粗节距引线键合时代中对这种产品的需求很少，因而没有实施这些技术，目前关于这项技术已有许多专利，且至少可从一家引线供应商处获得。近来参考文献 [3-24] 研发了一种可兼容于球形键合用 Au 丝的涂层。如此看来，随着细节距（至 20μm）技术的迅速发展，这种技术在将来可能会有大量地应用。

3.10　导线烧断（熔断）

3.10.1　键合引线

半导体器件中互连引线的电流承载能力是一项重要的封装设计参数，关于这一问题的论文已有很多 [3-25～3-35]。引线烧断（熔断）是一个复杂的问题，影响因素包括引线的冶金性能和长度、气氛、塑料包封（如果有使用）以及电流负载循环、键合类型（球形或楔形键合）和通过芯片或封装体键合的散热程度。影响引线熔断的其他几个因素为引线电阻率、热导率、电阻温度系数和熔点。如楔形键合点的变形量及键合质量（焊接界面的百分比）的其他可能因素也会影响短引线的熔断，这些后面的因素从未在已发表的文献中得到评估或考虑。

从芯片或封装体到引线传导的热量，以及由给定长度的引线产生的电阻热 I^2R，均为改变熔断电流的重要因素。因此，在空腔封装中，假设完全焊接的键合界面有一个最小的变形量，引线越长则熔断电流越低（I^2R 热量越多且向外端传导的热量越少），当引线长到一定长度时由内向键合点外传导的热量可以忽略。随着引线的增长，引线内的热量对流和向环境中热辐射的损失量发生变化，对热量损失过程的控制作用大于向键合点外传导的热量。然而，这与塑料包封器件中的引线熔断是完全不同的。

Al 丝在氧气（或空气）中的响应与在惰性气体或真空中的响应是不同的，在氧气中快速的熔断（1ms 或更短）可能导致在 Al 丝两端均形成变形的熔球，然而通过一个递增的电流方式缓慢加热时（大于几秒），会生成厚的氧化铝护套（sheath）从而改变引线向环境中的热传递，保护液态金属进一步地氧化并使其固定。因此 Al 丝的温度可升高至其熔点以上几百度，可明显地表现为人为导致的高熔断电流。当撤去电流时，液态金属冷却并收缩，有时会导致断路（若 Al$_2$O$_3$ 护套内无连续的残留金属）。在其他时候，引线未熔断且出于实际目的而具有一个比预测温度更高的熔断电流，Kessler[3-25] 首次观察到并报道了这一现象，并在随后进行了证实[3-29]。

Au 丝不会氧化，几乎就在其熔点处发生熔断，并在断开的 Au 丝两端形成 Au 熔球。假设通过每个焊点向外传导的热量是相同的，那么 Au 丝将大致在其跨度的中心处熔断。Au 丝在具备较高熔点的同时也具有较低的电阻率，因此 Au 丝的熔断电流高于 Al 丝$^\ominus$。遗憾的是，在低于 1mm 的短长度区间（有更多的热量经焊端点传导出去）内针对不同裸线长度的熔断电流数据很少，同样地，如前所述 Au 丝越短，Au 丝中产生的 I^2R 总热量越少。

前面图 3-9 给出了两端均有楔形键合点（或等效）的 Au 丝和 Al 丝在递增 DC 电流的条件下引线熔断试验的数据图，为便于数据比较，图中包含了两组短引线的熔断数据。键合长度与电流的转换关系实际上是连续性的，现有数据表明线径 25μm 裸 Au 丝的熔断电流随引线延长而连续降低（长度 1mm 时的熔断电流约 1.8A），并在长度大于或等于 5mm 时趋于平衡（约 0.6A），长引线的最低熔断电流与文献 [3-25，3-30，3-33] 的报道相近。图 3-10 所示为 Au 丝和 Al 丝熔断电流与长度关系的一个推算示例图，该图清楚地展示了熔断电流随引线长度延长而降低。通常可假设传统的含有 <10ppm 杂质的引线与图 3-10 中计算的纯 Au 丝有同样的熔断性能，在给定的条件下杂质高达 1% 的 Au 丝可提高电阻率并会降低熔断电流。还需要注意的是，当键合引线被塑料包封时的熔断电流会明显增大。

$\ominus$　含 1%Si 的线径 25μm 的 Al 丝，键合引线在 20℃时的电阻率约为 3.1mΩ·cm，形成的电阻约 60Ω/m 或 0.06Ω/mm（长度 40mil），其熔点在 600～655℃范围内。相同线径的 Au 丝，纯度 99.99%，其在 20℃时的电阻率为 2.4mΩ·cm，电阻约 45Ω/m 或 0.045Ω/mm，熔点为 1063℃。实际上，其准确的电阻率在添加杂质时会有所变化，尤其成分在 99.9% 等级时。而且测得的电阻值非常依赖于实际线径的精度（大多数标准允许线径约有 5% 的波动），因为电阻与 $1/r^2$ 成比例，所以当其他条件都相同时，这样的标准规范可导致线径 25μm 引线熔断电流约有 10% 的变化。

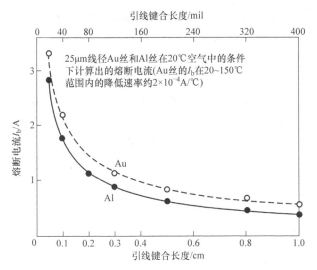

图 3-10　利用纯 Al 和 Au 的电阻率计算得到的线径 25μm 纯 Au 丝和 Al 丝的熔断电流图：可充分比较本图与图 3-9 中的数据，应该考虑到两种测试的材料均进行了掺杂且引线线径可能有 3%～5% 的变化，而本曲线采用纯金属的数据且线径为精准的 25μm

　　键合方法以及键合质量也会影响熔断电流，线长较短的球形键合 Au 丝将比同等长度的楔形 - 楔形键合的 Au 丝具有更高的熔断电流，这是因为楔形键合的颈部限制了引线和热量流动，而大的焊球可作为散热源与芯片形成良好的热接触。例如，在其他条件均相同的情况下，线径 25μm 的楔形 - 楔形键合 Au 丝在直流 0.6A 时熔断，但相似的球形 - 楔形键合 Au 丝在直流 1A 时熔断。由于热量可通过焊球向外更好地传导，使得在球形键合点侧的引线更快地冷却，因此熔断点（由中心）将向楔形键合点偏移，如果热量流动是对称的，那么将在引线的中心位置发生熔断。

　　一些引线生产商给出了其产品的熔断数据表，但通常仅以字母或其他编码的方式进行定义，因此可能并不适用于其他生产商的引线产品，但这些信息仍然是有用的，因为其指出了不同的引线掺杂会影响熔断及电阻率。

　　95% 以上的集成电路为塑封器件，因此令人惊讶的是在这种情况下关于（Au）引线熔断的研究很少，一些机构出于内部使用的目的进行了有限的研究但并未将研究结果发表出来。其中一项课题由某一大学进行研究并可作为一份未公开发表的报告进行查阅[3-33]，本节内容也采用了其中的一些结论。因为引线周围塑料化合物的热导率较高（相对于空气），因此塑料包封的引线比空气中的引线可承载更多的电流。然而随着承载电流提高到某值时，使引线增加的热量充足以至于影响到邻近包封料的导热特性（使包封料发生玻璃转化、熔化、碳化、挥发等问题），最终在引线和塑料之间形成空气间隙，或使塑料变为热绝缘态，从而使引线快速熔断。该报告[3-33]发现通过引线上的电压降（温度的指示）发生了不规律性地增大现象，可以想象到塑料发生了一系列的热特性转变。某些包封的 30μm（1.2mil）线径 Au 丝在失效前可承受几安培的电流超过一小时，对于裸引线而言，包封的长引线会在较低水平的电流下发生失效。

　　如上所述，在空气中的 Au 丝通过在断开的两端形成规整的熔球而断开，然而在引线包封时，塑料及填充料间的相互作用导致了复杂的失效模式，失效现象通常为图 3-11 所示的类型 [3-34]，在 Au 丝上未发现明显的熔球，并且在去除包封料的过程中也未发现掉落的任意其他球形碎片，但在引线上却发现粘附有无机填充料的颗粒。在这个塑料包封的特定示例中，25μm 线径 Au 丝的熔断电流为 1.1A（通过手动缓慢提高电流获得的数据），约为等线长的 25μm 线径 Au 丝空气中预测值的 2 倍。空腔封装和塑料包封内引线熔断的另一区别为对瞬态和脉冲电流的响应不同，这一现象通常可通过建模的方式进行理解并且对在空腔封装中的引线熔断得到了很好的理解 [3-27 ~ 3-31]。但是包封塑料的热容和热导率会显著提高瞬态的熔断电流，由于建模的困难，没有关于这个包封主题的建模论文是不奇怪的，但是有许多非常简易情况的模型（空气中）可供参考。

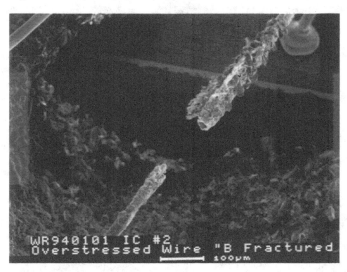

图 3-11　塑料包封的 25μm 线径 Au 丝熔断后的 SEM 照片：　粘附在 Au 丝上的颗粒是来自模塑料的硅氧填充物 [3-34]

　　考虑到精准确定引线可承载最大电流的复杂性，通常许多设计人员直接不考虑熔断电流这一指标，而是通过按图 3-11 中 2 ~ 3 倍的系数增大线径或使用多根引线（功率器件）等方式进行设计。因此，在器件中很少遇到引线熔断的问题，而当出现熔断失效时通常是由装备或系统失效所导致的，例如某个短路或瞬变可能会导致器件损坏，尽管这时的引线并未熔断。此外，还需要进行更多的实验研究以充分理解塑料包封的引线熔断问题，以及在空腔中引线末端与键合相关的各种散热问题（球形和楔形键合、不良焊接等）。

3.10.2　印制电路板（PCB）及多芯片模组（MCM）导电线路的最大允许电流

虽然印制电路板（Printed Circuit Board，PCB）的最大容许电流与键合引线的熔断并不直接相关，但是考虑这些具有不同电流极限的常见封装情况仍然是令人感兴趣的，除了 PCB，还有 MCM、SOP、SIP 等不同封装形式。然而，典型 PCB 导电线路的电流承载能力可能较大（为几安培），薄膜介电层上的 MCM 导电线路具有较小的横截面（宽 8 ~ 25μm，厚 4 ~ 10μm）并且可嵌进热绝缘的聚酰亚胺、苯并环丁烯（BCB）等，这些结构在电流增大时将快速升温。然而，在导电线路熔断发生之前的很长时间里，导电线路与 PCB 粘接的粘合剂或器件导电线路周围的聚合物会发生热损伤，进而导致后来的可靠性问题。因此相关规范通常规定最大的容许温升而不规定最大的容许电流。此外，还必须考虑导通孔和其他缩颈的电流容量，以及可能会熔化的焊接接头。在糟糕的情况下，PCB 和 SIP 绝缘材料可能会发生爆燃形成火焰，关于 PCB 的安全电流承载能力已有较多研究，具体示例可参见文献 [3-36 ~ 3-38]。

Coors/Gaiser/Tool 发布的技术简讯中对 Cu 丝的优势和问题做了简要总结，并在附录 3B 中列出。目前，仍在对 1mil 或以下线径的 Cu 丝技术实施开展很多的研究工作。

附录 3A　键合引线、键合试验的 ASTM 标准和规范清单

1）ASTM F72-06，半导体键合用 Au 丝的标准规范：列出了典型的化学掺杂物、拉断力、延伸率、尺寸公差、金属轴尺寸、允许的卷曲和弯曲，附录中列出了上文所述的老化特征。需要注意的是许多新的 Au 丝掺杂是有专利保护的，因此在本规范中没有给出，一些掺杂的质量浓度可达 1%。

2）ASTM F205，称重法测量细线线径的标准测试方法：讨论了有关 Au 丝和 Al 丝及其他引线的标定、精度和计算。

3）ASTM F219，电子器件和灯泡用细圆线和扁线的标准试验方法：描述了利用 25.4cm（10in）长度测量拉伸强度、延伸率、电阻率和椭圆度的方法。

4）ASTM F487-06，半导体引线键合用含 1%Si 细 Al 丝的标准规范：除了用于含 1%Si 的细 Al 丝的信息外，大多数信息与前述的 F72 标准相同。

5）ASTM F584-06，半导体键合引线的外观检查用标准实施规范：该标准可能已停用，但其提供了实用的可接受及不可接受的清洁键合引线的手工处理程序和照片。

附录 3B　铜丝键合是金丝键合的低成本解决方案吗

本部分内容摘自 *Industry Newsletter&Technical Publication*，2005 年 7 月，第 4 期（第 Ⅲ 卷）（经 COORS TEK/GAISER precision bonding tools 允许使用）。

引言：以下讨论的内容包括焊球形成的外观，以及可获得尺寸和形状一致的多种方法；讨论了材料性能尤其是硬度及其对球形键合的影响，Cu 丝键合工艺并非是简单地研究获得良好的无空气结球（free-air ball），而是研究获得良好的产品质量和可靠性。

已知事实：

1）Cu 是良好的热导体和电导体，优于 Au（见表 3B-1）；

表 3B-1 Cu 丝和 Au 丝的表征参数

典型参数	Cu	Au
电阻率 / (×10⁻⁶ Ω/cm)	1.6	2.3
引线硬度 HK	> 64	< 60
焊球硬度 HK	> 50	< 39
弧形	好	好

注：HK 即 Knoop Hardness，表示努氏硬度。

2）Cu 丝比 Au 丝硬（见表 3B-1）；

3）Cu 作为原材料比 Au 更便宜且储量更丰富（Cu 价格 > 0.20 美元 / 盎司，Au 价格 > 800 美元 / 盎司）；

4）Cu 易氧化而 Au 不易氧化；

5）Cu 丝键合使用有限寿命的特殊设计的瓷嘴，而 Au 丝不需要；

6）Cu 丝键合工艺需要使用特殊的硬件装置以防止氧化，而 Au 丝不需要；

7）Cu 丝与 Al 焊盘键合时形成薄的金属间化合物层，而 Au 丝键合形成厚的金属间化合物层（见图 3B-1 中 Au）

8）Cu 丝容易加工硬化（work hardening），而 Au 丝则不易（参见图 3B-1 中 Cu 球和 Au 球）。

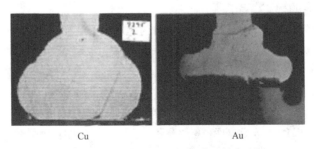

Cu   Au

图 3B-1 Cu 丝和 Au 丝的球形键合点

问题：最重要的几个问题是弹坑、氧化和长期可靠性。

键合过程：Cu 丝键合过程必须根据材料的物理性能和硬度进行调整。Cu 丝和 Au 丝最显著的差别在于需要使用更高的键合参数以获得相似的质量要素（拉力和剪切强度、焊球尺寸和形状）。键合参数的增大，如超声功率和压力，意味着会显著增加瓷嘴的磨损，进而降低瓷嘴的有效寿命，这正是 Gaiser Tool 公司推荐在 Cu 丝应用中使用特殊陶瓷材料的原因。

瓷嘴材料的声阻和耐磨性是降低超声功率要求和使寿命最大化的关键。

在 Cu 合金丝与 Al 焊盘的球形键合过程中，Cu 丝硬度的影响最为显著，可导致键合焊盘亚表面损伤（弹坑、基底材料的缺失），这些问题最常规的解决方案是增加焊盘厚度，或增加保护性底镀层（最常用为 TiW）。很多时候会同时实施这两种方案，同时增加金属层厚度和保护性底层。

当 Cu 丝处在氧气中时会迅速氧化，因此必须特别注意对 Cu 丝的保护，推荐在键合机上使用封闭的容器以使线轴处于无氧环境中，或者使用惰性气体，如氩气（Ar）或氮气（N）。

Cu 氧化物呈层状因而阻碍纯 Cu 与接触表面的合金化、扩散或键合。

长期可靠性，尤其是器件处于高压高湿温度循环的条件下时，有多种试验结果，有些人声称没有问题而其他人则报道在超过 500 次循环后有多种失效。

与 Cu 的加工硬化相关的一种失效模式为颈部断裂，常见于温度循环试验中，如图 3B-2 所示。

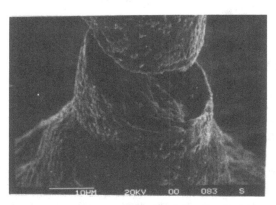

图 3B-2　温度循环后形成颈部裂纹的 Cu 球键合点（包封）

目前已有加工 Cu 丝产品的生产设备，但多数限用于功率器件中的粗 Cu 丝。

细线（< 33μm）的使用仍然是一项挑战，但这并不是因为键合能力而是因为前述的可靠性问题。

结论：毫无疑问，Cu 丝是一种较便宜的材料，但同时也为键合工程师带来了新的挑战，在产品经理眼中 Cu 丝键合可能还是一种本轻利厚的工艺，但是在需要更加关心和关注的情况下，与现有的 Au 丝键合工艺权衡后，我们应该问自己，使用 Cu 丝的节省净额是否还物有所值？

参考文献

3-1 Douglas, P., Custom Chip Connection, private communication. For a discussion of some small diameter bonding wire characteristics, see also, New Bonding Wire Developments, Microelectronic Packaging Technology: Materials and Processes, *Proc. of the 2nd ASM International Electronic Materials and Processing Congress*, Philadelphia, PA, Apr. 24–28, 1989, pp. 8902–8908.

3-2 Jones, W. K., Liu, Y. and Morrone, A., "The Effect of Thermal Exposure on the Structure and Mechanical Properties of Al-1% Si Bonding Wire," *Proc. of the 1993 International Symposium on Microelectronics (ISHM)*, Nov. 9–11, Dallas, TX, 1993, pp. 445–450.

3-3 U.S. Patent 3,272,625, Sept. 13, 1966. Beryllium-Gold Alloy and Article Made Therefrom, Brenner, Bert, assigned to Sigmund Cohn Corp.

3-4 Ohno, Y., Ohzeki, Y., et, al. "Factors Governing The Loop Profile in Au Bonding Wire.," *Proc. 1992 Electronic Components & Technology Conf.*, San Diego, CA, May 18–20, 1992, pp. 899–902.

3-5 Hu, S. J., Lim, R. K. S., and Sow, G. Y., "Gold Wire Weakening in the Thermosonic Bonding of the First Bond", *IEEE Trans. on CPMT-Part A*, Vol. 18, Mar. 1995, pp. 230–234.

3-6 Levine, L. and Sheaffer, M., "Wire Bonding Strategies To Meet Thin Packaging Requirements," *Part 1,Solid State Technology*, Vol. 36, Mar. 1993, pp. 63–70, Part 2 is in July 1993, pp. 103–109.

3-7 Dirks, A. G., Wierenga, P. E., and van den Broek, J. J., "Ultramicrohardness of Aluminum and Aluminum Alloy Thin Films," *Thin Solid Films*, Vol. 172, 1989, pp. 51–60.

3-8 Bangeri, H., Kaminitschek A., and Wagendristel, A., "Ultramicrohardness Measurements On Aluminum Films Evaporated under Various Conditions", *Thin Solid Films*, Vol. 137, 1986, pp. 193–198.

3-9 Nabatian, D, & Nguyen, P. H., "The Effect of Mechanical Properties of Thick Film Inks on Their Ultrasonic Bondability," *Proc. of ISHM*, Atlanta, GA, 1986 pp. 65-71.

3-10 Klein, H. P., Durmutz, U, Pauthner, H., and Rohrich, "Aluminum Bond Pad Requirements for Reliable Wirebonds," *Proc. IPFA Symposium*, Nov. 7–9, Singapore, 1989, pp. 44–49.

3-11 Hirota, J., Machida, K., Okuda, T., Shimotomai, M., and Kawanaka, R., "The Development of Copper Wire Bonding for Plastic Molded Semiconductor Packages," *35th Proc. IEEE Electronic Components Conference*, Washington, D.C., May 20–22, 1985, pp. 116–121.

3-12 Dreibelbiss, J., Kulicke & Soffa Co. The first production test was in March 1984 at a facility in Bangkok. Private Communication, Lee Levine.

3-13 Huang, L. J., Jog, M. A., Cohen, I. M., and Ayyaswamy, P. S., "Effect of Polarity on Heat Transfer in the Ball Formation Process," *J. Elect. Materials*, Vol. 113, Mar. 1991, pp. 147–153. Also see same authors, "Ball Formation in Wire Bonding", Part II "Real Scale Experimental Studies," *ISHM Journal*, Vol. 13, June 1990, pp. 29–34.

3-14 Douglas, P., and Davies, G., American Fine Wire Company, Technical Report #9. This series of reports, #1-9, also show grain structure of wires and give considerable other technical information.

3-15 Ravi, K. V., and Philofsky, E. M., "Reliability Improvement of Wire Bonds Subjected to Fatigue Stresses," *10th Annual Proc. IEEE Reliability Physics Symposium*, Las Vegas, Nevada, Apr. 5–7, 1972, pp. 143–149.

3-16 Uebbing, J., "Mechanisms of Temperature Cycle Failure in Encapsulated Optoelectronic Devices," *Proc. IRPS*, 1981, pp. 149–156.

3-17 Maguire, D,, Livesay, B. R., and Srivatsan, T. S., "The Effect of Humidity and Electric Current on the Fatigue Behavior of Aluminum Bonded Wire," *Proc. ISTFA*, Long Beach, CA, Oct. 21–23, 1985, pp. 372-377.

3-18 Tomimuro, H., Jyumonji, H., "Novel Reliability Test Method for Ribbon of Interconnections Between MIC Substrates," *Proc. 1986 ECC*, May 5–7, 1986, pp. 324–330.

3-19 Onuki, J., Koizumi, M., and Suzuki, H., "Investigation on Enhancement of Copper Ball Bonds During Thermal Cycle Testing," *IEEE Trans. on CHMT*, Vol. 14, June 1991, pp. 392–395. Also see *J. Appl Phys*, Vol. 68, 1990, p. 5610.

3-20 Deyhim, A., Yost, B., Lii, M., and Li, C-Y., "Characterization of the Fatigue Properties of Bonding Wires," *Proc. 1996 ECTC*, Orlando FL, May 28–31, 1996, pp. 836–841.

3-21 Srikanth, N., Murali, S., Wong, Y.M., Vath III, C. J.," Critical study of thermosonic copper ball bonding", *Thin Solid Films* , Vol. 462–463, 2004, 339–345.

3-22 Otto, Alex J., "Insulated Aluminum Bonding Wire For High Lead Count Packages," *ISHM Journal*, Vol. 9, No-1, 1986, pp 1–8.

3-23 Susumu Okikawa, Michio Tanimoto, Hiroshi, Watanabe, Hiroshi, Mikino, and Tsuyoshi Kaneda, "Development of a Coated Wire Bonding Technology," *IEEE Trans. Comp. Hybrids and Manuf. Tech.* Vol. 12, No. 4, 1989, pp 603–608.

3-24 Christopher Carr, Juan Munar, William Crockett, Robert Lyn, "Robust Wirebonding of X-Wire Insulated Bonding Wire Technology," *Proc. IMAPS Symposium*, 2007, pp. 911–917.

3-25 Kessler, H. K.,National Bureau of Standards Special Publication 400-1, Semiconductor Measurement Technology: (March 1974) Burn-out Characteristics of Fine Bonding Wire, pp. 35-39.

3-26 Loh, E., "Physical Analysis of Data on Fused-Open Bond Wires," *IEEE Trans. on CHMT*, Vol. CHMT-6, No. 2, June 1983, pp. 209–217.

3-27 Loh, E., "Heat Transfer of Fine-Wire Fuse," *IEEE Trans. on CHMT*, Vol. CHMT-7, No. 3, Sept. 1984, pp. 264–267.

3-28 Coxon, M., Kershner, C,. and McEligot, D. M., "Transient Current Capacities of Bond Wires in Hybrid Microcircuits," *IEEE Trans. CHMT*, Vol. CHMT-9, No. 3, Sept. 1986, pp. 279–285.

3-29 King, R., Schaick, C. V., and Lusk, J., "Electrical Overstress of Nonencapsulated Aluminum Bond Wires," *27th Annual Proc., Reliability Physics*, Phoenix, Arizona, Apr. 11–13, 1989, pp. 141–151.

3-30 May, J. T., Gordon, M. L., Piwnica, W. M., and Bray, S. B., "The DC Fusing Current and Safe Operating Current of Microelectronic Bonding Wires," *Proc. Intl. Society for Testing and Failure Analysis (ISTFA)*, Los Angeles, CA, Nov. 6–10, 1989, pp. 121–131.

3-31 Ham, R. E., "Prediction of Bond Wire Temperatures Using an Electronic Circuit Analogy," *Hybrid Circuit Technology*, Ap, 1990, pp. 53–54.

3-32 The military standard, MIL-M-3851O J, 15 Nov. 1991. has a section on current carrying capacity wire burnout. It is *Internal Lead Wires*, Paragraph 3.5.5.3. The simplified formula is not entirely correct, but it can be a general guide.

3-33 Lage, J. (Faculty Advisor), Design of an Apparatus and Test Procedure for the Fusing Current of Gold Wire in Bare and Encapsulated Condition, Southern Methodist University, ME Dept., CME 4381—senior Design (sponsored by Texas Instruments-Semiconductor Group), Apr. 29, 1993 pp. 1–124.

3-34 Fitzsimmons, Ray, Raytheon Company, Private communication.

3-35 Mertol, A., "Estimation of Gold Bond Wire Fusing Current and Fusing Time," *IEEE Trans. on CPMT-Part B*, Vol. 18, No. 1, Feb. 1995, pp. 210–214.

3-36 Rainal, A. J., "Current Carrying Capacity of Fine-Line Printed Conductors," *Bell System Tech J.*, Vol. 60, Sept. 1981, pp. 1375–1389. Also see, "Temperature Rise at a Constriction in a Current-Carrying Printed Conductor," ibid., Vol. 55, Feb. 1976, pp. 233–269.

3-37 IPC Guidelines for Multichip Module Technology Utilization, IPC-MC-790, Aug. 1992, p. 47.

3-38 Pan, T-Y., Poulson, R. H., and Blair, H. D., "Current Carrying Capacity of Copper Conductors in Printed Wiring Boards," *Proc. 43rd IEEE Electronics Components and Tech. Conf.*, Orlando, FL, June 1–4, 1993, pp. 1061–1066.

第4章　引线键合测试

4.1　引言

用于评估引线键合的测量方法、技术和公式在很多年前就已开发出来，在本书的早期版本中也已做了介绍。除细节距球形键合的测试方法外，几乎没有文献报道过新的测试技术。因此，本章（在本书第2版的基础上）对相关内容进行了更新：给出了更细节距键合所需测试方法的变化情况（更详细的描述见第9章），并根据需求改变/增加了适当的图表和参考文献。许多最新的进展是源自测试设备的精度和操作方便性的改进，而不是基于根本性的新测量方法或原理的改变，作者增加了一些对不熟悉该研究领域的人有帮助的判断和评论。本章还讨论了最新的 Mil-Std 883G/H 标准，目前由军事驱动的产品是最少的，尽管不同厂商内部的规范差异很大，但往往都是基于网络上可获得的国际通用的军事规范和测量方法。这些是一个很好的起点，但这个起点通常比许多组织使用的定量（折中）规范更低。

自动引线键合机自身的能力已经提升至可用于线弧非常长的细线径引线键合，并已经开发出线弧非常低的键合技术。这两种技术都会影响引线键合的测试，本章通过一些说明来详述它们的用途/局限，用于描述键合点 - 拉力测试的公式在这些极端情况下仍然有效。

虽然本书的主要部分是关注引线键合的良率和可靠性，但这些问题的常规评估方法涉及某种形式的测试方法。评估引线键合最常用的方法仍然是拉力测试，主要是破坏性的测试，但在非常小的范围内可使用非破坏性的测试，后文将讨论这些测试的细节。虽然拉力测试对楔形键合是有效的，但也有必要使用剪切测试，或者在某些情况下，可使用热应力试验来充分评估 Au 丝在 Al 焊盘上的球形键合。因此，本章深入地介绍了焊球 - 剪切测试。目前行业内已充分理解了这些键合测试的理论和应用，拉力和焊球 - 剪切测试也已成为标准的 ASTM[4-1] 测试方法。目前在美国军用标准 Mil-Std 883G/H 中描述了拉力测试和热应力试验，随后更新的文档中提到了剪切测试，这是基于本章 4.3.11 节中描述的 JEDEC 商业标准 EIA/JESD22-B116[4-2]，本章还额外描述了多种评估键合的测试方法。与这一主题相关的主要技术讨论及细节距键合的细节将在第 9 章中进行讨论，由于这些测试技术可能应用于细节距键合，本章给出了许多关于各种测试方法的差异或限制性的警示。

非破坏性的键合点 - 拉力测试目前只用于一些非常特殊的用途，主要是卫星和航天探测器，但偶尔也用于人体植入的器件，这些内容作为本章的附录。然而，请记住，目前这种测试未用于任何大批量的生产过程中，但所有这些都确实使用了某种形式的统计过程控制。

4.2　破坏性键合拉力测试

引线键合拉力测试是世界公认的控制引线键合操作质量的测试方法。该方法在 20 世纪 60 年代就被引入，用于评估引线与半导体器件间的键合强度，用于焊接、钎焊和其他引线连接的类似测试已经使用了很多年。本节的目的是在理论上和实验上检查键合拉力测试的变量，并根据这些变量确定测试中执行的问题和固有误差的最可能根源。在可能的情况下，包含了更好地利用该测试方法的建议。

4.2.1　键合拉力测试的变量

许多论文是围绕引线键合拉力测试而撰写的，给出了公式的推导、标准的测试方法，以及在某种情况下在循环试验中的验证[4-1, 4-3 ~ 4-5]。为了理解键合拉力测试的复杂性，有必要考虑几何外形以及定义力的几个解析方程 [注意，拉力角 φ 的引入使计算变得复杂，见式（4-3）。当拉钩垂直拉拔时，可将 φ 设为 0 来简化式（4-1）和式（4-2）]。在特定拉力 F 的作用下，每根引线拉断处的力 f_{wt} 和 f_{wd} 如下：

$$f_{wt} = F\left[\frac{\left(h^2 + \varepsilon^2 d^2\right)^{\frac{1}{2}}\left((1-\varepsilon)\cos\varphi + \frac{(h+H)}{d}\sin\varphi\right)}{h + \varepsilon H}\right] \tag{4-1}$$

$$f_{wd} = F\left[\frac{\left(1 + \frac{(1-\varepsilon)^2 d^2}{(H+h)^2}\right)^{\frac{1}{2}}(h+H)\left(\varepsilon\cos\varphi - \frac{h}{d}\sin\varphi\right)}{h + \varepsilon H}\right] \tag{4-2}$$

如果将拉钩尽可能接近其中一个键合点，则拉力的垂直（剥离）分量可接近 90° 拉力测试的力（参见 Mil-Std 883G/H，方法 2011[4-7] 和图 4-3）。

当拉钩的位置位于球形键合点顶部（垂直拉球形键合点）时，它将在粗节距（course pitch）球形键合点的热影响区域（HAZ）断裂。然而，这种位置更适合测试细节距的球形键合（而不是楔形键合），以避免将金属层拉起（参见第 9 章细节距键合相关内容）。这些公式也可用于薄带线键合的测试。

从图 4-1 中可以看出，当两个键合点都在同一高度（$H = 0$）、线弧被垂直向上拉（$\varphi = 0$）、拉钩位于线弧中部（$\varepsilon = 0$，$\theta_t = \theta_d$）时，可以获得更熟悉的公式：

$$f_{wt} = f_{wd} = \frac{F}{2}\sqrt{1 + \left(\frac{d}{2h}\right)^2} = \frac{F}{2\sin\theta} \qquad (4\text{-}3)$$

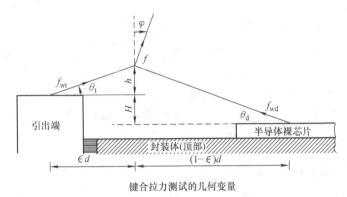

键合拉力测试的几何变量

图 4-1 引线键合拉力测试中键合线弧平面内的几何变量，用于式（4-1）~ 式（4-4）[4-5]：注意，引入拉力角的作用是用于基板倾斜时或者其他必须以某个角度施加拉力时的情况

如果两键合点都在同一平面（$H = 0$）、并且线弧被垂直向上拉（$\varphi = 0$）、拉钩位于线弧中部（$\varepsilon = 0$，$\theta_t = \theta_d$）时，可以获得更熟悉的公式：

$$f_{wt} = \frac{F}{\sin\theta_t + \cos\theta_t \tan\theta_d} \qquad (4\text{-}4)$$

式中，$\theta_t = \theta_d = \theta$。注意，通常情况下，对于给定的键合强度，$h/d$ 值越大，其拉力值 F 越大。使用 θ_t、θ_d 和 F 的等效公式如下：

$$f_{wd} = \frac{F}{\sin\theta_d + \cos\theta_d \tan\theta_t} \qquad (4\text{-}5)$$

请注意，上述所有公式都是用于求解引线的力或张力 f_{wt} 和 f_{wd}（通常在拉断时）。如果读者想要计算实际的拉力，那么必须求解 F 的公式。当 f_{wt} 或 f_{wd} 中的任意一个达到其拉断强度时，引线就会断裂，这需要为引线的每一边指定一个拉断强度（值）。通常情况下，Al 楔形键合点 [由于跟部形变和冶金性能上的过度加工（overworking）] 的拉断力约为制造商指明的引线断裂值的 60% ~ 75%，而金球键合点（球形键合或月牙形键合断裂）的拉断值则约为 90%。引线通常刚好在焊球上方的热影响区断裂（参见第 3 章）。

图 4-2 所示为一个典型不同水平高度的半导体器件键合外形图，当在线弧中间垂直施加拉力，即 $\varphi = 0$ 时，给出了楔形键合引线断裂处拉力（F）的计算值。在其他条件相同的情况下，很明显弧高越高，键合拉力就越大。对于给定的键合

点—键合点的间距 d，降低线弧将导致力的成倍增加，即对于给定的拉钩处拉力 F，增大 f_{wt} 和 f_{wd} 值，将使产生的引线拉断力降低。

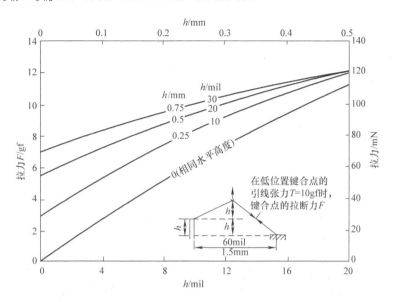

图 4-2　当在线弧中部施加拉力时，用式（4-1）和式（4-2）计算得到的各种弧高、封装焊盘高度所对应的键合拉力值

拉钩的位置（如图 4.1 所示的 εd 位置）和拉力角 φ，将极大地影响键合点力的分布。可以选择一个合适的 ε 或 φ 值，令每个键合点的受力相等，从而使两个键合点获得更相等的测试结果。这对于一些自动化的拉力测试仪是可能的。然而，通过这样的程序，手动拉力测试操作人员将极大地减慢速度。此外，大多数规范（如 ASTM F459-06[4-1] 和 Mil-Std 883 G/H，方法 2011）[4-7] 和大多数内部要求都规定了拉钩应该放置在键合点之间的中心位置。因此，这被认为是楔形键合常规测试中拉钩的标准放置位置，但这不适用于键合焊盘上细节距球形键合（可能会将键合焊盘剥落，参见第 9 章及其参考文献）。我们注意到，必须改变主要的可接受性规范，以适应 Cu/Lo-k 器件和其他细节距拉力测试的这种拉钩位置（Mil-Std 883G/H 现在允许将拉钩放置在非中心位置）。每当拉钩被移动到楔形键合点附近时，就会在垂直（剥离）方向上施加一个更大比例的引线拉力。如果键合有剥落的趋势，则会导致拉力测试值明显降低，如图 4-3 所示。这种情况和其他特殊的拉力测试错误情况的细节（例如，将键合的平面拉出，一个弱键合点和一个强键合点的影响等）参见文献 [4-4，4-5]。注意：这不适用于球形键合。

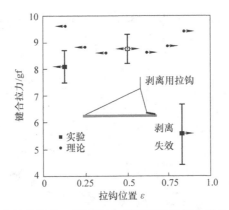

图 4-3 图中突出显示了将拉钩从第一楔形键合点移至第二键合点的拉断效果，以及剥离失效对楔形键合点的主要削弱作用：这是一个对比实验，在这个实验中，将拉钩移向焊接较少的楔形键合点处；注意，如果从引线中心位置拉拔，潜在的可剥离的楔形键合点可能不会导致拉力降低；还需注意，剥离区域的误差棒是增大的；同一水平高度键合引线的拉力测量值和计算值与拉钩位置的函数关系，25μm（1mil）线径铝丝超声楔形键合对中，当 d = 1.5mm（60mil）和 h = 0.35mm（14mil）时，第一键合点和第二键合点的拉断强度是相等的；第一键合点位于 ε = 0 的位置，第二键合点位于 ε = 1 的位置，剥离位置 ε 约为 0.85；实验数据为带框的箭头所指；每一个测试实验点是在引线指定拉钩位置上的 25～30 个键合点拉力测试的平均值；误差棒条表示平均值 ±1 的标准差；发生在键合点上的失效由箭头指示；中心位置的断裂（ε = 0.5，键合角 =25°）都是拉伸失效，其中 60% 发生在第一键合点的跟部；当拉钩位置位于 ε = 0.85（第二键合角 =60°）处时，所有第二键合点都浮起（剥离失效）；理论预测 ="带点的箭头"，每一点都是根据式（4-1）和式（4-2）计算出来的，假设第一键合点和第二键合点的强度相等，并且所有的失效均为拉伸断裂模式；箭头指向键合将断裂的位置，在两键合点中间位置断裂的方向是均等的[4-5]；剥离问题与拉钩位置的关系在图中心的位置进行了描述；请注意，球形键合中的月牙形键合（楔形键合）也存在剥离问题，但如果把拉钩放在球形键合点上方则几乎没有影响，这将在第 9 章中进行讨论

4.2.2 剥离测试（镊子拉拔）

简单地将拉钩向楔形键合点或月牙形键合点方向移动，见图 4-3，就会使引线从拉伸断裂到键合点剥离的受力分布情况发生改变，从而显示出脆弱的焊接处。一个简单的"镊子"剥离测试也可以显示出加工态条件中焊接不良的楔形和月牙形键合点。使用手动镊子（或电动镊子）将另一个键合点（焊球）附近弧线切断或拔断，引线会被拉向垂直方向，如果键合点强度很弱，就会发生剥离，从而反映出脆弱的键合点。这被定义为 90° 拉力测试。如果在焊点熔核（键合部分）上方引线前进一步进行测试，则被称为 120° 拉拔 / 剥离测试，很少使用该方法进行定量测量，但对 Au（或 Cu）月牙形键合是一个很好的定性测试方法。Al 楔形键合通常在大于 90° 的拉力下断裂，原因是键合点跟部的脆性特征。可以使用显微镜检查焊接的细节：完全剥离，不断裂并留下焊点熔核，还会在焊盘上留下痕

迹（见第 2 章图 2-10 和图 2-11 中展示的键合点脱开模式），出于参数设置的目的，这是一个很好的排除故障或学习的过程。例如，尾部拉力测试最近被用于研究 Cu 丝在 Au 和 Ag 键合焊盘上的焊球尾部键合条件[4-6]。

剥离测试已经使用了多年，在 Mil-Std 883G/H 方法 2011.7 中有完整的描述。这个测试方法篇幅很短，摘录在这里，以进一步阐释上述讨论的内容。

3.1.1：试验条件 A——键合剥离。应当在引线端或端子与布线板或基板之间以某一角度施加剥离力的方式夹紧器件封装体以及引线端或端子。除另有规定外，应当使用 90° 拉力测试。当出现失效时，应当记录引起失效的力的大小和失效类别。

3.1.2：试验条件 C——引线拉力（单个键合点）。本试验通常应用于微电子器件的裸芯片或基板以及引线框架上的内部键合。连接裸芯片或基板的引线应当被切断，以使两端都能进行拉力试验。在测试较短引线的情况下，有必要在靠近某一端的位置切断引线，以便在另一端可以进行拉力试验。应当使用适当的（类似镊子的）装置夹紧引线，然后对引线或夹紧引线的装置施加拉力，其作用力大致垂直于芯片表面或基板。当出现失效时，应当记录引起失效的力的大小和失效类别。

4.2.3　失效预测——基于拉力测试数据

许多组织使用拉力测试平均值（$\bar{x}$）、范围（r），标准偏差（σ）的分布图表来进行生产控制，连续绘制数据获得 SPC 的运行图。此外，操作人员通常还会记录键合点的失效模式。当遇到键合问题时，后者是有帮助的。现代拉力测试仪可以存储失效模式和拉力，并可以生成统计数据，这些数据通常直接耦合到 PC 或其他更大的计算机中。根据这些拉力测试数据，（拉力值低于规定的控制下限）可以预测每天发生的拉力测试失效次数，还可计算 LTPD[⊖] 和置信水平。

人们可能会假设，这种对拉力测试失效的预测可以通过测试值的平均值和标准偏差所定义的分布曲线来计算。然而，由于拉力测试通常有多种失效模式 [例如键合点任意一端浮起、线弧中部断裂、跟部断裂、颈部断裂（焊球上方）、弹坑、金属层失效等]，所以分布曲线往往不正常。当这种情况发生时，这种预测可能是无效的。在试图进行这类计算之前，应该在数据上使用正态性检验，如进行卡方（Chi Squar）统计。通常，当使用非正常数据时，预测的测试失效次数可能会比实际发生的次数更高（更低）。例如，在某种情况下，假设是正态分布，预测 2.27% 的键合点的拉力应 ≤ 34.3mN（ ≤ 3.5gf），然而，实验数据显示只有 0.4% 的键合点强度在这个低范围内，卡方统计证实了该实验不存在正态性[4-8]。

4.2.4　引线性能和键合工艺对拉力的影响

在生产线环境中，生产速度是至关重要的，拉力测试操作人员几乎不能确保拉钩在键合线弧的正中心。通常，拉钩会随着线弧变形而滑向最高点，这取决于

⊖　抽样方案认为不可接受而应当被拒绝的质量水平。——译者注

键合机或器件封装的类型。如果封装体有一个非常高或非常低的键合焊盘，则拉钩的滑移⊖ 可能会导致前文所述的剥离失效模式。然而，如果两个键合点都键合得很好，则键合方法通常会决定测试结果，如下文所述。

　　金球键合（热超声）通常使用毛细管类的键合工具（瓷嘴）进行键合。假设形成一个正常的线弧：引线从焊球的中心处笔直上升到焊球附近的一个峰值、弯曲、然后朝向第二个键合点沿着直线向下，第二键合点为楔形键合点或月牙形键合点（如图 4-4 所示）。如果拉钩升到最高点，大部分的力将直接作用在焊球上，由于球形键合的区域大，焊球强度比引线更强 [当挂钩偏离中心位置时，上述球形键合点不会发生类似楔形键合点的剥离或撕裂现象（但是，当键合节距间隔低于约 50μm 时，可能会发生这种现象，详见第 10 章）]。通常，引线在焊球正上方的再结晶（热影响）区断裂。楔形键合或月牙形键合点通常比球形键合点强度弱，然而，当拉钩位于线弧顶点附近（更靠近焊球）时，楔形键合点受到的力相对较小，而且很少断裂。因此，只能测试到较强键合点（球形键合）热影响区（颈部）的键合强度（参见 4.3 节焊球 - 剪切测试）。对于相同高度的超声楔形键合点，如图 4-4 所示，情况则相反。引线从第一个键合点（即较弱的键合点）的边缘升起，在到达相对较低线弧的中间前达到线弧顶点，然后继续下降到第二个键合点（即较强的键合点）。因此，如果拉钩上升到线弧的顶点时，更多的力被施加到较弱的键合点上，就会断裂。在这种情况下，较强的键合点还没有被测试到。很显然，一个高线弧键合和一个较强键合测试力的分布组合是为什么 Au 球键合比 Al 楔键合拉力更大的原因。然而，在这两种情况中，在相同高度键合的线弧中心上施加拉力时，将为整体键合过程提供更可靠的质量监控。

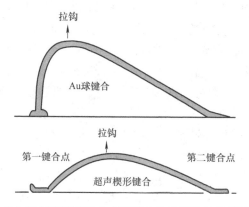

图 4-4　Au 球键合（上图）和超声楔形键合（下图）的典型几何外形图和拉钩位置（相同高度的键合），拉升中的拉钩会滑向线弧的最高点

　　⊖　大多数现代拉力测试仪都采用硬的拉钩来消除滑动的影响，无论线弧形状如何都可以垂直拉升，这些是更可取的，但在处理自动键合机形成的复杂线弧时，可能会导致一些其他的问题。

先进的自动键合机能够制造几乎任何形状的和极长的线弧（参见第 9 章附录 9A 中 Lee Levine 关于自动键合机 "线弧" 的描述）。本节对于长的、异常形状线弧的拉力测试不进行特别讨论，主要关注引线拉直的过程，以及在拉钩到达线弧顶点时情况。如果在线弧最终断裂之前在线弧的顶点进行测试（线弧参数、H、ε 等），就可以用式（4-1）到式（4-3）计算拉力。然而，一些异常的线弧被设计成避让其线路上的其他芯片或结构，而矫直可能会使这些障碍物上的引线发生收缩、被绊住等情况，并得出错误的拉力数据。因此，在决定对任何特殊异常 "形状" 的线弧进行拉力测试之前，持续观察慢速拉升的引线是很重要的。

由于上述原因，金球键合通常比 Al 楔形键合产生更大的拉力。但是，键合点的形变处于低值到中值范围（约为 1.5 倍线径）时，使用与 Al 丝拉断力和延伸率相同的金丝得到的超声楔形键合与铝楔形键合的拉力接近，如图 4-5 所示。然而，在更大键合点形变的条件下，随着键合点形变增大到两倍线径以上时，Al 丝超声楔形键合点则会发生冶金过加工（overworked），这会削弱键合点跟部区域的键合强度并显著降低拉力（通常为 2 倍）。不同冶金特性的金丝键合形变可达 2.5 倍线径，而拉力几乎没有下降。应注意，在一些规范中并没有认识到拉力与键合形变的依赖关系。Mil-Std 883G 中的方法 2017.8[4-7]，允许 Au 丝和 Al 丝超声楔形键合产生 3 倍线径的键合形变，允许 Au 球键合后的月牙形（楔形）键合产生 5 倍线径的键合形变，这通常是商业（内部）规范所不允许的。

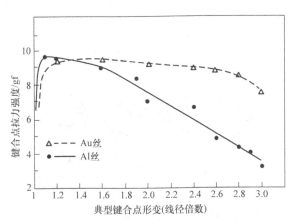

图 4-5　25μm（1mil）线径铝丝和金丝键合拉力与键合形变的关系图：两种引线的拉断力均为 13gf；所有的键合点都是由相同键合机使用相同的键合工具完成，对每种金属引线的键合参数进行了优化，以获得最佳的整体拉力和最低的标准偏差，所有的键合都在同一高度上；弧高约为 0.3mm（12mil），键合点间距为 1mm（40mil）；弧高与键合间距的比值比通常在器件产品中的比值要大很多，因此，从集成电路中得到的更典型的值是将图中键合拉力轴按比例缩小约两倍[4-9]

4.2.5 引线伸长对拉力的影响 [4-9]

从式（4-1）～式（4-3）中可以明显看出，键合拉力与弧高和键合间距之比强相关。在拉拔过程中如果引线明显伸长，则弧高会增加。用于超声楔形键合的细线径引线，无论是 Au 丝还是 Al 丝，其延伸率通常小于 2%，这对所测得的拉力影响很小。然而，用于热超声球形键合的细线径 Au 丝，或已退火的 Al 丝延伸率约为 5%～10%，而退火的粗线径键合 Al 丝的延伸率约 30%，在键合拉拔过程中，h/d 比显著增加，如果只考虑引线的断裂负荷和初始的键合几何外形，就会产生比预期值更高的拉力值。如果 h 的初始值较低，这种影响则会更加显著。

从前面的图 4-2 可以看出，弧高是决定键合拉力的一个重要因素。因此，很明显，在引线拉升过程中引线会显著伸长并会改变弧高，从而影响拉力值的大小。图 4-6 所示为三种键合点到键合点长度的引线弧高变化与伸长关系的图形示例，图 4-7 所示为从相同初始弧高开始的计算结果。选择此几何弧形是为了覆盖那些中到大功率晶体管中经常使用的粗线径 Al 丝，只要弧高与键合间距的比例保持不变，这些弧形可以线性地缩小到适当的微电子尺寸。

图 4-8 所示为这种伸长（包括由此产生增加的弧高）对键合拉力的影响，假设初始几何弧形与图 4-7 相同。在这个计算中，当引线中的力达到 500gf 时，所有的键合都会断开（本书第 3 章讲到过引线的性能）。为了简化，对同一高度的键合进行计算。从图 4-8 可以看出，当引线伸长增大时，键合拉力随着引线拉断力减小而减小的趋势可被键合几何外形的增大而部分抵消。因此，对于许多常见的器件中的几何外形，键合拉力往往与特定的引线拉断力无关。对于集成电路这些结果可按比例进行缩减，除 25μm（1mil）细线径、退火态的 Al 丝伸长小于约 10%，然后只能进行高温暴露或显著退火，否则，通常伸长约为 2%。

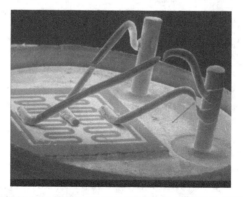

图 4-6　在粗线径（镊子焊接）引线键合的拉力测试过程中引线伸长的实际示例图：引线伸长量通常为 15%～30%，图中显示为韧性断裂；这些都是较老的器件，但相同冶金特性的引线沿用至今（参见本书第 3 章）；形成键合后从芯片到端子的引线接近一条直线

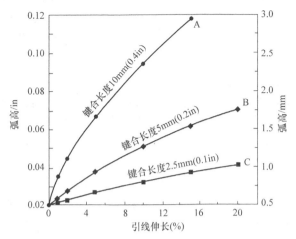

图 4-7 键合拉力测试过程中引线断裂时引线伸长对引线最终弧高的影响图：所有的键合点都具有相同的初始弧高 0.5mm（20mil），图中使用了三种不同键合点到键合点的长度

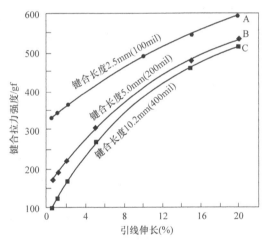

图 4-8 键合拉力（引线拉断力）与引线伸长的关系图：图中实线是基于图 4-7 中标有相同标记曲线的几何外形的键合拉力

在某些特殊情况下，大的引线延伸率会改变键合拉力的几何外形，从而改变测量到的拉力，甚至比图 4-7 和图 4-8 所示值还要大。当拉升探头（拉钩和臂）发生错位、松动，或与测力规或加载装置连接的位置发生自由旋转时，就会发生这种情况。

在高封装键合焊盘（端子）的情况下，即使拉钩没有滑动也会产生这种效果。在这里，在拉钩芯片一侧的引线跨度将大大长于封装体一侧的引线。在测试过程中，芯片一侧引线跨度（伸长）相对较大的增加，将导致拉钩移动（摆动）

到封装体焊盘附近，与垂直方向呈某个角度 φ 拉扯引线。如果拉钩最初放置在靠近封装体的键合位置，而不是靠近芯片的键合位置，这种效果将会增强。几何外形的变化可能会导致拉力的测量值降低，在涉及高延伸率引线拉力测试的任何计算中，都必须考虑这个问题。

在对许多功率器件粗线径引线键合的拉力测试中，已经进行了应力 - 应变的测量，以确定任何可能影响拉力测试的独特特点。与测量一根长引线的应力 - 应变关系相比，一根典型引线键合线弧的测量及其结果解释要困难得多。在拉拔一根标准长度为 250mm（10in）的引线时，延伸率通常可直接从记录器中读取（参见 3.2 节的图 3-1）。然而，在拉粗线径引线键合线弧时，引线的总长度通常小于 6.25mm（0.25in），此外，仪器指示的测量值实际上是增加的弧高（与引线伸长呈非线性关系），这与标准长度引线的延伸率相比是非常小的。因此，当测定引线键合线弧的延伸率时，必须将测量仪器的灵敏度增加到最大值。任何测量系统的非线性，如由于应力 - 应变机上的螺纹螺距的轻微不规则，或拉钩的弯曲，将产生更大的影响，必须在每条曲线中进行矫正。

图 4-9 所示为来自功率器件发射极上 200μm（8mil）线径引线键合的拉力与拉钩拉升高度之间的关系曲线（矫正后），这条曲线上有三个不同的区域。

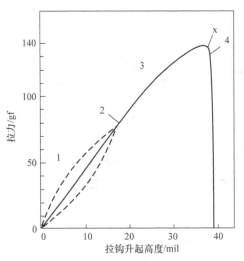

图 4-9　在功率器件上键合的 200μm（8mil）线径铝丝，键合拉力（与压力有关）与接触引线后的拉钩拉升高度（与应变和延伸率有关）之间的关系：（1）为角形环路构成线弧形成和引线的弹性引线张紧区域——虚线表示在这一区域内观察到的典型变化值；（2）为引线弹性极限；（3）为非弹性引线形变的区域；x 是引线快速颈缩区域，然后在（4）处断裂；该曲线经过测量仪器非线性校正

区域 1 为三角形线弧形成和引线的弹性张紧区域，尽管该键合曲线是线性增

长的，但当线弧形成三角形时其他键合通常显现一些变化，一般在虚线曲线内。点 2 表示引线的弹性极限，点 3 为非弹性（塑性）伸长的区域，在本示例中，从约 60% 的键合拉力处开始发生非弹性（塑性）伸长。在 x 点处，引线快速颈缩，然后在点 4 处断裂。根据图 4-7 的数据和测得的键合几何外形，确定了 3 区引线的延伸率为 10.5%。更多的解释，以及典型键合引线的应力 - 应变曲线，参见 3.2 节。

4.3　焊球 - 剪切测试

4.3.1　引言

国际上通常使用键合引线的拉力测试来评估引线键合强度和用于确定微电子产品引线键合机的参数设置（参见第 4.1 节）。通常，技术人员和工程师认为，拉力测试数据足以判定楔形键合机和球形键合机的参数设置。但是，考虑到大多数球形键合界面的焊接区域约为引线横截面积的 3~6 倍（细节距球形键合除外），即使是键合不良的焊球在剥离前，引线也会在拉力测试中先被拉断⊖ [4-11, 4-12]。此外，球形键合颈部上方的引线是完全退火的、再结晶的（热影响区），一般成为球形键合 - 楔形键合系统中最薄弱的部分，在拉力测试中，引线常常在此处断裂，这取决于拉钩的位置和键的几何外形（参见 4.2 节）。因此，当球形键合焊接区域超过界面面积的 10%~20% 时，则很少有关于球形键合 - 焊盘界面断裂强度的信息。

考虑到上述情况，很显然，某些类型的推脱或剪切测试提供了评估球形键合界面质量的最佳可能性，进而可恰当地对球形键合机进行设置。

焊球 - 剪切测试在 1967 年被引入微电子行业 [4-13, 4-14]。然而，该测试方法似乎被忽视或遗忘了近 10 年，直到 Jellison[4-15, 4-16] 和后来 Shimada[4-17] 设计出精密的剪切测试仪，并将其用于一系列的实验室实验中，这些实验清楚地证明了该测试的有效性。从那时起，就开始有大量关于焊球 - 剪切测试的研究出现。今天，在生产控制中普遍使用该测试方法，并且有优异的仪器以及一些已发布的标准可以使用（参见 4.3.11 节）。

4.3.2　测试仪器

用于键合焊球 - 剪切测试的设备从镊子和其他手持探头 [4-11,4-18] 发展到专用的剪切测试仪，其包含应变 - 规力传感器、自动高度定位和多种电子数据记录 / 显

⊖　使用 25μm（1mil）线径金丝进行球形键合。常规节距下良好键合的焊球直径范围通常为 65~90μm（2.5~3.5mil），在这种情况下，引线与键合区域面积的比例大约为 4~10 倍的球径（细节距球形键合的强度较低，参见表 4-3）。因此，在引线键合拉力测试中，即使球形键合焊接不良，引线也会先被拉断。Gill[4-14] 首先提出了类似的观点，并且在后续涉及焊球 - 剪切测试的大多数研究中还出现了该观点的演变内容。例如，Stafford[4-12] 计算出引线在拉力测试中对焊球 - 金属层界面的作用力，并对上述结论进行了定量验证。

示方法。从原理上讲，焊球 - 剪切测试过程是简单的，包括将某种形式的剪切工具放置在键合焊球一侧，施加一个足以将焊球推脱的力并记录这个力。测试过程如图 4-10 所示。

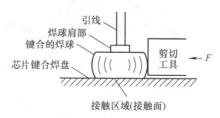

图 4-10   焊球 - 剪切测试示意图：键合（焊接）区域通常小于接触面（紧密接触区）;25μm（1mil）线径金丝的典型键合焊球外径范围为 50~100μm（3.0~4.5mil）; 在键合焊盘上方的焊球高度通常小于 25μm（1mil），但远小于键合细节距

Jellison[4-15] 设计了一种早期的带有应变 - 规力显示的精密机械系统，该设计的细则可适用于任何专用的焊球 - 剪切测试仪，该仪器示意图如图 4-11 所示。该测试仪采用刚性的、低摩擦的线性轴承将来自剪切工具的载荷传递到应变规，将试样置于水平位置，用显微镜从上方观察。夹钳驱使剪切工具向下移动，以便剪切工具能在一个深腔槽的封装体中操作。测试试样的工作平台移动由电动机驱动，以 0.2mm/s（8mil/s）的固定速度进行剪切测试。该速率并不重要，原因是在 0.13~3.3mm/s（5~30mil/s[4-19]）范围内，剪切力的施加速率对剪切力值没有影响。

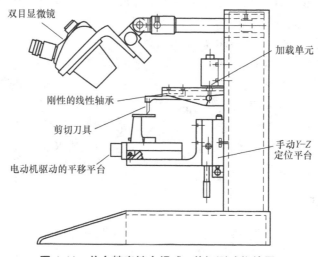

图 4-11   首台精密键合焊球 - 剪切测试仪简图
（引自 Jellison[4-15]，©IEEE）

目前，有几款商用焊球 - 剪切测试仪可用，其中最高端的设备⊖ 包括自动的

⊖   剪切测试仪的制造商有 Dage Precision Industries Inc. 和 Royce Instruments Inc.，两家公司都在全球设有销售 / 服务办事处。

垂直位置定位仪、记录数据和失效模式，并可与计算机和打印机进行连接用于最终的数据分析。现代设备与图 4-11 所示设备的主要机械区别是 Jellison 设备移动的是工作平台，而现代的设备是移动剪切工具。当然，目前的测试仪器有更高的定位精度和测量精度，是半自动的且更容易使用。

4.3.3 手动剪切探头

人们总是期望有一个定量的、精准的剪切测试仪。然而，如果没有这种测试设备，可以使用一种简单的替代装置来获得信息，虽然不是定量的，但却能使人们迅速地设置球形键合机的参数，并为实验室或其他非生产用途中的键合进行定性评估。

手动推脱（非细节距）大键合焊球的最简单和最容易获得的测试工具是一个齿尖为钝端的镊子，生产人员将这种工具用于这一目的已经很多年[4-18]。然而，当焊球良好焊接时，镊子的使用会相对特别笨拙。为此，专门设计了一种简单的手动剪切探头[4-11]。图 4-12 中，细节 A 是适用于粗节距 33μm（约 1.3mil）线径引线键合焊球的一种测试探头尖端示意图，该尖端可由机械师或精密加工公司制作，不过，使用标准珠宝螺丝刀套装中的最小刀具在几分钟之内就能制备一个合格的小探头。该刀具仍在珠宝螺丝刀套中用于夹持，可通过使用非常细的砂纸手动减薄和缩小到如图 4-12 细节 A 中的近似尺寸（注意，手动剪切探头不适用于测试典型焊盘节距小于 100μm 的键合焊球）。

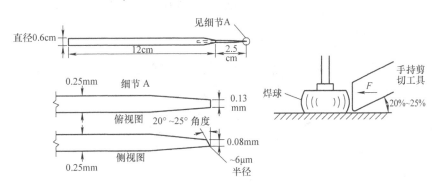

手动焊球剪切探头的详细示意图　　　　使用中的手动剪切探头示意图

图 4-12　手动焊球剪切探头的详细示意图和使用中的手动剪切探头示意图

在使用过程中，将试样放置在一个平台上，像拿铅笔一样以某一高度手持剪切工具，其中探头以 20°~25° 的角度接近表面，这与剪切工具尖端的角度一致。然后，将探头近似垂直地接触键合焊球外径，应该使用放大倍数不低于 30 倍的双目显微镜进行观察。测试应该从键合牢固的焊球开始，焊球的剪切力一般大于 50gf。作为比较，键合机使用与牢固键合相同的参数进行设置，但焊球偏离键合焊盘一半或更多，从而制成一些键合不良的焊球。如果焊盘在集成电路上，这将使键合点部分区域位于钝化层上，这里不形成焊接，从而按比例降低了剪切力。通常可以通过观察焊球的形变或刮擦（smearing）情况来反映键合强度，如图 4-13 所示，这种技术适用于各种各样的键合实验。

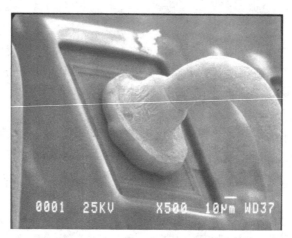

图 4-13　低于聚酰亚胺或其他钝化层焊盘上的球形键合图（难以剪切）

手动剪切探头从不用于获取定量数据，而是主要用于手动键合机上进行快速地参数设置，用于键合每种只有一个的实验系统 / 芯片（通常在 R&D 实验室中进行，但从未在生产领域应用）。这种手动探头不能用于细节距键合焊球的评估。

4.3.4　焊球 - 剪切测试的影响因素

与任何测试方法一样，在进行焊球 - 剪切测试时也存在可能会产生错误性或误导性的数据的问题。焊球 - 剪切测试常见的失效模式参见附录 4A[4-47]，其他的总结如下。

> 剪切工具受阻（错误的工具高度）和凹陷的焊盘
> 金 - 金摩擦重焊
> 金属层粘合问题 - 厚膜的示例，和顶表面钝化层以下的键合焊盘
> 剪切工具清洁度（多次试验后的积累）
> 基板平整度（非水平的倾斜基板）

1）剪切工具受阻（和现代凹陷的焊盘）：最常见的问题之一是剪切工具的垂直定位高度不当。剪切工具不应该在基板上拖动，应该在基板上方约 2~5μm（约 0.1~0.2mil）处接近正常形变的焊球，对于更大更高的焊球，不应高于 13μm（约 0.5mil）（剪切工具底部必须保持清洁，以允许这样高度的定位。）如果剪切工具

的位置更高，则可能会骑跨或刮擦焊球的顶部，这取决于焊球的高度。如果薄膜基板尤其是厚膜基板出现剪切工具拖行，那么测得的剪切力可能会增加 10~20gf。有些芯片是倾斜粘接的，在剪切测试过程中必须格外谨慎，以防止测试时剪切工具与键合焊盘金属层接触（参见附录 4A，失效模式 2）。

剪切工具受阻已经成为更细节距测试的关键问题。例如，某 70μm 节距球形键合工艺（参见后文表 4-1）形成的键合焊球高度只有 6μm，键合焊盘比钝化层低超过 1μm，且边缘有叠层。如果采用多层互连，则焊盘会更低，从而导致剪切测试更加困难。此外，在非常细节距的键合中（< 50μm），剪切测试难以执行，而拉力测试在行业还在使用（参见 9.1.10 节）。

2）金 - 金的摩擦重焊：在金基板上剪切金键合点可能会受到不寻常的干扰。在室温下，金与金表面能够发生摩擦焊接。在图 4-14 中给出了发生形变的金球和金焊盘间发生多次摩擦重焊结果的 SEM 照片。将该工具设计成前边缘轻微折回（ground-back）的结构，可消除重焊的问题，这将提升焊球的剥离高度，防止发生重焊[4-20]。在对集成电路焊盘 Al 金属层上的键合点进行测试时则很少发生摩擦重焊，原因是焊盘的尺寸小，以及焊盘附近的钝化表面阻止了摩擦重焊。

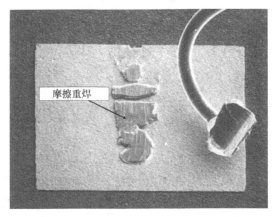

图 4-14　牢固的金球键合经历摩擦后重新焊接到金层焊盘上的示例图：注意，剪切测试牢固焊接的球形键合点会导致焊球严重变形。这种热超声键合使用的是直径 25μm（1mil）的金丝（来自 Weiner[4-35]，©IEEE）

3）剪切厚膜上键合点时的干扰因素（以及确定弱金属层粘附问题的方法）：剪切厚膜金属层上的键合焊球时可能有几种潜在的干扰因素。人们通常会认为，给定直径与厚膜键合产生的剪切力略低于与薄膜键合产生的剪切力，原因是厚膜层上有凹坑和空洞，在某些情况下，表面还会有玻璃或氧化物。目前关于厚膜金属层上键合焊球的剪切测试研究较多[4-21 ~ 4-23]。

然而，目前并没有给出关于焊球的尺寸或实际焊接面积的充足信息，无法直接与发表的大量薄膜上的实验室数据进行比较。人们希望剪切厚膜上键合点的实验过程与焊球剪切薄膜上键合点的实验过程相同。然而，当设置基板上键合点剪切参数时，厚膜本身剪切工具的建议垂直定位高度就比薄膜要高。因此，在厚膜电路上进行的焊球 - 剪切测试可能会出现刀具垂直定位的问题，即在厚膜上的剪切过程中剪切刀具可能会发生拖行，这将导致测得的焊球 - 剪切力值偏高，这也解释了一些报道中厚膜上焊球 - 剪切力测试值比在薄膜上预期的剪切力测试值高的原因[4-21]。

即使剪切工具的垂直定位高度是正确的，在对厚膜和薄膜上焊接的键合点进行剪切测试时，如果金属化与基板的粘附性差，剪切值也会比预期值低很多[4-11, 4-14]。图 4-15 所示为在粘附性差的厚膜上焊球的剪切示例。此外，当在半导体芯片焊盘上进行键合时，有可能使半导体破裂（弹坑）。对键合过程中损坏和开裂的硅表面上的焊球进行剪切测试，可能会在测试过程中产生弹坑和得到低的剪切力值。因此，剪切测试可用于评估键合机的参数设置，以最大限度地减少使用拉力测试无法检测到的半导体损伤（弹坑），也可检测金属化的附着力。这些测试的数据通常需要进行 DOE 评估然后确定最佳的键合机参数设置（参见第 8 章附录 8B[4-36]）。

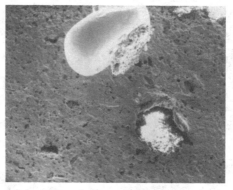

图 4-15 粘附性较差的金厚膜上热压键合焊球的剪切示例图：这个焊球的剪切力为 24gf，而正常粘附性的薄膜表面上相同尺寸的键合焊球剪切力在 70~80gf 范围内；该键合点是由 32μm（1.3mil）线径的金丝键合而成，芯片上焊盘节距的典型参数为 120μm

剪切复合键合点（compound bonds）时的干扰因素（球上球）：在过去，返工时偶尔需要对球形键合点进行堆叠，这是采用手动键合机完成的。关于热超声复合键合点的剪切测试评估的公开文献报道仅有 1 篇[4-24]，这项研究工作发现上部球焊点与底部焊球的中心对齐是非常重要的，上部球形键合点与底部球形键合点未对准的情况下（如焊球 - 剪切测试所示），形成弹坑的趋势增加。某些键合机比其他设备可造成更多的弹坑，但没有发现明显的原因。超声能量的增加也使弹坑趋势显著增加，这通常是可预期到的。然而，当在球上球键合中发生弹坑时，将超声能量降到最低（同时升高温度），可基本解决弹坑问题。在键合优化后，底部球形键合点剪切力与单个球形键合点剪切力在统计学上没有变化，因此，应该尽量减少在芯片上使用手工键合机进行复合键合。自动键合机可精准地把一个焊球键合在另一个焊球中心，并且没有观察到弹坑现象。堆叠的球形键合点由自动键合机制备，用于形成复合球形键合点，当用于带 Al 键合焊盘的器件转变成倒装芯片（带球凸点的倒装芯片）时可用作支撑凸点。在大多数情况下只使用一个球形键合点，但也有堆叠多层焊球以获得更高高度的示例 [4-24]，这为热循环中的疲劳失效提供了应力缓解，如图 4-16 所示。这些用自动键合机堆叠的球形键合点会很好地位于另一个焊球中心。就其本身而言，不会引发弹坑问题。然而，对于剪切测试评估堆叠键合点的正常程序是不明显的。最有可能的情况是，Au-Au 键合界面很牢固，不会造成可靠性问题（参见本书第 5 章），因此只测试单个强度较低的（Au-Al）界面就应该能充足说明问题了。

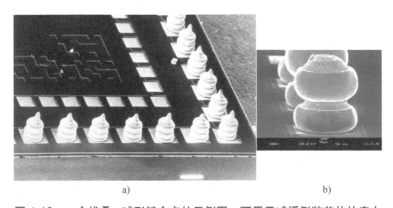

a)　　　　　　　　　　　　　　　b)

图 4-16　一个堆叠 - 球形键合点的示例图，可用于减缓倒装芯片的应力
a）一个全焊盘都键合三层"球凸点"的芯片　　b）一个双层"精准定位的凸点 / 顶部削平的凸点"示例

4）剪切工具的清洁和磨损：由于剪切工具应该定位在距离芯片或基板（对于细节距应用甚至更近）2.5~5μm（0.1~0.2mil）高度的位置，其底部表面必须保持清洁。金属刮擦的铝屑、金屑、玻璃屑、硅屑等会粘连在剪切工具底部，并阻碍正确的垂直定位。在使用比那些焊球球径宽几倍的剪切工具来剪切非常扁（低轮廓）的焊球时，该问题是最显著的。一个较窄的剪切工具（宽约为 1 倍球径）在剪切通过金属时往往会自行清理；但如果整个焊球被推掉，则无法自行清理。

剪切工具在长时间使用和 / 或处理不当时会发生磨损。剪切工具前部表面和底部表面必须是光滑的、磨光的和保持矩形的，剪切的边缘不允许有碎屑。为了获得可重复的测试结果，剪切工具必须像键合劈刀和瓷嘴一样进行监控和更换。用于更细节距焊球的剪切工具比用于粗节距焊球的剪切工具需要进行更频繁地监控，但当节距小于 50μm 时，球形键合点的测试将变得越来越困难。

4.3.5 焊球剪切力与键合区域的关系

两个彼此独立的机构[4-16, 4-17] 报道了球形键合点的剪切力实验数据与实际键合区域的关系，并对其进行了验证[4-11]。同时掺杂 Cu 和 Ag（< 10ppm）的 Au 丝的剪切强度测得为 90MPa（13100psi），掺杂铍和最近专利中报道的金合金引线的强度可能会高出 10%~20%。硬态和退火态 Al 丝（含 1%Si）的极限剪切强度分别为 139MPa 和 84MPa（20200psi 和 12200psi），硬态和退火态 Al 丝的一些剪切强度值与 Au 丝一致，这表明球形键合焊接可能会在 Al 或 Au 一侧发生失效，这取决于 Al 焊盘的特殊特性。图 4-17 绘制了这些数据，表示出剪切力与键合区域直径的关系。

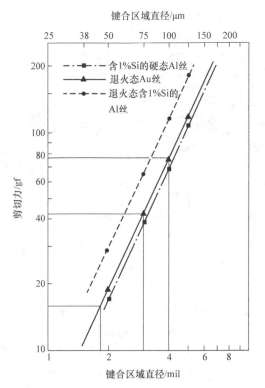

图 4-17 剪切力与键合区域的对应关系图，用于从焊球 - 剪切测试中评估出最大的预期值：只给出一条 Au 丝的曲线，因为 Au 焊球是完全退火的并且很少会受到任何掺杂的影响；然而，因为接头将在其最弱的部位内发生失效，因此给出了 Al 的剪切强度范围，以指导 Al 金属层的可能强度；使用时，用显微镜测量焊球中瓷嘴压痕的直径，如果是细节距，则使用整个直径；注意，低于约 50μm 的直径、剪切力迅速下降到 20gf 以下，将变得越来越难以剪切，要求使用更精细的剪切工具和具有更高的定位能力；在某一时刻，剪切测试将变得不切实际，则将使用拉力测试（参见 9.1.10 节）

本实验所用的引线中含有 ppm 级的 Cu 和 Ag 掺杂。用于自动键合机的金丝通常使用 Be、Ca 和特定元素来稳定，这种金丝的应力 - 应变测试强度可提高

10%~30%。人们可能会认为这种金丝会获得更高的金球剪切力值，但该观点还没有被实验观察到。$^{\ominus}$ 从图 4-17 中得到的值应该被认为是理论上可获得的最大值，而不是预期值，因为焊球下的所有区域都不是完全焊接的。铝膜层上的热超声球形键合点在键合过程中（3mil 线径的引线，变形量为 50%）通常只焊接了大约65% 的面积，剪切力平均值为 75gf [通过观察 KOH 腐蚀，显示出的键合界面上的金属间化合物，一些研究人员已经获得了超过 80% 的焊接区域（参见表 4-1）]。因此，键合点下的整个区域将不会完全被焊接（尽管细节距球形键合点的焊接区域比例通常很高）。此外，可以通过清洁金属层（与污染的表面对比）以及改善键合的方法来对键合进行优化，从而预期获得更大的焊接面积。例如，当测试的键合焊球直径为 75~90μm（3.0~3.5mil）时，发现与 Au 金属层的良好键合点的剪切力值约为 40gf（很接近图 4-17 中的值），和与 Al 金属层的良好键合点的剪切力值约为 30gf（约为图 4-17 中值的 70% 并与其他预测值接近）[4-12]。

表 4-1 使用 25μm 线径金丝，四种球形键合过程的平均自动键合工艺参数

机器或测试参数	5 种机型 100μm 平均值[①]	观测范围，100μm 工艺[①]	90μm 工艺[②]	80μm 工艺[③]	70μm 工艺[④]
无空气结球直径 /μm	50	45.4~56.3	—	43.2	40.6
键合焊球直径 /μm	74	67.7~78.6	61.3	55.8	47
键合焊球高度 /μm	16.1	12~17.2	13.5	12.5	5.9
剪切力 /gf	35.4	27.2~43	32.4	25.7	19.2
剪切强度 /（gf/mil²）[⑤]	5.36	3.7~6.4	7.06	6.5	7.04
焊球下金属间化合物（% 界面区域）	65.6	47~79.6	—	79.5	> 80

注：表中的数据来自 SEMATECH 的一项研究。由于测试范围非常广泛，给出的每个参数范围用于提醒读者，不同的自动键合机的差异非常大。在当时的机器和参数是基于典型 100μm 节距的键合工艺。在今天，与表中数据相比，先进的键合机可以获得更细的节距和更接近的标准偏差。

① 五种不同厂商的机器，超过 8 小时运行后获得的（平均）数据 [4-26]；

② 一种机型 [4-26]；

③ ESEC，几台相同机器 [4-27]；

④ K&S 和 SEMATECH，几台相同机器 [4-28]；

⑤ 1gf=9.8mN，1mil=25.4μm，1gf/mil²=0.0152mN/μm²。

　　在行业中，剪切强度（Shear Strength，SS）使用多种单位制，因为 SI（国际标准单位制）μm 或 mm 会导致测试数值太高或太低，以至于无法直观地理解测

$\ominus$ 使用拉断力为 8~13gf 范围内的 25μm 引线进行对比，对于相同尺寸的焊球，其焊球 - 剪切值无统计学差异 [4-26]。显然，在 EFO 焊球成形过程中会发生"熔断退火"现象，形成的焊球有相似的冶金学性能。

试数值，读者可以自行换算数据。注意：所有键合机，除 100μm 工艺外，其余均使用 60kHz 超声能量在 Al 焊盘上进行键合。在实验室（NIST）中，对大量球形键合点横截面的观察表明，在焊球顶部的瓷嘴压痕的外边界与实际键合区域的周边非常接近。因此，建议应该通过测量焊球上瓷嘴压痕外径来估算焊接区域，而不是（非细节距的⊖）使用焊球外径进行估算。然后应该使用这个测量值，获得图 4-17 中预期的最大剪切力，其数值可能比用焊球外径所获得的最大预期剪切力值低 15%~20%，见表 4-1。然而，一些细节距瓷嘴无法制备传统的扁球状键合点。键合点可形成倒锥形（参见图 4-18），也可形成最小的经典扁球形。细节距焊球界面的焊接区域通常占比非常高，并且通常可使用外部周长进行计算。

图 4-17 的曲线可用于确定形成的球形键合点可获得的最大剪切力，然而，无法从该曲线中推导出可接受的最小值，但可以在同一标准下通过对比引线拉力和焊球 - 剪切的数据[4-19]来解决这一问题。如果把平均拉力与平均剪切力绘制曲线，当拉力测试中没有球形键合点拉脱的情况出现时将会得到一个最小的剪切力。这样的过程需要成千上万个键合点来获得有意义的数据。在本研究中，按照今天的粗球径焊球的标准，良好键合的平均剪切力约为 80gf，拉力测试中出现焊球拉脱时的剪切力约为 40gf。因此，根据该准则，可接受的最小剪切力约为图 4-17 所示剪切力值的一半 [这并没有考虑到 Au-Al 键合点的热应力可靠性要求，这种键合要求具有较高的剪切力值，约为 5.5g/mil^2（84MPa），参见图 4-23 及其关于顶部曲线相关的讨论]。细节距似乎表现出具有更高的剪切力值，但这更容易受到热影响而退化。

图 4-18　一些细节距球形键合点的最小（倒锥形）外形图（由 K&S 提供）

⊖　细节距焊球上的瓷嘴压痕通常延伸到焊球的外径，这取决于瓷嘴尖端的特殊设计。对于这些情况，应该使用外径进行计算。

微电子行业一直朝着细节距球形键合（< 50μm 节距）的方向发展，并试验高频超声能量键合。为对比不同尺寸焊球（或超声频率）的剪切强度（焊接量），行业已经开始使用标准化的剪切测试值[4-25, 4-26, 4-27]。在这种情况下，剪切强度的计算方法是将测量到的剪切力（Shear Force，SF）除以焊球面积（根据光学测量的键合点外径计算）。正如某项研究中所使用[4-26]，为"尽力"纠正非圆球体的键合焊球球经，以直角进行两次光学测量。公式为

$$SS = \frac{SF}{\dfrac{\pi}{4}\left(\dfrac{d_x + d_y}{2}\right)^2} \tag{4-6}$$

式中，d_x 为 x 方向上的焊球球径；d_y 为 y 方向上的焊球球径。

当焊球表现为近圆球形时，d_x 和 d_y 可以简单地用一个直径测量值 D 来代替。

$$SS = \frac{SF \times 4}{\pi \times D^2} \tag{4-6a}$$

SS 的典型值范围从 5gf/mil^2 到大于 7gf/mil^2。测量金属间化合物（焊接区域）的方法通常是使用一些不腐蚀焊球的腐蚀剂（例如 25% 的 KOH 溶液）从焊球下方对键合焊盘进行腐蚀，然后观察焊球底部的金属间化合物（金属破坏），还可使用大功率金相显微镜或其他显微方法进行观测。

表 4-1 总结了来自几个不同机构的大量数据，展示出这种观测方法获得的键合特性和数值。对一系列细节距键合工艺的剪切力、SS 值和金属间化合物的百分比进行对比，已经建立出焊球的金属间化合物量或金属断裂量与焊球和剪切强度之间的关系[4-26, 4-27]，因此，金属间化合物的实际数量只是在偶然情况下确定的（例如金属层或金丝掺杂发生重大改变）。

根据表 4-1 中的数据，我们可以假设一个简单的平方定律公式（与键合的焊球面积相关），在已知实际焊接面积（金属间化合物的百分比）的情况下，可以使用这些数据来预测细节距键合点的预期剪切力。然后可以反查图 4-17 的数据。然而，使用表 4-1 数据的实际曲线拟合公式的结果小于平方定律公式⊖，公式为

$$SF_{(welded\ area\ dia.)} = 0.024D^{1.78} \tag{4-7}$$

式中，SF 是剪切力，单位为 gf；D 为实际焊接面积的当量直径，单位为 μm；相关系数 $r^2 = 0.999$。如果已知金属间化合物的百分比，这个公式可以用于确定细节

　⊖　由于使用实际键合区域，应该可观察到随横截面增加相关的平方定律行为。细节距键合焊球形成的剪切力 - 键合区域关系与大直径键合点不同的原因尚不清楚，有待进一步研究。观察到非常细节距的键合点有较大的焊接区域比例（与等效的大直径焊球相比，剪切强度始终大于 7gf/mil^2）。

距键合（≤ 100μm）的等效焊接直径（从金属间化合物的百分比中可以看出）或剪切力。同时，使用表 4-1 中的数据，可以预测，对于 60μm 节距的工艺，键合焊球的有效球径为 34μm（80% 焊接区域和实测球径 38μm），剪切力将为 13.4gf。从图 4-17 可以看出，该数据更接近 12gf，这是一个不错的近似值（关于细节距的更多细节参见第 9 章）。

采用实际测量的键合焊球球经（单位为 μm），公式则变为

$$SF_{(ball\,dia.)} = 0.023D^{1.75} \tag{4-7a}$$

该式涉及的 r^2=0.98，假设键合点下方有 80% 的焊接区域，球径为通过光学方法测量外部周长而得到的。式（4-7a）比式（4-7）更容易使用，因为只需测量键合焊球的球经。然而，由于产品键合点下方的焊接区域通常是不同的，所以任何实验的结果也可能是不同的。该公式还是适用于近似大多数细节距（≤ 70μm）情况。

4.3.6 金 - 铝金属间化合物对剪切力的影响

当 Au 与 Al 热超声键合时，在界面上会形成金属间化合物。事实上，通过观察上述化合物的数量和分布来评估焊缝形成的数量已经成为一种正常的程序。考虑到这一点，人们可能会想知道金属间化合物对剪切测试的影响是什么。在键合加工态的条件下，金属间化合物很薄并且对剪切力没有影响 [4-26, 4-27]，它们对于牢固的 Au-Al 焊接是至关重要的。然而，经过热暴露（热应力试验、高温环境寿命等）后，金属间化合物会生长。在焊接不良的界面中，它们可能以尖刺的形式出现在球形键合点中（参见 4.3.7 节），并对剪切测试有一定影响。

关于金属间化合物的拉伸或剪切强度的数据似乎很少。然而，Philofsky[4-29] 通过无 kirkendall 空洞的 Au-Al 偶拉伸试验的结果进行了拉伸强度的估算，并推算出所有金属间化合物的强度至少是退火态 Au 或 Al 的 3 倍（本书第 5 章表 5-1 列出了这些金属间化合物的许多特性）。

考虑到化合物的结合能，这些化合物的强度可能是 Au 或 Al 的 10 倍，这通常是通过硬度测量进行验证 [4-30]。尽管这些化合物是脆性的，但我们认为只要界面是无空洞的，它们就不应该使球形键合点剪切力降低。当金属间化合物在界面上横向扩散时，实际上会增加剪切力（相当于更完整的焊接）。在高温试验的早期阶段，经常可观察到这种强度增加（10% 或更多）的现象 [4-17]，这也解释了为什么在相对较高温度下，形成的键合点在初始阶段被报道是最强的。

在球形键合点下方形成的金属间化合物会对硅产生相当大的应力 [4-31]。焊球 - 剪切测试增加的应力会导致硅损伤（弹坑）。关于此问题的讨论请参见 8.1 节，并以附录 4A 失效模式 3 为例。

4.3.7　拉拔测试、撬杠测试、翻转测试及其他测试

如果 Au 与 Al 的球形键合点焊接不良且随后经受了热应力，那么可能会形成金属间化合物尖刺并延伸进 Au 和 Al 中 [4-32]。图 4-19 所示的就是这样一个键合点的示意图。这些尖刺可增加横向键合的强度，在进行剪切测试时，将产生一个虚假的高剪切力值，检验这种键合点的失效分析程序可以用来揭示这一点。

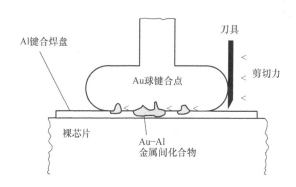

图 4-19　存在孤立金属间化合物生长的球形键合点示意图：这种生长可以对焊球 - 剪切探头形成相当大的阻力，但通常可以用手术刀将其"撬"起来，或在拉力测试中以较低的力拉起 [4-32]

为便于检查，可使用一个精细的手术刀刀片来使键合点撬起或向上"翻转"，在焊盘上和拉起的焊球上会留下金属间化合物尖刺，这就是所谓的"拉拔测试"。在生产过程中，通过剪切测试（在热产生任何"尖刺"之前），可以更容易地发现弱"加工态"的键合点，并可能在当时就解决了不良键合的机器设置或污染问题。但是当问题发生时，需要进行失效分析。Harman 对清洁焊盘上故意制成的不良键合点（剪切力小于最佳值的 50%）进行的热应力实验表明，当剪切力降低到其初始值的一半左右（小于正常值的 25%）时，所描述的这种失效机制将变得重要。在某些情况下，剪切力为 10~15gf 的键合点，在拉力测试 3~5gf 时会被拉起。这种情况经常发生，因此需要在焊球 - 剪切、热应力实验的各个阶段进行非破坏性的拉力测试，以剔除掉有这种失效机制的键合点。应该注意的是，受到热应力的焊接牢固的金球键合点会形成相对均匀的金属间化合物，并且没有观察到因该机制导致的失效现象，该现象的一个示例如与第 5 章附录 5A 中的图 5A-1 类似。

这种失效分析方法还没有被应用到细节距焊球中，因为在它们下面插入探头非常困难。使用 20% 的氢氧化钾溶液腐蚀 Al 焊盘并检查"翻转的"焊球的方法可以获得与上述分析方法几乎同样多的信息。然而，由于经常在这些键合点上进行拉力测试，所以人们偶尔会看到在热应力试验后的键合点拉脱处的焊盘上会残留有尖刺。

4.3.8 焊球-剪切测试与键合点拉力测试的对比

White[4-33] 给出了焊球-剪切测试和键合点-拉力测试最有效的对比结果。与集成电路 Al 金属层形成牢固的 Au 球键合，并在 200℃下进行 2688h 的温度试验。通过监控不同时间间隔的剪切和拉力测试值，研究了 Au-Al 界面的退化情况。图 4-20 重新绘制了 White 的数据，键合界面强度降低了 2.6 倍，原因可能是形成了 Au-Al 金属间化合物和一些 kirkendall 空洞。然而，这些并不足以减弱器件的电学性能（仅增加几毫欧）。在此期间，拉力实际上略有增加，原因可能是金线冶金性能发生变化。因此，拉力并不是球形键合点界面强度的有效指标。还应该注意的是，这种严重的热应力消耗了所有可用的 Al（焊球-剪切曲线的平坦部分），不会导致器件失效。

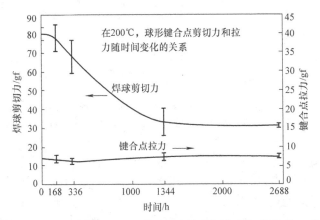

图 4-20　200℃时金球键合点的剪切力和拉力随时间变化的关系曲线图：球形键合点由线径 25μm（1mil）的金丝制备，键合在集成电路纯 Al 键合焊盘上，球径大约 100μm；注意从剪切力（左）到拉力（右）的刻度变化。随着金属间化合物生长的稳定，可观察到误差条棒逐渐变窄

（曲线是重新绘制的，还包含来自 White 的个人数据[4-33]，©IEEE）

4.3.9 焊球-剪切测试的应用

1. 热压键合过程中，键合机的参数设置

热压（TC）键合技术由于其较高的温度和较长的键合时间要求而逐渐被废弃。对于该技术的任何偶尔持续使用的情况，下文给出了参数设置的概要。因为该技术在早期大量使用，因此它仍然是理解键合基础的一部分，在开发焊球-剪切测试过程时是必不可少的。大多数关于焊球-剪切测试的结果报道直接或间接地改善了键合机的参数设置，通常情况下，对于热压键合，机器设置的键合界面温度为 300℃，键合时间为 0.2s，键合力为 100~125gf，从而在 Al 或 Au 金属层上获得 25μm（1mil）线径金丝的牢固热压球形键合点。即使存在适量的有机污染

物 [4-4,4-16]，这些参数也可获得良好的剪切强度。通常，如果存在污染，温度越高则键合强度越高，参见第 7 章。

2. 热超声键合过程中，键合机的参数设置

Jellison[4-21] 研究了厚、薄 Al 膜层上的热超声键合特性，并在第 7 章中进行了深入讨论。一般情况下，早期工人发现，随着超声功率和温度的提高，剪切力会明显提高。Weiner[4-35] 研究了在 Al 和 Au 金属层进行热超声（TS）键合时，超声（US）功率对球形键合参数设置的作用，图 4-21 中绘制了这些数据，结果表明，US 功率对 Al 金属层键合剪切力的作用比 Au 敏感。

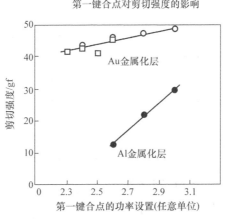

图 4-21　超声功率对焊球 - 剪切力的影响图：键合点由 25μm（1mil）线径的金丝制成；这些测量的阶段温度为 125℃，键合力为 30gf；这可能适用于一组键合机 / 环境的参数设置，并可作为一个示例（来自 Weiner[4-35]，©IEEE）

目前，大多数组织使用实验设计（DOE）方法，获得围绕机器变量的焊球 - 剪切力，如第 8 章附录 8B 描述所示，Lee Levine 将 DOE 用于现代自动键合机的参数设置。早期手动键合和现代自动键合获得的结果有显著差异，这个问题还没有解决，但可能是由于自动键合机使用的键合时间较短（自动键合机为 8~15ms，手动键合机为 50ms 左右，键合力可能会发生变化），而当前自动键合机使用的是高频超声能量。无论如何，当前的自动键合机必须使用 DOE 进行参数设置！

键合机参数的优先级顺序
功率是最重要的变量。
键合力和撞击对焊球的球径非常重要，特别是在超细节距应用中，可能会影响可靠性。
温度是重要的变量，特别是对于第二键合点（月牙形键合）的强度。
时间为次要变量。

虽然参数值不同，但它们在 60kHz 和 120kHz 时的关系，大致相似。Charles 在 IMAPS 2002 中的一项研究发现，在较短的热老练时间内，100kHz 比 60kHz 具有更高的剪切强度。因此，还必须研究频率对 Au-Al 键合点可靠性的影响，以确定频率的极限值。

早期的研究人员已经描述了 TS 键合机参数设置的 DOE 方法 [4-37, 4-38, 4-39]，并获得了不同的系数。很明显，在目前，每种机型的键合机都可能有足够多的可变性，需要根据自身情况设置 DOE 程序。目前，在单个制造商内部的传感器非常相似。然而，不同的制造商往往使用不同的频率（典型值为 90kHz~135kHz），实验室的传感器则超过 250kHz。这样，他们就可以使用更短的键合时间来提高键合速度 / 产出等。

对于 TC 键合，可以收集已发表的数据并给出典型的键合参数，这对于 TS 键合是不可能的。一部分原因是发布的数据或参数不重叠，另一部分原因是上段提到的原因和细节距键合的进一步发展。因为没有明确定义的通用参数，所以使用 DOE 和焊球 - 剪切测试的方法来优化键合机的参数设置是非常重要的，这可使用现代软件完成。

3. 生产中键合质量的评估

与拉力测试一样，焊球 - 剪切测试的主要用途在于生产过程中的质量控制方面。这种测试在 20 世纪 70 年代后期被引入，由于缺乏商业测试设备和使用标准，获得行业内认可的速度很慢，目前这两个问题已不存在（参见 4.3.2 和 4.3.11 节），所有主要的半导体组装和 MCM/ 混合集成 /SIP 设备都在使用剪切测试来控制球形键合的生产过程。

从历史上看，键合焊球 - 剪切测试的首次公开使用（1967 年）是监测和控制微电子（芯片）生产中的各个方面，而不是评估可键合性。Gill[4-14] 用该方法来监测"当时"的新 Mo-Au 金属层系统的附着性。通过在键合点 - 剪切测试过程中从钼上剥离出金的情况，可以看出 Au 对 Mo 的附着性是弱的。剪切测试仍然是确定金属层附着质量的一种很好的方法，并且也已用于评估在塑料封装产生的剪切应力和热应力的情况下，不同的金属和键合系统形成弹坑的趋势。

显然，塑料包封的器件在模塑过程中以及在随后的热循环过程中（以及在表面贴装钎焊过程中受到的热冲击），施加到球形键合点上的高应力使得必须使用焊球 - 剪切测试来控制生产过程中的键合质量。当测试用于连续生产过程中时，剪切测试将揭示出新引入污染物的退化作用，以及去除金属层或玻璃化层过程中的任何变化。在大量生产不合格产品之前，可以足够快地获得这些信息并采取纠正措施。多项研究给出了焊球 - 剪切测试结果与器件的可靠性之间存在相关性 [4-40~4-43]。

关于非破坏性焊球 - 剪切测试研究仅有两个报道 [4-19, 4-39]，发现在承受破坏性剪切力的 75% 应力之后，焊球的最终剪切力不会显著降低。原则上，该测试可以用来确保生产过程中的键合质量，就像非破坏性的键合点 - 拉力测试一样。但是，在定位剪切工具时需要格外谨慎。因此，该测试的速度是缓慢的，并且因效率低下而成本昂贵，这妨碍了其应用的效果。然而，更严重的问题是这种方法可能会损伤芯片表面顶部的钝化层，并且无法在细节距的情况中使用。因此，尽管从历史上看这是一项使人感兴趣的研究，但不建议用于生产过程中，并且绝对不可能用于细节距键合中。

4.3.10 楔形键合点的剪切测试

剪切测试显然对评估球形键合点非常有用，但是对细线径 Al 丝的超声楔形键合点也有用吗？ NIST 和 Sandia 国家实验室之间的实验合作 [4-44] 旨在确定这一点。该测试包括三组线径为 25μm 的含 1%Si 的 Al 丝（ BL=12~14gf），NIST 通过超声楔形键合在单个晶圆衬底上。一半的键合点（随机选择）进行破坏性拉力测试，然后将晶圆送到 Sandia，在那里对其余的键合点进行剪切测试，测试数据如图 4-22 所示。

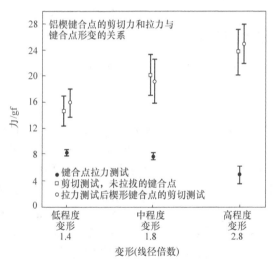

图 4-22 线径 25μm（1mil）铝丝在铝金属层上的超声楔形键合点的拉力测试和键合点 - 剪切测试的数据图：误差棒条代表在约 20 个键合点拉断强度平均值以上和以下的标准偏差 [4-9]

如果考虑到键合点的冶金性能，则可以理解这些结果。对于超声 Al 楔形键合，键合点跟部会随着形变的增加而被过度加工并变弱，但焊接面积却同时增加。一方面，拉力测试对键合点跟部强度的减弱特别敏感，因此，拉力随着形变的增加而减小；另一方面，剪切测试与跟部的状况完全无关，仅对实际焊接面积敏感。具有裂纹或颈部（跟部）完全断裂的楔形键合点可以获得高的剪切力值。可以看出，剪切测试对于评估由细线径 Al 丝制成的楔形键合点不是非常有用，特别是当键合点形变增加到两倍线径以上时的情况。但是，由于目前剪切测试仪可以很容易地在几微米的范围内定位，因此当理解了上述问题时，该测试仪有时会用于评估小 Al 楔形键合点上的焊接界面。高频键合（≥ 100kHz）的最小楔形键合点形变建议约为 1.25 倍线径，因此，除非是线径小于或等于 25μm 的引线，否则使用现代设备进行的剪切测试通常是可行的。有关细节距和薄带线测试的简要讨论，请参见 Levine[4-45]。

楔 - 楔键合点剪切测试的最大用途是用在粗线径 Al 丝的楔形键合上，例如用在功率器件中，这些通常是使用带平行槽、V 形槽的劈刀键合的，并且弧高较高。使用剪切测试仪可成功地评估此类键合点。例如，如果一根线径为 250μm（10mil）铝丝的焊接界面为完全焊接，形变 20%（在界面处），并且底部（foot）长度为 750μm（30mil），则剪切力将约为 1.6kgf（3.5lbf）$^{\ominus}$。功率器件上粗线径 Al 丝 [线径 ≥ 100μm（≥ 4mil）] 制备的良好 Al 楔形键合点产生的剪切力值应该为拉力值的 2~4 倍（取决于键合的长度），从而大大提高了键合机参数设置的敏感性。对于大的楔形键合点剪切强度值 [参见 4.3.5 节中的式（4-6）和式（4-6a）] 可以使用楔形键合 - 焊盘接触区域（键合长度乘以键合宽度）代替焊球区域来定义，如式（4-8）所示。这样就可以对比由不同线径引线制成、具有不同键合点底部长度或可能不同冶金性能的键合点质量。

$$SS_{(wedge\ bond)} = \left(\frac{SF}{LW}\right) \tag{4-8}$$

式中，SF 单位为 gf；W 是界面宽度；L 是键合点长度。两者通常以 mil 为单位，但与式（4-6）中一样可以使用 SI 单位表示。在上面的示例中，$SS_{(wedge\ bond)}$ = 4.4gf/mil^2（0.07mN/μm^2），这是一个随机示例，在实际中的实验数据应该更高。

现如今球形键合的节距已降至 50μm 以下，一个令人感兴趣的测试改变已经发生了。首先，由于与相邻键合点的干扰，越来越难以进行剪切测试。其次，键合区域将减小到通过键合拉力测试就能充分评估球形键合点强度的程度。拉力测试标准可以基于焊球的 75% 焊接面积（金属间化合物的百分比）。当该面积等于引线线径时，拉力测试将充分评估球形键合点强度，则该测试可以代替剪切测试。（在这里注意到，键合焊盘金属层与基板之间的粘附力会进一步降低拉拔 - 失效力，并可能导致金属层剥离—许多当前规范排斥的条件。本书第 9 章将对这种拉力标准 / 规范的更改需求进行讨论。）

高度为 12μm（约 0.5mil）或更高的薄带线键合点也可以使用剪切测试仪成功地进行测试。通过修正矩形键合区域，可以从图 4-17 的曲线中获得薄带线和粗线径引线的最佳的剪切测试值。

剪切测试多年来一直用于测试晶圆级 TAB 凸点的完整性，也用于测量 TAB

⊖ 基于退火态 Al 丝的键合点有约 500g（1.1lb）拉力和 700kg/cm^2（10 000psi）的剪切力。

引线端和凸点之间的键合点强度以及引线端皱折力（buckling force）[4-46]。通常，使用引线键合焊球 - 剪切测试仪进行此类测试。剪切测试还可通常用于确定倒装芯片连接焊料球的强度。

4.3.11　焊球 - 剪切测试标准

焊球 - 剪切测试用于世界上所有主要的半导体组装应用中，以控制除最细节距外的所有球形键合的产品。关于其用法，有两个已发布的标准以及许多公司内部制造规范。第一个标准规范由 ASTM 在 1990 年发布，是 ASTM F1269，并依次在 2006 年、2013 年⊖ 进行了更新，该测试方法用于球形键合点的剪切测试，最初是六个合作实验室的联合声明文件[4-47]。EIA JEDEC 委员会 JC-14.1 也发布了剪切测试标准，该标准作为 JEDEC（商用）标准，可以在互联网上获得：引线键合剪切测试方法，EIA/JESD22-B116。该标准包含有推荐的剪切测试值，如图 4-23 所示。

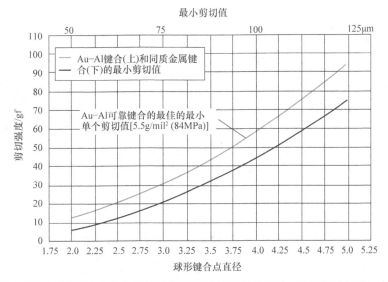

图 4-23　EIA/JESD22-B116 文档中给出的修正后的最低推荐焊球 - 剪切测试值图：如果上方曲线 [5.5g/mil² （84MPa）] 是 Au-Al 键合点的最小剪切读数，则该建议值将得到改进。但是，在下方曲线上同质金属键合点应该是可靠的

因此，有足够多的标准依据可用于执行球形键合的剪切测试，建议值（图 4-23 中的下方曲线）确实需要在将来进行最终修订。当 Al 焊盘上的 Au 球键合点要求具有长期可靠性（在 175℃、1000 h 时或等效试验）时，应该选用图 4-23 的上方曲线 [5.5 g/mil²（84MPa）] 作为最小单个剪切读数[4-48]。对于某些重要行业，这通常是必需进行的测试。

⊖　"2013 年"为译者补充。

4.4 球形和楔形键合点评估

与楔 - 楔引线键合一样，球 - 楔引线键合的楔形（或新月形）键合点最好是通过拉力测试来评估。一项研究发现，在键合点拉力测试后，焊球 - 剪切力的减弱可以忽略不计，因此可以先进行拉力测试[4-39]。在 ASTM F1269-06 中也有类似的表述。因此，焊球可以在线弧拉力测试后再进行剪切，从而可以从单根引线的两个键合点中获得数据，使所需的样本数量最少化。

4.5 热应力试验可靠性评估

长期以来，已经观察到 Al 焊盘上的 Au 丝键合（或反转）在超过一定程度的热应力后就会失效（参见本书第 5 章）。但是，Horsting[4-49]（参见本书第 6 章关于 Au 焊盘上的 Al 丝键合相关内容）发现，如果键合良好，且在键合界面中不存在杂质，则即使经过长时间高温后，键合点也将保持牢固。如果键合界面中有杂质或键合点焊接不良，则在这种应力的作用下，键合强度可能会迅速下降。为揭示出新批次镀金封装体中的潜在问题，Horsting 进行了一个应力试验，其中包括在 390℃下烘烤 1h，然后进行拉力测试。如果在拉力测试中键合点被拉脱（界面分离），则拒收整个批次的封装体。Ebel[4-50] 将整个烘烤程序引进作为筛选程序，以揭示混合电路中键合点的潜在失效模式。后来，Mil-Std 883 针对混合电路的 5008 方法规定了一个类似但不太严苛的 300℃、1h 的试验方法，并且规定密封后的拉力测试值大于或等于 1.5gf（14.7mN），当前（2008 年）已被 Mil-Prf 38534F 代替。表 4-2 给出了这些不同热应力试验的时间、温度和其他条件。应该强调的是，该应力试验仅适用于容易扩散和反应的两种金属的键合（例如，Au-Au 键合点和贵金属间的键合点随温度升高而强度增强，而 Al-Al 键合强度保持不变）（见本书第 5 章 5.3.7 节）。

表 4-2　用于评估 Au-Al 键合可靠性的各种不同热应力试验

时间 /h	温度 /℃	拉力测试失效准则	参考文献
1	390	弱键合或拉脱	[4-49]
1 4 24 200 3000	350 300 250 200 150	小于最小可接受（密封后）拉力值的一半（Mil-Std 883，方法 2011）	[4-50]
1	300	1mil、25μm 引线 <1.5gf 较细的引线 <1gf	Mil-Prf 38534F 附录 C[4-7]

4.6　未来面临的问题

未来键合的测试将受到 IC 键合焊盘节距越来越细以及键合点尺寸相应减小的影响。对于拉力测试，随着封装体尺寸和弧高的减小，将拉钩固定在引线下将变得越来越困难。前文提到的多层封装结构中的引线拉拔问题也适用于节距和弧高逐渐减小的产品中，使得破坏性拉力测试的应用更加复杂。多层封装结构的常规拉拔程序是从上到下对每一层进行拉力测试，但是某些线弧可能太低而无法在它们下面插入拉钩，则无法进行 NDPT。

焊球 - 剪切测试将应用于直径较小的焊球以及不那么高的焊球测试。这就需要具有更平整的基板，高度调节更精确的剪切工具以及更窄的剪切刀具（磨损将更快），现代剪切测试仪已具有高精度的剪切能力。但是，在许多情况下可以使用类似的测试方法，但更需要格外谨慎，比如是使用统计过程控制（Statistical Process Control，SPC）代替大量的破坏性拉力测试——随着节距减小，必须使用 SPC。只要使用 DOE（参见本书第 8 章附录 8B）进行参数设置，自动键合机大批量生产的键合点会非常均匀，并且通常只需要较少的测试次数。

随着球形键合的节距减小到 50μm 以下，剪切测试将变得不切实际，并且测试已经发生了很大的变化[⊖]。键合区域将减小到通过键合拉力测试就能充分评估球形键合点强度的程度。拉力测试标准可以基于焊球的 75% 焊接面积（金属间化合物的百分比），当该面积等于引线线径时，拉力测试将可充分评估球形键合点强度，则该测试可以代替焊球 - 剪切测试。（在这里注意到，键合焊盘金属层与基板之间的低粘附力会进一步降低拉拔 - 失效力，并可能导致金属层剥离，这是当前许多规范拒收的条件）。这种针对 Cu/Lo-k 和细节距芯片产品发生改变的拉拔标准将在本书第 9 章中进行详细讨论。

最近引进了区域阵列键合技术（参见本书第 9 章），该键合的测试方法类似于测试封装中多层键合的方法。拉钩只能通过插入顶层线弧进行拉拔，然后依次向下移到下一层。细节距会使测试变得更加复杂，通常键合数量很大，以至于使拉拔或剪切测试变得不切实际，只在一层上进行键合测试的结构除外。该方法也适用于区域阵列球形键合的焊球剪切测试。

过去经常将目视检查用于一些高可靠性器件和航天器件，并且经常随机械测试一起进行。在细节距键合上执行目视检查要困难得多或根本不可行，而且接受标准也发生了改变。细节距的球形和楔形键合点可能与过往公认的粗节距要求不同，前者的直径和键合高度较小，并且可能是圆锥形的，而不是扁球状（见图 4-19 ）。高频超声制备的楔形键合点可能较窄小，但强度仍然很高。根据较旧的粗节距目视检查标准（例如 Mil-Std 883G/H 和更早的版本），两者都将被拒收。此类标准在 2008 年左右进行了修订，现在任何目视检查标准都可以与新的细节距

⊖　ITRS 的预测是，球形键合点和楔形键合点的尺寸都将减小到 20μm 节距。

键合点测试以及许多现代商业规范兼容。

附录 4A　焊球 - 剪切测试的典型失效模式

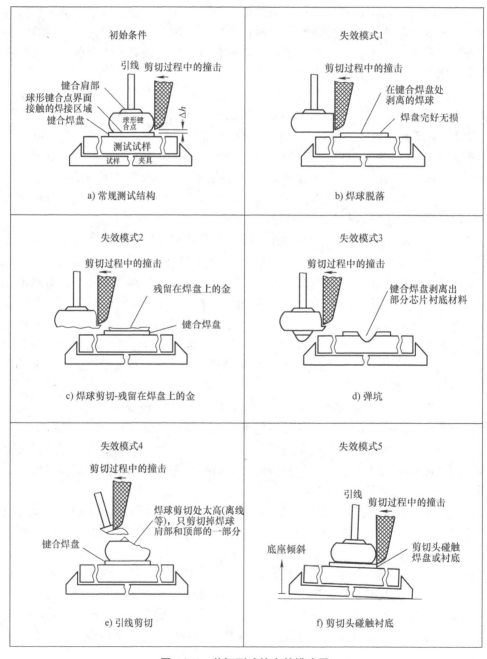

图 4A-1　剪切测试的失效模式图

（来自 Charles[4-47] 和 ASTM F 1269-06，进行了修改，©ASTM 2006）

附录 4B　非破坏性键合拉力测试

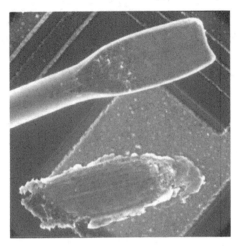

图 4B-1　非破坏性拉力测试的价值是什么——可以在低的拉力测试中（本例中约为 0.2gf）完美显示出楔形（和球形）键合点被拉起的情况

4B.1　引言

在 2008 年，引线键合的非破坏性拉力测试（NDPT）仅用于特殊场合，如行星航天任务，以及一些类似的关键应用，其成本昂贵且不能在某些情况下（如细节距键合点）使用。该测试与破坏性拉力测试类似，但其目的是揭示出薄弱的键合点，同时避免损伤可接受的键合点。图 4B-1 所示为弱的 Al 楔键合点上 NDPT 的一个示例。与破坏性测试一样，NDPT 只适用于楔形键合点或球 - 楔键合的楔形键合点（参见 4.3 节）。对于 NDPT，施加在键合线弧上的最大作用力被限制在某个预定值，该值低于正常的破坏性拉力测试值，使用式（4-1）～式（4-5）进行求解，对于理解弱键合点断裂的时间非常重要。这种测试通常 100% 应用于所有的多芯片模组或 IC 中的键合引线中，但在某些情况中，其被限制于芯片有重复键合问题的区域或特定的焊盘上。从 20 世纪 60 年代末到 1990 年左右，许多密封的、高可靠性的（主要是军事和航天领域）电子器件中都使用 NDPT，所有 S/K 级（航天）器件都要求使用该测试方法。在这一时期的末期，多引出端 - 细节距多层针栅阵列和类似的封装也开始普遍应用。即使不是不可能，也很难在拉钩不损伤一些引线和 / 或造成多层引线之间短路的情况下，进行非破坏性地拉拔重叠的引线。因此，NASA 和美国军方采用了另一种用于引线键合的统计过程控制（SPC）方法来替代 NDPT。SPC 可用于具有 84 个或更多的外部引出端的封装，且在封装端子处键合引线节距小于或等于 305μm（12mil）的器件。许多组织对 NDPT 进行了早期评估研究，但是这些信息通常是出于内部应用的目的而获得，并未公开。几篇早期发表的报告[4-51~4-54]表明，NDPT 在每个特定实验的特定条件下都是有效的。其中，只有 Polcari[4-51] 认识到并讨论了键合几何外形的重要性。他还反复强调选择的一系列键合点与 NDP 力之间的关系，并且发现有些键合点在使用该拉力 100 次后仍然没有失效，而另一些键合点仅拉 4~5 次就失效了。在拉断失效之前，键合点平均可承受连续约 50 次施加的力。但是，对于进行 NPDT 后仍然可用的键合点，破坏性键合拉力的标准偏差非常大。许多这种键合点上施加的应力会超出其弹性极限（参见 4B.2 节），对所有键合点上施加的应力都高于当前工作中推荐的力。

针对给定线径和冶金性能的引线键合，通常规定了其非破坏性拉力（参看 ASTM F458-06、Mil-Std 883 G/H 的 方 法 2023.5[4-55] 和 Mil-Prf 38535）。25μm（1mil）线径引线的典型值是：Al 丝为 2.0gf，Au 丝为 2.4gf。对于相同线径，各种内部规范中的范围为 0.8~3gf。然而，这些特定值不允许键合点具有差异非常大的几何外形。当测试（由于封装体限制或其他限制）线弧非常低时，该测试将会拉断牢固焊接的引线键合点。同样，设置拉力值对于具有高线弧的键合可施加相对较小的测试力。

推导 NDP 力更科学的方法是，除考虑键合的几何外形外，还要考虑特定引线的冶金特性（可从制造商处获得）。本书第 3 章图 3-1 显示了用于键合的引线两种不同的延伸率。尽管这些曲线是针对 Al 丝获得的，但对于 Au 丝的等效数据是相似的。注意，用于热超声和热压键合的 Au 丝是已退火的，其应力 - 应变特性通常接近图 3-1 中的曲线 A。为避免引线在拉力测试过程中发生冶金性能变化或损伤，施加到引线上的应力不得超过其弹性极限（应力 - 应变曲线的区域 1）。

4B.2 NDPT 的冶金学和统计学解释

Harman[4-56] 从冶金性能和统计学上对 NDPT 进行了解释，并从该研究工作中得到了以下处理结果。电子行业中经常使用（$\bar{x}-3\sigma$）正态分布来分析破坏性键合 - 拉力控制极限，可确保 740 个键合点的正态分布中只有一个键合点的拉力低于该值（请注意，在大量键合点中的键合拉力可能不服从正态分布，参看 4.2.2 节）。将 NDP 力降低 10% 至 0.9（$\bar{x}-3\sigma$），其中 $\sigma \leqslant 0.25x$，将确保在正态（$\bar{x}-3\sigma$）分布内没有键合点拉力值超出其弹性极限，其中任何异常的键合点（低线弧、不正常、双峰键合点等拉力）都将被剔除。只有那些拉力位于 0.9（$\bar{x}-3\sigma$）~（$\bar{x}-3\sigma$）范围内的键合点在一定程度上承受的应力可以超出其弹性极限。拉力低于该范围内的所有键合点都将被拉断，而拉力超出该范围内的所有键合点承受的应力都将只处于其弹性极限内。处于非弹性应力范围内的键合点的实际百分比将取决于$\bar{x}$和σ之间的关系。

在遇到标准偏差非常低的（$\sigma \leqslant 0.15\bar{x}$）情况下，如使用自动键合机的批量生产情况，NDP 力可以更改为 0.9（$\bar{x}-4\sigma$）。在这种情况下，在约 30000 个键合点的正态分布中，不超过一个键合点会受到超出其弹性极限的应力。在$\bar{x}$=6gf 和

$\sigma = 0.15\,\bar{x}$ 的情况中，NDP 力约为 2.1gf，并且在 45000 个键合点的正态分布中，只有一个键合点受到的应力会超出其弹性极限。表 4B-1 给出了在正常标准和低标准下，拉力位于非弹性应力范围内的键合点的百分比。对于低延伸率引线，最安全的 NDP 力为 0.9（$\bar{x} - 3\sigma$），其中 $\sigma > 0.15\,\bar{x}$，而当 $\sigma \leq 0.15\,\bar{x}$ 时为 0.9（$\bar{x} - 4\sigma$）。对于 $\sigma > 0.25\,\bar{x}$ 的情况，不建议进行 NDPT，原因是这表明键合过程的某些方面已经失控，或者必须使用低的、无意义的 NDP 力，或者有很多的键合点承受的应力超出其弹性极限和 / 或被拉断。

表 4B-1　非弹性应力范围内的键合点百分比[①]

标准偏差为 0 的百分比	拉拔强度处于范围内的键合点的百分比	
	0.9（$\bar{x} - 3\sigma$）～（$\bar{x} - 3\sigma$）	0.9（$\bar{x} - 4\sigma$）～（$\bar{x} - 4\sigma$）
25	0.038	—
20	0.066	—
15	0.1	2.2×10^{-3}
10	0.12	3.0×10^{-3}
5	0.13	3.2×10^{-3}

① 该表是在基于如下假设的基础上推算出的：键合点拉拔强度（不包括具有非常低拉力强度的异形键合点）大致落在正态分布范围内，而不是其他分布，例如双峰分布。如果有比预测有更多的键合点拉拔强度低于正态分布范围，特别是在（0.3~0.9）（$\bar{x} - 3\sigma$）的范围内，则可能会有更多的键合点被损伤而不是如表中所示，反之亦然。可以使用基于正态概率的键合数据分布图来简单地确定分布的正态性（参看 4.2.3 节）或使用输入统计程序的数据来确定该分布。

表 4B-2　NDP 力的推荐关系总结表

产品种类	引线成分 延伸率		键合拉力测试中（$\bar{x}$） 和 σ 之间的关系	NDP 力的推荐值
正常	Al 丝	<3%	0.15< $\sigma \leq 0.25\,\bar{x}$	0.9（$\bar{x} - 3\sigma$）
高可靠性	Al 丝	<3%	$\sigma \leq 0.15\,\bar{x}$	0.9（$\bar{x} - 3\sigma$）
所有	Al 丝	0.5%~20%	$\sigma \leq 0.25\,\bar{x}$	（$\bar{x} - 3\sigma$）/2
所有	Al 丝	> 20%	$\sigma \leq 0.25\,\bar{x}$	（$\bar{x} - 3\sigma$）/3
所有	Au 丝	使用与铝丝相同的延伸率和 σ 准则，不同之处是难以预测不同制造商 Au 丝的弹性极限		

4B.3　由 NDPT 引起的冶金性能缺陷

在 NDPT 期间，利用上文得出的 NDP 力极限，引线仅能承受大约一个冶金应力 - 疲劳循环。当应力保持在材料弹性极限以下时，Al 和 Au 块体通常可承受数十万次这样的循环。NDPT 期间的应力主要沿引线分布，因此，在键合点跟部区域，基本上没有产生外部纤维状应变（来自弯曲）以增加非退火裂纹形成的可能性。

在这些条件下，在 NDPT 期间，在键合 - 线弧系统的弹性极限以下产生的任何应力 - 疲劳都应该很小。此外，几乎所有高可靠性器件都要求进行 NDPT（通常用于航天应用），并进行常规热筛选，例如老化（约 125℃持续 168h 或等效条件），或者可以根据需求增添类似的筛选。这些筛选退火应该可降低任何低于弹性极限的、由 NDP 测试引起的疲劳阈值等级，并且也可以通过退火（如果不是全部筛选的话）消除某些高于弹性极限的应力疲劳，前提是测试时没有形成裂纹。因此，只有一小部分经 NDPT 的键合点在典型的老化或其他退火后仍会保留大量由测试诱发的冶金缺陷。即使对于在键合点跟部残留有非退火的小裂纹情况，通常也不会缩短器件的后续工作寿命。仅当遇到剧烈的高频振动（例如超声清洗）或低弧键合点经受温度循环时，才会出现可靠性问题（参见第 8.3 和 8.4 节）。

在 Autonetics（Rockwell）发明非破坏性拉力测试 40 年之后，非破坏性拉力测试的概念仍然存有争议。有些人员担心可能会对键合点的颈部或跟部造成冶金性能上的损伤，而另一些人则担心拉钩在定位时可能会撞到并损坏相邻的引线（即本节开头和 4B.1 节中关于高引线端数封装体的键合过程中，对 NDPT 使用 SPC 进行替换的讨论）。

在撰写本文时（2008 年），已经进行了数亿次的非破坏性拉力测试 [4-57]，这是某些军事和航天级（K 级）器件的要求。所有已获得的证据表明该测试是非破坏性的。此外，在器件经过常规军事鉴定测试（温度循环、老化、冲击和振动）后已经表明 NDPT 不会降低键合强度分布 [4-58]。关于 NDPT 损伤相邻引线的（在单层封装中）情况，受过训练的操作人员在进行拉力定位时不太容易用拉钩损伤引线，而受过同等训练的操作人员在对实际中用手动键合机制备的键合点进行拉力测试时会发生错位或损伤引线的情况。目前已经制造出自动非破坏性拉力测试仪，以避免接触相邻的引线。在这种情况下，拉钩平行于引线旋转定位，然后垂直于引线进行拉拔（这种方法无法完全满足细节距或具有多层键合的封装测试，必须使用 SPC）。NDPT 通常使用自动测试对大批量组装中的粗线径楔形键合点进行测试。

本书第 2 章已充分描述了不成熟和不良键合的界面性质，它们是由一系列未连接的微焊点组成。当施加一个适当的力时，界面会开始分离，首先破坏最靠近键合点跟部的微焊点，从而导致裂纹产生。该裂纹沿微焊点界面迅速扩展，其特性类似于（"修正的"）"Griffith 裂纹"，并在几毫秒内完全破坏界面。如果力低于阈值（太低而无法破坏键合点跟部处的前几个微焊点），则界面不会发生断裂或损坏。

4B.4　NDPT 的局限性

不管前文所有的评论，采用 NDPT 来测试器件的用户必须意识到这个测试方法的局限性：测试只会执行一个函数。当进行测试时，可剔除拉力低于所选力水平的、弱的、不牢固的键合点。由于 Au-Al 金属间化合物和随后形成的空洞，超声清洗诱发的引线键合振动疲劳，或由于温度或功率循环等诱发的引线键合弯曲疲劳，都无法保证后续的键合点强度会发生退化。这种可能的失效机制在本书的其他地方均有描述（参见第 5 章、第 7 章和第 8 章）。

器件用户应该充分理解 NDPT 后的筛选和环境试验对键合点产生的影响。这些内容在这本书的其他地方讨论过。在某些情况下，可通过器件的设计改善和选取原则，以尽量减少 NDPT 后的强度退化，比如使用引线和键合焊盘同材质的键合系统以及使用高线弧。NDPT 和破坏性拉力测试都不适用于球形键合点的质量筛选。在一个标准的 NDPT 过程中，球形键合点的焊接面积必须在小于引线的横截面时才会失效 [线径 25μm（1mil）引线的拉力值在 3gf]，这只有在键合过程完全失控的情况下才会发生这种情况。

4B.5　关键航天应用中 NDPT 的现状

NDPT 成本高昂，与起初手工键合的成本相当。如果键合点是在自动键合机上制备的，而 NDPT 则是手动完成，则 NDPT 成本要高很多。因此，NDPT 仅在关键的高可靠性军用或航天的 K 级（等同）和一些植入式医用器件上执行。目前，所有系统都面临着降低成本的压力，包括军事和商业系统，而 NDPT 是一个值得关注的领域。此外，随着细节距的引入、成本和时间，以及在实施 NDPT 时出现的机器问题，都倾向于减少 NDPT 的使用。关键军事和航天应用超过 84 个引出端、封装焊盘尺寸 ≤ 305μm（12mil）器件测试方法（受限）的选择是使用统计过程控制（参见 Mil-Std 883G/H2023.5 方法，第 3.2 段）。此规范可足以替代 NDPT。规范中没有提到多层封装，以及芯片细节距焊盘，这是 NDPT 的主要问题。整个测试程序取决于 Al 楔形键合和 Au 球形键合的拉力测试，因此，对于球形键合的 SPC 不需要进行焊球 - 剪切测试的评估 [注意，JEDEC 剪切测试现在（2008 年）在 Mil-Std 883G/H 中被调用 [4-7]，并且希望这也将被添加到任一 SPC 要求中]。

在多层和 / 或细节距（封装体焊盘 < 150μm，芯片焊盘约 60μm）应用中，执行 NDPT 是有难度的，上述的方法（方法 2023）是有帮助的。然而，任何 SPC 方法的问题是必须选择哪些参数进行控制以及如何测量这些参数，在这个测试方法中给出的具体细节很少。使用 UV- 臭氧、等离子体或未指定溶剂进行清洗（参见本书第 7 章）是一种可选方法，但不是必须的。此外，许多航天器件仍然在少量使用手工键合机，尽管这需要损失引线键合良率和增大处于较低 ppm（接近 4.5σ）范围的失效率。当然，任何统计监测系统都必须假设为正态分布，但在一个控制良好的高良率键合过程中，大多数键合点的失效被更好地描述为"畸形"或"异常值"（参见第 9.4 节关于小样本统计学的讨论）。过程能力的评估取决于基础失效模式分布的正态性。如果同时存在不同的失效模式，则不太可能实现假设的正态性，基于预期失效模式的产品质量评估也不一定反映器件的真实缺陷水平。因此，尚不清楚所选择的 SPC 方法和变量是否会在典型卫星或其他航天应用

所需的少量单个器件或 SIP 中得到高可靠性所必需的键合质量。目前的键合技术最令人鼓舞的方面是，现代的自动键合机在大批量生产中形成一致性非常高的键合，除非存有金属层或清洗问题，否则所制备的键合点将会比手工键合更均匀可靠。如果将等离子体或 UV- 臭氧清洗添加到 SPC 过程中，那么这种条件将足以满足高可靠性的使用需求。

参考文献

4-1 ASTM, 100 Barr Harbor Drive, West Conshohocken, Pennsylvania, 19428–2959. [ASTM Standard Test Methods with Round Robin test verifications: F 459-06 (Pull Test), and F 1269–06 (Ball shear test).]

4-2 JEDEC, 2500 Wilson Blvd., Suite 220, Arlington, VA 22201–3834, USA.

4-3 Schafft, H. A., Testing and Fabrication of Wire-Bond Electrical Connections—A Comprehensive Survey, National Bureau of Standards Tech. Note 726, Sept. 1972.

4-4 Albers, J. H., Ed., "Semiconductor Measurement Technology. The Destructive Bond Pull Test," *NBS Spec.*, Pub. 400–18, Feb. 1976.

4-5 Harman, G. G. and Cannon, C. A., "The Microelectronic Wire Bond Pull Test, How to Use It, How to Abuse It," *IEEE Trans. on Components, Hybrids, and Manufacturing Technology CHMT-1*, Sept. 1978, pp. 203–210.

4-6 John Beleran, Alejandro Turiano, Dodgie R. M. Calpito, Dominik Stephan, Saraswati, Frank Wulff, Breach, C., "Tail Pull Strength of Cu Wire on Gold and Silver-plated Bonding Leads," Proc. Semicon, May 4–6, 2005, Suntech Center, Singapore.

4-7 MIL-STD-883G, 28 February 2006, Test Methods and Procedures for Microelectronics, and MIL-PRF-38534F, 2006. (Both have been revised in version "H" November 2008 in Initial Draft of MIL-STD-883, Revision H.

4-8 Owens, N. L., "Wire Pull and Normality Assumptions," *9th Ann. Proc. IEPS*, San Diego, California, Sept. 11–13, 1989, pp. 595–601.

4-9 Harman, G. G., Ed., "Semiconductor Measurement Technology. Microelectronic Ultrasonic Bonding," *NBS Spec.*, Pub. 400–2, Jan. 1974.

4-10 Harman, G. G., "The Use of Acoustic Emission as a Test Method for Microelectronic Interconnections," *Proc. International Conference on Soldering and Welding in Electronics*, Munich, Germany, Nov. 11–12, 1981, pp. 104–110.

4-11 Harman, G. G., "The Microelectronic Ball-Bond Shear Test - A Critical Review and Comprehensive Guide to Its Use," *The Int. J. Hybrid Microelectronics*, 6, 1983, pp. 127–141. Also pub. in *Solid State Tech.*, Vol. 27, May 1984, pp. 186–196.

4-12 Stafford, J. W., "Reliability Implications of Destructive Gold-Wire Bond Pull and Ball Bond Shear Testing," *Semiconductor International*, Vol. 5, May 1982, pp. 83–90.

4-13 Arleth, J. A. and Demenus, R. D., "A New Test for Thermocompression Microbonds," *Electronic Products*, Vol. 9 May 1967, pp. 92–94.

4-14 Gill, W. and Workman, W., "Reliability Screening Procedures for Integrated Circuits," *Physics of Failure in Electronics* ,Vol. 5, *RADC Series in Reliability*, Shilliday, T. S., and Vaccaro, J., Eds., June 1967, pp. 101–142.

4-15 Jellison, J. L., "Effect of Surface Contamination on the Thermocompression Bondability of Gold," *Proc. 28th IEEE Electronic Components Conference*, Washington, D.C., May 11–12, 1975, pp. 271–277; also *IEEE Trans. on Parts, Hybrids, and Packaging* Vol. 11, 1975, pp. 206–211.

4-16 Jellison, J. L., "Kinetics of Thermocompression Bonding to Organic Contaminated Gold Surfaces," *Proc. 29th IEEE Electronics Components Conf.*, San Francisco, California, Apr. 26–28, 1976, pp. 92–97; also *IEEE Trans. Parts, Hybrids, and Packaging* Vol. 13, 1977, pp. 132–137.

4-17 Shimada, W., Kondo, T., Sakane, H., Banjo, T., and Nakagawa, K., "Thermo-Compression Bonding of Au-Al System in Semiconductor IC Assembly Process," *Proc. Int. Conf. on Soldering, Brazing, and Welding in Electronics*, DVS, Munich, Germany, Nov. 25–26, 1976, pp. 127–132.

4-18　Thompson, R. J., Cropper, D. R., and Whitaker, B. W., "Bondability Problems Associated with the Ti-Pt-Au Metallization of Hybrid Microwave Thin Film Circuits," *IEEE Trans. on Components, Hybrids, and Manufacturing Technology*, Vol. 4 1981, pp. 439–445.

4-19　Panousis, N. T. and Fischer, M. K. W., "Non-Destructive Shear Testing of Ball Bonds," *Intl. J. Hybrid Microelectronics*, Vol. 6, 1983, pp. 142–146.

4-20　Charles, H., Johns Hopkins University, Applied Physics Laboratory, private communication.

4-21　Jellison, J. L. and Wagner, J. A., "The Role of Surface Contaminants in the Deformation Welding of Gold to Thick and Thin Films," *Proc. 29th IEEE Electronics Components Conference*, Cherry Hill, New Jersey, May 14–16, 1979, pp. 336–345.

4-22　St. Pierre, R. L. and Reimer, D. E., "The Dirty Thick Film Conductor and Its Effect On Bondability," *Proc. 25th IEEE ECC*, 1976, pp. 98–102.

4-23　Johnson, K. I., Scott, M. H., and Edson, D. A., "Ultrasonic Wire Welding, Part II, Ball-Wedge Wire Welding," *Solid State Technology* Vol. 20, 1977, pp. 91–95.

4-24　Schultz, G. and Chan, K., "A Quanative Evaluation of Compound Ball Bonds," *Proc. Intl. Symposium on Microelectronics (ISHM)*, Seattle, Washington, Oct. 12–19, 1988, pp. 238–245. Also, for the use of stacked bumps for flip chip see: Suwa, M., Takahashi, H., Kamada, C. and Nishiuma, M.," Development of a New Flip-Chip Bonding Process using Multi-Stacked μ-Au Bumps," *Proc. 44th Electronic Components and Technology Conference*, Washington, D.C., May 1–4, 1994, pp. 906–909.

4-25　Ramsey, T., Alfaro, C., and Dowell, H., "Metallurgy's Part in Gold Ball Bonding," *Semicon. Intl.*, Vol. 14, no. 5, Apr. 1991, pp. 98–102.

4-26　Data abstracted and summarized from SEMATECH machine benchmarking studies, Used with permission.

4-27　Jaecklin, V. P., "Room Temperature Ball Bonding Using High Ultrasonic Frequencies," *Proc. Semicon Test, Assembly & Packaging*, May 2–4, 1995, pp. 208–214.

4-28　Leonhardt, D. A., "Ultrafine Pitch Gold Ball Bonding," *Semiconductor International*, Vol. 19, July 1996, pp. 311–318.

4-29　Philofsky, E., "Purple Plague Revisited," *Solid-State Electron*, Vol. 13, 1970, pp. 1391–1399.

4-30　Kashiwabara, M. and Hattori, S., "Formation of Al-Au Intermetallic Compounds and Resistance Increase for Ultrasonic Al Wire Bonding," *Review of the Electrical Communication Laboratory (NTT)*, Vol. 17, Sept. 1969, pp. 1001–1013.

4-31　Clatterbaugh, G. V., Weiner, J. A., and Charles, H. K., Jr., "Gold-Aluminum Intermetallics: Ball Bond Shear Testing and Thin Film Reaction Couples," *IEEE Trans. on Components, Hybrids, and Manufacturing Technology* Vol. 7, 1984, pp. 349–356. Also see earlier publications by Charles and Clatterbaugh, *Int. J. Hybrid Microelectronics*, Vol. 6, 1983, pp. 171–186.

4-32　Devaney, J. R. and Devaney, R. M., "Thermosonic Ball Bond Evaluation by a Bond Pluck Test," *Proceedings ISTFA Conference*, Los Angeles, California, 1984, pp. 237–242.

4-33　White, M. L., Serpiello, J. W., Stringy, K. M., and Rosenzweig, W., "The Use of Silicone RTV Rubber for Alpha Particle Protection on Silicon Integrated Circuits," *19th Annual Proc., Reliability Physics*, Orlando, Florida, Apr. 7–9, 1981, pp. 43–47.

4-34　Michaels, D., Burroughs Corp. (UNISYS), comments made at ASTM Committee F-1 Meeting, San Diego, California, Feb. 1–2, 1983.

4-35　Weiner, J. A., Clatterbaugh, G. V., Charles, H. K., Jr., and Romenesko, B. M., "Gold Ball Bond Shear Strength, Effects of Cleaning, Metallization, and Bonding Parameters," *Proc. 33rd IEEE Electronics Components Conf.*, Orlando, Florida, May 16–18, 1983, pp. 208–220.

4-36　Sheaffer, M. and Levine, L., "How to Optimize and Control the Wire Bonding Process: Part 1," *Solid State Technology*, Vol. 33, Nov. 1990, pp. 119–123, and Part 2, Vol. 34, Jan. 1991, pp. 67–70.

4-37　Hu, S. J., Lim, G. E., Lim, T. L., and Foong, K. P., "Study of Temperature Parameter on the Thermosonic Gold Wire Bonding of High Speed CMOS," *IEEE Trans. On CHMT*, Vol. 14, Dec. 1991, pp. 855–858.

4-38 Chen, Y. S. and Fatemi, H., "Gold Wire Bonding Evaluation By Fractional Factorial Designed Experiment," *Int. J. Hybrid Microelectronics*, Vol. 10, Number 3, 1987, pp. 1–7.

4-39 Charles, H. K. and Clatterbaugh, G. V., "Ball Bond Shearing - A Complement to the Wire Bond Pull Test," *Intl. J. Hybrid Microelectronics*, Vol. 6, Oct. 1983, pp. 171–186.

4-40 Basseches, H. and D'Altroy, F., "Shear Mode Wire Failures in Plastic-Encapsulated Transistors," *IEEE Trans. Components, Hybrids, Manufacturing Technology*, Vol. 1, 1978, pp. 143–147.

4-41 Shell-De Guzman, M., Mahaney, M., and Strode, R., "The In-Process Bond Shear Test: Its Relationship to Ball Bond Reliability and Its Application to the Reduction of Wirebond Process Variation," *Microelectronics Reliability*, Vol. 33, No. 11/12, 1993, pp. 1935–1946. Also, see Mahaney, M., Shell, M. K., and Strode, R., "Use of the In-process Bond Shear Test for Predicting Gold Wirebond Failure Modes in Plastic Packages," *29th Proc. IRPS*, 1991, pp. 44–51.

4-42 Clarke, R. A. and Lukatela, V., "Inadequacy of Current MIL-STD Wire Bond Certification Procedures," *Intl J. Microcircuits & Electronic Packaging*, Vol. 15, 1992, pp. 87–96.

4-43 Pantaleon R. and Manolo, M., "Rationalization of Gold Ball Bond Shear Strengths," *Proc. 44th Electronic Components & Technology Conference*, Washington, D.C., May 1–4, 1994, pp. 733–740.

4-44 NBS Special Publication 400-19, Semiconductor Measurement Technology Quarterly Report, January 1 to June 30, 1975, Bullis, W. M., Ed., April 1976, p. 51. The NBS portion of the work was done by G. G. Harman and C. A. Cannon and the Sandia portion by W. Vine.

4-45 Levine, L., "Should We Pull Test and Shear Test Fine-Pitch Wedge and Ribbon Bonds?" *Chip Scale Review*, May/June 2003, p. 13.

4-46 Kim, Y-G., Pavuluri, J. K., White, J. R., B-Vishniac, I. J., and Masada, G. Y., "Thermocompression Bonding Effects on Bump-Pad Adhesion," *IEEE Trans CPMT-Part B*, Vol. 18, Feb. 1995, pp. 192–200.

4-47 Charles, H. K.," Ball Bond Shear Testing: An Interlaboratory Comparison," *Proc. 1986 Intl Symp. for Microelectronics (ISHM)* , Atlanta, Georgia, Oct. 6–8, 1986, pp. 265–274.

4-48 Kumar, S., Florendo, M, Dittmer, K., "A Wire Bond Process Optimization Strategy for Very Fine Pitch Development," *Proceedings of Assembly Seminar, Semicon Singapore Conference*, Singapore, 1999, pp. 67–75.

4-49 Horsting, C. W., "Purple Plague and Gold Purity," *10th Annual Proc. IEEE Reliability Physics Symposium*, Las Vegas, Nevada, Apr. 5–7, 1972, pp. 155–158.

4-50 Ebel, G. H.," Failure Analysis Techniques Applied in Resolving Hybrid Microcircuit Reliability Problems," *15th Annual Proceedings Reliability Physics*, Las Vegas, Nevada, Apr. 12–14, 1977, pp. 70–81.

4-51 Polcari, S. M. and Bowe, J. J., "Evaluation of Non-Destructive Tensile Testing," *Report No. DOT-TSC-NASA-71-10*, June 1971, pp. 1–46.

4-52 Ang, C. Y., Eisenberg, P. H., and Mattraw, H. C., "Physics of Control of Electronic Devices," *Proc. 1969 Annual Symposium on Reliability*, Chicago, Illinois, Jan. 1969, pp. 73–85.

4-53 Slemmons, J. W., "The Microworld of Joining Technology," *The American Welding Society 50th Annual Meeting, Proceedings*, Philadelphia, Pennsylvania, Apr. 1969, pp. 1–48.

4-54 Bertin, A. P., "Development of Microcircuit Bond-Pull Screening Techniques," *Final Technical Report RADC-TR-73-123*, Apr. 1973, AD762-333.

4-55 MIL-STD-883G/H, 28 February 2006 and Initial Draft of MIL-STD-883, Revision H,, November 2008; Test Methods and Procedures for Microelectronics, and MIL-PRF-38534F, 2006.

4-56 Harman, G. G., "A Metallurgical Basis for the Non-Destructive Wire-Bond Pull-Test," *12th Annual Proc. IEEE Reliability Physics*, Las Vegas, Nevada, Apr. 2–4, 1974, pp. 205–210.

4-57 Roddy, J., Spann, N., and Seese, P., *IEEE Trans. on Components, Hybrids, and Manufacturing Technology*, Vol. 1, Sept. 1978, pp. 228–236.

4-58 Blazek, R. S., "Development of Nondestructive Pull Test Requirements for Gold Wires on Multilayer Thick Film Hybrid Microcircuits," *IEEE Trans. on Components, Hybrids, and Manufacturing Technology*, Vol. 6, Dec. 1983, pp. 503–509.

第 5 章　金 - 铝金属间化合物及其他金属界面反应

5.1　金 - 铝金属间化合物的形成及经典的引线键合失效

5.1.1　概述

相比其他引线键合问题，近些年 Au-Al 金属间化合物的形成及与其相关的 Kirkendall 空洞已经导致了很多记录在案的引线键合失效。目前，已有数百篇论文对这个问题进行了报道，这里只对其进行概述。现代封装和器件的环境不会（或不需要）经受导致大部分经典失效的高温（≥ 300℃）。通常称这些化合物为"紫斑（富铝相）"。该术语来自 $AuAl_2$ 金属间化合物的特征颜色，该化合物经常出现在 Al 焊盘上 Au 线键合的周边（这种金属间化合物的颜色在冶金中很常见，例如 Au 和 In 也会形成紫色的金属间化合物）。当今大多数与 Au-Al 有关的失效被更恰当地认为与杂质驱使反应或腐蚀反应有关。这些问题将在 5.2 节中讨论，但是理解经典失效的原理对于理解当今失效的本质是至关重要的。

关于微电子键合方面，Philofsky[5-1, 5-2, 5-3] 完成了 Au-Al 化合物最为明确的早期研究工作，对更多细节感兴趣的读者可参见其出版物。在 Au 线和 Al 金属层之间的键合界面中会形成化合物，反之亦然。[○] 这种化合物在 Au-Al 热声或超声键合的实际过程中开始形成（这被认为是 Au-Al 键合 / 焊接机制的必要环节）。在模塑料固化过程中（典型参数为 175℃，3~5h），这些化合物将持续生长，然后在鉴定筛选（老化、稳定烘烤）过程中，或在器件寿命期间任何会遇到高温的情况下继续生长。如果（例如蒸发膜）紧密接触清洁的金属表面，那么在室温下也将会形成几个单层的化合物。

尽管已经证实 Au-Al 金属间化合物与许多键合失效有关，使许多人"害怕得要死"，但事实是，它们总是存在于 Au-Al 键合界面中。虽然认为它们是 Au-Al 键合的基础，但超声焊接确实发生在单金属 Au-Au 和 Al-Al 键合中。Ramsey[5-4] 已经研究了 Au-Al 引线键合过程中的这一现象，并且首次报道了在实际键合过程中出现该化合物的现象。大约 95% 的集成电路器件有使用 Au-Al 键合，在塑封和树脂固化过程中会经受上述高温。这种固化能驱使初生的金属间化合物完全穿通

　○　Al 线和 Au 金属层之间的键合界面中也会出现化合物。——译者注

过某些薄的 Al 键合焊盘。因此，IC 行业已经学会了如何应对紫斑的出现。键合失效通常发生的原因有键合界面（或在塑料包封体）中存在杂质，焊接不良（这会产生孤立的微焊缝，参见附录 5A），和 / 或暴露在极热环境中。

引线可与 Au 或 Al 以外的金属形成键合，根据潜在的金属合金，也可在界面内形成各种金属间化合物，下文将对此进行讨论（参见 5.3 节）。其中包括几种贵金属，如 Pd，以及 Ni 和 Cu。

5.1.2　金 - 铝体系中金属间化合物的形成

如图 5-1 中的相图所示[5-5]，存在五种 Au-Al 金属间化合物，分别是 Au_5Al_2，Au_4Al，Au_2Al，$AuAl_2$ 和 $AuAl$。注意到，最近对晶体结构的解释已将过去使用的 Au_5Al_2 改为 Au_8Al_3[5-6]。这里保留了较旧的名称，原因是早期资料 / 数据都使用 Au_5Al_2，并且在同一节中使用这两种名称将会使人感到困惑。这种微小的差别不会影响对键合问题的理解，也不会影响最新相图中金属间线条的变宽。也依然保留了 Au 在第一位，这在一些现代冶金文本（Al 是第一位）中是相反的，原因也是一样的。

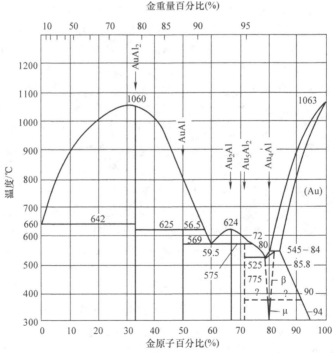

图 5-1　标出五种 Au-Al 金属间化合物（在 Hansen 研究之后[5-5]）的 Au-Al 相图：需要注意的是这是一张保留使用至今的、较古老的图表，原因是它更容易阅读和识别出金属间化合物。较新的版本将金属间化合物扩展并将其划分为 α 相和 β 相，阅读起来会非常复杂，并且对键合可靠性的理解没有提供有帮助的知识；冶金专家可参考 ASM 合金相图中心的网站，该网站还可为那些不熟悉相图的人们提供更深入的解释

　　这些化合物，和许多其他金属间化合物一样，都是有颜色的，其中 AuAl₂ 是紫色的（紫斑的名字就是从这颜色来的），其余的金属间化合物则是褐色或白色，如图 5-2 所示，因为这些金属间化合物相通常都混合在一个键合界面内，所以观察到的颜色通常是灰色、棕色或黑色。富铝的 AuAl₂ 化合物具有较高的熔点，因此（一旦形成）是相对稳定的。然而，若是在持续暴露在加热的情况下，（尤其是通过低熔点化合物）将持续扩散，直到所有的 Au 或 Al 反应完为止（参见附录 5B，当化合物持续扩散时，这些化合物相互扩散和失效模式是与晶格体积的变化有关。）。

　　之后，反应可能会朝着更多富金属化合物方向重新排列（薄 Al 金属层上的球形键合情况下的富 Au 相）。但是通常情况下，反应会减慢，如第 4 章图 4-17 中所示的焊球 - 剪切测试。

　　观察表明，金属间化合物的初始生长速率通常遵循抛物线关系：

$$x = Kt^{1/2} \tag{5-1}$$

式中，x 是金属间化合物的层厚；t 是时间；K 是生长速率常数：

$$K = Ce^{-E/kT} \tag{5-2}$$

式中，C 是常数；E 是金属层生长的活化能（单位为 eV）；k 是玻尔兹曼（Boltzmann）常数；T 是绝对温度（单位为 K）⊖。每种金属间相的 K 值变化，还取决于相邻相，该相邻金属可为连续的化合物形成提供额外的 Au 和 Al。

　　正因为如此，Philofsky 列出了五种 Au-Al 化合物的九个不同的生长速率常数。图 5-2 显示了金属间化合物形成的相对速率。由此可见，Au₅Al₂ 的生长速度明显比其他金属间相快很多，正因为如此，Au₅Al₂ 也是最常被认为是导致 Kirkendall 空洞形成和键合失效的金属间化合物相。

　　五种化合物的机械性能各不相同，且与 Au 和 Al 的差别很大。晶格常数差异更大（见表 5-1），晶格大的化合物占据了更大的体积，因此会加速紫斑键合的出现。这些化合物的热膨胀系数远低于 Au 或 Al 的热膨胀系数，附录 5B 中讨论了这两种差异对可靠性的影响。温度循环可用来反映因为这些属性差异而引起的潜在失效⊖[5-7]。

　　这些化合物也更硬（更易碎），因此，有紫斑的键合会在温度循环或其他应力下产生裂纹。表 5-1 给出了这些 Au-Al 化合物的一些详细特性。

　　⊖　在化学或冶金文献中，可经常看到这样的方程：$K=C\exp(-Q/RT)$，其中 Q 是活化能，单位 kcal/mol（1eV≈23K）或 cal/mol，R 是气体常数（1.98），T 是温度，单位是 K。

　　⊖　在几百次 −40~140℃ 的温度循环中，塑封器件出现了金属间化合物的问题：300 次出现 1% 的累积失效，以及 800 次出现 2% 的累积失效，0~125℃ 试验出现问题所需的循环试验次数是 −40~140℃ 的 4 倍。

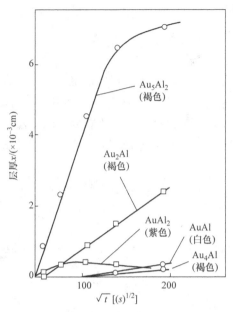

图 5-2 400℃温度下五种 Au-Al 金属间相层厚随时间二次方根的变化，数据得于无限等额提供 Au 和 Al 情况下的大型对焊偶（largebutt-welded）（在 Philofsky[5-1] 之后；1970 年，经 Elsevier 许可），注意：一般情况下，在 175℃温度下 24h 内，Au 线与 1μm 铝焊盘的球形键合将完全转化为金属间化合物。参见附录 5B，表格给出了金属间化合物转换时间和温度与 Al 层厚度的关系

表 5-1　Au-Al 金属间化合物的结构与特性 [5-102~5-104]

相	结构	晶格参数 /Å	金原子成分（%）	维氏硬度（5kg）	电阻率 /Ω·cm	线性膨胀系数（×10⁻⁵）	相颜色	400K 时的生成热量 /cal,+/-500
Au	面心立方体	a=4.08	84~100	60~90	2.3	1.42	金色	
Au₄Al	立方体	a=6.92	80~81.2	334	37.5	1.2	褐色	
Au₈Al₃	斜方六面体	a=14.68, α=30.5	72.7	271	25.5	1.4	褐色	
Au₅Al₂	六角密集体	a=7.71 c=41.9						
Au₂Al	正交（晶）	A=3.36 B=8.84 C=3.21	65~66.8	130	13.1	1.3	褐色	−8300
AuAl	单斜（晶）	A=6.40 B=3.33 C=6.32 β=92.99	50	249	12.4	1.2	白色	−9200
AuAl₂	面心立方体	A=5.99	32.33~33.92	263	7.9	0.94	紫色	−10100
Al	面心立方体	A=4.05	0~0.6	20~50	3.2	2.3	金属光泽	

注：这些数值由 N.Noolu 汇总，参见附录 5B。

一种金属向另一种金属（或自身内部）扩散的速率取决于晶格中缺陷的数目。缺陷可以是空位、位错和晶界。在扩散过程中，一个原子移动到空晶格位置（空位），另一个原子移动到第一个原子移动后的空位。晶界和表面，因为晶格具有更空旷的结构，有许多空位，使得块体或单晶中的扩散相比，它们的扩散速率是呈数量级地增加。焊接不良的键合含有许多孤立的微焊点，具有大的表面积 - 体积比，并含有会导致许多晶格缺陷的机械应力。厚膜金属层也含有许多晶界、应力和杂质，所有这些都会导致晶格缺陷。因此，焊接不良的键合或厚膜上的铝线键合会快速失效就不奇怪了，关于这个问题的讨论参见附录 5A。

研究人员通常测量用于描述各种键合失效的通用活化能 E（一种结合了五种化合物和 / 或 Kirkendall 空洞作用的活化能）。因此，可认为含有针对不同特性的不同 E 值的文献与金属间化合物的形成有关。表 5-2 给出了各种已报道的 Au-Al 引线键合失效活化能的汇总 [5-8]。表中的数据除了测量方法不同，还有对失效的类型或定义不同，所以无法去解释差值很大的 E 数值。键合使用的冶金偶多种多样（Al 线在多种 Au 膜层上的键合，Au 线在多种 IC 金属层上的键合），会产生富 Al 偶或富 Au 偶（参见 5.1.4 节）。此外，一些已报道键合失效的活化能可能是由界面上的杂质或不良焊接造成的，参见附录 5A。

表 5-2　已报道的 Au-Al 引线键合失效活化能汇总

参考文献	试样	观测值	活化能 E/eV
8	Au-Al 膜层	Au-Al 生长速率	1
9	Au-Al 膜层	表面电阻	1
10,11	Au-Al 线偶	Au-Al 生长速率	0.78
1	Au-Al 线偶	Au-Al 生长速率	0.69
2	Au-Al 线偶	机械性能下降	1
12	Al 线，Al 膜层	Au-Al 生长速率	0.88
13	Au 线、Ta 上的 Al 膜层（1.4μm）	接触电阻，$\Delta R = 50\%$	0.55
	Au 线、Al 膜层 <0.3μm 0.5μm，1μm	接触电阻 $\Delta R = 1\Omega$	0.7
		接触电阻 $\Delta R = 1\Omega$	0.9
		拉力强度（失效时间）	0.2
16	Al 线，Au 膜层	电阻漂移至 $\Delta R = 15m\Omega$	0.73
8	Au 球，Al 膜层 1μm，Al-Si 1.3μm，Al 2.5μm，Al	电阻（周边空洞）	0.9 ≥ 0.8 0.6
14，15	Au 球，Al 膜层	球剪切强度	0.4~0.56

前文还没有讨论过扩散系数。然而，扩散系数决定了实际的扩散速度且差别很大，这取决于扩散是通过晶界还是通过块体（内部扩散）进行。它还取决于可通过的缺陷数量（缺陷越多，扩散速度越快）。Al 和其他金属通过晶界扩散的方式可快速扩散进 Au 中，6-A.4 节中对此进行了讨论。应该注意的是，在键合界面区域内的特定金属间化合物与 Au 和 Al 的相对含量有关，但如果 Al 金属层含有 1%~2% 水平的 Cu 或 Si，则结果可能会有所不同。此外，一些化合物并未出现，这可能是由于成核概率低（还没有形成）或者生长得很慢，因此没有被观察到。

图 5-3 给出了在富 Au 和富 Al 的区域，以及在 Au 和 Al 含量相等的区域中观察到的化合物[5-17]。图 5-3 中特定化合物变化的结果之一是金属间晶胞体积发生变化。每种化合物占据不同的体积，随着变化的发生，应力可能引发裂纹并最终导致键合失效。

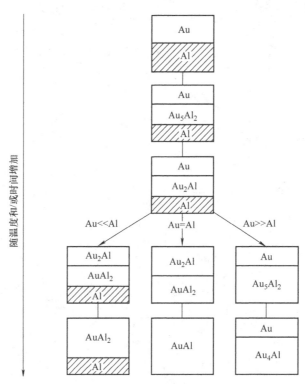

图 5-3 Au-Al 薄膜系统中化合物形成的示意图：最终化合物的特性由退火温度和起始材料的比例决定；最终化合物是由于反应驱使至结束（稳定）而产生的，其中一种成分被完全消耗；该反应只有在长时间高温的条件下才会发生；需要注意的是这些化合物的变化会伴随着体积变化，而体积变化可能导致应力和键合失效，参见附录 5B

Noolu 在 Au-Al 相变过程中研究了这些体积变化，其关于金属间化合物的工作的本质是这五种金属间化合物在晶格尺寸上的主要差异。在热应力的作用下，特定化合物可转化为其他化合物。在大多数情况下，第二种化合物比第一种化合物更小或更大（变化至多约 20%），然后产生裂纹或应力。第二种化合物一旦形成，裂纹可在温度循环过程中扩展。当化合物发生改变时，过量的 Al 或 Au 也会随着被释放（或被吸收）。参见附录 5B，Noolu 对这种现象进行了描述。

硅可能与 Au 和 Al 形成三元化合物，但正如 Philofsky 所说，它们对键合质量的危害并不比纯 Au-Al 化合物本身更有害，而且在某些情况下可能是有益的。

这些金属间化合物的机械强度高（虽然是脆性的）并且是导电的，所以它们不是失效的通常原因。kirkendall 空洞的形成，以及 Au-Al 偶对杂质或腐蚀的敏感性下降，是导致键合失效的原因。后两种原因将在后续章节中进行更深入的讨论。当 Al 或 Au 从一个区域扩散出的速度比从另一侧扩散进入该区域速度更快时，kirkendall 空洞形成。空位堆积和凝结导致空洞形成，形成空洞的位置通常是在 Au_5Al_2-Au 界面的富 Au 一侧。扩散速度随着温度和不同相而变化，并取决于相邻相以及初始金属中空位的数量。

经典 kirkendall 空洞在高于 300℃ 的温度下和超过 1h 的烘烤时间时出现在富 Au 一侧（Au_5Al_2）；在高于 400℃ 的温度或在较低温度下持续更长的时间[5-2, 5-3] 时出现在富 Al 一侧（$AuAl_2$）。在现代键合或现代器件和系统级封装中很少会达到这样的温度和时间条件。因此，键合良好的、在正常环境中使用的集成电路由于形成经典 kirkendall 空洞而发生实际失效的情况是很少的。然而，由杂质（参见 5.2 节），不良焊接（参见附录 5A），镀 Au 层中的氢或其它缺陷（参见本书第 6 章）造成的失效现象可能表现为经典的 kirkendall 空洞导致的结果。因此，对经典的失效模式的理解是非常必要的。

5.1.3　经典金 - 铝化合物失效模式

图 5-4 所示为 Au-Al 化合物形成的示例图。不良的球形键合在经受高温后，会反应生成相当多的金属间化合物。这种特殊键合既导电，机械性能又强（如后续的焊球 - 剪切测试所示），因此，这些化合物的存在不一定导致键合失效。然而，即使这样的键合不发生失效，它的界面键合强度也会下降。目前，已经研究发现 Au-Al 球形键合在高温存贮过程中界面强度下降的现象[5-18]。Au 线在集成电路 Al 金属层上良好的球形键合，在 200℃ 温度下进行 2688h 的温度试验，通过以各种时间间隔监控焊球 - 剪切强度的方式，来观察界面强度下降的现象。这些数据在第 4 章图 4-17 中重新绘制，发现键合界面强度降低了 2.5 倍，原因推测是在界面形成了脆性的 Au-Al 金属间化合物和 kirkendall 空洞。然而，该空洞不足以损坏器件在该段时间和温度条件下的电气操作。该研究还表明，当将可用成分转化为金属间化合物时，反应过程会减慢。因此，Au 线在 Al 薄膜焊盘上形成的良好球形键合，若界面中没有杂质，则可认为该键合在中短期暴露在高温中的过程是可靠的。

与 Au-Al 金属间化合物形成有关的经典键合失效模式有三种。第一种失效模式的键合机械强度高，但电阻很高，甚至可能是开路。这种情况下，该种失效通常发生在 Au 线与薄 Al 焊盘的键合中，在键合周边形成的 kirkendall 空洞限制了可用的导电路径。空洞如图 5-5 中箭头所示，图 5-6 作为另一个示例，空洞明显地围绕在键合周边。当电阻值增加到足以驱使电路超出其电气规格范围时，会导致器件失效。图 5-7 所示为电阻随时间和温度呈函数关系增加的示例图。最初，Au 线与 Al 焊盘球形键合的电阻为几毫欧。然而，这些化合物的电阻比 Au 或 Al 要高，因此，随着化合物在键合下方的形成（在最初的 100h 左右），初始电阻增加了约 8mΩ[5-15]。这种初始阶段电阻增加所需（<1000h）的活化能为 0.4eV⊖。这种轻微的阻值增加并不伴随着 kirkendall 空洞的形成，不会构成可靠性的风险，然而事实上，这种现象总是在热超声键合过程中出现，并在老化或任何塑封料的固化过程中增加。

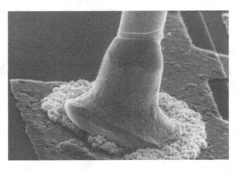

图 5-4　键合周边和严重变形的金球下方形成的 Au-Al 金属间化合物（白色且疏松）的 SEM 照片：即使外观很差，但该键合的机械强度高且是导电的

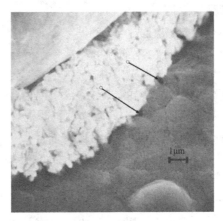

图 5-5　Au 线与铝金属层楔形键合的 SEM 照片：在 450℃下老化 10min，箭头指向空洞，这些空洞围绕在键合的周边

（在 Philofsky[5-1,5-2] 之后；©1970 年，经 Elsevier 许可）

⊖　该文献报道的初始电阻增加所需的活化能低于表 5-12 中所报道的活化能，但作者（GGH）考虑了较低的电阻值，结果来自于为专门研究这种电阻增加值而精心设计的实验，使结果更为准确。

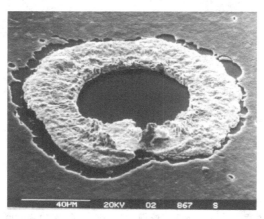

图 5-6　围绕在键合周边形成的"最终"kirkendall 空洞的放大图：金球键合在中心位置，在热应力作用下发生退润湿然后脱落的现象（来自 Gerling[5-8]）

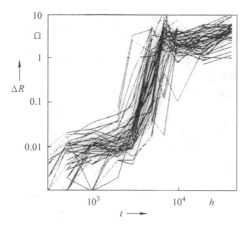

图 5-7　200℃下 Au 线在 1.3μm 厚 Al 焊盘上多个球形键合的接触电阻随时间变化的关系图：初始键合电阻为几毫欧（来自 Gerling[5-8]；©IEEE）

在实际键合区域之外及围绕其周边的区域，随着金属间化合物的持续形成，电阻的第二次增加出现。然后，随着 kirkendall 空洞的形成（例如在 150℃温度下数千小时），电阻值快速增加然后器件发生电气失效。多年来各种情况下的许多其他研究也证明了相似的电阻增加模式，其中一些与 Al 线在镀 Au 层表面上的键合相关，本书第 6 章将对此进行讨论。

在第二种失效模式中，空洞位于键合的下方，如图 5-8 的 Al 线在镀 Au 膜层上楔形键合的冶金横截面所示。在这种情况下，尽管电阻值也将增加，但键合可能由于机械强度低而失效。图 5-9 所示为与集成电路 Al 金属层球形键合的 Au 线的等效截面图。

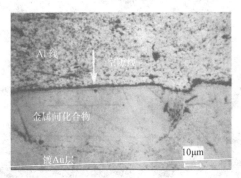

图 5-8 Al 线在镀 Au 膜层上的楔形键合：该部件在 460℃下老化 100min。箭头指向连续的 kirkendall 空隙线，这将导致键合强度降低甚至拉力强度为 0（来自 Philofsky[5-2]；©IEEE）

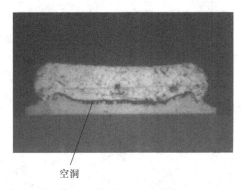

空洞

图 5-9 Au 线与 Al 金属层的球形键合：该键合在含 Br 的气氛中于 180℃温度下加热 98h；需要注意的是空隙线和金属间化合物都在键合周边的内部向上升起，焊接仅在键合周边内的起始处有连接

　　需要注意的是金属间化合物和空洞，仅在键合周边内增加（周边无焊接产生）。由于该区域在键合应力和形变的过程中留下大量的缺陷，在键合周边内的扩散速率增加。这也是 Al 从键合焊盘向内扩散所到达的第一个 Au 区域。无空洞的 Au-Al 金属间化合物比纯金属的强度[5-1]要高，但它们却更脆[5-2]。因此，如果引线键合体系包含金属间化合物，则该体系在温度循环诱导的弯曲过程中比单独的 Au 线或 Al 线更容易发生脆性断裂。图 5-10 所示为 Au 线与 Al 金属层的月牙-鱼尾键合结构，在经历仅 20 次循环后出现紫斑、疲劳现象的案例。在经受温度循环产生应力后，除了变得更脆外金属间化合物的生长速度加快。因此，意识到在可能经受温度循环的器件中会发生这种问题是重要的，比如引擎盖下的汽车电子产品。

Philofsky[5-2] 报道了冶金的设计极限，用于避免由于金属间化合物形成而导致的键合失效。表 5-3 给出了其判断表格的简要版本。

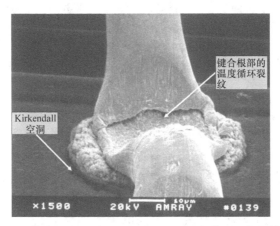

图 5-10　TS 键合 Au 月牙的 SEM 图，与 1μm 厚 Al 层进行了楔形 - 鱼尾键合，于 155℃承受热应力 6h 并在 −65 ～ 155℃间热循环 20 次：该图显示了两种主要失效模式；在其周围可见 Kirkendall 空洞，且由于从 Al 焊盘向上扩散的金属间化合物的温度循环，导致了在薄的跟部形成了脆性断裂裂纹

表 5-3　与金属间化合物形成有关的失效模式表（整理自 Philofsky[5-2]）

表征现象	原因	纠正措施
键合焊盘（A）[①]周围的金属层裂开 零拉力强度 1）键合点从焊盘上剥落 2）断裂的表面呈紫色，（B）[②]	在 $AuAl_2$ 金属间化合物中有空洞	电路保持在 400℃温度以下
零拉力强度 1）键合点从焊盘上剥落 2）断裂的表面呈褐色，（A）[①] 和（B）[②]	在 Au_5Al_2 金属间化合物中有空洞，经热循环后将会剧增	使金属层更薄或缩短在高温下的时间
零拉力强度 1）引线跟部破裂，表面断裂 2）呈现褐色（A）[①] 3）呈现褐色或紫色，（B）[②]	在热循环过程中，在疲劳的键合点跟部内形成金属间化合物	使金属层更薄或使用更粗的引线或缩短在高温下的时间

①（A）为 Au 线与镀 Al 层的键合；
②（B）为 Al 线与镀 Au 层的键合。

较薄的金属层可通过限制金属间化合物成分的来源，从而限制 kirkendall 空洞的形成 [5-2, 5-10]。对 1μm 镀 Au 膜层上的 Al 线键合已进行了更多的观察，其中发生了电阻漂移失效的现象，而当相同成分的膜层更薄时，0.25μm（10μin），这些键合是可靠的 [5-16]。

5.1.4 材料转换的金 - 铝界面

通常，一种金属材料的焊球与另一种金属材料的薄膜焊盘键合时，可能有其可靠性数据；然而，一些新的键合条件下可能需要转换，在这种情况下，引线为前述焊盘的金属材料而焊盘为前述引线的金属材料。从直觉上看，人们可能会认为，这将不会改变冶金上的可键合性或键合的可靠性。然而直觉往往是错误的，当在键合过程中和键合之后检查存在的冶金状况时，很明显，将会出现显著的差异。基本上，这相当于改变了图 5-3 中的下面左（Au<<Al）和右（Al<<Au）的位置，导致键合点下方形成完全不同的金属间化合物，（AuAl$_2$+Al）转变为（Au$_5$Al$_2$+Au），并存在着一个完全不同的残余应力值（参见附录 5B）。

首先考虑键合方法。Au 球在相对较高的温度（约 150~200℃）下与含 1%Si 的 Al 薄膜焊盘的热超声球形键合，与含 1%Si 的 Al 线在室温下与薄（或厚）Au 膜层焊盘的超声楔形键合有很大差别。键合设备不同，键合工具不同，热超声形成的球形键合也不同（部分为超声键合，部分为热压键合）。在这种键合过程中，封装体会在高温下持续几分钟，大量最初形成的金属间化合物将在键合界面上持续生长，而对于低温超声键合只存在实际焊接过程中生成的金属间化合物数量。

对于 Au 球在半导体芯片 Al 焊盘上的球形键合，Al 金属层的厚度（≤ 1μm）比发生形变的 Au 球（细间距为 3~10μm，粗间距会更大）要薄很多。因此，在模塑料固化，老化，或生命周期环境的过程中形成富金相的金属间化合物，且 Al 线在 Au 薄膜上键合时形成金属间化合物的速率不同。此外，kirkendall 空洞通常与特定的金属间化合物有关（例如 Au 线在 Al 金属层上的键合中有富 Au 相、Au$_5$Al$_2$ 和 Au$_4$Al）[5-1, 5-2]，而在转换的冶金材料结合中可能没有生成这些金属间化合物。这将导致其可靠性比 Al 线与纯 Au 薄膜的楔形键合更低。图 5-3 中给出了这些冶金差异（富金、富铝及 AuAl 等价化合物）的详细图解和讨论。其他无法转换的情况可能与金属材料的硬度有关：软 Al 线可在硬 Ni 膜层上进行 US 键合，然而，金属材料转换后将无法形成焊接，硬 Ni 线将下沉到软 Al 焊盘内并将 Al 金属材料向侧边推出，使 Ni 发生形变所需的超声能量非常大，将会形成弹坑现象并损坏下方的所有半导体。下一页的方框中给出了一些不可转换的键合或可靠性情况（同时可参考 5.1.2 节）。有些金属只有在加热的情况下才能实现简单的键合（例如在 25℃温度时，Al 线可与 Au 层很容易地实现超声楔形键合，而 Au 线与 Au 层键合则不行—需要使用特殊的带槽劈刀，并且为提高产能，应该进行加热）。

1）不同的引线使用的键合方法可能也会不同，所以只有选用一种引线或使用一种键合技术，才能实现完全焊接。

• 热超声球形键合与 25℃超声楔形键合。（熔融状态的金球比引线软，所以 Au 线的楔形键合比球形键合更难，需要更多的 US 能量。）

• 键合设备的设置方法可能无法比较（US 楔形键合比 TS 键合少一个使用变量，TC 键合则更少）。

• 键合工具的选择（带槽劈刀、扁平劈刀与瓷嘴）。

2）键合引线的金属厚度 >> 大多数焊盘上的金属层厚度，因此：

• 形成的金属间化合物不同，形成的速率也不同。

• kirkendall 空洞通常与特定的金属间化合物有关，不可能只存在一种金属间化合物的组合。

3）当转换键合的冶金材料时，引线可能比焊盘更硬或更软。

• 在 Ni 层上可键合 Al 线，但 Ni 线太硬而无法键合在 Al 焊盘上。

4）键合焊盘上的氧化物和污染物可能比引线上更普遍，也更容易影响键合。

• 铜球在中性 / 还原气氛中形成并且是无氧化物的，且铜焊盘表面通常有一些氧化物，这会影响引线的可键合性。

• 在键合过程中，软金属焊盘上的硬质氧化物（例如 Al 层上的 Al_2O_3）将破碎并被推到一边，而在材料转换的情况下（Ni 层上的 Ni 氧化物）则会降低可键合性。

5.1.5　扩散抑制剂和阻挡层的作用

发现在含 H_2 空腔（open-cavity）的密封器件封装中 [5-19] 注入 H_2 可以抑制 Au-Al 金属间化合物的生长。猜测 H_2 填充 Al 中的空位并阻止或减缓 Al 扩散到 Au 中。因为目前 95% 的器件都是塑封的，所以只能选择这种封装的工艺流程，但即使选用密封器件，也必须保证密封，否则 H_2 可能会发生泄漏。

在过去，厚膜 Au 金属层比薄膜 Au 金属层上的 Al 线键合更容易遭受 kirkendall 空洞导致的失效。猜测原因可能为厚膜比薄膜含有更多的晶界、空位和杂质，所有这些因素都使扩散增强。在 20 世纪 70 年代后期，将 Pd 加入到 Au 厚膜中，用于 Al 线的超声键合 [5-20, 5-21]，在界面间形成了相对稳定的 Au-Al-Pd 三元化合物或使 Pd 发生偏聚⊖，Au 和 Al 的扩散均减缓并延长了 Al 线键合的寿命。目前，几种需要 Al 线键合的应用产品都采用这种 Pd 掺杂的 Au 厚膜。在倒装芯片 [5-22] 和 TAB[5-23] 键合的产品应用中，例如，Au 线（含 1% 和 2%Pd）已经用于倒装芯片

⊖　文献中并未明确哪种现象会发生。

和 TAB 键合中 Al 键合焊盘上的球形凸点键合。随后进行可靠性和筛选试验，在 85℃的条件下 TAB 器件计算得到的长期可靠性结果为 100 000 小时。因此，在球形键合用的 Au 线中添加 Pd 显然可用作扩散或反应的抑制剂，与其在厚膜 Au 中的作用是一样的。近来，已将 Pd 以及其他（专有的）掺杂剂添加到 Au 键合引线（约 1%）中，以减缓细间距引线键合中的金属间化合物生长，参见第 3 章和第 9 章。

长期以来，为保护 TAB 键合的完整性，一直使用 Ti-W 冶金阻挡层阻挡凸点 Au 扩散到 Al 键合焊盘中。出于该目的，Ti-W 层通过"输送"（扩散）氮，以改善其对 Au 和 Al 扩散的阻挡作用[5-24]，在 TAB 键合工艺过程中，当阻挡层被缺陷穿透或破损时，将会出现问题。Au 和 Al 相互扩散，界面发生膨胀并进一步使阻挡层产生裂纹[5-25, 5-26]，这时可靠性将变得比直接在 Al 上进行 Au 球键合的可靠性差。

某些情况下，当将 Ti、Ti-W、Ti-N 或 Ta 薄膜夹在 Al 金属层内时，可用于抑制电迁移或其他用途[5-27]。如果 Au 球焊点焊接在这种 Al 焊盘上，那么在键合机的启动过程中，需要小心防止阻挡层的开裂，并防止出现上述的膨胀现象是非常重要的。此外，有一种可能性是，顶层的 Al（转换成金属间化合物时）可与阻挡层发生脱润湿现象，并导致键合脱落。这有时被称为"焊盘浮起"，但从技术上讲，这个术语指的是整个键合焊盘与芯片表面的分离。为便于引线键合，铝经常沉积在 Cu/Lo-k 值芯片的铜焊盘上。为了防止 Al 相互扩散进 Cu 中，首先将 Ta、Ti 或其他扩散阻挡层沉积在 Cu 焊盘上，然后沉积 Al 键合层。

5.2　杂质加速金 - 铝键合失效

5.1 节描述了纯块体焊接中的冶金扩散、形成的金属间化合物和 kirkendall 空洞，以及在未受污染焊盘上的引线键合。这些可能会导致 Au-Al 焊接失效，但通常只有在经受很长时间极高温的条件下才会失效。Horsting[5-28] 是第一个发现杂质使空洞型引线键合失效加速的现象，他发现镀 Au 膜层中的大量杂质（例如 Ni、Fe、Co 和 B）可能会导致类似 Kirkendall 空洞的快速形成和 Al 线键合的失效。Horsting 的模型提出，在高温烘烤过程中（对于无杂质的 Au-Al 键合界面），金属间扩散前在镀 Au 层中移动并向下到达 Ni 底镀层中，但扩散后的键合仍然很牢固。对于有杂质的镀 Au 层，杂质会在金属间化合物生长之前集中在一起。在某些浓度条件下，这些杂质会发生沉淀析出。然后，这些杂质颗粒可作为因扩散反应产生的空位的接收器，形成类 kirkendall 空洞，并导致键合强度降低或降为零。他采用热应力试验（390℃，1h 后进行拉力试验）作为一种检测含有杂质的 Au 薄膜的实用方法。Horsting 的失效模型是从镀膜层中得到的，该模型在第 6 章（参看图 6-A-1）中进行了更完整的处理。

在 Horsting 的研究工作表明污染物可加速键合失效后，已经发现许多镀 Au

膜层中的其他污染物和来自塑料、环境气氛中的污染物会降低键合可靠性。

5.2.1　卤素的影响

众所周知，在集成电路中卤素是普遍存在的并且会腐蚀 Al 金属层[5-29]（参见附录 5B）。然而，Thomas 首次观察到卤素化合物会先降低 Au 线在 Al 金属层上的键合强度[5-30]。他将 TO-18 底座管帽内的多种环氧树脂固化，使其与含引线键合器件的封装底板一起密封，然后将这些密封的封装体分别在 150℃、180℃ 和 200℃ 存储长达 1000h。其中在环氧树脂中含溴化阻燃剂（四溴双酚 -A）的器件中，在 200℃ 的 24h 内会发生大量的引线键合失效。如图 5-11 所示，在形成较弱的片层状微观结构后，Au-Al 键合失效。该结构不是正常金属间化合物生长的特征，而是具有生长不稳定和分离的单相合金的多种特征。显然，来自环氧树脂的排气产物腐蚀了金属间化合物，并从暴露的化合物的侧面或其他区域扩散进来。没有观察到键合区外 Al 键合焊盘材料的腐蚀，这意味着它只腐蚀金属间化合物。因此在管帽中加入不含环氧树脂的控制元件，可形成强键合及正常的金属间化合物生长。

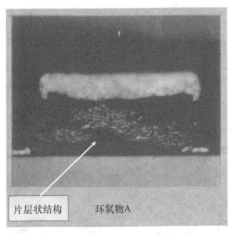

图 5-11　直径 32μm 的 Au 线在 1μm 厚 Al 金属层上进行球形键合后，在金属间化合物区域内形成的层状结构图：然后将芯片气密密封，并在 200℃ 温度条件下老化 24h，内部环氧树脂会发生排出卤素气体的情况；该冶金结构是典型的两相结构，通常可在共晶和共析的微观结构中 [例如片层状珠光体（Pearlite）] 观察到（来自 Thomas[5-30]；©IEEE.）

对这些环氧树脂排出的气体产物分析表明，存在溴化甲烷（methyl bromide）和氯乙烷（ethyl chloride）。额外补充的实验证明，这些纯气体产生的层状结构与键合失效产生的层状结构相同。此外，还观察到这些气体对 Al 金属层的腐蚀现象。在此基础上，Thomas 观察到了含 Cl⁻ 和 Br⁻ 气体导致层状结构键合失效的机理。在

暴露于 CF_4/O_2 等离子体处理的器件中（100W，1Torr[⊖]，5~30min）[5-31] 也发现了同样的层状结构。该器件是裸芯片经键合（共晶和环氧树脂粘接），模塑成形和高压蒸汽处理 [121℃，10，545kg/m² （15psi）蒸汽] 的过程制成。因此，氟还会在 Al 焊盘上 Au 球的键合界面处产生弱化的层状结构。此外，研究还发现，当在键合界面内含 Cl（来自有污染的粘接裸芯片用环氧树脂）时，会促进失效加速的现象。

许多其他研究人员也观察到，在含溴化树脂、高温和常规湿度的条件下，将加速 Au-Al 键合的失效。不是所有人都报告发现了层状金属间化合物的结构，但是都发现了粗大空洞的形成，推测这种空洞产生的原因可能是形成了 Al 的挥发性卤化物并使 Al 去除后的结果 [5-32]。因为含溴环氧树脂的存在导致机械键合失效的活化能为 0.8eV。然而，其他文献 [5-33] 发现，电阻键合失效的活化能（相对于机械键合失效）要低得多，在 0.2 ~ 0.5eV 之间。Thomas 将溴化树脂直接涂覆在键合区域。他还给出了一系列可能导致电阻键合失效的化学反应。研究结果表明，大部分反应发生在游离溴离子上，如果对树脂进行纯化，虽然不能消除失效，但能显著减少该类化学反应的发生。

还有一些研究表明，由密封封装中裸芯片粘接用环氧树脂排出的气体导致了球形键合强度的退化，并引发了球形键合的失效 [5-34]。图 5-12 所示为密封封装（假定含大约 10 000ppm 的水汽）中一种键合失效的案例，该失效现象具有该类型失效的典型现象。研究者推断出，Au-Al 键合的早期退化过程是一个催化（需要湿度等级为 10 000ppm）腐蚀的过程。这种湿度等级可能出现在泄漏的、有裸芯片环氧粘接的密封封装中，或出现在潮湿气氛中的塑料封装中。

图 5-12 密封封装（假定含大约 10 000ppm 的水汽）中，因裸芯片粘接环氧树脂排气导致键合失效的案例图

目前，许多高质量的模塑料含有结合紧密的溴原子，不会在器件通常经受的温度条件下释放出来，但可能会在 HAST 或高温条件下释放出来。然而，也发现少量的 Sb_2O_3（通常会加于模塑料中）可与剩余的游离 Br 结合，并最终导致键合腐蚀 [5-35]。除了消除 Sb_2O_3 外，最新使用的化合物还包括有专利权的"离子清除

⊖ Torr（托），压强单位，1Torr = 1mmHg = 133.32Pa。

剂"，可消除背景（background）等级的游离 Br 和 Cl。据报道，用这种化合物模塑成形的器件在 135℃ 下经受 1400h 的高压 [207kPa（30psi）] 试验后，也不会发生键合失效。

这些文献在观察和解释方面仍然缺乏一致性，例如，产生的 Al（OH）$_3$ 的腐蚀机制[5-33]、冶金相分离[5-30]、金属间化合物（Al$_2$O$_3$）中的 Al 氧化[5-36] 和挥发性金属卤化物的去除[5-32]。所有这些机制产生的条件很有可能是不同的，都没有进行明确定义或解释。

H$_2$O 在键合强度退化过程中的作用尚不清楚，Klein[5-34] 对此做了最权威的研究（大约需要 10 000ppm 水汽），并提出 H$_2$O 可作为催化剂。然而，它也可能是一种氧化剂，导致在较低温度的高压下产生 Au-Al 空洞或层状结构。即使不使用高压，在高温（约 180 到 200℃）条件下也开始破坏可释放出水汽的环氧包封体[5-37]。因此，Thomas[5-30] 的密封器件实验可能含有释放充足 H$_2$O（来自环氧树脂）的情况，这会影响实验结果。假设其他引入纯气体的实验案例是干燥的，所以这不是一个完整的解释。表 5-4 给出了卤素导致键合失效的统计表。在键合前，将氟、Cl、Br 和 C 引入到键合焊盘上（没有进行随后的塑封），在热应力试验后只观察到正常预期到的界面退化现象[5-46]。

表 5-4　键合焊盘上的卤素问题表

污染源	促成原因	对引线键合产生的负面作用	纠正措施
氧化硅蚀刻（氟化物）	去离子（deionized，DI）静态洗涤	B，R	去离子搅拌洗涤
因 RIE 而残留在焊盘上的 F 或 Cl	可能残留下氟碳聚合物薄膜，F 或 Cl	B，R>6%（原子百分比）R<6%（原子百分比）	适当的氩气溅射
光刻胶去除器	二氯苯残留	B，R，C	完全去除
使用城市用水进行晶圆切片	水中含 Cl	B，R，C	用含表面活化剂的去离子水
三氟乙烷（TCA）	水污染物释放出 HCl	B，R，C	换一种溶剂进行清洗或使用等离子体清洗更好
CF$_4$/O$_2$ 等离子体清洗	高压	R，C	使用 O$_2$ 或 Ar 等离子体清洗
来自烧结炉氯丁橡胶垫片中的 Cl	Cu 线键合的金厚膜，表面 Cu → CuCl$_2$（Al 线键合）	R	将垫片更换成无卤素弹性垫片
来自塑料中的 Cl	85℃/85% 相对湿度（RH），高压	R	使用塑料的含 Cl 量 < 10ppm
来自包封体阻燃剂中的 Br	高温（175~200 ℃）或 125℃ 高压	R	避免高压、高温或游离 Br

注：表中，B 表示可键合性降低；R 表示可靠性降低；C 表示腐蚀失效。

造成键合失效需要有非常多的污染物，而通常情况下，当污染层厚到足以限制键合的形成时，这些键合失效就发生了，而不是因为化学反应导致一个良好键合点的强度退化。大部分的应力试验都是在高温下进行的，没有液态 H_2O 存在的可能。这些试验大部分是在 N_2 气氛中以 300℃左右的温度烘烤的，其中的一次试验是在 175℃下进行。塑封器件经受的高湿环境、HAST，或含 H_2O 密封的封闭环境中都不包含在其中。然而，由于在明确说明的试验条件下没有发现因卤素而导致的退化现象，所以这项研究工作支持了在卤素导致失效发生之前需要有大量 H_2O（或蒸汽）的说法。当在键合界面中无卤素膜层时，关于发生 Au-Al 键合失效机制的讨论，参见附录 5A。

许多实验的目的都是为了尽力理解复杂 Au-Al 塑封引入的污染物的相互作用。但是，至今还没有达成共识。因此，还需要进行许多研究工作。

5.2.2　去除或避免卤素污染的建议

公认的是，Au-Al 键合界面内的卤素或甚至键合后环境中的卤素（只要有水汽存在）都将降低 Au-Al 的键合强度。引述的实验是在使用无卤素控制装置的条件下进行的，所有控制装置在任何温度和湿度下的运转时间都要比受卤素污染的器件长很多。晶圆制造过程中的卤素可能会与 Al 发生化学结合，并且根据卤素浓度的不同，可能会导致焊盘有棕色的外观[5-38]，这是很难去除的。使用 Ar 等离子体清洗可去除氟的着色，恢复可键合性[5-39]，然而，辐射产生的损伤会破坏器件的电气特性，大多数常规器件都应该在这种清洗方法中存活下来，参见第 7 章[5-47]。使用丙酮漂洗 30s 可去除硅表面的 F 离子，当 F 已经发生反应并形成化学结合的情况下，在键合焊盘表面上使用这种清洗方法的有效性还没有得到验证。通过将晶圆在 O_2 气氛中 300℃加热 30min，可将晶圆级键合焊盘上的氯去除[5-40]。该方法一般不适用于封装级焊盘，但可以在裸芯片粘接之前使用。从裸芯片粘接用环氧树脂中排出的卤素气体（主要是 Cl）通常不会与键合焊盘发生化学结合，如此，就会很容易地被等离子体或紫外线臭氧清洗快速去除。如果卤素发生反应 / 化学结合，那么只有使用等离子体溅射（用 Ar）才能去除它们。

5.2.3　环氧树脂非卤素气体排出导致的键合失效

已经有报告称，裸芯片粘接用非卤素环氧树脂的排气产物和其他有机污染物造成了 Au-Al 引线键合的失效[5-37,5-38,5-48,5-50]。这些产物引发的问题非常难以捉摸，因为失效都只是偶然发生的，这使得失效分析和获得充分的解释非常困难。在其中一种情况下[5-33]，直接将键合焊盘暴露在环氧溶剂和活性稀释剂中，发现活性稀释剂在键合焊盘上产生有机沉积，有时是聚合的状态，会增强氧化层并阻碍形成最佳的键合（这些结论还得到其他研究工作的支持[5-46]）。这种键合强度退化的问题（键合态）应该在生产过程中通过焊球 - 剪切 - 测试来检测，或者在键合前通过等离子体或紫外线臭氧清洗措施来预防（参见第 7 章）。

5.2.4　绿色环保模塑料

　　近年来，对模塑料的最大改变是"绿色的"环境保护运动和许多国际法律规定要求改变的结果。当丢弃器件时，要求消除认为可对环境造成污染的元素（如卤素、重金属等），类似于从焊料中去除铅。然而，最新的"纯"模塑料在"细间距"Au-Al 引线键合中引入了新的失效模式，并相应发表了一些研究报道[5-51, 5-52]。

　　识别键合截面金属间化合物的方法包括 SEM，将在第 9 章进行深入讨论。无论"绿色"新模塑料污染的状态如何，必须记住，所有模塑料都含有树脂、固化剂、催化剂、填料、某种形式的阻燃剂、粘附促进剂和离子清除剂等，绿色环保要求的模塑料无法去除这些功能。在新化合物中，总有一些或其中一种可能会腐蚀或加速形成 Au-Al 金属间化合物。因此，只要芯片使用这些金属互连方式，总会有可能出现问题。在未来，当发生意外的腐蚀 / 冶金键合失效时，新型的模塑料肯定会成为主要的失效嫌疑源。应该指出的是，一些模塑料以及引入的其他问题都是由于各种"绿色环保"要求而增加的，例如使用无铅焊料。这些提高了许多封装的加工温度，反过来降低了模塑料的化学特性并加速金属间化合物的形成。

5.3　非金 - 铝键合界面

5.3.1　铝 - 铜引线键合

　　近年来，除纯 Au 或 Al 以外的金属引线和金属层材料已投入生产。在 Al 焊盘上的铜球键合方式一直受到关注[5-53~5-62]。最近，由于与 Au 相比的经济原因，Cu 引线键合的使用变得更加重要[5-64, 5-65]。对比 Au 和 Cu 的冶金性能，Cu 具有更高的导电性，在塑封过程中的抗线弧偏移能力更强，产生金属间化合物的问题更小。铜线比金线更硬；因此，需要更加关注键合过程，以避免弹坑的形成（参见第 8 章的表 8-3）。更硬的引线倾向于将较软 Al 焊盘内的金属推向侧边，需要像参考文献 [5-54, 5-62] 中所描述的那样使用更硬的金属层。在第 8 章图 8-4 中给出了 Cu 球键合所用键合机的一些参数，在第 3 章中讨论了 Cu 引线的特性，并在第 3 章及其附录 3B 中讨论了塑封中一些引线球颈和月牙形的问题。

　　由于 Cu 容易氧化，必须在惰性气氛中进行球形键合，这就需要对键合机进行改装。因此，许多关于 Cu 球键合的早期研究一直关注球的形成、可键合性和弹坑。目前键合机制造商已解决了这些问题并全部可供应专用的 Cu 球键合机。Al-Cu 相图展示出有五种倾向于富 Cu 相一侧的金属间化合物。因此，这有可能会出现多种金属间化合物的失效，这类似于熟悉的 Al-Au 系统，并对 Au-Al 和 Cu-Al 键合进行了大量对比，参见参考文献 [5-64, 5-65]。所有文献较少展示或通常忽略了金属间化合物的形成和牢固的 Al 焊盘键合。

Olsen[5-61] 研究了 Al 线与 OFHC（Oxygen-Free High Conductivity，无氧高导电性）Cu 金属层楔形键合的加热老化作用，他发现完全不同的（取决于环境的）老化特征。

这些键合点在 150℃的空气中热老化 1600h 后，它们仍然很牢固。然而，在 1200~1600h（活化能为 0.45eV）范围内的真空老化可导致键合强度快速降低。研究发现，尽管金属间化合物的生长速率与真空中的生长速率相同，但 Cu 氧化物明显阻止或抑制键合下方类似空洞沟槽的生长，提高了键合可靠性。一项对 Al 线与 Cu 焊盘楔形键合的研究发现，该键合界面在热应力试验中，比 Al 线与 Au 焊盘的键合更容易受到腐蚀并可靠性更低。在这种情况下，在 135℃下烘烤 1000h 后，键合电阻迅速上升[5-62]。

对 Cu 线与 Al 金属层球形键合的金属间化合物生长进行研究后，发现其生长速率不足 Al-Au 键合的一半[5-55, 5-57]。后面的研究发现，在 150~200℃老化（在空气中）时，在键合焊点中只有 $CuAl_2$ 和 CuAl 化合物，这种金属间化合物生长的活化能为 1.2eV。两者均未发现 Kirkendall 空洞现象，剪切强度降低的原因是脆性 $CuAl_2$ 化合物的生长。

还研究了阻燃剂 Br 和塑料中 Cl 存在条件下的（Al 金属层上）铜球键合强度[5-57]。这些键合是在附近有环氧树脂的情况下进行老化的，这类似于 Thomas 早期关于 Au-Al 键合的研究[5-30]。在 200℃老化 1245h 后的 Cu-Al 键合强度是牢固的，而 Au-Al 键合在 700h 后就失效了。对 Cu 线与 Al 金属层球形键合的可靠性的大量研究（涉及塑料 IC 生产过程中的多个方面）发现，Cu 球键合的可靠性与 Au 球形键合的可靠性相当甚至更优（两者都在空气中受应力作用）[5-59]。

除了在塑料封装温度循环时，塑封中 Al 金属层上的 Cu 球形键合是充分可靠的。空腔封装中的氧含量应该受到限制，这样 Cu 引线的氧化问题[5-58] 将不会是长期的可靠性隐患，但是这不是塑料的问题。Al 线与 Cu 焊盘的楔形键合比材料转换后的键合更不牢固[5-61, 5-62]，这可能是由于键合界面材料转换后导致差异的结果（参见 5.1.4 节）。

前文已经证明 Cu 线与 Al 焊盘球形键合的可键合性是优良的，Al 焊盘上的键合在高温后的可靠性也很好。对于薄且软的 Al 金属层（<0.6μm），较硬的 Cu 球可能会把 Al 金属推向侧边，因此 Al 焊盘应该制造的更硬，或者在焊盘下添加一层 TiW 层。这也将减少任何因 Cu 球硬度产生的弹坑问题（与 Au 球相比）。使用 Cu-Al 键合的器件应该在各种环境中进行试验（参见附录 5C），含 Cu-Al 金属间化合物的 Al 金属层受到含 Cl、F 污染物和水的腐蚀（参见 5.3.2 节）。尽管在实验室研究中还没有观察到这种腐蚀问题[5-57]，但在实际生产中这种腐蚀可能会成为 Cu-Al 键合中的一种因素。

尽管已对 Cu 球键合进行了深入研究并应用于实际生产中，但在 IC 生产中仍未能实现细丝（<38m，1.5mil）的批产键合（2007 年），它常应用于小功率器件的生产（通常直径为 ≥ 50μm）。许多公司都在努力解决这些问题（参见第 3 章关

于使用细铜丝问题的讨论）。

5.3.2　含铜的铝键合焊盘

集成电路 Al 键合焊盘金属层可包含 1%~2% 的 Cu，以抑制电迁移或使金属层更硬（参见上文）。如果烧结（热处理）不正确，可能会形成孤立的 Cu-Al 金属间化合物的聚集体。一些聚集体的电化学势能不同于纯 Al，也不同于其他 Cu-Al 相（约差 0.1V）[5-63]。腐蚀通常可归因于 theta 相（Al_2Cu）的聚集体。水汽和痕量卤素（通常存在）的组合将导致键合焊盘的腐蚀，并且可以使金属变色（参见附录 5B）。Weston 详细讨论了这种 Al-Cu 和 Al-Cu-Si 的微观腐蚀[5-66]，有时将这些腐蚀称为"棕色"或"黑色"的金属问题[5-38,5-66]。

图 5-13 所示为导致 TS 键合减弱的某键合焊盘的凹痕（pitted）示例图。如果能获得均匀的 Cu 分布，或者在如晶圆切割和洗涤这种制造工序之后通过仔细清洗去除卤素，则可以消除该问题。如果在组装操作期间观察到"棕色金属"，则不应该使用这类芯片。当将 Cu 加入到 Al 中时，这取决于晶圆工艺，在金属层表面上可观察到 40Å 厚 Cu_2O 层的形成，这将严重降低金属层的可键合性[5-68]。只有当 Cu_2O 层厚小于 5Å 时才能确保金属层的高键合性。因此，当将 Cu 添加到 Al 键合焊盘中时，已经可观察到腐蚀现象，使得键合焊盘更硬（当使用 Cu 线球形键合时有时是有用的），并且可能导致金属层表面上形成 Cu_2O。所有这些操作都可能存在可键合性的问题，可靠性降低，并且在引线键合时需要使用更多的超声能量，后者可能会增加弹坑的可能性（参见第 8 章 8.1 节）。一般情况下，当 Al 金属层的 Cu 含量在约 1.5% 以上增加时，通常会发生可键合性降低的现象。控制 Cu 含量，以及对 IC 金属层进行适当地热处理将使影响最小化，这在组装级和封装级阶段是无法控制的。然而，在处理金属层中含有 Cu 的芯片时，封装人员有必要理解潜在的问题，并且在键合失效时可识别出其影响作用。

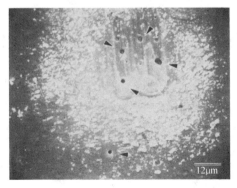

图 5-13　Al-1.5%Cu 焊盘球剪切后凹痕的扫描电子照片，腐蚀圆晕区域与正常区域相比，键合过的痕迹很弱（即无 Au 残留物或任何键合的证据）（来自 Thomas[5-67, 5-68]，©IEEE）

5.3.3 铜 - 金引线键合系统

在 IC 裸 Cu 键合焊盘、引线框架，以及 Cu 厚膜上使用 Au 引线键合的可能性引起了人们对该冶金系统可靠性的兴趣（注意，这也将在第 10 章 Cu/Lo-k 中进行讨论）。相图显示了三种韧性的、类似金属间化合物的相（Cu_3Au、AuCu、Au_3Cu），总活化能为 0.8~1eV。也已经有报告报道了类似 kirkendall 的空洞现象[5-69 ~ 5-71]。对引线框架上的热压键合在空气和真空中进行的温度 - 时间研究显示，由于空洞形成导致了键合强度显著降低[5-72]。图 5-14（基于键合强度 40% 的降低）预测在 100℃的持续条件下有约 5 年的寿命。如果失效判据是键合强度 50% 或 60% 的降低，则寿命将更长。在任一种情况下，对于大多数商业器件的寿命来说都是足够的。其他关于厚膜 Cu 与 Au 线的 TS 键合研究发现，在 150℃长达 3000h 的条件下发现键合强度几乎没有降低，并且在 250℃超过这个时间段的条件下也没有出现失效[5-73]。

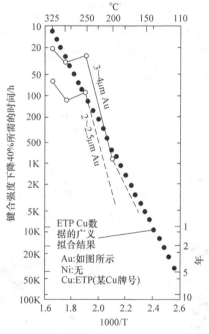

图 5-14　Cu-Au 键合强度降低到完全键合状态（as-bonded）总强度 40% 时的温度 - 时间关系图：虚线表示 Cu 数据的广义拟合结果（来自 Hall[5-72]，©IEEE）

Cu 层上完全键合的 Au 线的可靠性，基于 1000h 的高压，温度循环（在 −65~150℃，8000 次循环）和高温老化（150℃，1000h）的环境条件，已经在商用器件上得到了充分验证[5-75]。Au-Cu 的键合强度明显受到 Cu 层的微观结构、焊接质量和杂质含量的影响。在 Cu 引线框架上键合的最大问题是确保在键合之前和键合过程中的充分清洁（去除油脂和铜 - 氧化物）[5-74,5-75]。这将需要使用中性或还原的气氛（生产成本增加）以防止氧化。此外，如果引线框架上的裸芯片贴装使用聚合物，则该聚合物必须在惰性气氛中进行固化以防止 Cu 氧化，同时仍需要保持有大量的气流以使塑料完成气体产物的排出。如果未执行该操作，则芯片上的 Cu 焊盘和引线框架将存在严重的可键合性或可靠性问题。这种潜在的问题支持了引线框架上键合区域对连续点镀（spot-plated）Ag 或可能的薄 Pd 膜层的持续使用。对于 Cu/Lo-k 器件，Cu 焊盘与可键合的 Al 顶层之间有一层扩散阻挡层。

5.3.4　钯 - 金和钯 - 铝引线键合系统

将镀钯的引线框架引入集成电路行业，以取代点镀 Ag 的键合焊盘。镀 Pd 层作为一种贵金属的表层，可提升模塑料的粘附性，并加强与外部引线表面贴装（sureface-mount）的焊接[5-76]。在 Cu 引线框架 1.5μm（60μin）Ni 膜层上镀 Pd 膜层。Pd 膜层非常薄，0.076μm（3μin），可溶解在焊料中并且不形成脆性的 Pd-Sn 金属间化合物。这些 Pd 膜层与 Au 线的热声键合与常规点镀 Ag 上的键合类似，但需要重新优化键合参数（需要更高的功率、力和 / 或时间）。另外，由于 Pd-Ni 表层比点镀银表层硬很多，所以会缩短瓷嘴的寿命。在商用级产品批产中已经确定了该冶金键合系统的可靠性。Pd 与 Au 完全混溶，并不存在金属间化合物。Au 和 Pd 都具有很强的正电化学势能，所以不可能发生键合界面的腐蚀。钯在 400℃ 左右的空气中将会缓慢地形成绿色氧化物，这可能会降低可键合性。因此，在界面温度 <300℃ 或在中性气氛中，与 Pd 的键合是最安全的。钯会遭受到卤素和硫的轻微腐蚀，因此应该保护引线框架免受腐蚀。同时，暴露在 HAST 中也可使 Pd 表层氧化。

Pd 可通过晶界扩散的方式迅速扩散到 Au 中[5-77]，这与厚膜 Ag 上的 Au 键合类似（没有找到关于 Au 扩散进 Pd 的信息数据）。因此，如果器件长期处于高温环境中，而 Pd 薄层被吸收（扩散）进 Au 线键合中，则可能会发生潜在的问题，并可能导致 Ni 界面位置的月牙形键合下方发生退润湿现象。还没有研究过这种情况，在典型商用塑封器件的热环境中很可能也不会发生这种问题。此外，Pd 可吸收的氢量为其体积的约 900 倍；在此过程中，Pd 膨胀变脆，并与 Ni 基层分离，任何被吸收的氢都会放热，如果在气密密封的封装中使用，氢可与任何的氧结合，形成水蒸气。如果在引线键合前使用等离子清洗，那么等离子体就不能包含 O_2 或 H_2（最好是 Ar），而且由于同样的原因，也不能使用 UV- 臭氧清洗。（Pd 很薄，不会吸收很多的 H_2）。

镀 Pd 引线框架用在大批量生产中，尤其是广泛用在存储芯片的封装中。然而，用户应该考虑几个潜在的组装问题。为避免钎焊过程中形成脆的 Sn-Pd 金属间化合物，Pd 镀层必须很薄 [约 0.075μm（3μin）]，但减薄后的 Pd 镀层容易被划伤又将引发可焊性或可键合性问题。因此，引线框架处理的所有过程（如修剪和成形）必须加以改进。运输集装箱和运输卸载设备也必须为避免划伤而专门设计。电镀工艺比点镀银的成本更高，因此，必须综合考虑全工艺流程的成本，才能使工艺过程得到高的回报（例如不需要焊料浸渍或点镀工艺）。

Pd 镀层除作为引线框架涂层外，还可作为 PWB（Printed Wire Board，印刷线路板）表面贴装钎焊表面（可键合的）终饰层。如果 Pd 层能成功用在 PWB 上，那么 Pd 金属涂层也可以用于 COB（Chips on Board，板上芯片封装）的裸芯片粘接和引线键合，并且应该是令人满意的，这是一个合乎逻辑的结论。然而，如果器件镀 Pd 引线与相同镀 Pd 的 PWB 进行表面贴装钎焊，则在薄钎焊接头中可能会有充足的 Pd，形成 $PdSn_4$（脆性的金属间化合物），这在温度循环中将导致失效[5-78]。目前（2008 年），薄 Pd 镀层是一种重要的保护层和可键合表面，越来越多地在镀 Ni 层中使用（取代非常昂贵的 Au），参见第 6 章。

Pd 引线的球形键合

早期的两项研究工作[5-79, 5-80]报道，Pd 线可以在 Al 焊盘上进行球形键合。另一项关于 Pd-Al 对焊偶冶金扩散的研究表明，形成 Pd-Al 金属间化合物的表观活化能 ≈1.25eV[5-81]。这比那些在 Au-Al 系统中任何一种金属间化合物都要高很多（参见表5-2）。因此，可认为金属间化合物和空洞的形成是非常缓慢的。此外，还对 Pd 线与 Al 金属层的热声球形键合进行了研究。这两种情况在加热烘烤后发现，形成相同的金属间化合物 $PdAl_3$ 和 Pd_2Al_3，而 Pd_2Al_3 在 400℃下 100h 后会出现空洞现象。AlPd 相图非常复杂且金属间化合物种类较多，但没有金属间化合物在富Al 相一侧，且在 8%（atm）Pd 时有一个共晶点。需要注意的是当 Al 线与薄 Pd膜层楔形键合时，由 Al 控制反应过程。

Pd 比 Au 更硬（分别为约 200 和约 90HKN），因此，当 Pd 线与 Si 芯片上的Al 焊盘球形键合时，将可能会出现弹坑问题。此外，Pd 的热导率和电导率还不到Au 的 1/4（这对上文所述薄镀层的引线框架没有任何影响），这就需要更大直径的引线来传送给定的电流。对 1μm 厚镀 Pd 膜层上 Al 线的超声楔形键合和 Au 线热压球形键合的研究发现，这些键合的可键合性与在 Au 镀层上的键合相似[5-82]。此外，在 200℃下 50h 的高温烘烤过程中，没有发现可靠性问题。表 5-5 对这些材料的优缺点进行了汇总。

表 5-5　Pd、Al 和 Au 引线键合系统表

优点
1）在引线框架 Ni 镀层上电镀一层薄 Pd 层（0.076μm，3μin），作为封装、PCB 上的保护层和可键合的表面顶层
2）有研究报道，薄钯膜层与 Au 线的月牙形键合和 Al 线的楔形键合不存在可靠性问题，Al 线与 1μm的 Pd 膜层键合的可靠性与在 Au 镀层上的键合相似
3）金线与薄 Pd 膜层的月牙形键合与在镀银引线框架上的键合不同，但是在更高功率等产品应用上实现了大批量生产
4）Pd 与 Au（混溶体系）之间不存在金属间化合物
5）Pd 具有较高的表面自由能，对于模塑料和芯片环氧树脂粘接有良好的粘附性
6）良好的可焊性（非常薄的 Pd 溶解在焊料中，所以没有金属间化合物的生长）

（续）

潜在问题
1）在 Pd 和 Al 之间存在许多金属间化合物（在相图中富 Pd 一侧和富 Al 一侧都不存在金属间化合物）。薄 Pd 涂层会形成无损害的固溶体，而不产生脆性的金属间化合物
2）Pd 迅速吸收 H_2，进而膨胀和脆化。在所有组装完成之前，必须注意防止 Pd 的外露
3）Pd 在 400℃左右会氧化，可键合性降低（300℃以下是最安全的）
4）用 UV 臭氧或 O_2 等离子体清洗可使 Pd 氧化，可键合性降低，最好的清洗方法是使用氩等离子体清洗
5）Pd 电镀成本比银点镀成本高，必须使用总封装成本（COO）的合理性进行证明
6）薄 Pd 层容易被划伤，因此必须改进引线框架修剪和成形的处理工艺；同时，在月牙形键合过程中瓷嘴的磨损更快
7）在引线框架 Pd 镀层和 PC 板 Pd 镀层之间钎焊时需要启动 DOE

5.3.5　银 - 铝引线键合系统

Ag 可用作引线框架上的键合焊盘镀层[5-83,5-84]，也可用作商业厚膜混合物（通常与 Pt 或 Pd 形成合金）的金属层[5-85]。在集成电路上还曾尝试以 Ag 替代 Au 线的球形键合，但暴露出许多可靠性问题[5-86]。

Ag-Al 相图是复杂的，有许多种金属间相。然而，在 Ag-Al 引线键合界面中，仅观察到了 μ 相和 ζ 相的中间相[5-84, 5-87]。金属间相生长的活化能为 0.75eV。在该金属系统中已经观察到了一些 kirkendall 空洞现象[5-9,5-88,5-89]，但通常高于微电子电路经受的温度。Hermansky 首次发现了因互扩散导致 Ag-Al 电接触失效的现象[5-89]。然而，在 Ag-Al 引线键合中，由湿度诱导键合快速退化的机制是很少使用 Ag-Al 金属结合的主要原因[5-87]。目前，已确认 Cl 为腐蚀过程的主要驱动元素[⊖]。在 NH_4OH-H_2O 超声清洗槽中对 Ag 表面进行清洗可去除卤素，后续的 Al-Ag 键合在 100℃下仍可维持可靠性。湿度腐蚀机制也得到了广泛的证实[5-83,5-86,5-90]。图 5-15 所示为 Al-Ag 引线键合强度的退化现象，对试样的失效分析表明失效的键合界面上存在 Al（OH）$_3$，从而引出以经典铝 - 氯腐蚀引发的失效为失效机制的提议，这种 Al-Cl 腐蚀会使 Cl 再生并继续参与后续反应（参见附录 5C）。

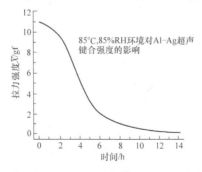

图 5-15　温度和湿度环境下铝线与镀银表层键合的退化：每个数据点表示 10 根直径 50μm、99.99% 铝线的平均拉力强度（来自 James[5-83]，©IEEE）

⊖　推测，其他卤素也可起到相同的腐蚀作用。

对失效键合点截面的研究表明，腐蚀实际上发生在 Zeta 相金属间化合物的位置 [5-86]。目前还不清楚为什么 Ag-Al 键合系统比 Au-Al 系统更容易腐蚀，可能是 Ag 或其氧化物可作为催化剂，或者除了电偶反应之外还可能存在某种中间反应⊖。由于这种腐蚀过程而导致键合强度退化的活化能为 0.3eV[5-90]，因此可见腐蚀反应并不完全取决于温度。两位研究者 [5-83、5-87] 已经证实，在相似条件下，Al-Au 键合或 Au-Ag 键合的腐蚀反应没有可对比性。

此外，这些研究还描述了 Ag-Al 引线键合系统的其他失效机制 [5-90]。由于高电阻（不是机械强度减弱的原因）的原因，在 CERDIP（陶瓷 DIP 封装）中 Al 线与 Ag 金属层的键合发生了灾难性的失效。失效原因主要是 Ag-Al 中间金属层材料的选择性氧化，导致界面中形成绝缘氧化物的阻挡层。该反应发生需要的活化能为 1.4eV，该反应机制在 400℃ 以上是活性的。此外，还报道了 Al 线在 Ag 厚膜上的键合在 85℃、100℃、150℃和 200℃下加热 10 000h 时，也有这种类型反应的发生 [5-91]。其中在 200℃、4800h 和 150℃ 10 000h 的条件下，会发生一个电阻增加的阶段。在正常温度下，预期这些反应不会影响器件的加工和操作，但器件在非常长期的或非常差的情况下可能会受这些反应的影响。

在汽车混合电子器件中，粗直径的 Al 线已经键合在 Pd-Ag 厚膜金属层上 [5-85]。然而，键合的准备工作需要使用溶剂进行洗涤，然后在去离子水和溶剂中清洗并对其进行仔细地电阻监测（离子仪）。之后，为进一步保护混合电子器件，可使用聚硅氧烷凝胶（silicone gel）覆盖。目前还不清楚厚膜 Ag 金属层中添加 Pd、仔细清洗、覆盖聚硅氧烷凝胶或其组合是否可预防上述 Ag-Al 键合腐蚀问题的发生。每种方法都是有帮助的，但直到充分理解腐蚀机制之前，在厚膜 Ag 金属层上应该谨慎地使用铝线键合，并需要对器件在高压或 85℃、85%RH 中进行环境验证。然而，大多数汽车公司正停止了使用 Ag-Al 键合的冶金结构。本节的结论是，在任何情况下，Ag-Al 界面都是不可靠的。如果没有进行相当大范围的可靠性试验，以及有一个令人信服的理由，就不应该使用 Ag-Al 键合系统。

5.3.6 铝 - 镍引线键合系统

在 20 世纪 70 年代期间，Au（镀层）价格剧增，在功率器件上的 Ni 涂层开始替代 Au。粗直径 Al 线可很容易地键合在 Ni 金属层上，并且发现其在各种环境下都是可靠的。器件制造商的这些内部研究工作显然没有公开发表在文献中，因此大部分信息都是通过非正式的方式获得，或者是在一些高温电子学的研究中获得。粗直径 [≥ 75μm（3mil）] 的 Al 金属引线可良好地键合在 Ni 镀层或内层（in-lays）上（假设不存在 Ni 氧化物）。这种冶金技术已经在功率器件的大批量生产中使用了超过 25 年，且没有报道发生过重大可靠性问题。在大多数情况下，Ni 是

⊖ 在电化序中，Au[+] 比 Ag[+] 正势能更高，并且呈现出 Au-Al 偶和 Ag-Al 偶一样容易腐蚀的现象。然而其中的 Ag[++] 比金正势能更高，导电的银氧化物可能会起作用，但没有发现类似的资料信息。

利用硼化物或氨基磺酸盐溶液通过化学镀的方法沉积的。氨基磺酸盐镀槽中电镀得到的低应力膜层也可形成可靠的键合。然而，当含磷化物的化学 Ni 镀液溶液可共沉积产生超过 6% 或 8% 的磷，将会同时导致可靠性和可键合性问题。

Al-Ni 键合的可靠性比 Al-Au 键合更高。Al-Ni 相图非常复杂，相图内有多种金属间相和相变，然而，该键合系统通常是难熔的，可用于耐高温的产品应用，例如飞机涡轮叶片。显然，这些（金属间化合物）相生长的活化能很高（>1eV，从熔点数据来看），在功率器件经受温度和时间变化的条件下，不会形成 kirkendall 空洞。研究人员 [5-92~5-94] 在 300℃、100h 的有限热应力试验中观察到，Al-Ni 键合的机械强度没有退化。同时发现在该试验期间，键合界面的电阻仅增加了 1% 左右。电化序表明，大多数 Ni+ 和 Al+ 反应具有负势能，因此，与 Al-Au 键合相比，Al-Ni 键合发生电化学腐蚀的可能性要小很多。

在 Al 线与 Ni 镀层键合的过程中遇到的主要困难是可键合性，而不是可靠性。镍表层会缓慢氧化，在第 6 章中也会讨论同样的可键合性问题。因此，封装体在镀 Ni 后应该尽可能快地进行键合，或使用惰性气体保护，或在键合前进行化学清洗。通常情况下，薄 Pd 浸 Au 涂层更具有保护性和可键合性的功能。改善键合机的时间参数，例如施加超声能量冲击镀层，已经报道了该方法可改善轻微氧化镍表层的可键合性，但这种方法并不可取。在镀镍前或镀镍后，有时采用各种表面预处理技术（如喷砂法）来提高镀层的可键合性，但 Ni-Pd-Au 镀层才是最佳的（参见第 6 章）。

5.3.7　金 - 金、铝 - 铝、金 - 银，以及某些不常用的单金属键合系统

Au-Au 键合系统是极其可靠的，不会遭受界面腐蚀，形成金属间化合物，或存在其他键合强度退化的情况。如图 5-16 所示，随着温度和时间的变化，焊接不良的 Au-Au 键合强度会改善 [5-95]。Au-Au 互连在 500℃下试验 1000h，没有发现界面强度退化的现象 [5-92, 5-93]，冷超声 Au-Au 的楔形键合可使用十字槽、特殊表面处理的键合劈刀，或可使用高频超声发生器（参见第 2 章）。然而，在 Au-Au 键合过程中进行加温的话，其焊接效果最好，并有最高的键合产量。表面污染将影响热超声的可键合性，在键合前必须采取适当的清洗工艺（参见第 7 章）。大多数球形键合用的 Au 线通过添加 5~7ppm 的 Be、Ca 和其他专有添加元素（如细节距键合用引线添加的 Pd 高达 0.1%）进行稳定，并在出售前进行退火，这样，在热老化过程中金线的冶金性能变化很小。基于上述原因，Au-Au 键合系统在高达约 300℃或更高温度的条件下，具有长期可靠性的能力。细直径 Au 线（约 25μm 直径）在集成电路中的应用非常有效，但成本越来越高，在某些情况下正在考虑使用铜线进行键合（参见第 3 章）。过去一些特殊功率器件互连用的粗 Au 线（直径粗达 500μm，长 1cm）非常昂贵，键合的每根金线费用超过 2 美元。如今，随着 Au 价接近金衡制 900 美元 /oz，在这些产品应用中已不再使用粗金线。细直径 Au-Au 键合系统是一种经过验证的和优选的冶金系统，并在所有关键环境中都具

有可靠性，应该是冶金的首选。

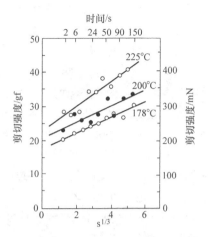

图 5-16　光刻胶污染的 Au 金属层与 Au 线的 TC 球形键合（随温度和压力变化）的剪切力提高示例图：结果表明，在键合后，随温度和时间的变化，Au-Au 界面强度可提高（来自 Jellison[5-95]，©IEEE）

　　Al-Al 键合系统也是非常可靠的。这种金属连接不会遭受界面腐蚀，在腐蚀环境中，键合周围的焊盘通常会被腐蚀，但键合界面可保持完整。在 Al-Al 热压键合可能存在高变形量的情况时，室温下的 Al 超声焊接效果最好，但加热并不能明显改善焊接质量。目前尚未进行与图 5-16 中的 Au-Au 键合相似的研究以判定 Al-Al 键合界面是否可随温度和时间变化而改善。然而，尽管引线经历了相当程度的退火（强度降低），Al 线与 Al 焊盘的键合在 300℃下老化 1000h 后其界面电阻的变化可忽略不计[5-92～5-94]。此外，即使在大批量生产中，这种键合界面的强度也没有减弱，这可由高可靠的 CERDIP 和其他器件中数十亿 Al-Al 键合点在密封过程中暴露在高达 400℃温度 30min 条件下的可靠性得到证明。在长时间工作下，研究报道了 25μm 直径含 1%Si 的 Al 线中存在电迁移现象，发生该现象的条件是空腔封装在几百毫安的电流下工作 5～6 年时间[5-96]。在键合界面上没有发现任何失效，只在失效的引线上发现了竹节（bamboo）结构。基于上述讨论，Al-Al 引线键合系统是极其可靠的，可用于任何常规半导体器件已预期到的热环境中。

　　Au-Ag 键合系统已经被 James 证明是可靠的[5-83]，并且已经应用在数十亿的引线框架上。目前没有报道关于界面腐蚀和金属间化合物形成的信息资料。多年来，金线与引线框架镀银层的键合已成功地应用在数千亿塑封器件的大批量生产中。如果硫化合物严重污染了镀银层，就会产生可键合性问题，但这种污染可以很容易地预防或去除。在大批量生产中，通常会在阶段温度约 250℃时进行热超声键合，可使薄硫化银膜层分离并因此提高了可键合性。虽然该键合系统在塑封器件的长期使用中是可靠的，但在较高温度下的长期使用可能会存在互扩散的问题。已经观察到银可通过晶界扩散的方式迅速扩散到 Au 中⊖，其活化能约为 0.6eV。薄 Ag 膜层与 Au 线的键合在 350℃下烘烤 500h 后，已观察到环绕在键合周边的银耗尽或形成沟道断开的现象。这种 Ag 膜层与 Au 线的键合展示出明显的 Ag 晶界修饰现象（decorated-grain boundaries），并很好地延伸到球形键合点上方的引线中 [5-83，5-97]。如果将 Ag 膜层沉积在金属上，如引线框架上，那么预期键合的寿命会更长，原因是沟道末端必须延伸到键合点下方才会导致键合点的机械失效或电气失效。焊接不良的 Au-Ag 键合在温度循环时，低温极限（-40℃）环境下的键合强度比极高温度下键合强度更高 [5-98]。

　　细直径 Au 线与厚膜 Ag 层（添加有 Pd 或 Pt 元素）的键合通常在应力试验后失效（300℃、1h 环境试验后再进行拉力试验）。厚膜金属层通常比真空沉积膜层或电镀膜层有更多的缺陷，空位以及杂质。因此，发生互扩散的速度更快，进而导致已观察到的失效现象。随着更佳厚膜 Ag 合金层的发展，可抑制这种扩散。潜在的解决办法是在厚膜 Ag 中添加少量的 Au 或在 Au 引线内添加少量的 Ag。

　　Pd-Pd 和 Pt-Pt 键合系统（以及其他贵金属材料）是非常可靠的冶金键合系统。可能会影响 Pd 键合系统可靠性的潜在问题前文已讨论过（氧化、硬度和吸氢），通过使用超声或热超声的方法可实现 Pd 线的键合，Pd 线也可用于半导体器件 Al 焊盘上的键合（参见 5.3.4 节）。

　　Pt 线是硬的，在冷超声楔形键合过程中，铂线的加工硬化⊖（work-hardening）显著且会损伤劈刀，所以需要通过平行微隙焊（放电）的方式才可更容易地键合（参见 2.7.2 节），这是一种热压键合的方式（不发生熔化）。这种方法通常用于较粗直径的引线键合（例如 100μm）。细引线可用热压或热超声的方式进行球形键合，但需要有相对较高温度的条件，在后一种情况下，应该使用最小的超声能量，以尽量减少铂线键合过程中的加工硬化。Pt 比 Au 硬很多，可能会损坏（形成弹坑）键合焊盘下的半导体，由于这个原因，Pt 线通常与陶瓷上的 Pt 或其他贵金属焊盘进行键合，通常使用较粗线径的引线（例如 100μm）而不是用于集成电路的芯片键合。为达到最佳效果，在超声键合时需要使用高温（约 300℃）进行连接。铂材料的热导率很低，只用于非常特殊的通常是航天产品的应用中。Pt 的价格是 Au 价的两倍多，对大多数系统来说价格是超高的。

　　正如相同贵金属材料键合在一起时是可靠的一样，贵金属材料间的组合键合也可认为是可靠的。例如，Au 带引线在 Pt-Au 厚膜导体上进行平行微隙焊，该键

　　⊖　在该文献中存在关于活化能和扩散系数的差异。James 从多晶银膜层和现实（多晶）引线的键合实验中获得的活化能为 0.6eV。而 Mallard 从 Ag 扩散进入 Au 的实验中获得的活化能为 40kcal/mol（1.75eV），以及从 Au 扩散进入纯 Ag 单晶试样实验中获得的活化能为 48.3kcal/mol（2.1eV）。扩散通常以通过晶界扩散的方式进行扩散，这比通过块体或单晶体扩散的方式快几个数量级，参见第 6 章。因此，本书作者选定 James 的研究工作为与引线键合（比其他研究论文）更加强相关的作品，如 Mallard 的论文。

　　⊖　加工硬化是金属材料在再结晶温度以下塑性变形时，由于晶粒发生滑移，出现位错的缠结，使晶粒拉长、破碎和纤维化，使金属的强度和硬度升高，塑性和韧性降低的现象。——译者注

合在 500℃、1000h 的环境试验内没有展现出电气退化的现象[5-93]。猜测其他贵金属材料的组合键合也可能如此。此外，还假设各种贵金属的键合界面强度随温度和时间的变化将改善，类似于图 5-16 中的 Au-Au 键合界面。

表 5-6 展示了上述讨论的各种冶金键合系统的相对可靠性（此外，参见第 3 章关于 Cu 键合的冶金学讨论）。

表 5-6　引线键合界面的可靠性

界面可靠性	高 ↑	Au – Au Al – Al Au – Ag Al – Ni Au – Al	可靠性经过大批量生产验证确定
	低 ↓	Au – Cu Ag – Au Al – Cu	可靠性由实验室试验确定，或仅适用于低产量生产；可用于商业生产；铜线键合可能会使 Si 基产生弹坑
		Al-Ag 使用时需要非常谨慎小心	

附录 5A　焊接不良的金 - 铝引线键合的快速失效

由 Au-Al 金属间化合物生长和空洞形成引发的键合失效，这在本章前面已经进行了描述。通常认为塑封器件中的这种失效原因是塑料和水汽中的离子杂质（通常是卤素）协同作用的结果。然而，已经观察到无卤素情况下，焊接不良的键合比焊接良好的键合失效的速度要快很多[5-21, 5-49, 5-85, 5-99]。这些正在失效的键合在界面上可能存有不发生反应的杂质。在这种情况下，扩散不可能横向扩散和提高键合强度（就像清洁表面上的一些焊接不良的键合一样），但肯定会垂直扩散进 Au 和 Al 中，并加强了这类键合孤立 - 微焊缝（isolated-microweld）的本质性能。这种失效的键合如图 5A-1 所示[5-99]。

为解释这一问题，有必要去理解早期（不成熟地）键合的形成过程。US 楔形键合和球形键合的初始焊接是由（围绕在键合周边的）孤立微焊缝组成，其中一些例子如第 2 章图 2-10 和图 2-11 所示 Al-Al US 键合和如图 2-12 所示 TS 球形键合的早期阶段。US 键合的初始焊接发生在金属变动（形变）最大的周边附近区域，这种形变将表面氧化物和污染物推移到碎片区，使两个金属界面进行紧密的接触。随着焊缝的成熟，周边的微焊缝生长、连接在一起后向内扩展（如第 2 章图 2-10~图 2-12 所示）。Au 线与 Al 层的热超声球形键合有一些不同，已观察到微焊缝的开始阶段和随机扩展的现象。然而，所有未成熟的焊缝都是由孤立的微焊缝组成⊖，原因可能有键合机配置差（欠键合），或界面中存在某种形式的污染物，阻止了表面之间的紧密接触。

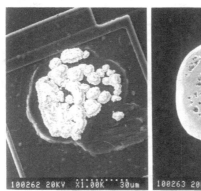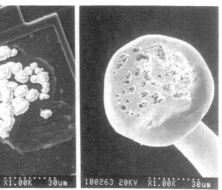

图 5A-1　Au 线与 Al 金属层的球形键合在 300℃下烘烤 1h 后失效的表面微观形貌 SEM 图：假设其中的碳杂质已经抑制了均匀焊接（来自 Clarke[5-99]，©ISHM/IMAPS）

　　Wilson 从微焊缝的维度创建了 Au-Al 扩散结构的二维有限元模型，以解释焊接不良的键合快速失效的原因[5-100]。金属的扩散是以通过缺陷的方式快速进行。表面和晶界导致快速扩散的原因有多种，原因之一是这些位置含有大量缺陷。这些微焊缝内的实际应力和过多的缺陷等级是未知的，因此创建模型时必须进行假设，微焊缝通常体积很小，因此内部不能包含多个晶粒和晶界，为便于建模，假定只有一个晶粒。此外，该模型还假设大多数空位都在微焊缝的表面上，假设焊接的界面中含有原始表面上的空位。Philofsky 获得 Au、Al 和层中生长的五种 Au-Al 金属间化合物的七个扩散系数[5-2, 5-3]。在实际失效键合和简易对焊中（参见图 2-4 和图 2-5）已观察到微焊缝的形状，并已进行了建模。还给出了在 200℃大约 20min 的温度 - 时间浸泡试验中的等效结果。

　　因此，根据该模型，在大多数微焊缝几何结构中的扩散，比在大的、完全焊接偶中的扩散速度快几倍，并且可支撑观察到焊接不良的 Au-Al 失效键合比焊接良好的键合中的扩散更快的现象。如上所述，该模型还解释了界面中有非反应性杂质的键合现象，该界面可限制少量孤立微焊缝的初始焊接。

　　自从该项研究工作发表后，再也没有进行任何实验来直接进行验证。直到发生这种情况，上述方法仍可对某些焊接不良的 Au-Al 键合（可观察到的）快速的失效现象进行一个可能的解释，以及还需要对计算中模型进行细微改良和需要进行深入的试验去验证（或反驳）。

　　⊖　相比牢固的、均匀焊接的键合，孤立的微焊缝为快速扩散和卤素侵蚀提供了更多的表面区域和晶格缺陷。

附录 5B　金 - 铝球形键合的热退化

Naren Noolu[⊖]、　Kevin Ely[⊖]、　John Lippold[⊜]　和 William Baeslack Ⅲ[⊕]

（E-mail: narendra.j.noolu@intel.com）

查阅相关文献 [5-102，5-103] 表明，多孔 kirkendall 空洞形成的原因是 Al 和 Au 横穿键合的互扩散速率不同，这是 Au-Al 球形键合失效被最普遍认可的失效机制。脆性金属间化合物的形成是 Au-Al 球形键合强度退化被广泛认可的机制。本附录对高温的条件下，在 Au-Al 球形键合内部对发生导致键合强度退化和失效的相变研究进行了总结[5-101~5-105]。

图 5B-1 所示为加热退化导致 Au-Al 球形键合失效的各个阶段。

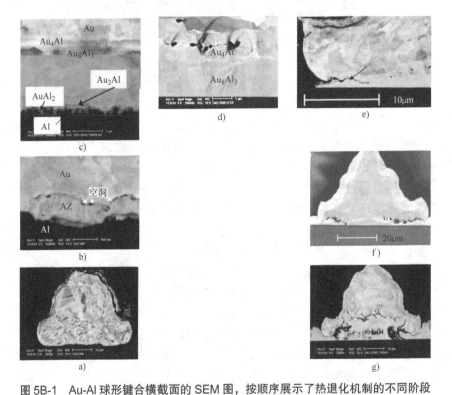

图 5B-1　Au-Al 球形键合横截面的 SEM 图，按顺序展示了热退化机制的不同阶段

a）键合状态下的球形键合　　b）Au 凸点和 Al 焊盘之间界面的高倍图像，展示了键合状态下界面的各个区域

c）在 250℃加热 15min 时，横穿键合两端的 Au-Al 相生长　d）在 250℃加热 30min 时，球形键合内的
Au_8Al_3 向 Au_4Al 发生逆相变的中间阶段　e）在 250℃加热 2h 时，球形键合的边缘开始产生裂纹

f）在加热到 150h 时，球形键合的裂纹持续扩展　g）在加热到 1000h 时，裂纹深入扩展，空洞生长

　⊖　高级封装工程师，Intel 公司，Chandler, AZ 85224。

　⊜　经理，Edison 焊接研究所，Columbus, OH 43221。

　⊜　教授，Edision 连接技术中心，Columbus, OH 43221。

　⊕　俄亥俄州立大学工程学院院长，Columbus, OH 43221。

阶段 1：键合状态的界面通常包含 Au 凸点和带空隙线（void line）的 Al 焊盘间形成的合金区域（AZ），这些区域如图 5B-1a 和 b 所示。空隙线形成的可能原因是该区域未形成键合和在 Au 凸点和 Al 焊盘之间夹留有杂质。空隙线的形成原因不太可能是 Kirkendall 空洞的多孔性质，因为这条空隙线是在键合机加热台上 3s 内形成的键合中发现的（通常键合机加热台上的一个芯片，需要几分钟才能完成所有芯片 Al 焊盘的键合）。

阶段 2：在加热过程中，可明显观察到 **Au-Al 相的生长**，图 5B-1c 展示了在 250℃加热 15min 时 Au-Al 球形键合中形成的五种 Au-Al 相。只要 Au 凸点下方的 Al 或 Al 合金是可用的，这些金属间相就会持续生长，并且这种增长会伴随着体积的变化。基于某一理论模型，该模型对随着相间界面处的互扩散反应的发生，Au-Al 相的生长和收缩现象进行了解释，并发现计算出的每种相变有关的体积变化列于表 5B-1。从表 5B-1 中可以看出，该理论模型预测出随着 Au_8Al_3、Au_2Al、$AuAl$ 金属间化合物的生长，体积会收缩，但由于 Au_4Al 生长导致的体积变化可忽略不计，而 $AuAl_2$ 生长引起体积膨胀。图 5B-1c 表明 Au_8Al_3 和 Au_2Al 是 Au 凸点与 Al 焊盘之间占主导地位的金属间相。以上表明横穿球形键合 Au-Al 相的生长会导致体积收缩。

阶段 3：一旦 Au 凸点下方的 Al/Al 合金被消耗完毕，横穿键合的 Au-Al 相就开始发生**逆相变**（reverse transformation）的现象。紧邻 Ti 扩散阻挡层的金属间相首先发生逆相变。根据 Au-Al 相图，在逆相变的过程中，含铝最高的金属间化合物被消耗，从而引起含 Al 第二高的富 Al 相生长。所有 Au-Al 相的逆相变反应最后都导致横穿整个反应区的 Au_4Al 生长。根据理论模型和表 5B-2 中计算出的与逆相变相关的体积变化，很明显，所有的逆相变都会导致体积收缩。

表 5B-1　计算得出的与横穿 Au-Al 球形键合相生长有关的体积变化表：横向上不存在 Au-Au_4Al 的界面，因此也不存在互扩散反应

相界面	相间边界处的部分反应	生成相	体积变化（%）
Au-Au_4Al	$5Au \Rightarrow Au_4Al+Au（Au_4Al）$	Au_4Al	+19.1
Au_4Al-Au_8Al_3	$4Au（Au_4Al）+Au_8Al_3 \Rightarrow 3Au_4Al$	Au_4Al	+0.25
	$3Au_4Al \Rightarrow Au_8Al_3+4Au（Au_8Al_3）$	Au_8Al_3	−27.15
Au_8Al_3-Au_2Al	$2Au（Au_8Al_3）+3Au_2Al \Rightarrow Au_8Al_3$	Au_8Al_3	+1.04
	$Au_8Al_3 \Rightarrow 3Au_2Al+2Au（Au_2Al）$	Au_2Al	−19.49
Au_2Al-$AuAl$	$Au（Au_2Al）+AuAl \Rightarrow Au_2Al$	Au_2Al	−3.79
	$Au_2Al \Rightarrow AuAl+Au（AuAl）$	$AuAl$	−30.45
$AuAl$-$AuAl_2$	$Au（AuAl）+AuAl_2 \Rightarrow 2AuAl$	$AuAl$	−18.1
	$2AuAl \Rightarrow AuAl_2+Au（Al）$	$AuAl_2$	−2.8
$AuAl_2$-Al	$Au（Al）+2Al \Rightarrow AuAl_2$	$AuAl_2$	+30.4
	$AuAl_2 \Rightarrow 2Al+Au（Al）$	Al	−23.9

阶段 4：空隙线上的**空洞生长**只有在加热的初始时期用高分辨率的 SEM 成像中才能清楚地显现。类似于发生在横穿球形键合上的相变过程，Au-Al 相的生长和逆相变也发生在球形键合的横向位置。这些横向的相变发生在横穿球形键合形成的 Au-Al 相和键合焊盘上的 Al/Al 合金之间，但都发生在球形键合的周围。某理论模型预测，横向相变也会导致体积收缩，从而导致球形键合/空隙线边缘处空洞中的应力集中。在由横穿球形键合和横向球形键合相变导致的应力集中以及加热的辅助下，这些空洞通过蠕变机制进行生长。

阶段 5：由于沿空隙线空腔的充分生长和聚集，Au-Al 球形键合发生裂纹扩展和失效。由于在球形键合边缘裂纹尖端的应力集中，在球形键合/空隙线边缘处空洞扩展的初始速度较高。随着空洞的聚集，裂纹尖端向键合内扩展，因此应力集中最终将导致球形键合的失效。

表 5B-2　与横穿 Au-Al 球形键合的逆相变有关的体积变化表：横向上不存在 Au-Au₄Al 界面，因此也不存在互扩散反应

相界面	相间边界处的部分反应	生成相	体积变化（%）
AuAl-AuAl₂	Au（AuAl）+AuAl₂ ⇒ 2AuAl	AuAl	−18.1
Au₂Al-AuAl	Au（Au₂Al）+AuAl ⇒ Au₂Al	Au₂Al	−3.79
Au₈Al₃-Au₂Al	2Au（Au₈Al₃）+3Au₂Al ⇒ Au₈Al₃	Au₈Al₃	−1.07
Au₄Al-Au₈Al₃	3Au₄Al ⇒ Au₈Al₃+4Au（Au₈Al₃）	Au₈Al₃	−27.15
Au-Au₄Al	Au₄Al ⇒ 4Au+Al（Au）	AuAl	−0.8

制造效果 & 使用情况

在电子封装的制造过程中以及后续产品工作的过程中，球形键合处于高温的环境中，在引线键合后，对封装体进行模塑成形和固化，然后进行表面贴装。模塑温度一般在 175℃左右，固化温度在 175℃并需要持续多个小时。焊球贴装（ball attach）和表面贴装的峰值温度可高达 250℃，温度取决于钎焊合金的焊料，升温和冷却的时间通常在 10min 以上。Au-Al 相的增长通常发生在封装的制造过程中，但逆相变通常发生在封装产品的工作期间内。根据 175℃和 250℃的实验观察，蠕变空洞仅在完成可逆相变后才有明显的增长。因此，完成可逆相变的时间显得非常重要。

下面针对凸点下方 Al/Al 合金完全消耗所需的时间，即可逆相变的开始时间进行了概述。假设 Au₈Al₃ 是横穿球形键合形成的主要相，使用如下公式对在球凸点下方消耗 Al 所需的时间进行估算：

$$t_1 = \frac{(3.62 X_{Al})^2}{K_{RZ-A}}$$

式中，t_1 是球凸点下方 Al 完全消耗所需的时间，或开始可逆相变所需的时间；X_{Al} 是球凸点下方 Al 的厚度；K_{RZ-A} 是横穿球形键合反应区的速度常数 $=3.20 \times 10^{-7}$

$\exp(-17954/RT)\, m^2/s$，$R=1.98Kcal/mol$

图 5B-2 所示为在不同温度下，凸点下方金属层完全消耗的趋势。应该注意的是，这些关系假设合金区仅由（横穿球形键合 Au-Al 相生长过程中的）Au_8Al_3 组成，并且仅为一种常规的趋势。如果将所有金属间化合物都包含在内，则时间可能不同，通常会更长。

加热 250℃时不同时间下球形键合的 SEM 图参见图 5B-1，该图被用来描述整个键合强度退化的过程。然而，应该注意的是，在 250℃时的互扩散反应速率远高于封装产品通常工作时的反应速率。

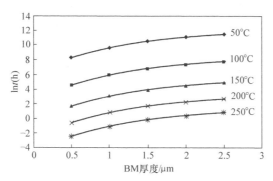

图 5B-2　在不同金属层厚度和温度的条件下，球下方的金属层被完全消耗所需的时间；注意，一些其他数据显示增长的速度较慢，但这是在不同环境或掺杂的条件下测量得到的

附录 5C　键合相关的腐蚀反应

1. 卤素 -Al 腐蚀反应

下面给出了 Paulson[5-29] 和 Iannuzzi[5-106] 得出的关于铝金属层的常规氯腐蚀公式及其解释 [氯（Cl）[5-43] 和溴（Br）[5-33] 已有类似公式]。假设封装中存在 ≥ 10 000ppm 范围的水汽 [5-34]。

腐蚀机制为：在水合氧化物上的表面位置处，在电场的作用下（与 OH^- 或 H_2O 分子竞争的)Cl^- 被吸附在氧化物 - 溶液界面上（电场产生的原因为在氧化物 - 溶液界面处的两个带电层和 / 或键合的电偶）。然后在水合氧化物表面上与氧化铝阳离子反应形成羟基氯化铝盐：

$$Al(OH)_3 + Cl^- \rightarrow Al(OH)_2 Cl + OH^- \qquad (5C-1)$$

一旦表面的氧化物溶解，下方的 Al 底层就会通过以下化学式与 Cl^- 反应：

$$Al + 4Cl^- \rightarrow Al(Cl)_4^- + 3e^- \qquad (5C-2)$$

然后，$Al(Cl)_4$ 将与水进行以下反应：

$$2AlCl_4^- + 6H_2O \rightarrow 2Al(OH)_3 + 6H + 8Cl^- \qquad (5C-3)$$

该过程会释放出 Cl⁻ 离子，可通过化学式（5C-1）和化学式（5C-2），供后续的腐蚀过程继续进行。此外，Al 层上的金球键合产生了一对电偶，该电偶可作为促进 Al 氧化反应的驱动力而加速腐蚀。由于键合的金可作为电极与 Cl₂ 发生还原反应，所以在 Au 键合附近区域的氯离子浓度较高（相对于整个表面）。虽然一般不把键合焊盘的腐蚀（在键合外）认作为键合失效，但键合电阻确实会增加，并且该器件会变得无法运行（类似于由 Kirkendall 空洞导致的失效现象）。然而，由卤素引发的许多实际键合失效都归因于上述类似的腐蚀机制，但都是在 Au-Al 金属间化合物中，与键合下方的 Al 发生反应。因为电偶腐蚀反应，键合处的自由基 Cl⁻ 浓度最高，所以在远离键合处的焊盘位置通常是没有腐蚀的。

针对含 Br 的环氧树脂在高温下使键合强度退化的现象，Khan[5-33] 使用化学式（5C-3）的反应产物提出了一种可能的反应。下面从化学式（5C-4）~ 化学式（5C-7）中给出了一种不同提议的腐蚀机制。可能的（不平衡的）反应包括树脂在高温下的分解产物 CH₃Br 或 HBr 释放出 Br。

$$HBrCH_3Br \rightarrow CH_3^+ + Br^-$$ （5C-4）

和

$$4HBr + 2O \rightarrow 4Br^- + 2H_2O$$ （5C-5）

Br⁻ 将会与 Au₄Al 中的 Al 反应形成 AlBr₃ 和 Au。一旦 Al 以 AlBr₃ 的形式从腐蚀电池中提取出来，则很容易被氧化。这种氧化反应将作为促进反应的驱动力，直到 Au₄Al 金属间相被消耗结束，如下反应式所示：

$$Au_4Al + 3Br^- \rightarrow 4Au + AlBr_3$$ （5C-6）

$$2AlBr_3 + 3O \rightarrow Al_2O_3 + 6Br^-$$ （5C-7）

注意化学式（5C-7）的反应产物为氧化铝，然而常规的卤素腐蚀化学式（5C-3）的反应产物则为氢氧化物。随着自催化反应的进行，Br⁻ 被释放并重新开始腐蚀。这些提议的反应非常接近于参考文献 [5-30, 5-31] 中对发现层状结构的解释。这些反应式是基于 Au₄Al 的，除富金偶中的最终反应产物外，反应的发生率很低，参见图 5-1 和图 5-3。因此，发生这种腐蚀情况的概率可能很低。所有这些反应最重要的结果是电离的卤素在最后被释放出来。因此，完全腐蚀键合焊盘或键合界面仅需要少量的卤素。

2. S-Cu-Cl 腐蚀反应

用于球形键合和引线框架的 Cu 很容易被硫和硫化合物腐蚀或污染变色。表 5C-1 给出了一些化学反应，包括由 Cl 和 NO₂ 引入的协同腐蚀反应[5-107]。这些是在大气中的简单反应，并非由电偶驱动，就像在 Cu-Al 键合处发生的反应一样。Memis 对硫腐蚀铜并导致电子封装的失效进行了讨论[5-108]。S 及其气态化合物很容易穿透聚硅氧烷材料，但幸运的是，一些环氧密封的方式可作为一种有效的阻挡方式，可防止硫及其气态化合物进入封装中。然而，Al-Cu 或 Au-Cu 键合的研究还应该包括如表 5C-1 中的大气环境，以确立键合免受这些无所不在的化学物质腐蚀的重要性（或缺少它）。

表 5C-1　变色铜膜层上的化学特性 [5-107] ①

环境	近似的成分比例（%）		
	Cu_2O	CuO	Cu_2S
H_2S-O-H_2O	7~10	4~5	80~85
$H_2S-SO_2-O_2-H_2O$ ②	40~50	10~15	30~35
$H_2S-NO_2-O_2-H_2O$	15~20	7~10	70~75
$H_2S-Cl_2-O_2-H_2O$	40~50	35~40	15~20
$H_2S-SO_2-NO_2-O_2-H_2O$	55~60	30~35	10~20
$H_2S-SO_2-NO_2-Cl_2-O_2-H_2O$	50~55	30~40	15~20

① 该文献指出，含硫元素的水汽有高的反应发生率，也将会腐蚀铜。
② 200ppb 含量的 SO_2

参考文献

5-1　Philofsky, E., "Intermetallic Formation in Gold-Aluminum Systems," *Solid State Electronics*, Vol. 13, 1970, pp. 1391–1399.

5-2　Philofsky, E., "Design Limits When Using Gold-Aluminum Bonds," *Proc. IEEE Reliability Physics Symp.*, Las Vegas, Nevada, April 1971, pp. 11–16.

5-3　Philofsky, E., "Purple Plague Revisited," Proc. *IEEE Reliability Physics Symp.*, Las Vegas, Nevada, April 1970, pp. 177–185.

5-4　Ramsey, T. H. and Alfaro, C., "The Effect of Ultrasonic Frequency on Intermetallic Reactivity of Au-Al Bonds," *Solid State Technology*, Vol. 34, Dec. 1991, pp. 37–38.

5-5　Hansen, M., *The Constitution of Binary Phase Diagrams*, 2d ed., McGraw-Hill, New York, 1958.

5-6　Koeninger, V., Uchida, H. H., and Fromm, E., "Degradation of Gold-Aluminum Ball Bonds by Aging and Contamination," *IEEE Trans on Components, Packaging, and Manufacturing Tech. Part A*, Vol. 18, Dec. 1995, pp. 835–841.

5-7　Dunn, C. F. and McPherson, J. W, "Temperature-Cycling Acceleration Factors for Aluminum Metallization Failure in VLSI Applications," *Proc. IEEE IRPS*, New Orleans, Louisiana, 1990, pp. 252–255.

5-8　Gerling, W., ""Electrical and Physical Characterization of Gold-Ball Bonds on Aluminum Layers,"" *IEEE ECC*, New Orleans, Louisiana, May 14–16, 1984, pp. 13–20.

5-9　Weaver, C. and Brown, L. C., "Diffusion in Evaporated Films of Gold-Aluminum," *Phil. Mag.*, Vol. 7, 1961, pp. 1–16.

5-10 Kashiwabara, M. and Hattori, S., "Formation of Al-Au Intermetallic Compounds and Resistance Increase for Ultrasonic Al Wire Bonding," *Rev. of the Elect. Communication Lab.* (NTT), Vol. 17, Sept. 1969, pp. 1001–1013.

5-11 Onishi, M. and Fukumoto, K., "Diffusion Formation of Intermetallic Compounds in Au-Al Couples by Use of Evaporated Al Films," *Jap. J. Met. Soc.*, 1974, pp. 38–46.

5-12 Chen, G. K. C., "On the Physics of Purple-Plague Formation, and the Observation of Purple Plague in Ultrasonically-Joined Gold-Aluminum Bonds," *IEEE Trans. on PMP*, Vol. 3, 1967, pp. 149–155.

5-13 Anderson, J. H. and Cox, W. P., "Failure Modes in Gold-Aluminum Thermocompression Bonds," *IEEE Trans. Reliability*, Vol. 18, 1969, pp. 206–211.

5-14 Charles, H. K. Jr. and Clatterbaugh, G. V., "Ball Bond Shearing-A Complement to the Wire Bond Pull Test," *Intl. J. Hybrid Micro.*, Vol. 6, 1983, pp. 171–186.

5-15 Maiocco, L., Smyers, D., Munroe, P. R., and Baker, I., "Correlation between Electrical Resistance and Microstructure in Gold Wirebonds on Aluminum Films," *IEEE Trans. on CHMT*, Vol. 13, Sept. 1990, pp. 592–595.

5-16 Murcko, R. M., Susko, R. A., and Lauffer, J. M., "Resistance Drift in Aluminum to Gold Ultrasonic Wire Bonds," *IEEE Trans. on CHMT*, Vol. 14, Dec. 1991, pp. 843–847.

5-17 Majni, G. and Ottaviani, G., "AuAl Compound Formation by Thin Film Interactions," *J. Crystal Growth*, Vol. 47, 1979, pp. 583–588. Also see, *J. Appl. Phys.*, Vol. 52, June 1981, pp. 4047–4052.

5-18 White, M. L., Serpiello, J. W., Stringy, K. M., and Rosenzweig, W., "The Use of Silicone RTV Rubber for Alpha Particle Protection on Silicon Integrated Circuits," *Proc. 19th IRPS*, Orlando, Florida, April 79, 1981, pp. 43–47.

5-19 Shih, D. Y. and Ficalora, P. J., "The Reduction of Au-Al Intermetallic Formation and Electromigration in Hydrogen Environments," *16th Proc. IEEE IRPS*, San Diego, California, 1978, pp. 268–272.

5-20 Horowitz, S. J., Felton, J. J., Gerry, D. J., Larry, J. R., and Rosenberg, R. M., "Recent Developments in Gold Conductor Bonding Performance and Failure Mechanisms," *Solid State Technology*, Vol. 22, March 1979, pp. 37–44.

5-21 Hund, T. D. and Plunkett, P. V., "Improving Thermosonic Gold Ball Bond Reliability," *IEEE Trans. on CHMT*, Vol. 8, 1985, pp. 446–456.

5-22 Goldstein, J. L. F., Tuckerman, D. B., Kim, P. C., and Fernandez, A., "A Novel Flip-Chip Process," *1995 Proc. SMI*, San Jose, California, Aug. 2931, 1995, pp. 59–71.

5-23 Larson, E. N. and Brock, M. J., "Development of a Single Point Gold Bump Process for TAB Applications," *Proc. of 1993 Intl. Conf. on Multichip Modules*, Denver, Colorado, April 14–16, 1993, pp. 391–397.

5-24 Nowicki, R. S., "Improving Metallization Reliability at the Component Level," *Proc. 1992 Intl. Symp. on Microeletronics (ISHM)*, San Francisco, California, Oct. 1921, 1992, pp. 731–736.

5-25 Tung, C-H., Kuo, Y-S., and Ghang, S-M., "Tape Automated Bonding Inner Lead Bonded Devices (TAB/ILB) Failure Analysis," *IEEE Trans. on CHMT*, Vol. 16, May 1993, pp. 304–310.

5-26 Tjhia, E. and Nguyen, T., "Bump Metallurgies for Tape Automated Bonding (TAB) in Ceramic Packages," *Proc. 1992 Intl. Symp. on Microeletronics (ISHM)*, San Francisco, California, Oct. 1921, 1992, pp. 421–426.

5-27 Ueno, H., "Reliable Au Wire Bonding to Al/Ti/A1 Pad," *Jap. J. Appl. Phys.*, Vol. 32, 1993, pp. 2157–2161.

5-28 Horsting, C. W., "Purple Plague and Gold Purity," *10th Annual Proc. IEEE Reliability Physics Symp.*, Las Vegas, Nevada, 1972, pp. 155–158.

5-29 Paulson, W. M. and Lorigan, R. P., "The Effect of Impurities on the Corrosion of Aluminum Metallization," *Proc. IEEE IRPS*, Las Vegas, Nevada, April 2022, 1976, pp. 42–47.

5-30 Thomas, R. E., Winchell, V., James, K., and Scharr, T., "Plastic Outgassing Induced Wire Bond Failure," *27th Proc. IEEE Electronics Components Conf.*, Arlington, Virginia, May 1618, 1977, pp. 182–187.

5-31 Richie, R. J. and Andrews, D. M., "CF4/02 Plasma Accelerated Aluminum Metallization Corrosion in Plastic Encapsulated ICs in the Presence of Contaminated Die Attach Epoxies," *19th IEEE IRPS*, Orlando, Florida, April 7–9, 1981, pp. 88–92.

5-32 Gale, R. J., "Epoxy Degradation Induced Au-Al Intermetallic Void Formation in Plastic Encapsulated MOS Memories," *22nd IEEE IRPS*, Las Vegas, Nevada, April 3–5, 1984, pp. 37–47.

5-33 Khan, M. M. and Fatemi, H., "Gold-Aluminum Bond Failure Induced by Halogenated Additives in Epoxy Molding Compounds," *Proc. 1986 Intl. Symp. on Microelectronics (ISHM)*, Atlanta, Georgia, Oct. 6–8, 1986, pp. 420–427.

5-34 Klein, H. P., "Dry Corrosion in Gold-Aluminum Ball Bonds," *Proc. 5th Intl. Conf. on Quality in Electronic Components*, Bordeaux, France, Oct. 7–10, 1991, pp. 889–897.

5-35 Gallo, A. A., "Effect of Mold Compound Components on Moisture-Induced Degradation of Gold-Aluminum Bonds in Epoxy Encapsulated Devices," *Proc. 1990 IEEE IRPS*, 1990, pp. 244–251.

5-36 Ritz, K. N., Stacy, W. T., and Broadbent, E. K., "The Microstructure of Ball Bond Corrosion Failures," *25th Annual Proc. IEEE Reliability Physics Symp.*, April 1987, San Diego, California, pp. 28–33.

5-37 Lum, R. M. and Feinstein, L. G., "Investigation of the Molecular Processes Controlling Corrosion Failure Mechanisms in Plastic Encapsulated Semiconductor Devices," *30th Proc. ECC*, San Francisco, California, April 28–30, 1980, pp. 113–120.

5-38 Nesheim, J. K., "The Effects of Ionic and Organic Contamination on Wirebond Reliability," *Proc. 1984 Intl. Symp. on Microelectronics (ISHM)*, Dallas, Texas, Sept. 17–19,1984, pp. 70–78.

5-39 Pavio, J., Jung, R., Doering, C., Roebuck, R., and Franzone, M., "Working Around the Fluorine Factor in Wire Bond Reliability," *Proc. 1984 Intl. Symp. on Microelectronics (ISHM)*, Dallas, Texas, Sept. 17-19, 1984, pp. 428–432.

5-40 Lee, W-Y, Eldridge, J. M., and Schwartz, G. C., "Reactive Ion Etching Induced Corrosion of Al and Al-Cu Films," *J. Appl. Phys.*, Vol. 52, April 1981, pp. 2994–2999.

5-41 Graves, J. F. and Gurany, W., "Reliability Effects of Fluorine Contamination of Aluminum Bonding Pads on Semiconductor Chips," *32nd Proc. ECC*, San Diego, California, May 10–12, 1982, pp. 266–267.

5-42 Forrest, N. H., "Reliability Aspects of Minute Amounts of Chlorine on Wire Bonds Exposed to Pre-Seal Burn-In," *Intl. J. Hybrid Microelectronics*, Vol. 5, Nov. 1982, pp. 549–551. (Note: Figures omitted from paper-contact its author.)

5-43 Gustafsson, K. and Lindborg, U., "Chlorine Content in and Life of Plastic Encapsulated Micro-Circuits," *37th Proc. ECC*, Boston, Massachusetts, May 11–13, 1987, pp. 491–499.

5-44 Blish, R. C. II and Parobek, L., "Wire Bond Integrity Test Chip," *21st Proc. IEEE IRPS*, Phoenix, Arizona, April 5–7, 1983, pp. 142–147.

5-45 Ahmad, S., Blish, R. C. II, Corbett, T., King, J., and Shirley, G., "Effect of Bromine Concentration in Molding Compounds on Gold Ball Bonds to Aluminum Bonding Pads," *IEEE Trans. on CHMT*, Vol. 9, 1986, pp. 379–385.

5-46 Koeninger, V., Uchida, H. H., and Fromm, E., "Degradation of Gold-Aluminum Ball Bonds by Aging and Contamination," *IEEE Trans on CHMT, Part A*, Vol. 18, Dec. 1995, pp. 835–841.

5-47 Kern, W., "Radiochemical Study of Semiconductor Surface Contamination, I. Adsorption of Reagent Components," *RCA Review*, June 1970, pp. 224–228.

5-48 Charles, H. K. Jr., Romenesko, B. M., Wagner, G. D., Benson, R. C., and Uy, 0. M., "The Influence of Contamination on Aluminum-Gold Intermetallics," *20th Proc. IRPS*, San Diego, California, March 30–31, 1982, pp. 128–139.

5-49 Khan, M. M., Tarter, T. S., and Fatemi, H., "Aluminum Bond Pad Contamination by Thermal Outgassing of Organic Material from Silver-Filled Epoxy Adhesives," *IEEE Trans. on CHMT*, Vol. 10, 1987, pp. 586–592.

5-50 Plunkett, P. V. and Dalporto, J. F, "Low Temperature Void Formation in Gold-Aluminum Contacts," *32nd Proc. ECC*, San Diego, California, CHMT, May 10–12, 1982, pp. 421–427.

5-51 Sutiono S., Breach C.D., Calpito D., Stephan D., Wulff F., Saraswati P., Seah A., and Chew S., "Intermetallic Growth Behaviour of Gold Ball Bonds Encapsulated with Green Molding Compounds," *IEEE EPTC*, Singapore, Dec. 2005, pp. 584–589.

5-52 Chew, S., Seah, A., Kumar, S., Lin, J., Chin, S., and Soriano, A., "Evaluation of Irregular Inter-Metallic Compound Growth in Gold Wire Bonds Encapsulated with Reliable, Green Epoxy Mold Compound," *Proc. IMAPS, San Jose, California, Nov 11–15, 2007, pp. 624–629*.

5-53 Kurtz, J., Cousens, D., and Dufour, M., "Copper Wire Ball Bonding," *34th Proc. ECC*, New Orleans, Louisiana, May 14–16, 1984, pp. 1–5.

5-54 Hirota, J., Machida, K., Okuda, T., Shimotomai, M., and Kawanaka, R., "The Development of Copper Wire Bonding for Plastic Molded Semiconductor Packages," *35th Proc. IEEE ECC*, Washington, D.C., May 20–22, 1985, pp. 116–121.

5-55 Atsumi, K., Ando, T., Kobayashi, M., and Usuda, O., "Ball Bonding Technique for Copper Wire," *36th Proc. ECC*, Seattle, Washington, May 5–7, 1986, pp. 312–317.

5-56 Levine, L. and Shaeffer, M., "Copper Ball Bonding," *Semiconductor International*, Aug. 1986, pp. 126–129.

5-57 Onuki, J., Koizumi, M., and Araki, I., "Investigation on the Reliability of Copper Ball Bonds to Aluminum Electrodes," *IEEE Trans. on CHMT*, Vol. 10, 1987, pp. 550–555.

5-58 Riches, S. T. and Stockham, N. R., "Ultrasonic Ball/Wedge Bonding of Fine Cu Wire," *Proc. 6th European Microelect. Conf. (ISHM)*, Bournemouth, England, June 3–5, 1987, pp. 27–33.

5-59 Khoury, S. L., Burkhard, D. J., Galloway, D. P., and Scharr, T. A., "A Comparison of Copper and Gold Wire Bonding on Integrated Circuit Devices," *IEEE Trans. on CHMT*, Vol. 13, No. 4, Dec. 1990, pp. 673–681.

5-60 Nguyen, L. T., McDonald, D., and Danker, A. R., "Optimization of Copper Wire Bonding on Al-Cu Metallization," *IEEE Trans. on CPMT, Part A*, Vol. 18, June 1995, pp. 423–429.

5-61 Olsen, D. R. and James, K. L., "Evaluation of the Potential Reliability Effects of Ambient Atmosphere on Aluminum-Copper Bonding in Semiconductor Products," *IEEE Trans. on CHMT*, Vol. 7, 1984, pp. 357–362.

5-62 Johnston, C. N., Susko, R. A., Siciliano, J. V., and Murcko, R. J., "Temperature Dependent Wear-Out Mechanism for Aluminum/Copper Wire Bonds," *Proc. Intl. Microelectronics Conf.*, Orlando, Florida, Oct. 23–24, 1991, pp. 292–296.

5-63 Totta, P., "Thin Films: Interdiffusion and Reactions," *J. Vac. Sci. Technology*, Vol. 14, No. 26, 1977. Also see Zahavi, J., Rotel, M., Huang, H. C. W., and Totta, P. A., "Corrosion Behavior of AL-CU Alloy Thin Films in Microelectronics," *Proc. of the Intl. Congress on Metallic Corrosion*, Toronto, Canada, June 3–7, 1984, pp. 311–316.

5-64 Srikanth, N., Murali, S., Wong, Y. M., and Vath III, C. J., "Critical Study of Thermosonic Copper Ball Bonding," *Thin Solid Films*, Vol. 462–463, 2004, pp. 339–345.

5-65 Wulff, F. W., Breach, C. D., Stephan, D., Saraswati and Dittmer, K.J., "Characterisation of Intermetallic Growth in Copper and Gold Ball Bonds on Aluminum Metallisation," *6th EPTC*, Singapore, Dec. 2004.

5-66 Weston, D., Wilson, S. R., and Kottke, M., "Microcorrosion of Al-Cu and Al-Cu-Si Alloys of the Metallization with Subsequent Aqueous Photolithographic Processing," *J. Vac. Soc.*, Vol. A8, May/June 1990, pp. 2025–2032.

5-67 Thomas, S., and Berg, H. M., "Micro-Corrosion of Al-Cu Bonding Pads," *23rd Proc. IRPS*, Orlando, Florida, March 26-28, 1985, pp. 153–158.

5-68 Pignataro, S., Torrisi, A., and Puglisi, O., "Influence of Surface Chemical Composition on the Reliability of Al/Cu Bond in Electronic Devices," *Applied Surface Science*, Vol. 25, 1986, pp. 127–136.

5-69 Pinnel, M. R. and Bennett, J. E., "Mass Diffusion in Polycrystalline Copper/Electroplated Gold Planar Couples," *Met. Trans.*, Vol. 3, July 1972, pp. 1989–1997.

5-70 Feinstein, L. G. and Bindell, J. B., "The Failure of Aged Cu-Au Thin Films by Kirkendall Porosity," *Thin Solid Films*, Vol. 62, 1979, pp. 37–47.

5-71 Feinstein, L. G. and Pagano, R. J., "Degradation of Thermocompression Bonds to Ti-Cu-Au and Ti-Cu by Thermal Aging," *Proc. ECC*, Cherry Hill, New Jersey, May 14-16, 1979, pp. 346–354.

5-72 Hall, P. M., Panousis, N. T., and Menzel, P. R., "Strength of Gold-Plated Copper Leads on Thin Film Circuits Under Accelerated Aging," *IEEE Trans. on Parts, Hybrids, and Packaging*, Vol. 11, No. 3, Sept. 1975, pp. 202–205.

5-73 Pitt, V. A. and Needes, C. R. S., "Thermosonic Gold Wire Bonding to Copper Conductors," *IEEE Trans. CHMT*, Vol. 5, No. 4, Dec. 1982, pp. 435–440.

5-74 Lang, B. and Pinamaneni, S., "Thermosonic Gold-Wire Bonding to Precious-MetalFree Copper Leadframes," *38th Proc. IEEE Electronic Components Conf.*, Los Angeles, California, May 9–11, 1988, pp. 546–551.

5-75 Fister, J., Breedis, J., and Winter, J., "Gold Leadwire Bonding of Unplated C194," *20th Proc. IEEE Electronic Components Conf.*, San Diego, California, March 30–31, 1982, pp. 249–253.

5-76 Abbott, D. C., Brook, R. M., McLellan, N., and Wiley, J. S., "Palladium as a Lead Finish for Surface Mount Integrated Circuits," *IEEE Trans. CHMT*, Vol. 14, Sept. 1991, pp. 567–572. Also, see *IEEE ECTC*, 1995 (Abbott and Romm), pp. 1068–1072.

5-77 Hall, P. M. and Morabito, J. M., "Diffusion Problems in Microelectronics Packaging," *Thin Solid Films*, Vol. 53, 1978, pp. 175–182.

5-78 Finley, D. W., Ray, U., Artaki, I, Vianco, P., Shaw, S., Reyes, A., and Haq, M., "Assessment of Nickel-Palladium Finished Components for Surface Mount Assembly Applications," *Proc. 1995 SMI Technical Program*, San Jose, California, Aug. 29–31, 1995, pp. 941–953.

5-79 Thiede, H. P., "Bonding Wire Today," *2nd Ann. International Electronics Packaging Conf. IEPS*, Nov. 15–17,1982, San Diego, California, pp. 686–705.

5-80 Bischoff, A. and Aldinger, F., "Reliability Criteria of New Low-Cost Materials for Bonding Wires and Substrates," *34th Proc. IEEE Electronic Components Conf.*, New Orleans, Louisiana, May 14-16, 1984, pp. 411–417.

5-81 Stemple, D. K. and Olsen, D. R., "Kinetics of Palladium-Aluminum Intermetallic Formation," *1983 ISHM Interconnect Conf.*, Session 2, Paper 2, Welches, Oregon, July 27–28, 1983.

5-82 Kyocera Intl. KCILLIUM, *A Report on Properties and Test Results*, Sept. 5, 1980.

5-83 James, K., "Reliability Study of Wire Bonds to Silver Plated Surfaces," *IEEE Trans. on Parts, Hybrids and Packaging*, Vol. 13, 1977, pp. 419–425.

5-84 Kawanobe, T., Miyamoto, K., Seino, M., and Shoji, S., "Bondability of Silver Plating on IC Leadframe," *35th Proc. ECC*, Washington, D.C., May 20–22, 1985, pp. 314–318.

5-85 Baker, J. D., Nation, B. J., Achari, A., and Waite, G. C., "On the Adhesion of Palladium Silver Conductors under Heavy Aluminum Wire Bonds," *Intl. J. for Hybrid Microelectronics*, Vol. 4, 1981, pp. 155–160.

5-86 Kamijo, A. and Igarashi, H., "Silver Wire Ball Bonding and Its Ball/Pad Interface Characteristics," *35th Proc. IEEE Electronic Components Conf*, Washington, D.C., May 20–22, 1985, pp. 91–97.

5-87 Jellison, J. L., "Susceptibility of Microwelds in Hybrid Microcircuits to Corrosion Degradation," *13th Annual Proc. IEEE Reliability Physics Symp.*, Las Vegas, Nevada, April 1975, pp. 70–79.

5-88 Kahkonen, H. and Syrjanen, E., "Kirkendall Effect and Diffusion in the Aluminum Silver System," *J. Matls. Sci. Lett.*, Vol. 5, 1970, p. 710.

5-89 Hermansky, V., "Degradation of Thin Film Silver-Aluminum Contacts," *Fifth Czech. Conf. on Electronics and Physics, Czechoslovakia*, Oct. 16–19, 1972, pp. II. C–11.

5-90 Shukla, R. and Singh-Deo, J., "Reliability Hazards of Silver-Aluminum Substrate Bonds in MOS Devices," *20th Annual Proc. IEEE IRPS*, San Diego, California, March 30 to April 1, 1982, pp. 122–127.

5-91 Nazarova, N. K., Zakharova, S. E., Kharitonov, E. V., and Shetlmakh, S. V., "Degradation in Ag-Al Microcontacts on Prolonged Heating," *Microelectronika*, Vol. 16, July-August, 1987, pp. 320–325.

5-92 Palmer, D. W. and Ganyard, F. P., "Aluminum Wire to Thick Film Connections for High Temperature Operations," *IEEE Trans on. Components, Hybrids, and Manufacturing Technology*, Vol. 1, Sept. 1978, pp. 219–222.

5-93 Palmer, D. W., "Hybrid Microcircuitry for 300 C Operation," *IEEE Trans. on Parts, Hybrid and Packaging*, Vol. 13, Sept. 1977, pp. 252–257.

5-94 Benoit, J., Chen, S., Grzybowski, R., Lin, S., Jain, R., and McCluskey, P., "Wire Bond Metallurgy for High Temperature Electronics", Proc *4th IEEE Int'l High Temperature Electronics Conference*, Albuquerque, NM, June 14–18, 1998, pp. 109–113.

5-95 Jellison, J. L., "Kinetics of Thermocompression Bonding to Organic Contaminated Gold Surfaces," *IEEE Trans. on Parts, Hybrids, and Packaging*, Vol. 13, 1977, pp. 132–137.

5-96 Tse, P. K. and Lach, T. M., "Aluminum Electromigration of 1-mil Bond Wire in Octal Inverter Integration Circuits," *Proc. 45th IEEE ECTC*, Las Vegas, Nevada, May 1995, pp. 900–905.

5-97 Aday, J., Johnson, R. W., Evans, J. L., and Romanczuk, C., "Wire Bonded Thick Film Silver Multilayers for Under-the-Hood Automotive Applications," *Intl. J. of Microcircuits and Electronic Packaging*, Vol. 17, 1994, pp. 302–311.

5-98 Sow, Y. K., Yasmin, A., and Dias, R., "Improving Gold-Silver Wirebond Integrity in Plastic Packages," *Proc. of ECTC*, Orlando, Florida, June 1–4, 1993, pp. 341–347.

5-99 Clarke, R. A. and Lukatela, V., "Inadequacy of Current Mil-STD Wire Bond Certification Procedures," *Proc. 1991 Intl. J. Microcircuits and Electronic Packaging*, Vol. 15, pp. 87–96.

5-100 Harman, G. G. and Wilson, C. L., "Materials Problems Affecting Reliability and Yield of Wire Bonding in VLSI Devices," *Proc. 1989 MRS, Electronic Packaging Materials Science IV*, Vol. 154, San Diego, California, April 24–29, 1989, pp. 401–413.

5-101 5A-1.Au-Al, Aluminum-Gold, *J. of Phase Equilibria*, Vol. 12, 1991 pp.114.

5-102 Noolu, N. J., Murdeshwar, N. M., Ely, K. J., Lippold, J. C., and Baeslack, III, W. A., "Partial Diffusion Reactions and the Associated Volume Changes in Thermally Exposed Au-Al Ball Bonds," *Met. Matls Trans. A*, Vol. 35, April, 2004, pp. 1273–1280.

5-103 Noolu, N. J., Murdeshwar, N. M., Ely, K. J., Baeslack W. A. III, and Lippold, J. C., "Phase Transformations in Thermally Exposed Au-Al Ball Bonds," *J. Electronic Materials*, Vol. 33, No.4, 2004, pp. 340–352.

5-104 Noolu, N. J., Murdeshwar, N. M., Ely, K. J., Lippold, J. C., and Baeslack, W. A. III, "Degradation and Failure Mechanisms in Thermally Exposed Au-Al Ball Bonds," *J. Materials Research*, Vol. 19, No. 5, 2004, pp. 1374–1385.

5-105 Noolu, N. J., Klossner, M. K., Ely, J., Murdeshwar, N. M., Lippold,. J. C., and Baeslack, W. A. III, "The Effect of Copper Additions in The Aluminum Alloy Metallizations on the Formation of Interdiffusion Zones and Voids in Gold Ball Bonds," *6th Ann. Emerging Technology Conference*, Dallas, TX (USA), November, 2000.

5-106 Iannuzzi, M., "Bias Humidity Performance and Failure Mechanisms of Non-Hermetic Aluminum SICs in an Environment Contaminated With C12," *Proc. Reliability Physics Symp.*, San Diego, California, March 30–31, 1982, pp. 16–26.

5-107 Abbott, W. H., "Effects of Industrial Air Pollutants on Electrical Contact Materials," *IEEE Trans. on Parts, Hybrids, and Packaging*, Vol. 10, March 1974, pp. 24–27.

5-108 Memis, I., "Quasi-Hermetic Seal for IC Modules," *30th Proc. Electronic Components Conf*, San Francisco, California, April 28–30, 1980, pp. 121–127.

第 6 章 键合焊盘镀层技术及可靠性

本章分为两个独立的部分。第一部分（6-A 节）介绍了镀金焊盘，由本书第 2 版镀金章节中相关内容更新 / 简化而来。第二部分（6-B 节）介绍了新一代键合焊盘镀层材料，如今越来越多的衬底焊盘采用镍基材料作为镀层，这种变化的出现是由于金价逐渐上涨至"天文数字"，行业内已开发出其他材料，并已在某些产品应用中替代镀金层。6-B 节由 Luke England 和 Jamin Ling 合著。每个部分均有各自独立的参考文献。

6-A 镀金层杂质和状态导致的键合失效

6-A.1 镀金层

20 世纪 70—80 年代，行业内就已经发现了 Au 镀层中可导致引线键合失效的大多数杂质并对其进行了解释。如今，这些基于扩散原理的杂质仍然会引起大量键合失效的现象，因此在本章中对其进行综述。多数与杂质相关的最新研究工作都是相似的，且通常没有原理性的解释，这是因为在早期已经对其进行了充分研究。

最早报道的一类键合失效问题是由金膜层中的电镀杂质引起，这些杂质会降低可键合性（低良率），并在热应力试验期间或在器件的寿命期内（可靠性）导致键合提前失效。关于这种键合失效的文献很多，然而，其中多数相关文献均刊登在封装 / 引线键合专业人士很少阅读的镀覆或薄膜期刊上。并且，许多与键合相关的研究报道发表于 20 世纪 90 年代甚至更早，如今这些文献资源已无法获取或被忽略。电镀过程的变量非常多，以至于文献中关于影响引线键合的特定变量很少能达成一致。另外，很少有不同研究者做相似的实验以验证前人已发表的研究结果。因此，应该进行析因统计实验，以确定每个变量对可键合性和可靠性的影响。

Horsting[6A-1] 在一篇主题为"紫斑和金的纯度（Purple Plague and Gold Purity）"的经典论文中，首次解释了由于电镀杂质引起的楔形键合失效现象，他观察到一些电镀杂质可导致类似的 Kirkendall 空洞和早期的键合失效。他假设在纯 Au 膜层内金属间扩散的前沿穿过 Au 层移至 Ni 底镀层中，形成如图 6-A-1a 所示的合金相，同时键合依然保持牢固；但是，对于含杂质的 Au 膜层，由于 Au 中的大多数杂质在金属间化合物中的溶解度低于在 Au 或 Al 中的溶解度，因此杂质会先移动至金属间扩散前沿处，如图 6-A-1b 所示。当杂质达到某一浓度时，会发生沉淀，这些颗粒在扩散反应过程中可以吸收空位，空洞形成并聚集，最终导致键合强度降低甚至失效。

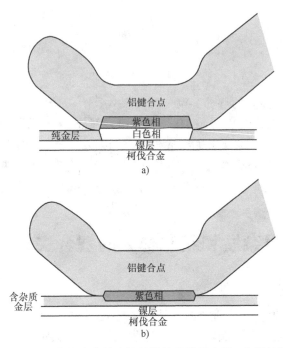

图 6-A-1　a）铝丝与纯金镀层的键合点的高温扩散结果的示意图 b）铝丝与含杂质金镀层的键合点的高温扩散结的示意图（注意：键合点下方暗色的金属间区域为紫色相）（来自 Horsting[6A-1]，©IEEE。）

在当时，Horsting 可以使用的杂质分析方法仅限于光谱分析和化学分析方法。虽然无法识别引起该问题的特定杂质，但他发现在非纯 Au 膜层中含有 Ni、Fe、Co、B 以及其他相对含量较低的杂质。他设计了一种实用的筛选测试方法，可以将影响键合的含杂质金镀层检测出来。具体地，在柯伐底座上的镀膜层上键合多根 Al 丝，在 390℃ 下加热 1h 后对键合引线进行拉力测试，如果键合点从金层上被拉脱，则拒收该批次的柯伐底座。他观察到，经过这种热处理后，在纯金镀层上制备良好的 Al 键合点都在铝丝上或者键合点跟部断裂，而键合界面依然牢固。后来，研究者们通过 SEM、EDAX 和 Auger 分析方法验证了 Horsting 关于杂质在金属间扩散前沿处聚集的假设 [6A-2]。

Horsting 烘烤测试的一种演变试验（300℃ 下保温 1h，然后进行拉力测试）已经被应用成为军用混合微电路中键合点的质量鉴定测试方法 [6A-3]。在 1970 年后行业内也广泛使用该方法，用于快速测试 / 评估 Au 焊盘上的 Al 丝键合或者 Al 焊盘上的 Au 丝键合的质量。

6-A.2 特定的电镀杂质

用于沉积键合膜层的镀金槽液通常由特定比例的氰化亚金钾、缓冲剂、柠檬酸盐、乳酸盐、磷酸盐和碳酸盐组成，还可以添加铊、铅或砷以提高电镀速度并减小晶粒尺寸。另外，有机"光亮剂"（不建议用于引线键合）也可以添加到槽液中。因此，镀膜中出现的问题会非常复杂，影响因素不仅仅局限于镀液纯度。研究表明，在镀 Au 槽液成分及其杂质含量确定的情况下，电镀沉积物的晶体结构、外观、杂质含量、硬度、氢含量和密度可随电镀波形或电流密度的变化而变化。此外，在相同的电流密度下，不同的镀槽液以及槽液温度可以产生不同的结果。随着镀金液的消耗，膜层的特性和外观也随之变化。这些膜层特性的变化均会影响引线键合的可键合性或可靠性。因此，不同槽液源制备的同种镀层，甚至同种槽液源在不同时间制备的镀层，都可能导致引线键合问题。

铊（Tl）是最早发现也是最多引用的镀金层中引发 Al 楔形键合问题的杂质[⊖][6A-4~6A-11]。Tl、Pb[6A-8~6A-10、11]、As[6A-8] 通常作为晶粒细化剂被添加到 Au 镀液中，以提高电镀速度和改变镀层表面形貌。

镀 Au 膜层中的 Tl 被当时新型俄歇电子能谱仪首次检测出来，并确定为引线键合失效的根源[6A-4~6A-6]。在如此低的浓度下，Tl 无法通过湿化学法、常规光谱法或 X 射线微探针法探测到。在这些研究中，表层中 Tl 的浓度足以降低 Au 丝与镀 Au 引线框架之间热压键合的可键合性。研究发现，在月牙形键合点（第二键合点）断开过程中，Tl 可从引线框架含杂质的镀 Au 层中转移到 Au 丝中[6A-8]，研究人员认为这是因为 Tl 在焊球形成的过程中快速扩散，并聚集在焊球颈部上方的晶界中，形成了低熔点的共晶产物，这个浓度将非常低，原因至少可能有 EFO、键合瓷嘴、加热阶段线夹或键合机其他参数设置不当。

在老化或其他热处理过程中，镀 Au 层中的 Tl 和高含量的 Pb 都会加速键合点下方产生裂纹或形成 kirkendall 空洞，导致 Al 丝键合的过早失效[6A-10、6A-11]。即使镀 Au 层中的 Tl 浓度低至 14ppm 时，仍可以观察到这种失效现象。

为确保键合可靠性，Wakabayashi 建议[6A-10]膜层中所有杂质的总含量必须小于 50ppm。由图 6-A-2 可以看出，共沉积杂质含量随着电镀电流密度的增加呈指数式增长，因此，仅控制槽液浓度并不能确保膜层的高纯度。Endicott[6A-8] 研究了由含铊、铅和砷作为晶粒细化剂的常规浓度镀液制备的镀层对键合强度的影响，并将其与纯镀液制备的镀层进行了比较。在"键合态"和 150℃烘烤 24h 后，含 Tl 和 Pb 试样的键合强度均显著下降；然而，在低镀液浓度和低电镀电流密度的条件下，添加 As 可以改善两种条件下的键合强度。将实验数据汇总成简图，如

⊖ 这些数据存在不一致性，但通过总体比较可认定是有效的。有些研究人员认为现代镀 Au 液中含有 Tl 是没有负面影响的。然而，在键合领域中，作者并没有看到该观点适用在 Au 镀层上 Al 丝键合的证据。

图 6-A-3 所示，从图中可以清楚地对比看出三种添加剂各自的效果[⊖]。

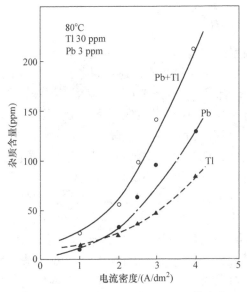

图 6-A-2　金沉积层中 Tl 和 Pb 的含量与电流密度的关系图：槽液中 Pb 和 Tl 的初始浓度分别为 3ppm 和 30ppm；通常有目的性的将这些杂质添加到槽液中（来自 Wakabayashi^[6A-10]）

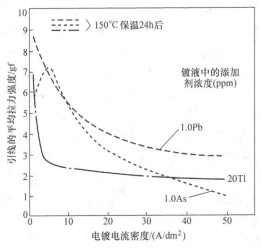

图 6-A-3　含 Si 1%，线径 32μm（1.3mil）Al 丝与厚度为 1.25μm 镀 Au 膜层键合的拉力强度图：其中晶粒细化剂（Tl，Pb，As）的浓度为最优晶粒尺寸的推荐浓度之内（来自 Endicott^[6A-8]）

　　根据其他研究人员的研究结果显示，随着烘烤温度的升高或烘烤时间的延长，键合强度会进一步降低（降至零）^[6A-9, 6A-10]。膜层中其他杂质和氢可能存在协

　　⊖　这些数据存在不一致性，但通过总体比较可认定是有效的。有些研究人员认为现代镀 Au 液中含有 Tl 是没有负面影响的。然而，在键合领域中，作者并没有看到该观点适用在 Au 镀层上 Al 丝键合的证据。

同效应，共同导致键合强度快速降低。

有研究报道表明，Au 表层中有利于键合的最佳晶面为 <111> 晶面。纯 Au 或含 As 添加剂的镀液，可获得主要为 <111> 的所需晶面，而添加 Tl 和 Pb，则会促使 <311> 晶面的形成 [6A-10]，不同的电镀电流密度对表面形貌的影响也使得这些效应变得更加复杂。目前尚没有数据可以明确地将表面形貌与键合质量相关联起来。

6-A.3　镀膜层中氢气渗入

尽管铊是引发可键合性和 kirkendall 空洞问题的最常见镀层杂质，但其他杂质或电镀条件也会引发一个甚至更多类似的问题。当 Au 膜层中存在氢气泡时，同样会导致 Au 包 Cu 丝的可键合性降低 [6A-12、6A-13]。这些气泡随着电镀电流密度和槽液杂质含量变化而产生。由于该种情况发生在 Au-Au 界面，所以与长期可靠性相比，更需关注的是可键合性⊖。

当电镀电流在 1.6~2.7A/dm^2 区间时，镀层的可键合性最差，这与阴极上氢的快速析出和形成的晶枝状表面形貌有关。高电流密度、低搅拌强度和槽液中低含金量都可能会导致膜层中的氢含量增加。一般而言，任何降低电镀效率的条件都会导致在阴极处产生更多的气体并被渗入镀层中。任何渗入的气体都可以通过加热而去除，加热时间可通过公式 [时间 =0.0033exp（4062/TK）] 计算得出，氢气典型的退火温度约为 350℃。这种含 H$_2$ 的膜层硬度更高，热退火除氢后，硬度可以达到所需的 70HKN 左右⊖ ⊜。

6-A.3.1　电阻漂移

据报道，在不包含任何已知（可测量）杂质或渗入气体的镀层中，发现了一种在热偏移期间引起 Al 楔形键合电阻漂移的失效模式 [6A-14]。作者在使用 SEM、STM 和 AES 进行了大量分析工作后得出的结论是，与正常的可靠镀 Au 层相比，该不良镀 Au 层包含更多的空位和其他缺陷，有更多的非晶态结构。空位（见本书第 5 章）和其他缺陷（提高扩散速率）促使 Au-Al 扩散，从而加速金属间化合物的形成和早期失效。导致镀层 H$_2$ 渗入量增加的电镀条件（高电流密度、低槽液搅拌等）也是造成膜层缺陷问题的原因。此外，作者发现，较薄的金层（如本书第 5 章所述）可以减少电阻漂移和金属间化合物失效。键合前，试样在 160℃下预烘烤 48h 可消除漂移问题，可能会促进非晶态金发生重结晶。这些类似于镀层

⊖　对于牢固的 Au-Au 键合来说，无论是否含氢气，都可不将长期可靠性作为考虑的因素。

⊜　对于用于微电子领域键合的薄金镀层 [通常约为 1.3μm（50μin）]，需采用特殊的"纳米硬度测试仪"进行测量，测试载荷约为 1~2gf 或更低。有时，为了可使用更常规的硬度测试设备，有时在特殊测试附连板上制备非常厚的镀层进行测试。

⊜　请记住，由于有高温退火去除氢气的过程，所以 Ni、Cu、Cr 或其他非贵金属底镀层可能会热扩散到表面，然后被氧化，从而引发可键合性和可靠性问题。

吸氢的情况和解决方法，最早是由 Huettner 报道并验证的 [6A-12, 6A-13]。在膜层中，这两种情况可能彼此关联，共同存在或者单独存在，使得失效分析变得更加复杂。

6-A.4 金膜层内部／表面金属杂质引发的失效

6-A.4.1 概述

键合界面里可能含有多种金属杂质，这些杂质会降低可键合性或者可靠性。杂质可能来自于被偶然污染的电镀槽液，可能从衬底中扩散上来，也可能来源于随后的化学或"清洗"步骤，从而残留在键合过程中的金表层上。这些污染物将与任何已知的清洗技术一并讨论。但是必须意识到，在撰写本节时，污染物还可能会从无法预知和未知的来源引入。大多数影响键合的金属污染物通常以 20~200Å 厚表面膜层的形式表现出来，如果这些污染物由非贵金属组成，则通常会在键合之前，在各种热处理或化学处理过程中被氧化，并且这些氧化物可能会降低可键合性（尤其是热压键合），有时会降低可靠性。在键合过程中，软金属上形成的硬且脆性氧化物（例如 Al 上的 Al_2O_3）会随着 Al 的形变而破碎，然后被推入"碎屑区"，通常这对键合过程几乎没有影响；较软的氧化物（例如 Cu 和 Ni 氧化物）在键合界面中可能充当润滑剂，从而降低可键合性（形成键合所需的活化能增加）。

通常，文献中报道的失效分析可揭示出失效键合界面中的污染物，但无法确定来源，甚至无法确定是封装过程中的哪些步骤引入了这些污染物。在其他报道的案例中，没有明确指出哪种单独杂质实际引发了失效。一项完整的研究可表明，键合机设置不当和失效分析中发现的各类污染物，都是导致失效的原因。

在可键合膜层下沉积的金属层（例如具有冶金性能的"粘合"或粘附层，即 Ni、Ti、Cr 等）或 Au 膜层中的杂质可能会通过晶界扩散的方式迅速扩散到表面，图 6-A-4 所示为 Cr 穿过 Au 晶界的扩散路径 [6A-15]。在一些高温处理步骤、裸芯片粘接或其他热处理的过程中，扩散的金属沿晶界（含有许多缺陷）迅速移动到 Au 膜表层。在顶层，它将通过表面扩散的方式迅速在 Au 表层上水平扩散 [6A-16, 6A-17]、氧化（非贵金属），然后致使表层的可键合性降低。如果表层经过了 O_2 等离子体或 UV- 臭氧清洗，还会导致钯（在约 400℃ 以下不会氧化）发生氧化问题。

图 6-A-5 展示出多种金属穿过 Au 膜层的扩散特性（通过晶界和块体）[6A-17, 6A-18]。如图 6-A-5 所示，在大多数情况下，晶界扩散比体扩散（即单晶或穿过晶粒）快许多个数量级。如果某种金属出现在该图的右上侧（晶界扩散或体扩散），则其将在 100~300℃ 的温度范围内，在 1h 或更短的时间内迅速穿过 Au 膜层。注意单个基准点，即图右上角的一个圆，这表示在 100℃ 时 Al 可以通过 Au 晶界迅速扩散，这表明某些 Au-Al 金属间化合物可以在低温（约 100℃）下非常迅速地形成 [6A-18]。在 100℃ 时，Al 在 Au 中的扩散系数 $D = 5.8 \times 10^{-14} cm^2/s$，活化能约为 0.66eV。如果扩散金属到达表面并被氧化，则会降低可键合性。Pd 是一种可快速通过金的扩散金属，在低于约 400℃ 的温度下不会显著（热）氧化，但如果膜层经过了 O_2 等离子体或 UV- 臭氧

清洗，则会被氧化。出现在图 6-A-5 左下角的金属扩散速度非常缓慢。如果不暴露于大于 300℃的温度下，金属不会到达膜层表面；如果在较低的温度下加热，则扩散需要很长时间。Pt 属于后者，Ni（体扩散）也属于后者，但 Ni 的晶界扩散速度非常快（并在表面被氧化），因此导致了严重的（通常是主要的）可键合性问题。

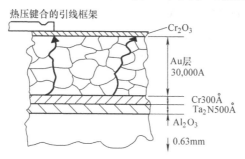

图 6-A-4　表层上带 Cr_2O_3 层的混合微电路示意图：箭头指示出可能的晶界扩散路径；体扩散将笔直向上地穿过晶粒；晶界扩散在低温下起主导作用，在高温下，体扩散占主导地位（通常高于封装过程中使用的温度）（来自 Nelson[6A-15]，©ASTM）

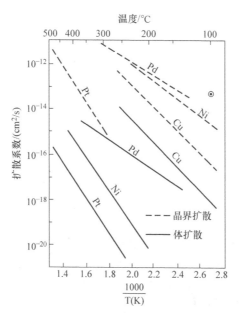

图 6-A-5　几种通过金膜层（金是顶层）的金属扩散系数的 Arrhenius 点图：实线是体扩散，而虚线是晶界扩散；右上角附近的单个基准点代表铝在 100℃时通过金的晶界扩散（来自 Hall[6A-17]，Elsevier 允许转载；Bastl[6A-18]）

6-A.4.2　镍

在 Tl（详见 6-A.2 节）之后，Ni（氧化物形式）也是降低 Au 镀膜层表面键合强度的最常见金属[6A-1, 6A-16, 6A-17, 6A-19~6A-22]。一般认为，Ni 会影响可键合性（通过增加键合活化能），但在文献 [6A-1] 中提出，Ni 还会影响键合的可靠性。Ni 可能会通过某些意外因素而被引入镀 Au 槽液中，例如柯伐合金（Fe、Co、Ni 低膨胀合金）引线框架掉入槽液中并被缓慢溶解。Ni 进入 Au 膜层中的另一种途径是从薄缓冲层或粘附层发生如前所述的热扩散并向上穿过 Au 层（并在表面氧化）。Ni 对热压可键合性的影响如图 6-A-6 所示。与 Tl、Ni 和 Cu 一样，在 Au 膜层中的浓度主要取决于电镀电流密度，如图 6-A-7 所示。

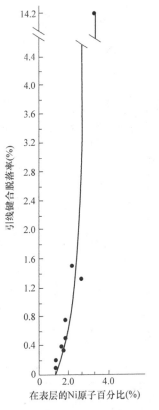

图 6-A-6　金的热压引线键合脱落率与镀金层表面上镍原子俄歇百分比的关系图：38μm（1.5mil）金丝的热压楔形键合（注意，热超声/超声键合对表面杂质的敏感性不如热压键合，参见 7.2 节）（来自 Casey[6A-19]）

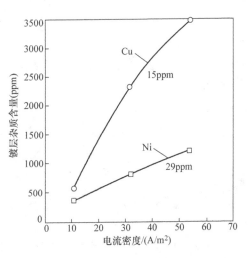

图 6-A-7　电镀电流密度对镀金层中 Cu 和 Ni 杂质含量的影响（来自 Dini[6A-22]，©ISHM）

6-A.4.3　铜

由镀槽液的污染、引线框架等引入的 Cu，可能会沿着与 Ni 相同的扩散路径到达表面，并且会被氧化从而降低可键合性[6A-17、6A-22~6A-26]。是 Cu 杂质[6A-20] 还是 Ni[6A-22] 杂质对键合强度的降低影响最大，研究人员们观点不一，而这一争议可能与分析方法、表面浓度、杂质电解分离（图 6-A-7）、溶液浓度等相关。如果以 Au 表层上的原子百分数进行衡量，则 Ni 的影响更大 [6A-22]。Cu 和 Ni 两种杂质都应该避免被引入，因为它们易于氧化，并且氧化物会降低可键合性。Cu 和 Ni 仍被用作引线框架或封装体的基底镀层，并且通常可直接与粗 Al 丝键合。只有在表层没有氧化物的情况下，超声、热压或热超声键合才可以实现高良率并且保持可靠性。因此，对于这些键合，在存贮或化学去除过程中采取防止氧化物生长的措施是非常必要的。对于与纯 Cu 或 Ni 直接键合，当引线刚接触金属时，采用超声辅助键合可能会有所帮助，这有助于在引线到衬底停止移动和微焊点形成之前清除掉氧化物。

6-A.4.4　铬

Cr 已经被用于增强衬底与真空沉积的金膜层之间的附着力，它可以通过晶界迅速扩散到表面并氧化 [6A-1、6A-27~6A-29]。图 6-A-4 已展示出 Cr 通过 Au 的晶界扩散，然而，其他金属（例如 Ni，Cu）也会进行类似的扩散。据观察，将 Cr 粘合的 Au 膜层在 250℃下加热 2h，会削弱 3μm 厚 Au 层上的热压可键合性 [6A-27]。当温度更高或膜层厚度更薄时，扩散时间将显著减少。一种特殊的清洗腐蚀剂——硝酸铈铵，可以去除 Au 表层上的 Cr 氧化物，并可完全恢复热压的可键合性 [6A-29]。

6-A.4.5　钛

Ti 与 Cr 一样，被用于多种衬底 - 金属层的系统中 [6A-30]，并且可以向上扩散或在部分工艺过程中沉积到 Au 表层上 [6A-31]。Ti 会被氧化并可降低可键合性，用稀释的 10：1 HF/HNO_3 腐蚀液处理 Au 表层，可以恢复其可键合性。但是请注意，处理后必须彻底清洗，因为一旦残留有这种腐蚀液，就会降低后续表层上 Al 丝键合点的可靠性，而牢固的 Au 键合点应该不会受影响。

6-A.4.6　锡

有两项研究已经发现，Sn 可导致键合失效。其中一项研究发现，沉积在金衬底上的 Sn 是来自于被污染的清洗溶液（根据俄歇能谱分析，可能为氧化物）[6A-32]。厚度在 20~30Å 范围之间的 Sn（推测为氧化物）显著降低了可键合性，可使用碳酸钾溶液冲洗衬底以去除 Sn。冲洗后表面会残留痕量的钾，后续可能会影响某些有源器件！另外，Sn 还会导致 Al 焊盘上的 Au 热压键合失效 [6A-33]。显然，Sn（作为氧化物）可阻碍形成牢固的键合点。但该研究没有清楚地说明 Sn 的来源或问题的严重程度，因为在界面中还发现了可能也会导致问题的碳杂质（这在复杂组装中是常见的问题）。然而，随着老化，Sn 的确会形成一种坚韧而不可渗透的氧化物，足以降低镀 Sn 引线框架的可焊性，因此也应该将其视为引线键合的潜在危害（注意：如果无法使用非活性助焊剂进行表面钎焊，则也不能在其表面上进行引线键合）。

6-A.5　镀金层标准

目前尚无广泛用于引线键合镀层的可接受性标准，Horsting 实用筛选方法[6A-1]或其等效筛选方法是目前通常鉴定镀金层的在用方法。在电子行业中认可的金镀层规范为 Mil-G 45204 和 ASTM B 488-01（2006）。这些规范的部分内容（见表 6-A-1）是确保高质量引线键合的最低要求，但这些是目前可以使用的最佳标准，并且用途广泛。

表 6-A-1　金镀层规范

Mil-G 45204
Ⅰ类金最低含量 99.7%（A 级、B 级或 C 级）
Ⅲ类金最低含量 99.9 %（仅 A 级）
A 级，努氏硬度最高 90
ASTM B 488-01（2006）
1 类金最低含量 99.9 %（仅 A 级）
A 级，努氏硬度最高 90

6-A.5.1　关于可靠镀金层的建议

根据上述研究情况，具有理想特性（可键合性、可靠性、宽键合工艺窗口）的镀金层，含 Tl 量应该低于测定限，且 Ni、Cu 和 Pb 杂质的总含量小于 50ppm。待分析样品应该尽可能取样于镀金层本身⊖，原因是很多变量都可以改变镀液和膜层杂质含量之间的关系。膜层中的氢气和其他气体的渗入量应该尽可能低，膜层应该是软的，硬度为 60~80HKN（注意，该范围低于上述的两个标准要求），并且外观呈结节状（nodular）。镀层不应该是光亮的，表面形貌不应该呈晶体状，主要由 <111> 面构成的表面结构可能是可取的，但该结论尚未得到证明。可以对不可键合的或不可靠的含氢的金膜层进行硬度测试和热处理（如果有适当的设备可以使用⊜），如果处理后硬度降低，则应该可以进行键合，除非金膜层很薄并且镀在 Ni、Cr、Ti、Cu 层（已热处理并扩散到表面）上方时，则不可进行键合（注意：通常可以在键合之前，通过氩等离子体溅射去除扩散到表面上的污染物）。

在热处理过程中，这些金属中的任何一种都可能扩散到表层，氧化并致使金层不可键合，如果需要恢复镀层的可键合性，则必须采用化学方法去除该氧化物。将 Au 镀在粘附层 - 阻挡层（例如 Ti-Pd）上，这可限制杂质扩散，然后通常可对镀层进行热处理并无需进行深度地清洗即可使用。因为电流波形、槽液温度和成

⊖　频繁进行 50ppm 量级的分析的费用是昂贵的。实用的测试方法（例如 Horsting 的烘烤测试[6A-1]）可以应用在多批次的电镀产品中，并且仅需对引线键合失效的批次进行更详细的分析。

⊜　对于微电子领域中用于键合的薄金镀层 [通常约为 1.3μm（50μin）]，需采用特殊的"纳米硬度测试仪"进行测量，测试载荷约为 1~2gf 或更低。有时需要在特殊测试附连板上制备非常厚的镀层以采用更常规的硬度仪进行测试。

分等电镀条件会影响膜层的特性，所以对于获得可键合的、可靠膜层的电镀电流密度（低电流除外）没有给出特定的建议范围，相关文献在这方面是矛盾的。如果槽液中有晶粒细化剂或 Ni，Cu 等，则高的电镀速率通常会增加膜层中的这些杂质含量并产生键合问题。

Al 丝与 Au 镀层的键合失效原因种类多种多样，是最令人困惑的。研究表明，该失效是由许多不同的杂质、Au 膜层中的氢气，或者仅仅是纯 Au 镀层中的大量晶体学缺陷造成的。任何金膜层中都可能存在多种上述因素的组合，因此无法精确地分析诊断 Al 键合点失效的原因。Horsting 用于楔形键合的实用测试（键合、烘烤、拉力测试）[6A-1] 和观察到的较宽的键合工艺参数窗口，似乎是目前用户可以采用的最简单的方法。表 6-A-2 总结了可靠镀层的特性。

表 6-A-2　用于键合的 Au 镀层特性

如果金层具有如下特性，则可键合性和可靠性高
1）颜色为纯黄色
2）外观均匀，不光滑且不光亮
3）平滑且无凹坑、起泡或其他瑕疵
4）柔软（努氏硬度约 80），可延展且致密
5）总杂质含量 < 50ppm
6）Tl 含量 < 1ppm，低含氢量
7）键合工艺的参数窗口宽

6-A.6　自催化化学镀金

除了通常用于较厚（约 1μm）键合 Au 焊盘的电镀技术外，还有两种报道的自催化化学镀金工艺，可用于制备这种较厚的 Au 沉积层 [6A-34，6A-35]（所述方法并不是已用于大批量生产的置换/浸金膜层（≤ 0.2μm），通常沉积在 Ni 层上以增强可键合性）。第一种自催化 Au 已被广泛用于陶瓷基板以及一些耐化学腐蚀的塑料封装体上的 Au 丝和 Al 丝键合，这是因为镀液 pH 值较高（13~14），可能会损伤某些有机基板；第二种方法已用于个人计算机电路板和一些实验用引线键合的应用中，镀液为 pH 中性无氰溶液，并且已对这种镀层的引线键合可靠性进行了测试。但是，该镀液的保存期限很短，从而降低了其实用性，尤其是对于实验室实验而言。这两种化学镀方法都可以沉积 1~3μm/h 的 Au 膜层，两者都可以在无需通电的情况下，在电路板和陶瓷封装体上的导体表层上沉积镀层，所沉积的镀层均可用于键合。然而，在沉积相同厚度镀层的情况下，两种化学镀方法都比电镀花费更长的时间，这对生产来说是不利的因素。如今，厚 Au 过于昂贵，行业内更期望使用其替代方案。

6-A.7　非金镀层

封装行业中使用了几种可能会影响键合的非金的金属镀层，最重要的是 Ni

和 Pd。Ni 镀层可通过电镀和化学镀两种形式制备，而后者在微电子应用产品中占主导地位。对于每种类型的沉积镀层，都有许多种镀液可供使用，本章第二部分（6-B 节）中将详细讨论这些镀液。各种化学镀 Ni 成分的完整物理特性以及化学特性早已被公开[6A-36, 6A-37]。化学镀 Ni 的军用规范为 Mil-C 26074 E（含磷和硼）、ASTM 和 AMS 规范，用于键合的电镀 Ni（氨基磺酸盐）最常用的规范是 Mil-P 27418。通常，Ni 用作其他金属的基底镀层，尤其是 Pd 和 Au，然而，Ni 层也可直接用于功率器件中的某些粗 Al 丝键合。本书第 5 章 5.3.6 节讨论了 Ni-Al 引线键合界面的可靠性，结论是非常可信的。Pd 已用于引线框架和个人计算机电路板的表面涂覆，其键合特性和其他用途已在本书第 5 章 5.3.4 节中进行了探讨。

参考文献

6A-1 Horsting, C., "Purple Plague and Gold Purity," *10th Annual Proc. IRPS*, Las Vegas, Nevada, April 5–7, 1972, pp. 155–158.

6A-2 Newsome, J. L., Oswald, R. G., and Rodrigues de Miranda, W. R., "Metallurgical Aspects of Aluminum Wire Bonds to Gold Metallization," *14th Annual Proc. Rel. Phys.*, Las Vegas, Nevada, April 20-22, 1976, pp. 63–74.

6A-3 MIL Standard 883 G (2006), *Test Methods and Procedures for Microelectronics*, and in MIL-PRF-38534F (2006), APPENDIX C.

6A-4 McDonald, N. C. and Palmberg, P. W., "Application of Auger Electron Spectroscopy for Semiconductor Technology," *Intl. Electron Devices Meeting*, Washington, D.C., October 11–13, 1971, pp. 42–43.

6A-5 McDonald, N. C. and Riach, G. E., "Thin Film Analysis for Process Evaluation, Electronic Packaging and Production," April 1973, pp. 50–56.

6A-6 Czanderna, A. W., Ed., *Methods of Surface Analysis VI*, Chapter 5, Elsevier Scientific Publishing Co., New York, 1975, pp. 212–222.

6A-7 James, H. K., "Resolution of the Gold Wire Grain Growth Failure Mechanism in Plastic Encapsulated Microelectronic Devices," *IEEE Trans. on Components, Hybrids, and Manufacturing Technology CHMT-3*, September 1980, pp. 370–374.

6A-8 Endicott, D. W., James, H. K., and Nobel, F., "Effects of Gold-Plating Additives on Semiconductor Wire Bonding," *Plating and Surface Finishing*, Vol. 68, November 1981, pp. 58–61.

6A-9 Okumara, K., "Degradation of Bonding Strength (Al Wire—Au Film), by Kirkendall Voids," *J. Electrochem. Soc.*, Vol. 128, 1981, pp. 571–575.

6A-10 Wakabayashi, S., Murata, A., and Wakobauashi, N., "Effects of Grain Refiners in Gold Deposits on Aluminum Wire-Bond Reliability," *Plating and Surface Finishing*, August 1982, pp. 63–68.

6A-11 Evans, K. L., Guthrie, T. T., and Hays, R. G., "Investigation of the Effect of Thallium on Gold/Aluminum Wire Bond Reliability," *Proc. ISTFA*, Los Angeles, California, 1984, pp. 1–10.

6A-12 Huettner, D. J. and Sanwald, R. C., "The Effect of Cyanide Electrolysis Products on the Morphology and Ultrasonic Bondability of Gold," *Plating and Surface Finishing*, Vol. 59:88, August 1972, pp. 750–755.

6A-13 Joshi, K. C., Sanwald, R. C., and Annealing, H., "Behavior of Electro-deposited Gold Containing Entrapments," *J. Electronic Materials*, Vol. 2, 1973, pp. 533–551.

6A-14 Murcko, R. M., Susko, R. A., and Lauffer, J. M., "Resistance Drift in Aluminum to Gold Ultrasonic Wire Bonds," *IEEE Trans. CHMT*, Vol. 14, December, 1991, pp. 843–847.

6A-15 Nelson, G. C. and Holloway, P. H., "Determination of the Low Temperature Diffusion of Chromium Through Gold Films by Ion Scattering Spectroscopy and Auger Electron Spectroscopy," *ASTM Special Technical Publication 596, Surface Analysis Techniques*, 1976, pp. 68–77.

6A-16 Loo, M. C. and Su, K., "Attach of Large Dice with Ag/Glass in Multilayer Packages," *Hybrid Circuits* (UK) Number 11, September, 1986, pp. 8–11.

6A-17　Hall, P. M. and Morabito, J. M., "Diffusion Problems in Microelectronics Packaging," *Thin Solid Films*, Vol. 53, 1978, pp. 175–182.

6A-18　Bastl, Z., Zidu, J., and Rohacek, K., "Determination of the Diffusion Coefficient of Aluminum Along the Grain Boundaries of Gold Films by the Surface Accumulation Method," *Thin Solid Films*, Vol. 213, 1992, pp. 103–108.

6A-19　Casey, G. J. and Edicott, D. W., "Control of Surface Quality of Gold Electrodeposits Utilizing Auger Electron Spectroscopy," *Plating and Surface Finishing*, Vol. 67, July 1980, pp. 39–42.

6A-20　McGuire, G. E., Jones, J. V., and Dowell, H. J., "Auger Analysis of Contaminants that Influence the Thermocompression Bonding of Gold," *Thin Solid Films*, Vol. 45, 1977, pp. 59–68.

6A-21　Endicott, D. W. and Casey, G. J., "High Speed Gold Plating from Dilute Electrolytes," *Proceedings American Electroplaters Soc.*, paper 1-d3, 1979.

6A-22　Dini, J. W. and Johnson, H. R., "Influence of Codeposited Impurities on Thermocompression Bonding of Electroplated Gold," *Proc. ISHM Symposium*, Los Angeles, CA, October 1979, pp. 89–95.

6A-23　Panousis, N. T., "Thermocompression Bondability of Bare Copper Leads," *IEEE Trans. on Components, Hybrids, and Manufacturing Technology CHMT-1*, 1978, pp. 372–376.

6A-24　Panousis, N. T. and Hall, P. M., "Application of Grain Boundary Diffusion Studies to Soldering and Thermocompression Bonding," *Thin Solid Films*, Vol. 53, 1978, pp. 183–191.

6A-25　Dini, J. W. and Johnson, H. R., "Optimization of Gold Plating for Hybrid Microcircuits," *Plating and Surface Finishing*, Vol. 67, Jan. 1980, pp. 53-57.

6A-26　Spencer, T. H., "Thermocompression Bond Kinetics—The Four Variables," *Intl. J. Hybrid Microelectronics*, Vol. 5, 1982, pp. 404–408.

6A-27　Panousis, N. T. and Bonham, H. B., "Bonding Degradation in Tantalum Nitride-Chromium Gold Metallization System," *11th Annual Proc. Reliability Physics*, Las Vegas, NV, April 3–5, 1973, pp. 21–25.

6A-28　Harman, G. G., "The Use of Acoustic Emission in a Test for Beam-Lead, TAB, and Hybrid Chip Capacitor Bond Integrity," *IEEE Trans. on Parts, Hybrids, and Packaging*, Vol. 13, 1977, pp. 116–127.

6A-29　Holloway, P. H. and Long, R. L., "On Chemical Cleaning for Thermocompression Bonding," *IEEE Trans. on Parts, Hybrids and Packaging*, Vol. 11, 1975, pp. 83–88.

6A-30　Donya, A., Watari, T., Tamura, T., and Murano, H., "GLO: A New Technology for Fabrication of Fine Lines on Multilayer Substrate," *Proc. IEEE Electronics Components Conference*, Orlando, FL, 1983, pp. 304–313.

6A-31　Thompson, R. J., Cropper, D. R., and Whitaker, B. W., "Bondability Problems Associated with the Ti-Pt-Au Metallization of Hybrid Microwave Thin Film Circuits," *IEEE Trans. on CHMT*, Vol. 4, 1981, pp. 439–445.

6A-32　Vaughan, J. G. and Raut, M. K., "Tin Contamination During Surface Cleaning for Thermocompression Bonding," *Proc. ISHM*, 1984, pp. 424–427.

6A-33　Davis, L. E. and Joshi, A., "Analysis of Bond and Interfaces with Auger Electron Spectroscopy," *Proc. Advance Techniques in Failure Analysis*, Los Angeles, California, October 1977, pp. 246–250.

6A-34　Gaudiello, J. G., "Autocatalytic Gold Plating Process for Electronic Packaging Applications," *IEEE Trans. on CPMT-Part A*, Vol. 19, March 1996, pp. 41–44.

6A-35　Inoue, T., Ando, S., Okudaira, H., Ushio, J., Tomizawa, A., Takehara, H., Shimazaki, T., Yamamoto, H., and Yokono, H., "Stable Non-Cyanide Electroless Gold Plating Which is Applicable to Manufacturing of Fine Pattern Printed Wiring Boards," *Proc. 45th ECTC*, Las Vegas, NM, May 21–24, 1995, pp. 1059–1067.

6A-36　Gawrilov, G. G., *Chemical (Electroless) Nickel-Plating*, Portcullis Press Ltd, Redhill, Surry (GB), 1979.

6A-37　Watson, A. S., "Electroless Nickel Coatings," Nickel Development Institute, NiDI Technical Series No. 10055, 1989 (note other Ni plating pubs. in the series with the same date are 10-047, -048, -049, -052, and -053).

6-B　镍基镀层[一]

在封装中使用的、可能会影响键合的 Ni 基金属镀层结构有许多种，其中最主要的镀层系统为 Ni/Au，Ni/Pd 和 Ni/Pd/Au。镀层可使用电镀和化学镀 / 浸镀工艺制备，在微电子产品应用中主要使用化学镀 / 浸镀工艺。对于每种类型的沉积镀层，都有许多种镀液可供使用，关于这方面的详细内容不在本书的讨论范围内，因此下文仅讨论化学镀 / 浸镀的基本原理。有关该主题的更多详细信息，可以在众多相关专业书籍中找寻。本节将重点介绍与这些 Ni 基镀层焊盘进行引线键合的工艺和可靠性。

6-B.1　背景介绍

近年来，CMOS 技术以远超外部互连技术的速度持续发展，几何尺寸不断缩小。芯片尺寸通常受键合焊盘尺寸限制，因此，Si 表面有源电路区域无法实现最大化。现在有强烈修改器件设计规则的需求，以允许在同一焊盘上进行引线键合和探针检测。基于这种器件规则的设计，需要更牢固的键合焊盘结构，以防止损伤任何焊盘下方的敏感区域，例如电介质层或实际电路（如果键合焊盘位于有源区域上方）[6B-1, 6B-2]。预防损伤的方法包括增强下方电介质层的力学性能、增强层间粘附力和 / 或更改键合焊盘的金属层以使其更加坚硬，从而可以更好地经受住探针和引线键合在同一位置上的双重作用力。

许多半导体制造厂主要使用的另一趋势是在集成电路制造中使用 Cu 互连金属层（参见本书第 10 章）。这是因为 Cu 具有比传统互连金属层结构中使用的 Al 高得多的电导率，这对实现高速产品应用的最佳性能而言至关重要。由于裸 Cu 上易形成氧化物，所以在 Cu 金属层上使用传统引线键合方法无法获得一致的或可靠的键合：即使在键合前预先去除氧化物，该表层实际上也是不可键合的，原因是无论清洗和键合之间的时间多短，在键合焊盘表层上的 Cu 都会迅速氧化。此外，即使在清洗和键合阶段内可以防止形成氧化物层，在键合过程中器件表面的升温也会在形成可靠键合之前促使生成 Cu 氧化物。用于 Cu 互连引线键合一种常见技术是在键合焊盘区域上溅射一层 Al 层，然后将其变为引线键合层[6B-3]。然而，由于为获得 Al 焊盘结构而使用的金属沉积工艺和光刻工艺技术颇为昂贵，所以该增加 Al 层方法的成本通常会很高，但是，它可以与传统的键合技术兼容，因此在某些情况下是更好的选择。

最近随着金价的上涨，Cu 因具备取代昂贵 Au 丝的潜力而在引线键合领域重获关注[6B-4]。由于 Cu 在球形键合过程中具有较高的加工硬化可能性，Cu 和 Al 两

───────────

㊀　作者为 Luke England[Fairchild Semiconductor（仙童半导体）公司，luke.england@fairchildsemi.com] 和 Jamin Ling（Juling and Soffa 公司，JLing@kns.com）。两位作者的贡献相等，名字按姓氏首字母顺序排列。

种材料间的互连在 Cu 球键合过程中容易产生焊盘弹坑和其他损伤，而坚硬的键合表层可以帮助防止这类损伤发生。近年来，行业内已经提出并采用了可替代的键合焊盘结构，即在互连焊盘上方直接添加 Ni 层。Ni 基键合焊盘已经广泛用于半导体封装体中，作为层压基板和金属引线框架的键合焊盘。自从采用裸铜引线框架替代更昂贵的柯伐合金以来，Ni 基键合焊盘普遍用于金属引线框架上第二键合点（鱼尾形键合）的键合区域。由于 Ni 容易被氧化，因此应该在 Ni 上沉积诸如 Pd 和 / 或 Au 等惰性金属，以防止在引线键合之前或之中发生氧化。典型的键合焊盘结构包括 Ni/Au、Ni/Pd 或 Ni/Pd/Au 复合镀层。近年来，越来越多的研究报道了在半导体器件上使用这些键合焊盘结构进行热超声球形键合[6B-5~6B-9]。如今，使用电解或化学镀的方法将 Ni、Pd 和 Au 层沉积到 Al 或 Cu 基金属上，这些复合镀层结构在半导体器件的球形键合领域越来越受欢迎。

除了可应用于 Cu 互连结构实现引线键合的明显优点之外，Ni 的优越力学性能还可以为焊盘结构下层的脆弱结构提供保护。Ni 具有比 Cu 或 Al 高得多的弹性模量，表 6-B-1 给出了纯 Ni、Cu 和 Al 的典型弹性模量值，以供比较。Ni 的高模量使其具有较高的刚度和断裂韧性，因而在球形键合过程中在施加超声和向下键合力的作用下，Ni 层具有较高的抗变形和吸收能量的能力。这对于在同一焊盘上进行探针检测和引线键合的应用需求而言，Ni 基镀层都是理想的选择。

表 6-B-1　Al、Cu（标准互连材料）和 Ni（管帽键合材料）的弹性模量和泊松比

弹性模量		泊松比
Ni	200GPa	0.31
Cu	130GPa	0.34
Al	70GPa	0.35

（数据来源：www.webelements.com）

6-B.2　化学镀工艺

如前文所述，化学镀和电镀方法可用于将 Ni、Pd 和 Au 沉积到 Al 或 Cu 基的互连焊盘上。与电镀相比，化学镀 / 浸镀是一种更经济的方法，因为它不需要昂贵的光刻和蚀刻工艺。然而，对于用于引线键合的化学镀 / 浸镀方法目前仍存在挑战。为了获得良好的可键合性，需要有较厚的金属层，而使用电解方法则更容易获得厚的金属层，因此电镀选择性也是一个需要考虑的问题。有时工艺条件（即槽液成分组成、温度等）稍有变化，便无法启镀，因此必须进行严格的槽液控制。图 6-B-1 展示出一些可能出现的镀层问题，尽管存在这些潜在的问题，化学镀 / 浸镀仍然是在半导体器件上制备可键合表层的可行方法。

通常，化学镀工艺主要依靠槽镀液与经催化剂活化的衬底发生化学反应以析出薄的沉积层。然后将衬底浸没在另一种槽镀液中，以进一步促使待沉积的元

素成核。这种沉积过程将一直持续到达到目标厚度为止，理论上这种可沉积的厚度是无限的，但镀层的形成仅发生在衬底上裸露的金属表面区域，因此不需要掩盖其他区域。另一方面，浸镀工艺是一种自限制的化学反应。本质上讲，待沉积的基底金属层与镀液中待沉积的金属离子发生置换反应，一旦原有基底金属层被置换出来的金属层完全覆盖，反应将停止并且将完成浸镀过程。本节将详细讨论 Ni、Pd 和 Au 的化学镀/浸镀工艺。表 6-B-2 展示了 Al 和 Cu 基底金属的典型电镀工艺流程。

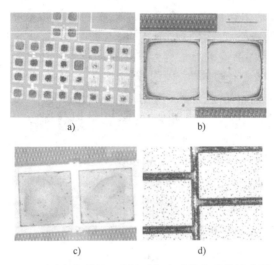

a)   b)

c)   d)

图 6-B-1　在化学镀/浸镀过程中可能出现的缺陷图

a) 漏镀——部分或全部键合焊盘上无镀层形成　b) 阶梯状镀层——在焊盘的局部区域上未形成镀层，结果是形成顶部镀层表面到底部表层的"阶梯"镀层　c) 起泡——在焊盘局部区域的浸金层较薄，导致下面的 Ni 层暴露在表层上而被氧化，从而形成图中较暗的区域　d) 短路/渗镀——节距较小的键合焊盘在本过程中相互镀通

表 6-B-2　键合焊盘的化学镀典型工艺流程（厚金）

Al 基底金属			Cu 基底金属		
工序	温度	时间	工序	温度	时间
清洗	50℃	3min	清洗	50℃	5min
漂洗			漂洗		
硝酸漂洗	21℃	30s	硫酸铜腐蚀	25℃	1min
漂洗			漂洗		
一次锌酸盐处理	21℃	10s	预浸硫酸	25℃	1min

（续）

Al 基底金属			Cu 基底金属		
工序	温度	时间	工序	温度	时间
漂洗			钯活化	25℃	2min
硝酸漂洗	21℃	1min	漂洗		
漂洗			化学镀镍	80℃	25min
二次锌酸盐处理	21℃	35s	漂洗		
漂洗			浸金	75℃	10min
化学镀 Ni	80℃	25min	漂洗		
漂洗			自催化镀金	50℃	14min
浸金	75℃	10min	漂洗		
漂洗					
自催化镀金	50℃	14min			
漂洗					

注：表中包括了浸 Au 和自催化镀 Au 的工序，也可以在 Ni 和浸 Au 之间使用化学镀 Pd 工序，此处未予显示（由上村工业株式会社提供）。

6-B.2.1　镀镍工艺

化学镀 Ni 工艺从清洗开始，为催化过程而准备裸露的表面，通常是采用弱酸洗涤去除可能存在的表面污染物。然后进行酸洗，去除任何可能存在表面上的表层氧化物。当在 Al 表面上进行化学镀时，需要采用锌酸盐在焊盘表面腐蚀掉一层很薄的 Al 并沉积 Zn 层，该 Zn 层随后在镀 Ni 反应中充当催化剂。通常还需要进行二次锌酸盐处理，这有助于后续 Ni 镀层更加均匀。当在 Cu 表面上进行化学镀时，通常采用 Pd 活化工艺而不是锌酸盐工艺 [6B-10, 6B-11]。

化学镀 Ni 的槽镀液非常复杂，不仅有 Ni 源，还含有非常多的其他化学物质（即还原剂、络合剂或螯合剂、稳定剂等）。这些槽液成分在化学反应中起特定作用，对获得高质量的金属沉积层至关重要，在加工过程中还必须对槽液成分进行仔细监控。为了使槽液中金属离子降低价态并沉积在焊盘表层上，必须使用还原剂。在 Ni 槽液中，还原剂通常是次磷酸盐。化学镀 Ni 工艺的反应简式如下：

$$Ni^{2+} + H_2PO_2^- + H_2O \longrightarrow Ni + H_2PO_3^- + 2H^+ \qquad （6-B.1）$$

在 Ni 的沉积过程中，来自次磷酸盐还原剂的 P 也沉积在金属基底的表层上。根据槽液成分的不同，镀 Ni（P）层中的 P 含量也有所不同 [6B-10, 6B-12, 6B-13]。应用于半导体时，通常要求 P 含量约为 7% 至 10%，当 P 含量处于这个范围内时，Ni（P）镀层为非晶态，由于不存在晶界，因此更适合用作扩散阻挡层。沉积层中的 P 含量也有助于确定膜层的最终力学性能，例如硬度。低 P 沉积层的硬度在 700~750HK 范围内，而高磷沉积层的硬度仅为 500HK[6B-12]。

Ni 的沉积速率也是工艺过程中的一个可控参数，该参数会影响最终表面粗糙度。显然，快速的沉积速度可以增加产量，但是也会形成较粗糙的 Ni 表层，因此，必须在加工速度和表面质量之间保持一个细微的平衡。如果 Ni 表层太粗糙，后续待沉积金属层将按照 Ni 表层轮廓保形生长，则会形成更粗糙的表面。正如接下来的章节所述，表面硬度和粗糙度都会对最终引线的可键合性和键合强度产生很大影响。通常，较硬和较粗糙表层的可键合性较差。

6-B.2.2 镀钯工艺

Pd 镀层最早是作为 Au 镀层的替代镀层而进行研究，以解决 Au 的高成本问题。Pd 和 PdNi 合金最早是为了提高连接器的接触耐磨性而研发的，但是随着使用量的增加，发现其具有其他的技术优势。纯 Pd 层不仅非常坚硬（450~600HK）[6B-14]，而且 Pd 沉积层非常致密，可作为高性能的扩散阻挡层[6B-5]。

对于引线键合的应用，通常使用纯 Pd 镀层而非 PdNi 合金。和化学镀 Ni 一样，镀 Pd 前需要使用催化剂对沉积表面进行预处理。金属源通常为钯氨络合物，水合肼作为还原剂。在化学镀钯过程中发生的主要化学反应简化如下：

$$2Pd\left(NH_3\right)_4^{2-} + N_2H_4 + 4OH^- \longrightarrow 2Pd + 8NH_3 + N_2 + 4H_2O \qquad (6\text{-}B.2)$$

6-B.2.3 镀金工艺

长期以来，Au 一直都是电子行业中的成熟镀覆工艺。通过化学反应的镀 Au 工艺有两种类型：浸 Au 和自催化。浸 Au 是一种自限制电位置换过程，因此不需要还原剂。微电子应用中，用于浸 Au 的金属基底通常为 Ni。在 Ni 表层上浸 Au 过程的反应简式如下：

$$\begin{aligned} Ni &\longrightarrow Ni^{2+} + 2e^- \\ 2Au^+ + 2e^- &\longrightarrow 2Au \end{aligned} \qquad (6\text{-}B.3)$$

沉积的金原子取代了为反应提供电子的镍原子。当 Ni 完全被 Au 覆盖时，该反应停止，最终 Au 层的典型厚度小于 0.05μm。由于该工艺的性质，必须仔细控制浸金的化学过程。若管控失当，置换反应加速会导致 Ni 层被过度腐蚀，从而形成不均匀的多孔 Ni 表面，这对于引线键合而言是不良表层。该现象的另一个后果是将 Ni 原子夹留在新沉积的 Au 层中，这种"悬浮"的 Ni 暴露在空气中时会被氧化，从而降低引线的可键合性。

　　当用于化学镀 Ni/ 浸 Au 的金属基底是 Cu 时，应该考虑整个焊盘结构。由于镀层没有与键合焊盘上电介质开窗处的侧壁接合，因此存在镀液的化学物质与 Cu 金属基底的接触路径。浸 Au 的镀液成分对 Cu 金属基底腐蚀性较强，因此，任何与金属基底接触的槽镀液都会导致 Cu 金属的不良去除。图 6-B-2 所示为镀 Ni/Au 的 Cu 键合焊盘的横截面，其在电介质 /Cu/Ni 界面处的腐蚀是由于与浸 Au 镀液中成分反应而引起的，这可能会导致器件长期可靠性的下降。图 6-B-3 为这一概念的示意图。最好的保护措施是使化学镀 Ni 层的厚度大于介电层的厚度，使 Ni 发生横向生长。这可消除浸 Au 镀液通过 Ni 和电介质层之间的间隙进行渗透的直接途径。经验表明，3μm 的横镀距离可以最大程度地减少影响。

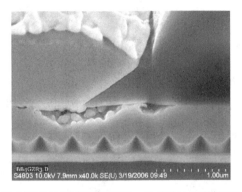

图 6-B-2　ENIG 镀铜的键合焊盘的横截面示意图：注意在 Ni 镀层侧壁起始点的 Cu 发生腐蚀。这是由于浸金镀液严重侵蚀了 Cu 金属基底；Cu 受腐蚀的程度可以通过改变浸金槽液参数来控制（即温度、pH 值、化学组分）；图 6-B-3 对此进行了更详细的讨论

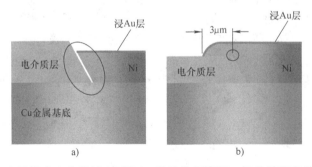

图 6-B-3　a）Cu 金属基底上化学镀 Ni/ 浸 Au 的结构示意图：因为镀层仅选择性地沉积在金属表面上，所以它们无法粘附到电介质层上——这留下了一个很小的间隙，该间隙宽度可达原子尺度；浸 Au 镀液中的成分可通过该间隙穿过化学镀 Ni 的侧壁并腐蚀 Cu 基底金属，这可能会引发长期可靠性的问题，尤其是电迁移问题，但是据作者所知，还没有已发表的研究评估过该问题的可靠性；该间隙也是产品寿命期内 Cu 金属原子表面扩散的途径，尤其是在高温情况下 b）避免 Cu 基底金属被浸金溶液腐蚀的建议是，增加化学镀 Ni 层的厚度，并使 Ni 层横向生长 3μm；这样，浸金溶液的渗透区基本被限制在横向生长的起点处（图中圈出的区域）；注意：示意图未按比例绘制

在浸 Au 后，通过采用自催化（化学）镀 Au 是一个增加 Au 层厚度极好的方法。自催化 Au 镀液根据金源化合物成分可分为两类：含氰体系和无氰体系。多年来，行业内采用基于氰化物的镀 Au 槽液在连接器上沉积硬 Au 膜层，以提高其接触的耐磨性[6B-15]。含氰镀液还可以用于沉积应用于引线键合的软 Au 膜层，但是存在两个主要缺点：在含氰槽镀液中，Au 源为含 Au 离子与氰根离子的化合物，随着 Au 从化合物中被还原出来并沉积在基底金属的表面上，游离的氰根离子会释放出来，这些游离氰根离子具有剧毒；此外，含氰的槽镀液通常 pH 值较高，这对许多光刻胶材料而言都是有害的[6B-16]。因此，应用于引线键合的金层通常采用无氰镀液进行制备。其中亚硫酸金盐的应用最为广泛，镀 Au 反应简式如下：

$$Au(SO_3)_2^{3-} \longrightarrow Au^+ + 2SO_3^{2-} \qquad (6\text{-}B.4)$$

因为自催化镀 Au 反应不需要使用外部电流源，所以该反应可以无限地持续进行。该方法可获得无孔洞、高度均匀的顶部厚 Au 层，非常适合引线键合。适用于高可靠引线键合的典型金层的总厚度 >0.5μm。目前常用的亚硫酸盐体系自催化镀金液的 pH 值通常为中性，可与当今常用的光刻胶材料兼容。

6-B.3　键合焊盘镀层——引线键合工艺窗口与可靠性

6-B.3.1　镍/金层

当使用化学镀 Ni/浸 Au（ENIG）工艺在键合焊盘上沉积金属层时，可在 Ni 表层上形成厚度 <0.1μm 的薄 Au 层，作为主要的键合表层。虽然 Ni 表层上覆盖有惰性 Au 层，但仍必须考虑 Ni 的氧化。氧化镍的存在是导致 ENIG 键合焊盘结构表层引线键合点不粘连的常见原因之一，因为浸 Au 层很薄并且多孔，所以 Ni 可通过晶界或部分镀覆区域扩散至键合表面，尤其是在高温的情况下。接下来，Ni 被氧化并阻止球形键合的形成。浸镀工艺本身也会导致 Ni 层的污染，当 Au 沉积在 Ni 基底金属上时，在置换反应过程中去除的 Ni 原子可能会被夹留在新沉积的 Au 层中，这种 Au 层中"悬浮"的 Ni 原子暴露在空气中时将会被氧化，从而导致引线键合点的不粘连失效。这种现象产生的原因是浸 Au 的工艺控制不良，在 Ni 基底金属上形成了不均匀的 Au 层。

尽管采用 ENIG 工艺镀覆的焊盘在引线键合时存在较高不粘连的可能性，但在半导体行业中，该镀覆工艺通常是用来获得高可靠球形键合点的加工技术。目前已经有若干关于基于 ENIG 镀覆的键合焊盘的引线键合工艺及其可靠性的相关研究发表[6B-9, 6B-17, 6B-18]。

Chan[6B-17] 将 Au 丝球形键合到 ENIG 焊盘上，Au 层厚度约为 0.1μm。通过改变键合力和超声功率，他发现键合工艺窗口非常宽，如图 6-B-4 所示。研究还显示，当超声功率非常高的时候，可在低至 60℃ 的温度下成功完成键合，并在较高温度下给出了最宽的键合工艺窗口。

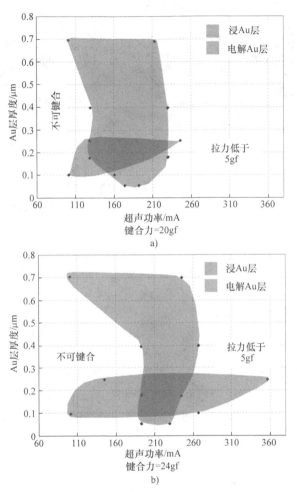

图 6-B-4　将 1mil 的 Au 丝与不同 Au 层厚度的 Ni/Au 焊盘进行低温（60℃）键合，基于金丝拉力测试结果获得的工艺窗口图：金层是由浸镀或电解镀方法制备；键合力固定为 a）20gf 和 b）24gf，改变超声功率，测试键合效果；如图所示，当键合力更高时，工艺窗口更宽；还应该注意的是，电解镀金层的工艺窗口比浸金层高很多，部分原因是受到浸镀工艺的厚度限制，另外一个原因是，电解镀层更加均匀且表面没有易氧化而影响键合效果的污染物；工艺窗口右边的区域也是可键合区，但是由于超声功率过高，导致键合点颈部过度变形，因而键合拉力较低（来自 Chan[6B-17]，Springer 允许转载。）

Strandjord[6B-9] 的研究也证实了 ENIG 焊盘具有宽的引线键合工艺窗口。他发现，任何引线键合工艺参数都不会显著影响键合后焊球 - 剪切和引线拉力测试结果。已键合的试样在经过热老化之后再进行重新测试，其焊球 - 剪切和引线拉力测试的结果没有明显变化。另外，研究还发现初始的球形键合过程中没有形成 Au-Ni 金属间化合物，如图 6-B-5 中的横截面照片所示。根据后续热老化后的焊

球 - 剪切和引线拉力测试的结果，没有形成有害的金属间化合物。这表明，通过执行适当的键合工艺，可以形成高可靠的引线键合点。

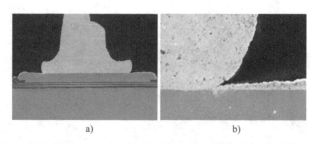

图 6-B-5　1mil 的 Au 丝与 100μm×100μm 尺寸的 Ni/Au 焊盘进行球形键合的横截面图片：镀层制备工艺为化学镀镍 / 浸金；在键合后立即制样，试样没有经过热老化处理；如图所示，由于该工艺为 Au-Au 键合，因而无金属间化合物形成；热老化之后也不会在 Ni 和 Au 层之间形成任何有害的金属间化合物（引自 Strandjord[6B-9]，©Elsevier）

a）低倍　b）高倍

Ansorge[6B-19] 还对 FR4 印制电路板（PCB）的 ENIG 焊盘上金丝键合工艺窗口进行了研究。他们发现 PCB 在 75℃、1000h 或 125℃、750h 的热老化条件下可拓宽工艺窗口。经证实，较长的老化时间比老化温度更为关键，与高温相比，较长的时间可以更加有效地拓宽工艺窗口。这很可能是 Au 随着热老化而退火或软化的结果。Lai 和 Liu[6B-18] 也研究了 FR4 板上 ENIG 焊盘的键合工艺，该研究立足于 105℃的低温键合。与 Ansorge 的研究发现一致，他们发现可键合性与 Au 层的厚度和硬度相关，并且确认较厚和较软 Au 层的可键合性更好。虽然这两项研究都是在 FR4 PCB 焊盘上进行的，但它们都表明较软的键合焊盘表面可获得最佳的 Au 球形键合效果。

为了扩大 Ni/Au 焊盘的键合工艺窗口，可以增加 Au 层的厚度。一种方法是在 ENIG 工艺之后进行自催化镀 Au 工艺。与浸 Au 工艺不同，自催化工艺没有自限制性，因此自催化 Au 厚度可以比浸 Au 厚度大很多（自催化 Au 不能直接镀在 Ni 表面上）。典型的自催化 Au 层厚度为 0.5μm，是 0.05μm 浸 Au 层的 10 倍，较厚的自催化 Au 层可起到降低表层硬度的作用，并降低 Ni 被氧化而引入污染的风险。较厚的 Au 层增加了 Ni 迁移的扩散路径，并且将初始浸 Au 层中暴露的"悬浮" Ni 覆盖住。

获得厚 Au 层的另一种选择是电镀。Chan[6B-17] 测定了在 4~8μm 厚 Ni 层上电镀 0.01~0.7μm 厚 Au 层焊盘的引线键合工艺窗口。结果表明，随着 Au 层厚度的增加，总体表面粗糙度和硬度均降低。较薄的 Au 层按照 Ni 底镀层的轮廓保形生长，随着 Au 层厚度的增加，轮廓逐渐变得不明显，最后消失。研究已证实，表面粗糙度对可键合性起关键作用。键合焊盘表面的 Au 层较粗糙时，其可键合性和后续的引线键合拉力较低。应该注意的是，由于需采用昂贵的金属溅射 / 蚀刻工艺和光刻工艺，导致用于引线键合的电解 Ni/Au 焊盘的成本较高，这是一个相当大的缺点。无论以哪种方法沉积 Ni/Au 层，较厚的 Au 层都可以提供较软且光滑的键合表层，由于形成金属键合点所需的能量较少，因此可以更容易地进行球形键合。图 6-B-4 展示出工艺窗口与不同 Au 层厚度的对应关系，可以看出，随着 Au 层厚度的降低（表面更硬、更粗糙），工艺窗口也随之缩小。

6-B.3.2　镍 / 钯 / 金层

与较薄的浸 Au 层相比，电镀和浸镀 / 自催化方法所制备的较厚 Au 层更适合球形键合，但 ENIG 工艺的成本最低。因此，即使 ENIG 镀层的键合点不粘连、引线键合失效的可能性最大，从低成本制造的角度来讲，它仍是三种选择中最理想的工艺。获得高度可靠的焊盘结构并维持低成本的另一种选择是在 Ni 和 Au 之间增加一层 Pd。近年来，这项技术已广泛用于制备 Cu 引线框架表面终饰层，可进行引线键合和钎焊的产品应用。Pd 是厚金的一种经济型替代品，因为它的成本较低且具有与 Au 类似的贵金属特性。图 6-B-6 对 Ni/Pd/Au 焊盘结构和具有更厚 Au 层的 Ni/Au 焊盘结构的贵金属总成本进行了对比。Pd 也可以在 Ni 表层上很容易地进行化学镀，因此该工艺可无缝地集成到现有的化学镀产线中（假设产线中有足够的镀槽）。与在 Ni 层上浸 Au 过程中的置换反应不同，Pd 是通过化学反应进行沉积的，由于在 Pd 沉积的过程中没有去除任何 Ni 原子，因此 Pd 层中没有易氧化的"悬浮"Ni，不存在被其污染的可能。在 Pd 沉积工艺之后可获得高度致密且均匀的镀层，非常适合在其上方继续添加浸 Au 层。对于需要在长期高温使用的器件，致密的 Pd 结构还将会抑制 Ni 的扩散（如果部分特殊器件有该需求）[6B-5]。Pd 层顶部增加的 Au 层为 Au 球形键合提供了更坚固、相兼容的键合金属层。

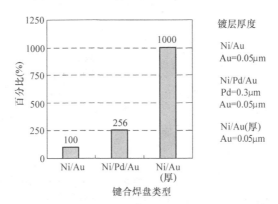

图 6-B-6　用于引线键合焊盘的各种镀层结构的成本对比图：以化学镀 Ni 浸 Au 为成本基准（100%）；Ni/Pd/Au 结构成本大约是 Ni/Au 成本的 2.5 倍，而 Ni/Au 层中增加的 Au 厚度可将成本提高约 10 倍；上面列出了每种工艺的典型贵金属厚度值，这些值用于成本的比较；成本根据以下贵金属价格进行估算：Au=913 美元 /oz，Pd=380 美元 /oz（注意：实际价格是不稳定的）

Johal[6B-6] 使用 1.2mil 的 Au 丝分别与 Ni/Pd/Au 焊盘和电解 Ni/Au 焊盘进行球形键合对比。两种键合焊盘结构上的焊球 - 剪切和引线拉力的测试结果均高于最低的可接受值，但 Ni/Pd/Au 键合焊盘上的测试结果更优；虽然两种焊盘的平均引线拉力值近似，但 Ni/Pd/Au 焊盘上测试数据的一致性更好；Ni/Pd/Au 焊盘上的焊球 - 剪切力明显更高，且测试数据的一致性更佳。这些测试结果在图 6-B-7a 和 b 中进行了总结。

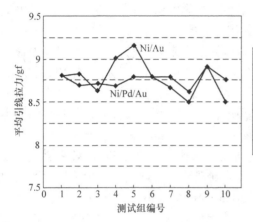

	Ni/Au	Ni/Pd/Au
平均拉力/g	8.79	8.76
最小拉力/g	7.80	7.82
最大拉力/g	10.27	9.98
标准偏差平均值/g	0.46	0.55
极差的平均值/g	1.54	1.78
Cpk平均值	2.10	1.70

a)

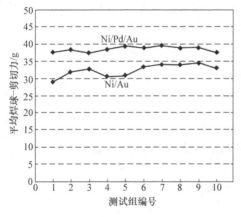

	Ni/Au	Ni/Pd/Au
平均剪切力/g	32.16	38.39
最小剪切力/g	28.14	35.21
最大剪切力/g	35.94	40.88
标准偏差平均值/g	1.15	1.01
极差的平均值/g	3.94	3.32
Cpk平均值	3.32	4.62

b)

图 6-B-7 键合焊盘 Ni/Au 和 Ni/Pd/Au 结构上引线键合强度的测试数据图：Au 丝纯度为 4N，线径为 1.2mil；每组测试 20 个拉力 / 剪切力值，将每组数据的平均值绘制成图（来自 Johal[6B-6]）

a）引线拉力——两组的测试值近似，但请注意其中的变化趋势差异：

Ni/Pd/Au 焊盘结构的引线拉力值一致性更好

b）焊球剪切力——Ni/Pd/Au 焊盘结构上的焊球剪切力明显更高，性能更佳；

两种试样测试的变化趋势相似，但是 Ni/Pd/Au 的平均值比 Ni/Au 平均值高 6g 左右

　　Ng 研究了 Ni/Pd/Au 焊盘的引线键合工艺窗口[6B-7]。研究证实，Ni/Pd/Au 焊盘上的键合工艺窗口远高于标准的 Al 焊盘，两种键合焊盘的工艺窗口如图 6-B-8 所示。较宽的键合工艺窗口允许在低键合力和低超声功率下进行键合，因此，当在敏感电路或其他易损伤的结构上进行引线键合时，Ni/Pd/Au 焊盘结构具有更显著的优势。焊球 - 剪切和引线拉力的测试结果与 Johal[6B-6] 获得的结果相似，两个测试都是在引线键合后立即进行这两项测试，Ni/Pd/Au 焊盘的测试值均高于 Al 焊盘。Ng 将两个试样包封在绿色环保的模塑料中，并进行热老化处理，热老化总时间为 4000h，每隔一段时间取出部分样品，使用酸性烟雾进行开封，露出球形键合点并对其进行引线拉力测试和焊球 - 剪切测试。结果发现，在整个老化过程中，Ni/Pd/Au 焊盘上的引线拉力值保持稳定，而焊球的剪切力值略有增加。这很可能是由于少量的 Pd 通过晶界扩散到 Au 中。在焊球的剪切过程中，位于 Au 晶界上的 Pd 原子阻碍了滑移运动，因此 Au 球的剪切强度增加。这些测试数据在图 6-B-9 中进行了总结。应该注意的是，在整个老化过程中，这些试样被包封在绿色环保的模塑料中，不会损伤性能或产生任何不利的影响，同时在该过程中，Al 焊盘上的引线拉力和焊球剪切测试的数值都急剧下降，原因是焊球 - 焊盘界面处形成的大量 Au-Al 金属间化合物，如图 6-B-9c 中的显微照片所示。综上，该研究表明，采用 Ni/Pd/Au 键合焊盘可以实现宽的键合工艺窗口，对于在高温下长时间使用的应用需求，Ni/Pd/Au 焊盘结构具有长期可靠性。

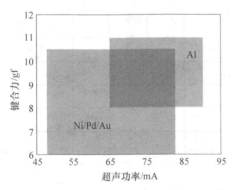

图 6-B-8　在标准 Al 焊盘和 Ni/Pd/Au 焊盘上进行引线键合，通过改变键合力和超声功率对二者的工艺窗口进行对比：如图所示，Ni/Pd/Au 焊盘具有更大的键合工艺窗口；应该注意的是，Ni/Pd/Au 焊盘在低键合力和低超声功率下仍具有良好的可键合性，因此，当在器件的敏感区域内键合时，该结构具有优势；其中 Au 丝纯度为 4N，线径为 1mil；焊盘镀层结构为 3μmNi+0.3μmPd+0.05μmAu；Al 焊盘成分为 Al-1%Si-0.5%Cu（来自 Ng[6B-7]）

　　Hashimoto 对 Ni/Pd/Au 焊盘上引线键合的研究[6B-5] 进一步证明了该焊盘结构具有高的可键合性。他们在实验中分别改变 Pd 和 Au 的厚度，所有 16 种厚度的组合均具有优异的焊球剪切测试结果。在所研究 Au 层厚度的范围内，与 Ni/Au 焊盘相比，通过 Ni/Pd/Au 焊盘上焊球剪切力数值测量的可靠性更加一致。随着 Au 层厚度的增加，Ni/Au 焊盘的焊球剪切力也随之增加，但是 Ni/Pd/Au 焊盘（所有 Au 层的厚度）上的焊球剪切力数值相对保持恒定。焊球剪切的测试结果与 Pd 层厚度无关。根据本研究结果，Hashimoto 推荐的最优镀层厚度组合为 5μmNi+0.06μmPd+0.02μmAu。

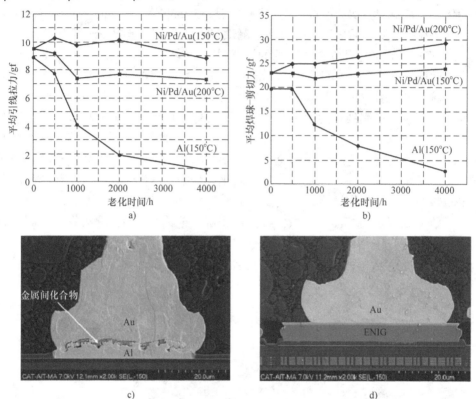

图 6-B-9　高温存贮对 Al 焊盘和 Ni/Pd/Au 焊盘上的 a）引线拉力和 b）焊球剪切测试结果的影响：$t=0$ 时，Ni/Pd/Au 焊盘的两种测试结果都较好；从图中可以看出，对于器件上的 Al 焊盘，随着老化时间的增加，键合强度急剧下降；$t=0$ 时，拉力测试的唯一失效模式是引线颈部断裂；经过 500h 老化后，Al 焊盘上开始出现了焊球拉脱现象，1000h 后，焊球拉脱成为常见的失效模式；而在整个老化过程中，Ni/Pd/Au 焊盘的失效模式始终为引线颈部断裂，且拉力值相对保持恒定；随着老化时间的增加，Ni/Pd/Au 焊盘上的焊球剪切强度呈现出轻微但明确的增长趋势，该现象可能是因为少量 Pd 通过晶界扩散到 Au 中，起到了增强的作用；从 c）Al 焊盘和 d）Ni/Pd/Au 焊盘试样的横截面图片，可以清晰地看出，Au 丝与 Ni/Pd/Au 焊盘键合很少有金属间化合物形成，而与 Al 焊盘键合则形成了大量的金属间化合物；在本图中，将 Ni/Pd/Au 焊盘标注为 ENIG（来自 Ng[6B-7]，©IEEE）

6-B.3.3　镍 / 钯层

Sasangka 最近阐述了直接在 Ni/Pd 焊盘上进行 Au 球形键合的可行性和可靠性[6B-8]。焊盘的叠层结构为 Cu 互连层 +1-2μmNi 层 +0.3μmPd 层。对包封和未包封的试样进行热老化，目的是研究可能存在的有害金属间化合物，并确定高温下模塑料的杂质对封装体长期可靠性的影响。对键合后和热老化后的试样进行焊球 - 剪切和引线拉力测试（热老化总时间为 1008h，每隔一段时间取出部分进行测试）。结果表明，热老化后的性能没有下降。图 6-B-10 所示为引线拉力和焊球剪切的测试结果。在整个老化过程中，引线拉力和焊球 - 剪切力保持一致性，说明几乎没有金属间化合物的形成，随后的焊球 / 焊盘堆叠结构的横截面分析证实了这一推论。该研究没有提及引线键合的工艺过程，但是 Micron 公司[6B-20] 技术说明中的制造指南表明，在 Al 焊盘和 Ni/Pd 焊盘上进行 Au 球形键合的引线键合设备参数几乎没有差异。在 Ni/Pd 焊盘上键合时，需要提前激活 USG（Ultrasonic Generator）输出参数，即在无空气结球（FAB）接触焊盘前先进行超声能量的传输。表 6-B-3 为推荐用于 Ni/Pd 焊盘的键合参数。该技术说明，还将 Au 丝分别与 Al 和 Ni/Pd 焊盘球形键合后的横截面进行了比较（在 150℃下老化 1008h）。可以看出，Au 与 Ni/Pd 焊盘间没有形成金属间化合物，但是 Au 与 Al 焊盘之间形成了大量的金属间化合物（如图 6-B-11 所示）。

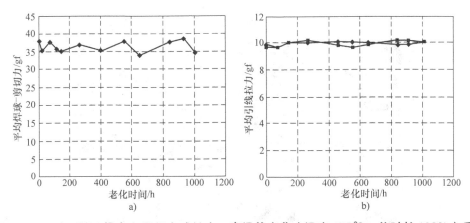

图 6-B-10　在 Ni/Pd 焊盘上进行金球键合，高温热老化（温度 175℃、总时长 1008h）后：a）焊球剪切的测试结果——相对恒定的测试结果表明，热老化不会通过形成金属间化合物而影响焊球 / 焊盘界面；b）引线拉力测试结果（高温热老化温度 150℃、总时长 1008h）——通过采用两种不同的模塑料（有 / 无离子捕捉剂），研究了绿色模塑料对引线键合强度的影响；结果表明，不同模塑料之间几乎没有区别，并且，如焊球剪切的测试结果所示，在整个老化过程中，在焊球 / 焊盘界面没有发生退化（来自 Sasangka[6B-8]，©IEEE）

表 6-B-3　在 Ni/Pd 焊盘和 Al 焊盘上进行 Au 丝键合的工艺参数对比表

键合焊盘材料	Ni/Pd	Al
引线类型	23μm、4N、Au	
键合平台	球形键合机	
成品球径	50~60μm	

（续）

键合焊盘材料	Ni/Pd	Al
成品球厚	7~11μm	
搜索高度	127μm	
恒定速度	0.3(0.3~0.4)mil/s	
超声输出（USG）波形	斜波	
USG 功率	110~140mW	
键合力	18~25g	
波形上升时间	10ms	
键合时间	7~10ms	7ms
USG 前置输出比率	10%~25%	0%

注：可以看出，Ni/Pd 焊盘除了键合时间稍长（增加了 USG 前置输出）外，其他键合参数与 Al 焊盘几乎没有差异。USG 前置输出是指在无空气结球向下接触焊盘表面前，先进行超声能量的传输。

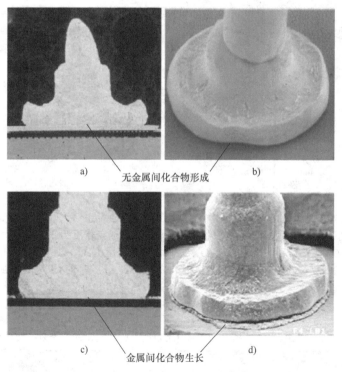

图 6-B-11 将 Ni/Pd 焊盘和 Al 焊盘上的 Au 球键合点在 150℃高温存贮 1008h 后进行对比，以说明 Au-Pd 金属系统的稳定性：Ni/Pd 焊盘上的 a）横截面和 b）俯视图，可以看出老化后无金属间化合物的形成；Al 焊盘上的 c）横截面和 d）俯视图，可以发现，在老化后出现大量的 Au-Al 金属间化合物（来自 Micron[6B-20]）

Sasangka 除了提供与 Ni/Pd 焊盘进行 Au 球形键合的有利数据外，还给出了使用该工艺的潜在问题。在包封的试样热老化后，与 Al 焊盘相比，Ni/Pd 焊盘具有更好的抗模塑料中离子杂质的能力。然而，在焊盘暴露在外的 Pd 表层上存在一些点状腐蚀，这很可能是离子杂质与 Pd 反应而形成的。在高/低离子杂质含量的试样中都发现了腐蚀，其中具有高含量杂质的模塑料试样的腐蚀情况略微严重。对于含高/低离子杂质含量的试样中，Pd 点状腐蚀程度均较为轻微（特别是与 Al 焊盘相比），并且对长期可靠性的影响可能极小，但是还需对该观察结果进行深入地研究。

另外，Sasangka 通过 XPS 测试也研究发现，Pd 焊盘的表面含有约 1%（原子百分比）的 Cu 杂质。在热老化的过程中，监控 Pd 表面成分，发现随着老化时间的增加，Cu 杂质的含量稳定增加，原因可归结于 Cu 的晶界扩散，穿过 Ni 和 Pd 层到达键合焊盘表层。然而，Ni 和 Pd 镀层均被沉积成非晶膜层（无晶界），因此晶界扩散不太可能是 Cu 杂质的来源。Cu 杂质更有可能来源于在 Ni 和 Pd 焊盘侧壁上的 Cu 表面扩散。因为化学镀 Ni 和 Pd 的反应仅在裸露的金属表层发生，所以 Ni 或 Pd 镀层没有与焊盘上电介质开窗处的侧壁粘合，这为活性非常高的互连金属基底 Cu 进行表面扩散提供了一条开放的路径，因为化学镀工艺的性质，所以无法防止基底金属 Cu 沿侧壁进行扩散。但是，这种现象影响引线可键合性的总体风险相对较低。通常，在焊盘镀覆之后和引线键合之前，器件所经历的唯一高温过程是裸芯片环氧粘接胶的固化过程，该过程为短期热偏移，时间远少于驱动大量 Cu 扩散所需的长期热老化处理过程。

6-B.4 等离子体清洗

前文已经讨论了 Ni 表层污染（或其他金属污染物）的危害与影响，这些影响可以通过在引线键合前使用等离子体清洗步骤来降低。等离子体清洗的类型有两种——间接法和直接法。其中间接等离子体清洗使用活性等离子体（例如 O_2），与键合焊盘表面的有机污染物发生化学反应并将其去除。在任何情况下，间接 O_2 等离子体清洗方法都不应该用于清洗 Ni 基镀层焊盘。焊盘表面的 Ni 或其他金属污染物不但不会通过该方法被去除，反而会被严重地氧化，进一步降低可键合性。等离子体清洗 Ni 基镀层焊盘的首选方法是使用直接等离子体清洗或溅射方法。该方法使用具有高能量的等离子体（例如 Ar）对金属污染物进行物理轰击，将污染物不但从焊盘表面除去。该方法的一个缺点是，如果金属污染物不能通过等离子体排气系统完全排出，则可能会发生重新沉积。因此，为防止金属过量去除和再沉积，应该注意清洗时间不宜太久。

Furukawa[6B-21] 证实了直接 Ar 等离子体清洗对 ENIG 键合焊盘的有效作用。尽管没有讨论清洗参数优化的方法，但研究结果清楚地表明，Ar 等离子体处理可以改善引线键合性能。引线拉力测试结果显示，未经等离子体处理的试样拉力强度较低，出现因为键合不良导致的焊球拉脱的失效现象。等离子体处理后的试样拉力值都较高，出现的失效模式为引线颈部断裂（球形键合点强度高）。清洗前后的试样表面成分分析结果表明，清洗后 Ni 和 C 污染物含量大大降低。

Chan 在最初优化键合参数的研究之后[6B-17]，对等离子体的清洗参数进行了研究[6B-22]。他在电镀和化学镀 Ni/Au 焊盘上进行直接 Ar 等离子体清洗，在等离子体处理之后，两种焊盘的引线键合工艺窗口都显著扩大，其中等离子体功率为100W 和 400W，清洗时间为 1min 和 5min。研究证实，低功率 / 短时间的参数组合对键合工艺窗口的改善效果最佳。如前所述，其原因可能是高功率和长时间会导致过度清洗。图 6-B-12 展示出经过 / 未经过等离子体清洗的电解镀和化学镀 Ni/Au 焊盘上的引线键合工艺窗口。

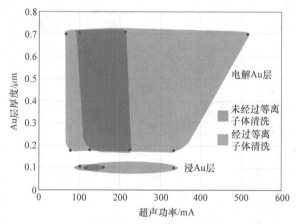

图 6-B-12　经过 / 未经过 Ar 等离子体清洗的 ENIG 和电镀 Ni/Au 焊盘上引线键合工艺窗口的示意图：可以看出，在引线键合之前进行 Ar 等离子体清洗，可以显著扩大两种焊盘上的键合工艺窗口（来自 Chan[6B-22]，©IEEE）

6-B.5　可直接键合的铜层

除了用于引线键合的 Ni/Au、Ni/Pd 或 Ni/Pd/Au 键合焊盘外，应该注意的是，有一些研究已经证实直接在 Cu 层键合焊盘上进行球形键合的可行性。为了成功进行键合，必须小心地控制 Cu 键合焊盘表层的氧化。研究者提出一种方法，在 Cu 焊盘上沉积一层薄的 Ti 膜层以防止氧化。Aoh[6B-23] 证实 3.7nm 厚的 Ti 膜层足以防止 Cu 层的氧化，在后续 Au 丝键合时展现出良好的可键合性。更厚的 Ti 层会导致较差的可键合性和键合强度，因为 Ti（或其氧化物）在焊球和焊盘之间起着阻挡层作用。另一种防止 Cu 层氧化的方法是在 Cu 焊盘表层覆盖一层自组装的单分子膜（Self-Assembled Monolayer，SAM），该方法的原理类似于印制电路板上的有机可焊性保护涂层（Organic Solderability Preservative，OSP），可防止钎焊时 Cu 焊盘的氧化。Banda 和 Whelan[6B-24, 6B-25] 的研究表明，当 SAM 厚度小于 2nm

时，Cu 焊盘具有良好的 Cu 丝可键合性。Cu 丝直接键合到 Cu 焊盘的结构具有非常高的性能，尤其是对于高频应用。尽管这些开创性方法已在实验室中展现出一定的潜力，但在成功用于大规模生产之前，必须完善这些技术。应该指出的是，Banda 和 Whelan 的 SAM 研究在成果发表后不久就停止了，此后一直没有继续。

参考文献

6B-1 Liu, Y., Irving, S., and Luk, T., "Thermosonic Wire Bonding Process Simulation and Bond Pad Over Active Stress Analysis," *Electronics Packaging Manufacturing, IEEE Transactions*, 2008, **31**(1):61–71.

6B-2 Liu, Y., Irving, S., and Luk, T., "Wafer Probing Simulation for Copper Bond Pad Based BPOA Structure," in *Thermal, Mechanical and Multi-Physics Simulation Experiments in Microelectronics and Micro-Systems, 2007, EuroSime 2007, International Conference, 2007*.

6B-3 Tran, T. A., Yong, L., Williams, B., Chen, S., and Chen, A., "Fine Pitch Probing and Wirebonding and Reliability of Aluminum Capped Copper Bond Pads," in *Electronic Components and Technology Conference, 50th Proceedings*, 2000.

6B-4 England, L. and T. Jiang, "Reliability of Cu Wire Bonding to Al Metalization," in *Electronic Components and Packaging Conference*, 2007.

6B-5 Hashimoto, S., Kiso, M., Oda, Y., Kurosaka, S., Okada, A., and Gudeczauskas, D., "Study of Ni-P/Pd/Au as a Final Finish for Packaging," in *International Wafer Level Packaging Conference (IWLPC)*, 2006.

6B-6 Johal, K., Roberts, H., Desai, K., and Low, Q. H., "Performance and Reliability Evaluation of Alternative Surface Finishes for Wire Bond and Flip Chip BGA Applications," in *Pan Pacific Symposium*, 2006.

6B-7 Ng, B. T., Ganesh, V. P., and Lee, C., "Optimization of Gold Wire Bonding on Electroless Nickel Immersion Gold for High Temperature Applications," in *Electronics Packaging Technology Conference, 2006, EPTC '06, 8th*, 2006, pp. 277–282, (© IEEE).

6B-8 Sasangka, W. A. and A. C. Tan, "High Temperature Performance Study of Gold Wire Bonding on a Palladium Bonding Pad,: in *Electronics Packaging Technology Conference*, 2006, pp. 330–335, (© IEEE).

6B-9 Strandjord, A., Popelar, S., and Jauernig, C., "Interconnecting to Aluminum- and Copper-Based Semiconductors (Electroless-Nickel/Gold for Solder Bumping and Wire Bonding)," *Microelectronics Reliability*, 2002, **42**(2): 265–283.

6B-10 O'Sullivan, E. J., Schrott, A. G., Paunovic, M., Sambucetti, C. J., Marino, J. R., Bailey, P. J., Kaja, S., and Semkow, K. W., "Electrolessly Deposited Diffusion Barriers for Microelectronics," *IBM Journal of Research and Development*, 1998, **42**(5)

6B-11 Rohan, J. F., G. O'Riordan, and J. Boardman, "Selective Electroless Nickel Deposition on Copper as a Final Barrier/Bonding Layer Material for Microelectronics Application." *Applied Surface Science*, 2002, **185**(3–4): 289–297.

6B-12 Baudrand, D. and J. Bengston, "Electroless Plating Processes: Developing Technologies for Electroless Nickel, Palladium, and Gold," *Metal Finishing*, 1995, **93**(9):55–57.

6B-13 Yokomine, K., Shimizu, N., Miyamoto, Y., Iwata, Y., Love, D., and Newman, K., "Development of Electroless Ni/Au Plated Build-up Flip Chip Package with Highly Reliable Solder Joints," in *Electronic Components and Technology Conference, 2001, Proceedings., 51st*, 2001, pp. 1384–1392.

6B-14 Abys, J. A., Kudrak, E. J., Maisano, J. J., and Blair, A. *The Electrodeposition and Material Properties of Palladium Nickel Alloys*, in *WESCON*, 1996.

6B-15 Okinaka, Y. and Hoshino, M., "Some Recent Topics in Gold Plating for Electronics Applications," *Gold Bulletin*, 1998, **31**(1):3–13.

6B-16 Kato, M. and Y. Okinaka, "Some Recent Developments in Non-Cyanide Gold Plating for Electronics Applications," *Gold Bulletin*, 2004, **27**(1–2): 37–44.

6B-17 Chan, Y. H., Kim, J. K., Liu, D., Liu, P. C. K., Cheung, Y. M., and Ng, M. W., "Process Window for Low-Temperature Au Wire Bonding," *Journal of Electronic Materials*, 2004, **33**(2):146–155.

6B-18 Lai, Z. and Liu, J., "Effect of the Microstructure of Ni/Au Metallization on Bondability of FR4 Substrate," in *International Symposium on Electronic Packaging Technology, Proceedings of the 3d*, 1998.

6B-19 Ansorge, F., Bader, V., Zakel, E., and Reichl, H., "Bondability of Electroless Metalfinishes for COB-Technology," in *Recent Progress in Printed Circuit Board Technology. International Workshop*, 1997.

6B-20 Micron, *Technical Note: Micron Wire-Bonding Techniques*, **TN-29-24**: p. www. micron.com.

6B-21 Furukawa, R., "Realizing Low Cost and High Reliability in CSP Packages with Surface Treatment and Material Technology—Plasma Treatment Technology," in *Electronics Manufacturing Technology Symposium, 2004. IEEE/CPMT/SEMI 29th International*, 2004.

6B-22 Chan, Y. H., Kim, J. K., Liu, D., Liu, C. K., Cheung, Y. M., and Ng, M. W., "Effect of Plasma Treatment of Au-Ni-Cu Bond Pads on Process Windows of Au wire Bonding," *Advanced Packaging, IEEE Transactions*, 2005, **28**(4):674–684.

6B-23 Aoh, J. N. and Chuang, C. L., "Thermosonic Bonding of Gold Wire onto a Copper Pad with Titanium Thin-Film Deposition," *Journal of Electronic Materials*, 2004, **33**(4):290–299.

6B-24 Banda, P., Ho, H. M., Whelan, C., Lam, W., Charles J., Vath, I., and Beyne, E., "Direct Au and Cu Wire Bonding on Cu/Low-k BEOL," in *Electronics Packaging Technology Conference*, 2002, pp. 344–349.

6B-25 Whelan, C. M., Kinsella, M., Ho, H. M., and Maex, K., "Corrosion Inhibition by Thiol-Derived SAMs for Enhanced Wire Bonding on Cu Surfaces," *Journal of the Electrochemical Society*, 2004, **151**(2):B33–B38.

第 7 章 清　　洗

7.1　引言

分子级清洗方法已经长期用于在晶圆生产过程的各个阶段中清除污染物，是保证高良率的绝对必要措施。只有键合表面是清洁的，才能得到高良率的（晶圆）引线键合。20 世纪 90 年代前，专门为用于提高引线键合良率和可靠性而设计的清洗步骤几乎没有被考虑过。现代 ULSI（Ultra Large Scale Integration，超大规模集成电路）器件具有成百上千的 I/O 和引线键合点，并且必须满足早年无法想象的封装良率和可靠性要求。由于每个芯片的 I/O 太多，引线键合（和其他互连方法）已成为提高封装良率的最大驱动因素。然而，现代键合焊盘金属层通常比过去更硬，金属层中可能会包含多种添加物，另外，晶圆的反应离子处理会在表面上留下卤素和碳膜，所有这些因素都可能限制引线键合的良率、抑制可键合性，从而影响可靠性。

由于芯片的生产过程繁琐和货源供应多样，有时芯片的长年贮存以及在裸芯片粘接过程中使用的聚合物 / 环氧树脂的污染，所以在高可靠的 MCM/SIP/ 混合电路行业中率先采用键合前的分子级清洗方法，这种方法已经推广到其他封装领域，并且有时也用于大批量的 IC 封装中。

需要注意的是，在过去（20 世纪 60—90 年代）开发的这种"新的"微电子清洗工艺的所有基础研究工作基本上都已经完成。目前许多已发布的研究都是针对过去内容的重复研究，例如使用的更现代的、更容易操作的清洗设备或关于某特定器件的清洗问题。因此，本章的主要内容相对完整，但往往为了让读者理解得更清晰而重新编排，并增加了相关的新研究内容。目前许多出版物都是由某些新设备产品的销售商或认证工程师完成的，这些出版物对于解决特定问题或了解设备改进方面可能很有用，但通常不包含新的清洗技术。

众所周知，键合焊盘上的污染物会降低引线键合的可键合性或可靠性。表 7-1 列出了许多已经发现的能降低可键合性的污染物。该表仅作参考，原因是对键合的影响可能取决于污染物的浓度或与其相互的协同作用（例如存在水汽或热量，或处于 Au-Al 界面内）。某些污染物主要影响可键合性，而其他污染物则可能会降低可靠性。本书主要讨论了影响键合金属间化合物可靠性的许多重要的化学物质和其他污染物，尤其是在第 5 章中表 5-5 和图 5-13 中讨论的内容。

表 7-1　可能降低可键合性的杂质

卤素的来源	
• 等离子体（RIE）蚀刻（干法处理）——可能会留下卤素	
• 环氧树脂逸气——污染焊盘	
• 氧化硅蚀刻——焊盘	
• 溶剂（TCA、TCE、氯氟甲烷）——焊盘上的卤素	
• 光刻胶剥离剂——沉积在焊盘上	
电镀污染物	
• 铊	• 抛光剂
• 铅	• 铁
• 铬	• 铜
• 镍	• 氢
硫的来源——导致腐蚀，降低可键合性	
• 封装容器	• 环境空气
• 纸板和纸	• 橡胶制品
多种抑制可键合性的有机污染物	
• 环氧树脂逸气	• 光刻胶
• 一般环境空气（贮存不良）	
• 唾沫——目前很少见	
其他引起腐蚀或抑制可键合性的物质	
• 钠	• 铬
• 磷	• 铋，镉
• 水汽	• 玻璃，蒸汽氧化物，氮化物
• 碳	• 银
• 铜	• 锡
• 钛	• 大多数软的氧化物（例如 Ni、Cu、Ti）

　　还有许多人为引入的污染物并未在表 7-1 中列出，可能包含抑制或降低可键合性的材料，其中一些污染物可能是皮肤、头发、汗水、唾液和粘液中的小颗粒，可能是由于说话、咳嗽、打喷嚏、打哈欠、摇头、抓挠等行为而到达器件表面上的（口罩和净化服可防止大多数此类污染物）。在参考文献 [7-1] 中汇总了多种来自人体的污染源。静止不动的人每分钟会产生约 105 个直径大于 0.3μm 的颗粒，而在移动时会多出高达 50 倍的粒子。一个穿着净化服的人，在 100 级洁净室中行走，将在同一时间段内产生多达 50 000 个颗粒 [7-2]。来自饮用水（CI 和 Br）或干洗衣服（四氯乙烯）[7-3] 的其他污染源可进入空气中。目前，大多数组装和封装的生产设备都在洁净室中运行，这些洁净室的洁净等级优于（低于）10 000 级，少数甚至接近 100 级。组装设备（裸芯片键合机、引线键合机等）可在低于 1000 级

的洁净室内运行，但是，尚未证明洁净室中的特定污染会降低引线键合的良率[⊖]。据推测，尽管来自净化室衣服或口罩上的纤维肯定会严重削弱常规尺寸的键合界面，但由空气传播并落在键合焊盘上的这些颗粒尺寸太小而不会造成这种影响。然而，随着球形键合的直径越来越小，以适应越来越关注的约 20μm（或更小）的细节距趋势（请参阅 ITRS 2007 表）；另外，键合界面或芯片表面上的任何人为产生的颗粒在后续的工作中都可能引起腐蚀的可靠性问题 [7-1]，所以人们越来越关注这些污染物的影响。也许验证引线键合中的颗粒问题程度的唯一方法是使用器件表面的植入（seeding）技术 [7-4]，然后如实地执行如受控的 HAST 试验以进行可靠性评估。但是，随着现代 IC 大批量生产的速度更快、更清洁、生产过程中涉及的人员更少，所以认为洁净室 / 封装过程中（接近 10 000 级）发生污染的情况是很少见的。

考虑到大量可能使键合退化的污染物，可能需要使用多种方法来清洗表面几种不同的污染物。其中一些污染物中（例如卤素）可能会化学地结合在键合焊盘上，并且需要只能在晶圆级阶段采取的处理措施，例如在 350℃的氧气中加热30min[7-5]。其他的污染物，如玻璃、氮化物和焊盘上的某些金属氧化物，在封装级阶段不易被去除。但是在裸芯片粘接之后和键合之前，可以很容易地清除有机物。氧气、氩气、氢气和其他等离子体清洗气体以及 UV（紫外线）- 臭氧都可以有效地去除引发可键合性问题的主要碳质污染物。

本节将提供证据表明污染物可以降低可键合性和可靠性，使用 UV- 臭氧和各种等离子体清洗工艺可以消除这类污染物。这两种分子级清洗方法是本节主要的讨论内容。各种溶剂技术 [7-6 ~ 7-8]（溶液、气相碳氟化合物、电离辐射和去离子水）仅在与气态方法进行比较时才进行讨论。

7.1.1 分子级清洗方法

等离子体清洗和 UV- 臭氧清洗这两种方法已有很多年的历史 [7-8 ~ 7-16]。Sowell[7-9] 对金表面的各种清洗方法给出了最清晰的对比，对比的清洗方法有 UV（少量臭氧或没有臭氧）清洗，氩等离子体清洗和超高真空下的烘烤清洗。这些数据如图 7-1 所示。真空中 Au 的附着系数（与摩擦系数有关）用作清洗表面的量度标准。实验室空气中碳氢化合物的二次污染由中间曲线指示（或在图 7-1b 中，由车间空气指示）。这些数据与玻璃表面上的测量数据相关，其使用水滴接触角法进行评估。已出版的书中 [7-10] 收集了大量传统的清洗和控制污染方面的工作内容，应该参考该书以获取更多详细的基本信息。本节的其余部分描述的工作可直接应用于引线键合的可键合性和可靠性。

⊖ 这种颗粒可以是潮解的，也可以是油性的，它们会降低模塑料的粘附性，进而导致分层和爆米花效应，等离子体和 UV- 臭氧清洗都被用来减少这类问题发生。在非常少见的情况下，在实际中曾发现一个颗粒也可使引线键合的边缘脱粘。

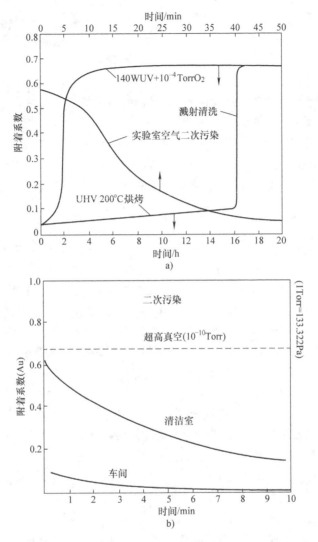

图 7-1　a）使用 UHV 200℃烘烤，氩气溅射和在 10^{-4}Torr O_2 下的 UV 照射（下坐标）分别对 Au 表面清洗的对比图，还显示了正常实验室空气中的再污染率，箭头指向适当的时间刻度（来自 Sowell，©JVS，1974[7-9]）b）一种类似的现代测量技术，包括车间（或其他脏环境）以及洁净室环境中的二次污染（来自 Donald M. Mattox，SVC Education Guides to Vacuum Coating Processing 2007）

7.1.2　紫外线 - 臭氧清洗

　　UV（紫外线）- 臭氧清洗机通常由一个含石英罩的腔室，低压汞蒸气灯组成，这些设计用于发射大量波长为 1849～2537Å 的辐射。腔室内待清洗的器件尽可能地靠近灯放置。由于认为臭氧气体是危险的，因此通常将这些装置放在通风橱中操作，或至少是在存有某些清除气体方法的区域中操作，美国政府法规可适用于欧盟或其他区域内臭氧的安全使用（USA-OSHA）。

使用 UV-臭氧去除有机污染物的过程如下：1849Å UV 能量将 O_2 分子分解为原子氧（O+O），然后与其他 O_2 分子结合形成臭氧（O_3）。臭氧对 2537Å 紫外线具有强吸收性，并可能再次分解为 O_2+O。任何存在的水汽也可分解为 HO 自由基。所有这些物质（HO、O_3 和 O）都可以与碳氢化合物反应生成 CO_2+H_2O，并以气体形式离开器件表面。2537Å 强 UV 可额外破坏碳氢化合物的化学键，从而加速氧化过程。图 7-2[7-13] 给出了 UV-臭氧清洗过程的简化示意图。早期的研究工作[7-11] 表明，单独的（2537Å）UV 可以清洗带碳质膜的金镀层，进而增加热压球形键合的剪切强度。但是，可能需要数小时的 2537Å UV 清洗，因此现代的实际清洗是将两种波长结合在一起的。

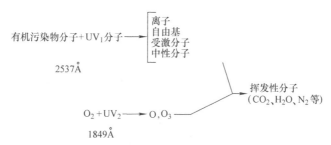

图 7-2　UV-臭氧清洗过程的简化示意图，使用汞蒸气灯的两个主要 UV 波长（来自 Vig[7-13]；©IEEE）

图 7-3 显示了进行这种清洗以提高键合能力的示例。发现即使只有几埃厚的碳膜层⊖也会减弱可键合性，清洗后的金膜层（碳 <1Å）会在 150℃ 形成强的热压键合，这在热超声键合中是一个低的温度。发现单独使用臭氧（产生臭氧的 UV 被试样屏蔽）可获得类似的清洗效果[7-12]，与 O_2 等离子体清洗的下游过程相似。但是，发现 UV 和臭氧（2537Å+1849Å+臭氧）一起清洗的速度比单独 UV 或臭氧要快很多，其清洗速度最高可提升 100 倍，这取决于特定的杂质[7-13]。因此当前的清洗机采用了这种组合，并且使用高强度灯清洗典型的封装体，清洗时间可小于 10min。

使用蜂蜡、凡士林和卤化碳蜡污染金厚膜表面，然后使用三氯乙烯脱脂和沸腾的清洗方法，与用 UV-臭氧[7-11] 清洗的方法进行可键合性对比。结果表明蒸汽脱脂对清除蜂蜡的清洗效果不佳（如图 7-4 所示），但对凡士林和卤化碳蜡相当有效。但是，UV-臭氧可有效去除所有污染物。这指出了溶剂清洗的主要问题：没有一种溶剂可易于去除键合焊盘上可能存在的所有污染物，进而强调了分子级清洗方法的重要性。

⊖　在俄歇电子光谱中，有机膜的总厚度通常是被测碳当量厚度的 3～4 倍。

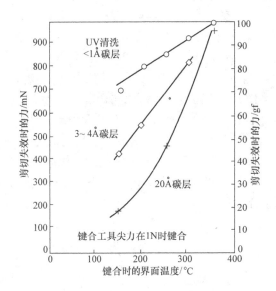

图 7-3　表面污染对在金热压键合（脉冲键合）的影响（来自 Jellison[7-11]，©IEEE）

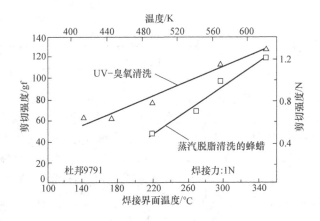

图 7-4　蜂蜡污染对金厚膜的影响（来自 Jellison[7-14]，©IEEE）

设备制造商提供了一些关于 UV- 臭氧清洗方面的资料，一项是关于陶瓷电路板线条的清洗应用，包括声表面波（Surface Acoustic-Wave，SAW）器件[7-15]；另一项是关于硅晶圆的清洗应用[7-16]。

层压基板和聚酰亚胺基板上的器件（包括 BGA、SIP、SOP、MCM 等）可以使用 UV- 臭氧进行安全地清洗。在 150℃ UV- 臭氧 1 ~ 5min 的条件下，研究发现BGA 层压基板上的水滴接触角减小，同时塑料粘附性增加到最佳值。而长时间的曝光清洗使得 85℃ /85%RH 环境下的可靠性下降[7-17]。另外，240h 高压试验消除了 Al 键合焊盘的腐蚀。另一项研究发现聚酰亚胺暴露于 UV- 臭氧（室温）2min

可获得最佳清洗效果[7-18]。在所有情况中，曝光清洗时间过长都会改变聚合物的表面，并可能引发一种或另一种的可靠性问题。

7.1.3 等离子体清洗

等离子体清洗设备比 UV- 臭氧设备通常体积更大、成本更高且更复杂。该设备包括一个真空泵、一个几百瓦的射频功率发生器和纯净的气体（通常为氧气和氩气，在某些情况下为氢气）。从本质上讲，等离子体清洗是一种批量清洗方法，而 UV- 臭氧可用于传送带的在线系统。在使用中，将器件放置在抽真空的腔室中，引入适当的气体（通常在 0.1 ~ 0.5Torr 的范围内），并打开射频功率电源，持续 1 ~ 15min 以完成清洗过程。

近年来已经引入一种简化的、不昂贵的等离子体清洗系统，其本质上是微波炉。将待等离子体清洗的试样放在微波炉外壳内的玻璃腔室中。当打开磁控管时，会产生非常高频率（约 2.5GHz）的感应等离子体。这是一种商业化产品，目前通常用于实验室清洗。但是，目前还没有独立发表过关于微波等离子体清洗机和传统的等离子体清洗机进行引线键合清洗效果的对比文献，或关于敏感芯片无损清洗方面的示例。

在微电子领域中最早使用等离子体清洗的目的是清除晶圆上光刻胶的污染物[7-19]。但是，尤其是最近一段时间，有大量研究使用等离子体清洗方法（O_2 和 / 或 Ar 和 H_2）去除污染物。这对 IC 键合焊盘、混合电路基板[7-20 ~ 7-28]、Au 键合焊盘[7-29]、芯片级封装[7-30]、在环氧树脂模塑前的 QFP，SIP，SOP 塑封和引线框架上的键合（以防止爆米花效应）是有效的[7-29]。

氧气和氩气等离子体清洗在 IC、微电路领域已经使用很多年[7-21]，以提高可键合性并增加键合工艺的参数窗口（图 6B-12 所示即为基于现代镀层改善工艺窗口的最新研究）。这种清洗可提高 Au 线与环氧树脂粘接的裸芯片器件上铝焊盘的可键合性和可靠性，图 7-5 所示为这种清洗后提高可靠性的一个示例。对于 Au 线与镀 Au 表面的球形键合，获得了改善可键合性的类似结果[7-22]。在这种情况下，使用氧等离子体可清除裸芯片粘接的环氧树脂"溢出物"，其位于芯片附近的基板金属层上的键合焊盘位置。等离子体清洗对裸芯片剪切强度没有负面影响。这些结果已被证实[7-25, 7-26]。

Graves[7-23] 评估了各种等离子体过程，以提高混合电路的可键合性。他发现，在其生产过程中使用的特殊厚膜金（杜邦 4290，反应 - 键合）的可键合性没有被氧等离子体改善，原因可能是在反应 - 键合元素的氧化，如 Cu。他的研究表明，最好的键合结果是使用无氧的氩气等离子体清洗（0.25Torr，300W，60min）[⊖]。这项研究也很有趣，因为作者发现最佳结果不仅取决于气体和射频功率，而且还取

⊖ 注意，清洗时间和功率参数处于典型等离子体清洗参数中很高的一侧，不能用于清洗敏感器件或聚合物基板。

决于固定装置以及特定的待清洗材料。据推测，固定装置可以屏蔽或相反地以其他方式改变电离等离子体在局部区域的浓度。在另一种情况下，氧等离子体不能清除半导体键合焊盘上的氟污染[7-24]。据推测，氟已经与表面氧化物下的 Al 发生了化学反应。此外，还报道了其他等离子体清洗问题，通常情况是可键合性降低而不是被改善。这些问题通常是不太可能的巧合之间的复杂相互协同作用。在这种情况下，氩气等离子体刻蚀了等离子体反应腔室中的聚四氟乙烯（Teflon）材料套管[7-32]，释放出的 F 腐蚀了反应 - 键合的金厚膜中的 Cu 和 Au，同时也发现了 Cl 元素的痕迹。结果表明，在表面存在铜羟基氟化物，这降低了 Au 线的月牙形键合性能。显然，必须理解材料和工艺之间的相互作用，才可避免发生这些类似的问题。

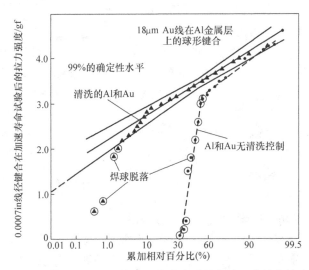

图 7-5　在 300℃的热应力下 4h 后，O_2 等离子体清洗对铝金属层上的金键合可靠性的影响（来自 Bonham 和 Plunkett[7-21]，©Plenum Press）

　　使用环氧玻璃基板（FR-4、BT 等）或聚酰胺的塑料封装（如 BGA）也可以在 300W 功率的 O_2/Ar 等离子体中进行短时间（1 ~ 5min）清洗[7-18, 7-29, 7-33 ~ 7-35]。长时间的清洗会加热基板或刻蚀塑料。一些研究工作者使用氩气，以最大程度地减少塑料降解。

　　氢气和氩气可用于直流（而不是射频）等离子体清洗[7-36]。当与大约 5% 的 H_2 一起使用时，等离子体的击穿电压非常低，以至于作者报告称对敏感的 IC 器件没有辐射型损伤（有关此类损伤的说明，请参阅附录 7A）。有机污染物转化为碳氢化合物气体，一些无机污染物，例如硫、磷和氮化合物也会挥发。作者报告说在所有情况下，键合强度都会提高，尤其是镀 Ag 引线框架上的键合会有更大拉力。H_2 可用于还原任何现存的氧化银以及 Cu 引线框架上的氧化物。

　　薄金扩散问题：随着近期金价格的上涨，许多公司直接在 Ni 镀层上使用置

换 / 浸 Au 层（<0.2μm 厚）进行引线键合（参见本书第 6 章）。如果在引线键合之前有进行热处理，Ni 会扩散到 Au 表面上然后氧化，进而降低可键合性。氩等离子体清洗将"溅射"掉 NiO$_x$ 并恢复可键合性、可焊性，以及增加模塑料的粘附性 [7-36]，这个工艺至今仍在经常使用。

因为已证明等离子体清洗（O$_2$、Ar、H$_2$）可改善键合效果，所以在键合之前引入了几种"在线"批量生产的等离子体清洗设备来清洗引线框架 [7-36、7-38]。这些基本上是批次的清洗设备，可自动加载，清洗然后卸载与裸芯片粘接的引线框架带，并将它们流转到后续的组装过程。因此，不会减慢器件流进引线键合机的速度。

与 UV- 臭氧清洗一样，等离子体清洗可以安全地用于清洗层压基板和聚酰亚胺基板上的金属层和器件（PBGA、SIP、SOP、MCM 等）。通常情况下，与 UV- 臭氧清洗相比，等离子体对这些基材的损伤更大；但是如果谨慎处理，在聚酰亚胺 [7-18] 上只发生最小深度约 100Å 的损伤，而在 PBGA 和类似基板上的损伤较小。通常，对于清洗来说，只有一两分钟时间就足够了，不会损伤器件和聚合物基材。

7.1.4　等离子体清洗机理

氧等离子体清洗的机理与 UV- 臭氧清洗相似。有些 O$_2$ 可以被电离而有些 O$_2$ 被分解成原子氧 O+O，然后与碳氢化合物反应形成 H$_2$O 和 CO$_2$[7-39]。受激的氧原子还可进行能量轰击，这有助于分解碳氢化合物分子，以及溅射掉污染物。虽然电离的氩不会形成稳定的化合物，但是可能与碳或其他污染物形成短暂的亚稳态化合物，除掉这些污染物后使其分解，最后随着这种气态等离子体通过泵排出。氩的原子量是氧的 2 倍以上，可以通过撞击（溅射）来清除各种形式的污染物。通常，仅用氩气去除有机污染物的时间是 O$_2$+Ar 的 2 倍，所以使用氧气和氩气的混合物进行等离子体清洗的频次较高。表 7-2 比较了各种等离子体清洗系统参数及其对引线键合的影响。从这些数据中可以明显看出在很宽范围的工艺参数内都能获得令人满意的清洗效果。例如用于氩气，氧气或其混合物的工艺参数，100至 200W 的射频功率，0.5Torr 的气压以及大约 10min 的清洁时间，这些参数可以提高陶瓷基板上引线键合的可键合性和可靠性。为去除厚的环氧树脂的溢胶或其他污染物，可能需要更多的时间或功率。如果器件易损伤（参看附录 7A），则可以使用的工艺参数为射频功率 75W，O$_2$ 等离子体清洗 3min 或 4min。目前已经获得为优化引线键合的清洗程序和时间表 [7-21、7-22]。超过 300W 的射频功率可能会造成损伤，原因是试样过热和 / 或通过溅射导致去金属化，并且可能会改变器件的电气特性。

对氧等离子体（如 UV- 臭氧）进行的研究发现来自射频等离子体清洗（下游清洗 [7-40]）中的原子氧，O 和离子化的 O$_2$，可以有效地清洗光刻胶等材料。

简单的程序就是把器件放在屏蔽罩内（Faraday 屏蔽），处于射频等离子体中，这将保护敏感器件免受电场的影响和防止辐射损伤，如附录 7A 中的讨论。多种专门设计的射频和微波的下游清洗机都是可用的，并且大多数现有的等离子体清洗机都可以此目的进行轻松的改装。不幸的是，没有使用这种方法进行键合实验。考虑到没有进行溅射，许多活化原子会沿着扩展的扩散路径衰减，因此可以推测与正常的 O_2/Ar 等离子体清洗相比这种设备的清洗时间会明显增加。在下游的清洗机中不会选用氩气，原因是等离子体清洗可能会使某些敏感器件出问题，并且下游的清洗效果不是那么有效。在有机物污染物的清除方法中，已经证实 UV- 臭氧清洗方法为一种可选方案（参见 7.1.3 节）。在某些情况下，可以使用气体沉积薄的亲水性阻流层来防止环氧树脂的渗溢，从而消除了对等离子体清洗的需求及其对敏感芯片的可能损伤[7-41]。

表 7-2　各种报告中的等离子体清洗参数

功率 /W	气体	压力 /Torr	流量①	时间	对键合的影响	参考文献
300	O_2	—	$300cm^3/min$	10 min	减少腐蚀	[7-6]
100	O_2	0.5	—	10 min	提高剪切强度	[7-8]
50	O_2, Ar	0.5	—	30 min	清洗陶瓷	[7-20]
50 ~ 150	O_2, Ar	—	$130cm^3/min$（各种）	2 ~ 10min	O_2 等离子体提高可靠性 Ar 等离子体清除 Ag 黑色物	[7-21]
50 ~ 300	O_2	1-2	—	10min	提高键合可靠性	[7-22]
<300	O_2, N_2, Ar	0.25	—	300W，60min（对于 Ar）	提高可键合性	[7-23]
100	O_2	—	—	3 ~ 5min	提高可键合性和可靠性	[7-25]
75 ~ 100	Ar	0.2	$113L/min$	5 ~ 10min	提高可键合性	[7-26]
220	O_2	1	$600cm^3/min$	10 ~ 15min	提高可键合性	[7-28]
200	Ar	—	—	2min	提高层压基板可键合性	[7-33]
DC 25 ~ 30V	Ar, $5\%H_2$	—	约 $70cm^3/min$	5 ~ 10min	提高可键合性	[7-36]

① 在给定压力下的流量取决于等离子体清洗机的体积和其他特性。

7.1.5　分子级和溶剂清洗方法评估

UV- 臭氧和等离子体清洗方法都可以提高引线键合的可键合性以及可靠性。对于超声键合和热超声键合，允许使用更小的超声功率，并且仍能形成牢固的焊接。反过来，这将减少由于弹坑而引起的失效（参见第 8 章）。此外，牢固的 Au-Al 焊接一直被证明比弱焊接更可靠。很多已经发布的研究表明等离子体清洗比 UV- 臭氧清洗可更好地提高键合质量，尽管在常规的生产中都会使用到这两种方法，并且往往只是在出版物中提到，没有任何细节。

分子级清洗方法首先用于混合微电路生产中的键合改善。在这里，由于芯片长期贮存和大量的处理加工过程而产生的气体杂质（例如来自裸芯片粘接环氧树脂的逸气），导致较高的引线键合和腐蚀失效率，这使得清洗成为必要。这些清洗方法目前还可用于相对小批量生产的昂贵 Cu/Lo-k 封装体和其他高可靠性要求的 IC 封装。先进的芯片经过等离子体处理后，其键合焊盘上可能有无色的碳氟化合物薄膜，这可能导致可键合性以及类似紫斑的可靠性问题。如果不清洗，可能需要更高的超声能量才能形成牢固键合，这可能导致弹坑或 Cu/Lo-k 材料堆叠损伤。

各界很少对 UV- 臭氧清洗、等离子体清洗和溶剂清洗三种清洗方法进行比较。Sowell[7-9] 确实比较了 UV- 臭氧清洗、氩溅射清洗和高真空烘烤清洗三种清洗方法，在图 7-1a 中，根据他的数据，前两种清洗方式对表面上空气中的有机污染物的清洗能力表现相当。但是在某些情况下，使用 UV- 臭氧清洗可能无法有效地清洗"原始态"载玻片上的未知污染物，这表明该污染物是无机的。然而使用氩气等离子体清洗可有效地去除这些无机污染物，然后可再使用 UV- 臭氧清洗除去空气中的有机物污染。此外，只有一项关于可键合性的研究直接比较了 UV- 臭氧清洗、氧气等离子体清洗、酸清洗和复合溶剂清洗方法 [7-8]。使用光刻胶分别污染金和铝键合焊盘，还使用两种不同的环氧树脂产品进行逸气。尽管发现这些清洗方法在去除特定污染物时存在一些差异，但除溶剂清洗外的清洗效果基本相同。在这种情况下，键合强度与未清洗的试样一样低。还请注意，氯化溶剂 [如三氯乙烷（TCA）] 可能在键合焊盘上留下游离氯的残留物 [7-28]，并导致严重的可靠性问题。氧等离子体清洗和溶剂清洗在清洗来料的裸芯片和清除溢出的环氧树脂能力进行了单独比较 [7-25]，这证实了等离子体清洗清除一般有机物是有效的，而溶剂清洗是无用的结论。Iannuzzi[7-6] 在 85℃ /85%RH 条件下，使用偏置的三路 Al 的腐蚀情况作为 Al 污染的指示，来对比各种溶剂清洗、等离子体清洗和水基组合清洗的能力。结果表明先进行氟利昂 TMS 清洗、随后氧等离子体清洗、最后冷去离子水清洗的清洗方法被认为是最有效的清洁组合。对于空腔封装，清除有机污染和离子污染是如此有效，以至于偏置的三路 Al 在 85℃ /85%RH 的条件下进行了12 000h 的试验，没有失效，未清洗的试样在第一小时内就全部失效。因此，如果怀疑存在很严重的有机物污染和 / 或离子污染，则建议使用氟利昂 TMS、氧等离子体和冷去离子水进行组合清洗（需要注意的是，许多氟利昂因环境原因目前已被禁止使用，其替代的清洗剂尚未确定可能引发的可靠性问题）。

应该注意的是许多溶剂，包括氟利昂和氯化产品，可能会影响环境和 / 或健康，应采用设备在使用或处置这些清洗剂之前验证这些产品的安全性。例如臭氧（在空旷的空气中很快消散）的呼吸浓度不应该超过百万分之几，UV- 臭氧清洗机要求在室外排放。

7.1.6 分子级清洗方法的问题

UV- 臭氧和等离子体均已展示出有效清除键合焊盘上有机污染物的能力，尽管每种方法的有效性可能有所不同，这具体取决于具体的污染物。因此，必须对某特定应用进行评估以确定是否是最佳选择。目前，尚未对各种已知污染物的清除效果进行详细研究。应该注意的是，一些诸如 Cl 和 F 的污染物可进行化学结合，并且可能不会被这些清洗方法去除，只有进行表面溅射的清洗方法。

UV- 臭氧可以活化白色 Al_2O_3 陶瓷基板中的电子型 "色心（color centers）"，导致表面变暗或变黄。这种着色可能会在几天或几周后消失，但通常会永久地保留下来，着色是完全无害的，但是白色陶瓷封装 / 基板的客户可能会担心其外观。如果器件可以承受 200℃以上的烘烤 8 ~ 16h，将会去除着色。等离子体清洗同样可能导致类似的着色，但是着色不太明显并且可能会迅速褪色。通过 UV- 臭氧清洗后，商用针栅阵列封装、陶瓷多芯片封装、SIP 等通常会变为深紫色或棕色，氧等离子体清洗会使银金属层变黑（氧化），并可能降低可键合性。但是，在清洗即将结束时将氧气改为氩气，将会使银恢复到初始颜色并重新获得失去的可键合性[7-21]。

众所周知，在反应离子刻蚀等离子体处理中，刻蚀腔壁在长期使用后会被稳定的聚合物污染，在随后的操作中这些聚合物可能会被重新沉积在焊盘上。等离子体清洗机也会遇到同样的问题。因此，偶尔清洗等离子体反应腔壁是很重要的。

已有研究报道称，一些特殊的 CMOS 器件在等离子体清洗后可能会显示出阈值电压增加的情况，在 200 ~ 300℃热处理 20 ~ 30min 通常会恢复阈值电压（但这样的温度可能会损伤器件或封装）。此外还报道了双极型器件性能出现退化的情况，类似的热处理也将同样恢复这些器件的特性。通过最大程度地减小射频功率和时间，可以减少并可能避免这些问题。由于氧等离子体比氩等离子体清洗所需要的时间少一半，应该得到鼓励使用。假设 CMOS 和双极型器件上的问题都是高能气体离子轰击器件绝缘体（氧化物和氮化物）的结果，这会产生电子 - 空穴对，空穴可能扩散到有源区，从而降低了器件性能，这种现象称为辐射损伤。不抗辐射的现代介质隔离的双极型器件，尤其会受这种电荷的影响。为了更完整地解释这一影响，参见附录 7A。

器件一旦经清洗后，在存储期间将再次受到污染，图 7-1 显示，在数分钟内金表面层就开始再次受到污染。在图 7-6 中，通过接触角方法来表征不同材料的污染时间，显然，不同的表面对来自大气碳质污染物的亲和力不同。对键合的 Al 表层特别容易被再次快速地污染。出于实际生产目的，在清洗后，对于引线键合可接受的存储时间最多为 2h[7-8]。如果存储时间更长（例如过夜），应该重新清洗器件。存储在充氮气的塑料柜中可能会有所帮助，但这尚未被证明可以延长清洗表面的时间。氮气柜本身、叠片包装以及外壳内的其他塑料都可能会逸出有机物到器件上。

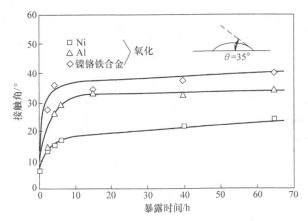

图 7-6 UV- 臭氧清洗后，用于微电子器件键合焊盘的三种金属表面（实验室空气中）发生再污染的时间对比：通过接触角法进行测量，如图右上方所示；注意 Al 层（通常是键合焊盘的氧化）迅速再次被污染。然而 Ni 层（通常用于功率器件封装中）未被污染，但经常发生局部氧化（引自 Vig[7-13]，©IEEE）

7.1.7 抛光

尽管通常认为抛光不属于清洗步骤，但多年来已经使用了各种研磨和刮刷表面的方法来提高典型复杂厚膜混合金属层的可键合性。厚膜可能具有的表面污染形式有玻璃结晶、金属氧化物，以及不能通过分子级清洗方法清除的凹坑和空洞，这些污染物或表面缺陷可同时降低可键合性和键合的可靠性。目前在厚膜键合之前没有一个更好的清洗步骤（例如 UV- 臭氧或 O₂/Ar 等离子体），但随着厚膜技术的发展，执行厚膜的抛光、刮擦和压印步骤可提高键合性。使用抛光工具进行抛光可达到清洁目的，抛光工具有玻璃纤维刷、电动橡皮擦（制版人员以前使用了很多年）[7-25]、各种坚硬的刮擦工具以及进行预键合（压印）的不穿引线的键合工具[7-44]。这些抛光方法清除了顶层表面的杂质，为键合提供了清洁的表面。这些方法程序是有争议的，有些已经发布的实验研究声称支持[7-42~7-44] 此类程序，而有些则进行批评[7-45]。这些抛光方法的争议可能原因是每次操作产生的表面粗糙度的确切数量以及每个研究人员手动实施的程序不同。线径为 32μm（1.25mil）的 Al 线在 Au-Ni-Cu 层压板（PCB）金属层上进行楔形键合，对表面粗糙度（0.001 ~ 0.01mm 范围）与键合拉力的关系进行了研究。结果发现，表面越粗糙，键合强度可能越弱。经过几百到一千次热循环（0 ~ 125℃）后显示出失效[7-46]。这似乎是专门设计的研究，以确定表面粗糙度对 Al 线楔形键合强度的影响。

所有研究人员都认为厚膜的表面粗糙度（不是特定的清洗问题）是考虑可键合性问题的一部分。压印和电动橡皮擦可有效地使厚膜表面平滑，但可能会留下污染物。刮擦可实现有效的平滑，而且也清除了所有的表面污染物，如图 7-7 所示。

在厚膜上使用各种橡皮擦或玻璃纤维刷的危险是颗粒可能会残留在表面上或嵌进金属膜中，并且不能通过其他清洗步骤进行清除，然后会引发可键合性问题。其中橡皮擦除了会留有磨料颗粒外，还可能会留下含硫的橡胶颗粒，如果不清除则可能会导致键合可靠性问题。有些人认为使用各种橡皮擦和刷子的方法将被淘汰。然而，目前发现（或认为）这些操作过程对于厚膜上的键合仍然是有必要的（我们注意到在 2008 年仍有许多应用使用厚膜）。如果厚膜存在与表面不规则颗粒或氧化物和玻璃结晶污染物相关的可键合性问题，可打开超声功率开关使用键合机对表面进行刮擦或压印（如图 7-7 所示），这是目前厚膜表面最好的清结程序。

图 7-7　25μm（1mil）金线在厚膜表面上的球形键合 SEM 图，该厚膜表面为提高可键合性而进行了刮擦

7.2　不同键合技术对表面污染的敏感性

上一节讨论了提高可键合性和可靠性的清洗方法。许多关于可键合性的研究都是使用热压键合，该技术对表面污染物非常敏感。大多数键合操作人员都认同 Al 线的超声键合比热压键合对表面污染物的敏感性小很多。但是，很少有键合方法之间的直接比较，并且实验的设计也很难。本节通过测量各种特定污染物、光刻胶的厚度对几种键合方法的可键合性进行了比较。揭示了键合方法之间的显著差异，在选择键合技术时应该考虑这些差异，这对于经过大量处理的复杂器件（例如混合微电路）尤其重要。

唯一一项对不同键合方法对污染的敏感性的研究在桑迪亚进行[7-47]，实验中使用的基板是带 Cr 粘附层和 3μm 气相沉积金层的氧化铝基材。在这些基板上旋涂 Shipley 1350H 光刻胶进行污染，使用丙酮稀释至不同浓度以获得 50 ~ 180Å 范围的特定厚度（有效碳当量厚度分别为 20 ~ 60Å）。使用 UV- 臭氧清洗控制基板（<5Å 碳），在基板上单独地优化所有键合参数（每种键合技术），然后使用恒定的参数进行各种污染实验。Au 线的热压和热超声球形键合（60kHz）与 Al 线的超声楔形键合在图 7-8 中进行了比较。

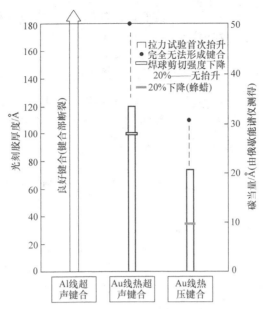

图 7-8　三种常见的引线键合方法对表面有机污染物敏感性的对比图：每个数据条的顶部表示拉力测试发生首次抬升的污染水平；黑圆表示根本没有形成键合的污染水平（立即抬升）（根据 Bushmire 数据重新绘制 [7-47]，©IS HM）

　　每种污染等级和键合方法获得的数据都是由 20 ~ 40 个键合点组成。筛选研究结果并在图 7-8 中进行了总结，该研究是从 Bushmire 的数据中提取出来。每个数据条的顶部表示在拉力试验中引线键合发生首次抬升⊖时的污染等级。对于这种有机膜污染，Al 线超声键合可明显提高可键合性，且在高达 180Å 的污染等级时也没有观察到键合抬升现象。对 Al 线与带约 70Å 光刻胶基板 Au 层的引线键合进行有限的可靠性试验（50 根引线在 100℃下，1000h），与新形成的键合相比，试验结果没有显示出拉力强度的退化现象。

　　尽管该结果在现代电子器件环境中应用是有效的，但最好是重复使用如下条件进行试验：自动键合机和各种金属层（即同时含 Si 和 Cu 的 Al 层以及各种目前正在使用的厚膜），并含有各种有机污染物和表面膜，例如玻璃和氮化硅。有证据表明，在键合时脆性的膜层会破碎并被扫入"碎屑"区，通过相对较厚的涂层可以实现令人满意的超声和热超声键合。与未污染的焊盘键合相比，通过 250Å 化学气相沉积的（CVD）氧化层的可键合性无明显变化 [7-48]。Au 线与 O₂ 等离子体增厚 Al₂O₃（厚达 200Å）的 Al 焊盘进行球形键合，发现相似的测试结果 [7-49]。这些实验和 Bushmire 的研究结果都没有对这些键合点进行 HAST 或其他高湿度的可靠性试验，这些试验可能暴露出其他类型的问题，如本书第 5 章 5.2.1 节所述。这些实验应该持续进行，在大学中进行也是可以的。

　　⊖　即形成非常弱的键合。——译者注

上述研究主要涉及可键合性，虽然牢固的键合比弱键合更可靠，但某些污染物可能会影响 Au-Al 键合在寿命后期的可靠性（参见本书第 5 章和本章表 7-1）。

附录 7A 等离子体清洗造成的电路损伤

Peter Roitman[○] 相对良性的等离子体处理可能会使集成电路发生电损伤，该等离子体处理是晶圆处理和某些封装操作的正常步骤。这种损伤可以在晶圆顺序加工过程中通过热活化过程而退火恢复。尽管晶圆处理过程中接近最后步骤的退火温度通常约为 350℃，以烧结 Al 金属，这足以消除等离子体的损伤，但是，这样的温度与现代封装材料不兼容。因此，这时的等离子体清洗步骤可能是有害的，且造成的损伤是永久性的。

半导体中的辐射损伤通常与高能粒子或光子有关，这些粒子或光子可穿透到器件内部的敏感结和界面中，可能取代硅晶格中的原子，从而形成作为陷阱或产生散射中心的缺陷。如果这些发生在双极型晶体管的基级区域，则会降低寿命，并且使形成的电流增加，这会导致双极器件出现失效。在氧化物中高能粒子的主要作用是产生电子 - 空穴对，漂移到硅界面的空穴被捕获，产生界面电荷。如果氧化物是在 MOS 晶体管的栅极中，晶体管的工作点会漂移，导致失效[7-50]。

等离子体损伤更为间接。二氧化硅中电子 - 空穴对的电离阈值为 9eV。因此，任何能量大于 9eV 并与氧化物表面碰撞的离子、电子或紫外光子都可以在该氧化物中形成电子 - 空穴对。根据等离子体和表面条件（氧化物的二次发射和氧化物表面附近的捕获），氧化物表面可以带正电荷或负电荷。在这两种情况下，电子和 / 或空穴将在场中漂移到硅 - 氧化物界面。电子在二氧化硅中的迁移率是合理的，而空穴的迁移率很低，然而，空穴寿命足够长，这些载流子甚至可以漂移几微米。在硅界面处捕获空穴，从而产生正电荷，这可以使氧化物下的硅成为反型。来自芯片顶部表面的漂移通常不会导致在栅极下充电（穿透辐射损伤的经典模式），而是在场氧化物下充电。在 MOS 电路中，反型表面会导致相邻晶体管之间的绝缘损失，进而导致电路失效。在现代双极电路中，垂直晶体管是由氧化物隔离的，因此，场氧化物中的电荷可以使发射极与集电极短路。令人好奇的是，这种机制与 Peck 在 1963 年观察到的机制非常接近[7-51～7-53]。氧化硅界面处的空穴可以在 300℃下退火。在该温度以下，它们可以稳定很长一段时间[7-54]。

还有许多其他与等离子体相关的损伤模式，例如界面态的形成、中性陷阱形成、溅射引起的表面损伤等。这些影响通常可以通过选择等离子体条件来使其最小化，或使其在场氧化物区域为次要问题[7-55]。如果可使用 H$_2$ 等离子体清洗，上述问题大多不会发生[7-36, 7-37]。

○ 来自美国国家标准与技术研究所。

参考文献

7-1 Thomas, R. W., and Calabrese, D. W., "The Identification and Elimination of Human Contamination in the Manufacture of IC's," *23rd Annual Proc. on Reliability Physics* , Orlando, Florida, Mar. 26–28, 1985, pp. 228–234.

7-2 Lewis, G. L., and Berg, H. M., "Particulates in Assembly: Effect on Device Reliability," *36th Electronics Components Conference*, Seattle, Washington, D.C., May 5–7, 1986, pp. 100–106.

7-3 Lewis, R. G., and Wallace, L. A., "Toxic Organic Vapors in Indoor Air," *ASTM Standardization News*, Dec. 1988, pp. 40–44.

7-4 Hecht, L., "A New Method to Determine Contamination Limited Yield," *IEEE Trans. CHMT*, Vol. 14, Dec. 1991, pp. 905–906.

7-5 Lee, W. Y., Eldridge, J. M., and Schwartz, G. C., "Reactive Ion Etching Induced Corrosion of Al and Al-Cu Films," *J. Appl. Phys.*, Vol. 52, Apr. 1981, pp. 2994–2999.

7-6 Iannuzzi, M., "Development and Evaluation of a Preencapsulation Cleaning Process to Improve Reliability of HIC's with Aluminum Metallized Chips," *IEEE Trans. on Components, Hybrids, and Manufacturing Technology CHMT-4*, Dec. 1981, pp. 429–438.

7-7 Ameen, J. G., "Ion Extraction Method Improves Reliability," *Proc. of the 32nd IEEE Electronics Components Conference*, San Diego, California, 1982, pp. 401–405.

7-8 Weiner, J. A., Clatterbaugh, G. V., Charles, H. K., Jr., and Romenesko, B. M., "Gold Ball Bond Shear Strength—Effects of Cleaning, Metallization, and Bonding Parameters," *Proc. of the 33rd IEEE Electronics Components Conference*, Orlando, Florida, May 16–18, 1983, pp. 208–220.

7-9 Sowell, R. R., Cuthrell, R. E., Mattox, D. M., and Bland, R. D., "Surface Cleaning by Ultraviolet Radiation," *J. Vac. Sci. Technol*, Vol. 11, Jan./Feb., 1974, pp. 474–475.

7-10 Mittal, K. L., Ed., *Surface Contaminator, Genesis, Detection, and Control*, Plenum Press, New York, Vols. 1 and 2, 1979.

7-11 Jellison, J. L., "Effect of Surface Contamination on the Thermocompression Bondability of Gold," *IEEE Trans. on Parts, Hybrids, and Packaging*, Vol. 11, Sep. 1975, pp. 206–211.

7-12 Holloway, P. H., and Bushmire, D. W., "Detection by Auger Electron Spectroscopy and Removal by Ozonization of Photoresist Residues," *Proc. of the 12th Annual International Conf. on Reliability Physics*, Las Vegas, Nevada, Apr. 1974, pp. 180–186.

7-13 Vig, J. R., and Le Bus, J. W., "UV/Ozone Cleaning of Surfaces," *IEEE Trans. on Parts, Hybrids, and Packaging*, Vol. 12, Dec. 1976, pp. 365–370.

7-14 Jellison, J. L., and Wagner, J. A., "Role of Surface Contaminants in the Deformation Welding of Gold to Thick and Thin Films," *29th Electronics Components Conf.*, 1979, pp. 336–345.

7-15 Clarke, F. K., "UV/Ozone Processing: Its Applications in the Hybrid Circuit Industry," *Hybrid Circuit Technology*, Dec. 1985, p. 42.

7-16 Zafonte, L., and Chiu, R., "UV/Ozone Cleaning for Organics Removal on Silicon Wafers," *SPIE 1984 Microlithography Conferences*, Santa Clara, California, Mar. 11–16, 1984, Paper No. 470–19.

7-17 Ahn, S-H., Yoon, H-G., and Oh, S-Y., "Reliability Improvement of Plastic Ball Grid Array Package by UV/Ozone Cleaning," *Proc. ISHM Symp.*, Los Angeles, California, Oct. 24–26, 1995, pp. 7–12. Also, see "Prevention of Aluminum Pad Corrosion by UV/Ozone Cleaning," *Proc. IEEE ECTC*, Orlando ,Florida, May 28–31, 1996, pp. 107–112.

7-18 Padmanabhan, R. P., and Saha, N. C., "A Comparison of Plasma and Ozone Cleaning Methods for Polyimide Prior To Encapsulation," *Proc. ISHM* Baltimore, Maryland, Oct. 24–26, 1989, pp. 197–202.

7-19 Irving, S. M., "A Plasma Oxidation Process for Removing Photoresist Films," *Solid State Technology*, June 1971, pp. 47–51.

7-20 Mead, J. W., "Cleaning Techniques for an Al_2O_3 Ceramic Wafers," Sandia Report SKND-78-0734.

7-21 Bonham, H. B., Plunkett, P. V., Mittal, K. L., Ed., "Surface Contamination Removal from Solid State Devices by Dry Chemical Processing," published in *Surface Contaminator, Genesis, Detection, and Control*, Plenum Press,

New York, Vols. 1 and 2, 1979.

7-22 White, M. L., "Removal of Die Bond Epoxy Bleed Material by Oxygen Plasma," *Proc. of the 32nd IEEE Electronics Components Conf.*, San Diego, California, May 10–12, 1982, pp. 262–265.

7-23 Graves, J. F., "Plasma Processing of Hybrids for Improved Bondability," *The International J. Hybrid Microelectronics*, Vol. c6, 1983, pp. 147–156.

7-24 Graves, J. F., and Gurany, W., "Reliability Effects of Fluorine Contamination of Aluminum Bonding Pads on Semiconductor Chips," *Proc. of the 32nd IEEE Electronics Components Conf.*, San Diego, California, May 10–12, 1982, pp. 266–267.

7-25 Kenison, L. M., Gardner, M. L., and Doering, C. E., "Oxygen Plasma Cleaning to Improve Hybrid Wire Bondability," *Proc. of the 34th Electronics Components Conference*, New Orleans, Louisiana, May 14–16, 1984, pp. 233–238.

7-26 Buckles, S. L., "The Use of Argon Plasma for Cleaning Hybrid Circuits Prior to Wire Bonding," *Proc. of the International Symp. on Microelectronics (ISHM)*, Minneapolis, Minnesota, Sept. 28–30, 1987, pp. 476–479. (This has also been published in other conferences and magazines.)

7-27 McKee, J. L. J., Toth, W. D., and Fath, P. M., "The Characterization and Reliability Prediction of a Thermocompression Wirebonding System," *Proc. of the International Symposium on Microelectronics (ISHM)*, Atlanta, Georgia, Oct. 6–8, 1986, pp. 259–264.

7-28 Nesheim, J. K., "The Effects of Ionic and Organic Contamination on Wire Bond Reliability," *Proc. of the 1984 International Symp. on Microelectronics*, Dallas, Texas, Sept. 17–19, 1984, pp. 70–78.

7-29 Casasanta, V. and Wetzstein, J., "Organic Residues and Plasma Treatment for Wirebondable Gold," *IMAPS Proc.*, San Diego, Ca, Nov. 11–15, 2007, pp. 926–932.

7-30 Wood, L., Fairfield, C., and Wang, K., "Plasma cleaning of chip scale packages for improvement of wire bondstrength," *Proc. (EMAP 2000). International Symposium on Electronic Materials and Packaging,*, Hong Kong: 11/30–12/02, 2000, pp. 406–408.

7-31 Djennas, F., Prack, E., and Matsuda, Y., "Investigation of Plastic Packages Delamination and Cracking," *IEEE Trans. on CHMT*, Vol. 16, Dec. 1993, pp. 919–924.

7-32 Gore, S., "Degradation of Thick Film Gold Bondability Following Argon Plasma Cleaning," *Proc. ISHM*, San Francisco, California, Oct. 19–21, 1992, pp. 737–742.

7-33 Robinson, D., Mammo, E., Higgins, L. M., and Baum, J., "Glob Top Encapsulation on Large Die on MCM-L," *Int J. Microcircuits and Electronic Packaging*, Vol. 15, Fourth Quarter 1992, pp. 213–228. Also, see *Proc. ICEMM (MCM)*, Denver, Colorado, Apr. 14–16, 1993, pp. 563–574.

7-34 Mukkavilli, S., Pasco, R. W., and Griffin, M. J., "Plasma Processes for Thin Film Surface Treatment," *40th ECTC*, 1990, pp. 737–745.

7-35 Hansen, R. H., Pascale, J. V., DeBenedictis, T., and Rentzepis, P. M., "Effect of Atomic Oxygen on Polymers," *J. Polymer Sci.*, Vol. 3, 1965, pp. 2205–2209.

7-36 Onda, N., Dommann, A., Zimmerman, H., Luchinger, C. H., Jaecklin, V., Zanetti, D., Beck, E., and Ramm, J., "DC-Hydrogen Plasma Cleaning in IC-Packaging," *SEMICON '96 Technical Symposium*, Singapore, Apr. 24–26, 1996, pp. 147–153.

7-37 Haji, H., "Plasma Application Technology," *Proc. SEMICON*, Japan, Dec 3–5, 1997, pp. 9–56 to 9–61.

7-38 Ohzono, M., "Plasma Cleaning for Fine Connection," *Proc. First Intl. Conf. on MCMs (ISHM)*, Denver, Colorado, Apr. 1–3, 1992, pp. 491–498.

7-39 Hansen, R. H., Pascale, J. V., DeBenedictis, T., and Rentzepis, P. M., "Effect of Atomic Oxygen on Polymers," *J. Polymer Sci.*, Vol. 3, 1965, p. 2205.

7-40 Cook, J. M., "Downstream Plasma Stripping," *Solid State Technology*, Vol. 10, Apr. 1987, pp. 147–151.

7-41 Burmeister, M., James, G., and Fierro, L., "Preventing Adhesive Resin Bleed in Microelectronics Assembly through Gas Plasma Technology," *Proc 2005 IMAPS*, Phila, PA, Sept. 25–29, 2005, pp. 771–778.

7-42 St. Pierre, R. L., and Riemer, D. E., "The Dirty Thick Film Gold Conductor and Its Effect on Bondability," *Proc. of the 1976 IEEE Electronic Components Conf.*, San Francisco, California, Apr. 26–28, 1976, pp. 98–102.

7-43 Panousis, N. T., and Kershner, R. C., "Thermocompression Bondability of Thick Film Gold, A Comparison to Thin Film Gold," *IEEE Trans. on Components, Hybrids, and Manufacturing Technology*, Vol. 3, 1980, pp. 617–623.

7-44 Marquis, E., and Wallace, A., "Surface Preparation of Thick-Film Gold for Automatic Thermosonic Gold Wire Bonding," *The International Journal for Hybrid Microelectronics*, Vol. 5, 1982, pp. 559–561.

7-45 Romenesko, B. M., Charles, H. K., Clatterbaugh, G. V., and Werner, J. A., "Thick Film Bondability: Geometrical and Morphological Influences," *Proc. of the 1985 International Symp. on Microelectronics (ISHM)*, Anaheim, California, Nov. 11–14, 1985, pp. 408–419.

7-46 DiGirolamo, J.A., "Surface Roughness Sensitivity of Aluminum Wire Bonding for Chip on Board Applications," *IEPS Proc.*, San Diego, California, Sept. 11–13, 1989, Vol. 1, pp. 589–594.

7-47 Bushmire, D. W., and Holloway, P. H., "The Correlation Between Bond Reliability and Solid Phase Bonding Techniques for Contaminated Bonding Surfaces," *Proc. Intl. Microelectronics Symp. (ISHM)*, Orlando, Florida, Oct. 27–29, 1975, pp. 402–407.

7-48 Harman, G. G., unpublished data.

7-49 Clatterbaugh, G. V., Weiner, J. A., and Charles, H. K., "Gold Aluminum Intermetallics: Ball Bond Shear Testing and Thin Film Reaction Couples," *Proc. of the 34th Electronics Components Conf.*, New Orleans, Louisiana, May 14–16, 1984, pp. 21–30.

7-50 Messenger, G. C., and Ash, M. S., *The Effects of Radiation on Electronic Systems*, Van Nostrand Reinhold, New York, 1986.

7-51 Peck, D. S., Blair, R. R., Brown, W. L., and Smits, F. M., "Surface Effects of Radiation on Transistors" *Bell Syst. Tech. J.*, Vol. 42, 1963, p. 95.

7-52 Srour, J. R., and McGarrity, J. M., "Radiation Effects on Microelectronics in Space," *Proc. IEEE*, Vol. 76, 1988, p. 1443.

7-53 Nicollian, E. H., and Brews, J. R., *MOS Physics and Technology*, John Wiley and Sons, New York, 1982.

7-54 Snow, E. H., Grove, A. S., and Fitzgerald, D. J., "Effects of Ionizing Radiation on Oxidized Silicon Surfaces and Planar Devices," *Proc. IEEE*, Vol. 55, 1967, pp. 1168.

7-55 Mogab, C. J. "Metallization," In: VLSI Technology, S. M. Sze, Ed., McGraw Hill, New York, 1983, pp. 303–344.

第 8 章 引线键合中的力学问题

8.1 弹坑

8.1.1 引言

关于弹坑的许多现有研究是通过关于建模的文章进行描述的，这是为了理解导致这种失效模式的材料应力，这类模型将在本书第 11 章中进行描述，内容来自仙童半导体公司 Yong Liu 的 "引线键合过程建模及仿真" 研究，这个研究主题也在其他主题内容中偶有提及，例如 Cu 丝的引线键合（参见本书第 3 章），这些专业性的研究工作在上述内容或其他适当章节中进行了讨论。

表 8-1 总结了引发弹坑的原因及其解决方案，如材料、性能及键合的工艺条件。通常归因于称为 "过键合" ⊖ 的一类键合失效，表现为对半导体、玻璃或键合焊盘下的某一低 k 介电层（参见本书第 10 章）的损伤，由于在严重的情况下会在衬底中形成孔洞并有断片（divot）粘附于引线上（如图 8-1 所示），因此通常将其称为弹坑。但在很多时候缺陷并不太严重，可能会产生不可见的损伤，也会使器件性能降低，而这种器件的失效可能会被错误地视为电学问题而不是引线键合导致的问题，这种整体范围的损伤也被称作弹坑。

表 8-1 弹坑的成因

1）材料（冶金）
引线越硬，越易形成弹坑
键合焊盘厚度：焊盘越薄，越易形成弹坑
键合焊盘硬度：不明确，但硬的焊盘界面层（Ti、W）会促其形成
Au-Al 金属间化合物导致的应力：经常出现在热处理之后（模塑料固化后）
键合焊盘 Si 析出相：焊盘底层产生裂纹
2）材料（器件衬底）
GaAs 易形成弹坑——屈服强度和断裂韧度比 Si（键合于多晶硅上的焊盘）低 2 倍：会与底层分离

⊖ 过键合是在调节引线键合设备参数时用到的术语，一个或多个键合参数（力、时间、超声功率、和 / 或温度）远大于形成正常键合点所需的参数，通常会导致键合点过变形（变平）。

（续）

3）键合机及其参数设置

超声波发生器脉冲的波形或特征；缓慢的上升时间最优

超声能量：过高是有害的，有污染的键合焊盘需要更多的超声能量进行键合

键合温度：低或高均有害——不明确

键合工具 - 引线焊盘的冲击力：高可能对球形键合有利，但对 GaAs 键合不利

静态键合力：过高和过低对楔形键合不利

EFO：对于球形键合，负极电子打火优于正极打火

4）失效特征

边缘的弹坑（会导致底层间或有源器件内发生漏电流）

严重的弹坑（在键合、拉力或剪切测试过程出现断片）

热循环经常会使损伤处暴露出来 [8-19]

5）晶圆制程影响弹坑

键合焊盘厚度

键合焊盘和界面金属层硬度

键合焊盘 Si 或 Cu-、Al-、Si- 金属间化合物析出

多晶硅上的键合焊盘

热处理的时间、温度和冷却速率

底层的断裂性能。（热氧化层更好，杨氏模量大于 CVD 氧化层）

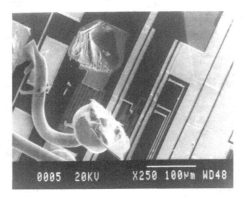

图 8-1　键合焊盘弹坑区域的 SEM 照片：断片仍粘附在球形焊点上，该弹坑出现在焊球 - 剪切测试的过程中

　　尽管这种失效机制通常被归因于"过键合"，但仍有许多材料和设备问题会增加发生弹坑的频率。一项关于多失效案例的研究揭示了材料、键合机参数设置、和 / 或随后工序（如塑封料固化或表面贴装热冲击）产生应力间的协同关系 [由于向有更高熔点的"绿色环保"（无铅）焊料的转变，该问题导致弹坑产生的占比已经在增加]。为解决这一问题，必须理解半导体材料的断裂和形变、可能存在的冶金学反应，以及引线和键合机的特性。

　　两篇已发表的论文专门研究了在 Al 超声（US）键合和其他相关的热超声（TS）球形键合过程中弹坑形成的原因，然而，有许多论文已经讨论了在某些其

他环境下形成的弹坑，如键合设备参数设置的开发明细，或使用非常规的或较硬材质的（例如 Cu）引线。在表 8-1 中总结的形成弹坑的因素会出现在超声 Al 或 Au 楔形键合以及在 Au、Cu 和 Ag 球形键合中，虽然在同一时间段、使用相同键合参数进行键合，但仍会在很小比例的键合点中发现弹坑，这种小比例使这个问题的研究变得复杂并需要统计处理大量的键合点实验和数据，才能理解这一过程。

弹坑的计算通常以键合焊盘受到压力的一个圆（圆柱或球体）开始 [8-1, 8-2]，圆的曲率半径确定了接触面积，可容易证实（利用接触压力的 Hertz 理论）形成的初始力是数倍于焊盘或半导体的屈服强度和 / 或断裂强度的应力，这暗示着这种应力直接作用于底层的半导体，因此形成初始的弹坑。实际上，金属在远低于半导体的屈服应力下便发生屈服（形变），即引线（焊球）和键合焊盘金属发生形变，引线（焊球）变平，然后，当金属发生屈服时应力快速下降（参考文献 [8-2] 结合其屈服，计算了 Au 球施加在键合焊盘上的实际应力）。超声能量伴随可能产生的加热作用，使金属软化而进一步降低其屈服强度，且持续发生形变直至形成成熟的键合 [8-3]（关于此示例和讨论已在本书第 2 章给出）。关于弹坑的初始（点）接触面积应力解释的一个主要问题是，根据 Hertz 模型，弹坑应该在键合区域的中心萌生，而对边缘弹坑（键合点下方）导致腐蚀坑的观察表明最严重的损伤发生在键合点的周边，经腐蚀使边缘损伤显现出来（如图 8-2a 和 b，以及表 8-2 所示），这种损伤在蒸汽 - 氧化的研究中得到了明确的证实，显示超声键合诱发了在 Si 中的堆叠层错，如图 8-2a 所示，图 8-2b 显示了腐蚀坑损伤 [8-4]。通过对剥离或拔起键合点的研究工作 [8-3] 表明周边弹坑也是在初始焊接的区域发生（其他证据参见图 8-4）。同时，在无超声能量时，力和温度不会引发因为金属层中 Si 结节导致形成的弹坑（见 8.1.7 节）[8-5]。因此，导致堆叠层错和其他材料损伤的键合应力主要与超声能量相关，因而不能以常规的 Hertz 接触压力模型⊖ 进行模拟仿真。此外，由于假设材料性能是弹性的而并不适用，从而键合会导致金属有大的塑性变形。半导体的断裂韧度 K_c（参见附录 8A）是与弹坑紧密相关的材料特性，超声能量可以在多晶金属中那样形成缺陷，但在单晶且无缺陷的半导体中，超声能量所引发裂纹或降低 K_c 的现象是不明显的。如果电探针或其他力学损伤的应力已经在键合周边位置产生了微裂纹，则该裂纹在超声焊接过程中容易发生扩展。热压键合因为很少产生弹坑，所以更适合用于机械性能弱于 Si 的 GaAs 器件。若超声能量用于 GaAs，则键合过程必须使用键合机参数设置的 DOE 进行仔细优化和控制 [8-6]（参见附录 8B，来自 Lee Levine）。

⊖ 这无法排除在最初接触键合工具时的弹跳（bounce）不是一个促进弹坑形成的可能性，弹跳式 - 冲击力会远超过稳态力并在金属发生形变前出现。屈服强度和裂缝扩展与施加载荷或应变速率有强的函数关系，然而所有现代的自动键合机已将键合工具的下降和冲击编入程序，或者，若采用手动键合机，会有可调节的缓冲器或电子控制器来减缓键合工具的下降速度。

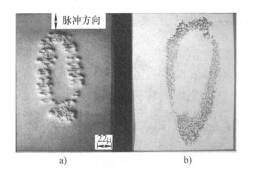

图 8-2　a）在超声脉冲方向力的作用下，键合点边缘形成的典型 Si<100> 方向的堆叠层错图，其中直径 50μm 的 Al 丝与 Si 直接进行超声键合，使用蒸汽氧化方法暴露出这些堆叠层错 b）在 Si 上使用化学 - 腐蚀方法暴露出的边缘弹坑缺陷图。其中使用与图 8-2a 在相似条件下形成键合，采用化学法去除键合点且 Si 有轻微腐蚀（来自 Winchell[8-4]，© IEEE）

表 8-2　边缘弹坑的检测

1）a. 化学法去除金属（键合点及焊盘）并采用光学显微镜观察；
　　b. 轻微腐蚀半导体（或 SiO₂）表面，并采用带有垂直照明的光学显微镜在键合点周边寻找腐蚀坑（会闪烁）
2）在器件有源区之上的焊盘进行键合，并对比反向偏压泄漏（之前和之后），此法最简单，因为不需要化学品
3）a. 如果出现边缘弹坑，焊球 - 剪切测试经常会导致断片或严重弹坑；
　　b. 楔形 - 楔形键合点（高线弧和中小形变）的拉力测试可能会揭示出边缘弹坑

也有一些隐性损伤，例如经失效分析切片技术清晰展现出来的在焊球或楔形键合点下萌生的裂纹，图 8-3 给出了一个示例，在这个示例中，在键合点周边萌生出损伤。显然，轻微增加超声功率（或可能是剪切测试而非拉力测试）会使裂纹连接起来并形成一个完整弹坑，类似于图 8-1 中所示。

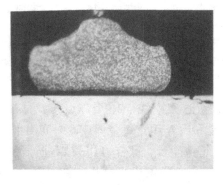

图 8-3　隐性 Si 裂纹（弹坑）的焊球键合点 /Si 切面图：注意球形键合点中这种弹坑沿键合点周边开始，与楔形键合点相同，其可能是也可能不是经类似于图 8-2b 中的腐蚀去除方法而显现出来的（来自 McKenna[8-10]；©IEEE）

8.1.2 键合设备特征及参数设置

过多的超声能量

引发弹坑的最常见原因来自不适当的键合设备参数，且所有关于这一问题的论文都援引其作为一个促成原因。作为引发弹坑的原因，与其他键合参数相比，过多的超声能量这一点被引入得更多，当考虑到热压键合中很少出现弹坑且该键合方法是用于像 GaAs 这种易发弹坑材料（假设高温不会导致器件或封装问题）的最安全的工艺时，这一点则更加明显。当研究超声楔形键合工艺时，Winchell 发现即使每个方向上的金属质量流量（metal mass flow）相等，但 Si 中的堆叠层错仍出现在垂直于超声键合工具运动的方向上（脉冲方向）[8-4]。这证明超声能量是这个问题的主要原因，且能够在单晶 Si 中直接引入缺陷，尽管其机理尚未被清晰理解。图 8-4 所示为功率提高时产生的弹坑（由透明衬底的底部向上看），功率是发生变化的唯一变量。

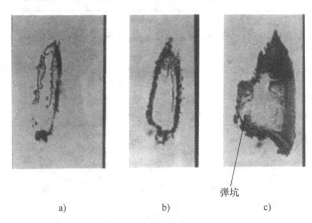

a)   b)   c)

图 8-4　键合焊盘的下部透视图：在清洁的石英玻璃衬底上沉积薄（约 0.2μm）蒸镀 Al 层，从 Al 焊盘下部观察键合焊盘金属的分布；这三种图形通过在衬底的另一侧面上进行键合获得，对每个连续的 Al 楔形键合点而言只有超声功率持续提高，其他键合参数都是恒定的；功率调节的参数设置由左到右为 a）4.5、b）5.5、c）9.5，第三个键合点是在最高的超声功率下形成，使得石英衬底形成裂纹（弹坑）；该示例在本书第 2 章中也进行了讨论

现代每秒可键合高达 15 根引线（30 个焊点 /s）的高速自动键合机，会引入更多的弹坑风险，超声能量可作用于每个焊点的时间由平均 50ms（旧的手动键合机）降低至低于 10ms，超声能量、键合力和 / 或各阶段温度必须提高，以补偿键合时间的缩短，这导致键合参数窗口更窄小。如果键合时间降至 10ms 以下，则需要提高超声能量以形成可靠的焊接（60kHz），这时形成弹坑的风险将会增加。然而，高频超声能量（>60kHz）的使用会使上述得出的任意一般结论更加复杂化，且在很多情况下键合既需要降低功率，同时还需要缩短键合时间，参见本书 2.4 节。

应该知道的是，被污染的键合焊盘需要更高的超声能量和 / 或温度以获得牢固的键合点，因为现代工艺和封装可能在焊盘上残留高分子聚合物或离子残留物，尤其是在遇到弹坑问题的情况时，推荐使用分子清洗方法（参见本书第 7 章）。

现代键合设备采用高频超声能量进行键合（参见本书 2.4 节），且已经报道了许多可键合性方面的优势，然而少数研究直接对比了由不同频率导致的潜在失效模式。Heinen[8-7] 在弹坑方面已开展了该项研究，其工作比较了采用约 100kHz 能量时器件有源区域上的弹坑，在这种情况下，推断出这种键合相比于 60kHz 能量键合时更不易产生弹坑，这是令人鼓舞的，但需要进行更多研究以核实所有封装材料的情况。因此重要结论是使用高频超声方法时会出现弹坑，而且弹坑已经成为 Cu/Lo-k 键合焊盘的一个主要问题（参见本书第 11 章）。

8.1.3　键合力

通常，对于楔形键合而言，已有观察表明过高或过低的静态键合力会有助于形成弹坑，如图 8-5 中所示 [8-1]。在使用低键合力形成的楔形键合点中，形成弹坑的常见解释是键合工具与焊盘的夹持不紧密，这使得引线顶部振动并产生高应力的尖峰传递到焊盘 / 硅中，但这个解释从未被证实。通常假设如图 8-5 所示的最佳夹持力使超声能量可更有效地传导，因此可降低形成键合点所需的总能量。对来自多种来源 [8-8, 8-9] 的数据分析表明，在热超声球形键合过程中对于弹坑的形成存在一种不确定（静态）的键合力效应，图 8-6[8-8] 所示为 Cu 球形键合的二维参数图（键合工艺窗口）的一个示例，显示出形成弹坑未粘连和过变形的区域（注意第 6-B 节图 6-B-4 给出了两个不同的键合工艺窗口，它们是出于不同的目的而设置，但表示出利用这些窗口来理解其范围或优化特定键合情况的广泛性）。

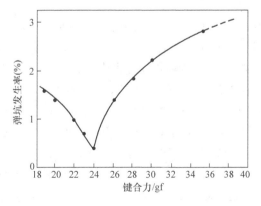

图 8-5　使用线径 25μm，拉断力 15 ~ 16gf，含 1%Si 的 Al 丝进行超声键合，形成弹坑的发生率与键合力的关系图：数据来自使用 60kHz 功率与多种 Si 器件进行的键合测试（来自 Kale[8-1]；©ISHM）

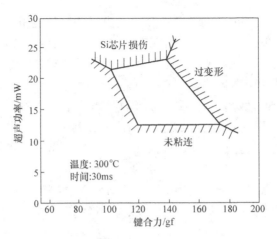

图 8-6 在 SiO$_2$ 上 1.3μm 厚含 1% Si 的 Al 层上进行 Cu 球形键合，超声功率和键合力的优选范围图：其中引线线径为 25μm，纯度为 6 ~ 9s，键合形成初始焊球球径为 62μm

在每次实验中，因为其他键合参数必须进行调节以优化形成键合点 [8-4]，所以很难建立所有变量间的清晰对比，如果为了获得同等形变的键合点，保持一致的键合，当降低键合力时，通常必须提高功率、时间和 / 或温度。大多数研究没有给出足够的数据以确定引发损伤的实际参数。围绕从晶体缺陷到断片形成的弹坑，而特定设计的多因子实验应该会对弹坑问题有更好的理解，实验应该涵盖由纯热压键合到纯（无加热阶段）超声球形键合的范围，实验的失效分析应该是采取在 Si 上进行腐蚀的方法，也可能是蒸汽氧化结合详细的（光学或电子）显微观察方法。在更加基础的层级上，在焊接的过程中研究超声能量在单晶半导体中生成缺陷（和裂纹）的机理是有价值的，利用其可研究高频键合的作用。

8.1.4 键合工具引线 - 焊盘冲击力

某些人可能直观地认为对焊盘的零冲击力将会减少弹坑。楔形键合通常使用较低的冲击力，尤其是用于 GaAs 芯片的键合，尽管没有文献报道这种用法可以减少弹坑。然而，在热超声球形键合的过程中，建议采用高冲击键合作为减少弹坑的一种办法 [8-10]，在这种情况下，在焊球成形的 30ms 内，瓷嘴（和焊球）快速下降至焊盘（需要对键合机进行非常特殊地改造，但对于一些先进的自动键合机是有可能的），这使得焊球变热并在下降的过程中软化，在高冲击力的作用下，焊球从基础形变冲击成成熟键合点的形变量。下降过程中和降落后施加的超声能量使得键合界面成熟地形成。对于楔形键合，发现过低的静态键合力可显著增加弹坑。从最早的出版物至今，仅有一人在 1996 年 12 月日本第三届 VSLI 封装研讨会上展示了较高冲击力键合的研究工作（未发布），因而该技术未被行业内采用。此外，随着 Cu/Lo-k 芯片的出现（参见本书第 10 章），拥有复杂的键合堆叠结构，容易造成机械损伤，会引发可靠性 / 良率问题。

8.1.5　弹坑的成因——材料

1. 键合焊盘厚度

键合焊盘除了作为键合表层，也作为缓冲层以保护底层的材料（SiO_2、Si、多晶硅、GaAs 等）免受键合应力造成的损伤。Winchell[8-4] 使用一种特别易受影响的技术（Si 表面的蒸汽氧化）以反映由 Al 楔形键合导致 Si 上的边缘弹坑，他发现在薄金属层中形成弹坑的趋势最普遍，且其他学者也发现了这一现象。0.6μm 厚的金属层仍可观察到 Si 表面上损伤的转变区，而对于 1.0 ~ 3.0μm 的金属层厚度，即使当采用适宜的键合设备参数进行键合时，也不易探测到表面上的损伤。总金属层厚度从 0.8μm 提高到 1.2μm 可显著降低 GaAs 器件中的弹坑[8-6]，因此，更期望使用 1μm 或更厚的金属层厚度，以有助于减少 GaAs 和 Si 中的大多数弹坑损伤，而与此矛盾的是，现代芯片 Al 金属层厚度通常较薄（<1μm）以利于窄线间距的刻蚀，假如没有硬的底层（参见下文），将增加形成弹坑的可能性。

2. 键合焊盘硬度

没有证据证明键合焊盘的厚度可显著影响弹坑的发生率，可以假设较软的键合焊盘金属层会通过吸收超声能量和易于形变来抑制弹坑的形成，因而硬的焊盘应该更易于将键合力传导至衬底上。然而，当引线和焊盘的硬度匹配合理时，即使采用最低的键合设备参数也可形成最优的键合点[8-11, 8-12]。实际上，在硬的界面层（Ti、W 等）上结合用于键合的常规 Al 层，同时在 Si 中和 GaAs 中都呈现出不易形成弹坑的结果。硬的 Cu 掺杂的金属层更容易形成弹坑，原因是在表面上存在 Cu 氧化物或 Cu-Al 腐蚀产物（不是膜层的硬度），这需要使用更多的超声能量以实现键合。最显著的因素可能是使用最优的键合条件也可减少弹坑。通常焊盘硬度应该与焊球硬度相同，在某些情况下为更好地匹配焊球硬度，在焊盘中可能添加 ppm 级的杂质以获得最优的焊接。

3. 引线硬度

早已众所周知，但未有清晰文献报道的是，在 Al 超声键合的过程中较硬的引线会引发 Si 弹坑。几位研究人员进行了弹坑实验，将引线硬度列为形成弹坑的一个成因[8-1, 8-4]。近年来，Cu 丝作为 Au 丝的低成本替代品已用于球形键合的生产，但由于 Cu 焊球硬度显著高于 Au 焊球硬度而更频繁地出现弹坑，学者们研究了引线 / 焊球硬度与形成弹坑间的关系[8-8, 8-11]，图 8-6 就是用于 Cu 球键合的设备参数设置的一个可能实例。Srikanth 研究了 Cu 焊球和 Au 焊球的硬度[8-13, 8-14]，表 8-3 列出了部分数据，他发现了 Cu 丝在超声键合过程中发生明显地加工硬化，在一定程度上说明了弹坑问题将持续存在的原因。

研究人员们已采用了一些规程，如将超声能量减至最小、提高衬底和键合工具温度，可以帮助预防或减少这个问题的发生。研究人员还发现如果将形成焊球（EFO 打火）至焊盘接触的时间缩短至 30ms 以内，将降低引发硅结节弹坑的可能性（参见 8.1.7 节和 8.1.4 节）[8-2, 8-11]，但这将使得焊球在降落过程中发热（并因此软化），瓷嘴快速地降落会导致焊球冲击而发生显著地变形。在焊接过程中焊球正常形变需要较少的超声能量，且这可能会减少弹坑。

表 8-3 针对多种引线与金属层的键合点进行了多组硬度测试的对比，一些实验直接在焊球上进行测试，在使用不同硬度测试仪探头和不同施加载荷获得的测试结果之间，很难对其进行修改，因此最有意义的信息是由相同研究者和仪器获得数据的比较，例如 Srikanth 的数据。

表 8-3   引线键合材料的硬度和剪切模量

金属	硬度值（材料）	载荷	参考文献	剪切模量
金（Au）	40（HV）（焊球）	1g	[8-8]	26GPa
	58～60（HK）（引线）	—		
	37～39（HK）（无空气结球）	5g	[8-32]	
	66～68（HV）（引线）	—	[8-13①]	
	60～90（HV）（块体）	—	[8-13]	
	71（HV）（键合焊球）	—	[8-31]	
银（Ag）	61（HK）（块体）	15g	[8-30]	30GPa（块体）
铝（Al）	35～60（HK）（键合焊盘）	0.5g	[8-11]	26GPa（块体）
	20～50（HV）（块体）	—	[8-31]	
铜（Cu）	47～53（HV）（无空气结球）	1g	[8-8]	48GPa（块体）
	55（HV）（焊球）			
	77（HV）（引线）	0.5g	[8-11]	
	47～50（HK）（无空气结球）	—		
	64～68（HK）（引线）	5g	[8-32]	
	99（HK）（块体）	15g	[8-30]	
	89（HV）（引线）	—	[8-14]	
	84（HV）（无空气结球）	—	[8-14]	
	111（HV）（键合焊球）	—	[8-14]	

① 不同的研究者和设备进行的显微硬度测试很难直接进行比较，不同的单位（HV、HK）使用不同的探头且会施加不同的载荷／获得不同的压痕深度，然而文献中很少给出这些信息。来自 Srikanth 的文献 [8-13，8-14]，展示了唯一可对比的 Cu 丝和 Au 丝及键合焊球硬度的测试结果，原因是这些测试结果都是由同一个研究者进行的测试。

正如 Winchell 指出的，由于其他参数的综合协同作用，目前尚不能清晰地理解引线硬度在形成弹坑中的实际作用，较硬的引线需要更大的超声能量进行键合⊖，且该能量的升高是形成弹坑的原因，关于此问题的论文没有给出充足的信息以确定实际原因，为充分理解这一机制还需要进行更深一步的研究工作。

⊖   键合所需的超声能量 E 与金属硬度的经验关系：$E=K(HT)^{3/2}$，其中 K 为常数，H 为维氏硬度，T 为金属厚度。例如，参见 *American Welding Society Handbook* 第 3 卷第 2 部分，2007 年。这种特定关系未在微电子级别的针对样品上得到证实，但假定存在相似的关系。

8.1.6　金属间化合物对弹坑的影响

通过将焊球 - 剪切测试作为测量方法，已经对形成 Au-Al 金属间化合物的作用进行了研究 [8-15]。通过剪切测试观察到，在 250℃烘烤 4h 时的条件下，弹坑形成的可能性高达近 20%，在测试过程中，焊球键合点使 Si 形成弹坑。然而，持续的热处理在 35h 时将使形成弹坑的可能性降低至 4% 的级别，如图 8-7 所示，观察到的 Au_2Al 会导致比初始的 Al 金属层的大体积进一步增加，增加至 30% 时（参见本书第 5 章附录 5B 中的表 5B-1 和表 5B-2）将导致键合点下方存有高的应力。对于典型的球形键合点的剪切应力为 90gf 数量级，而当对该直径的焊球施加剪切应力（40 ~ 60gf）时，结合高应力的因素，就会导致弹坑形成。上述作者解释了在烘烤温度经过长时间后可作为一个导致再结晶的退火过程，使应力释放，所以形成弹坑的可能性降低，也见参考文献 [8-16]（另一种可能性在附录 5B 中由 Noolu 进行了解释，其中发生演变的金属间化合物晶胞体积持续随着进一步的扩散而变化，并降低了应力）。这种由金属间化合物体积诱发的应力被称作 C-N（Clatterbaugh-Noolu）效应。当将焊盘材料转变为金属间化合物时的焊球进行剪切测试，其有限元仿真结果与早期的观察的结果一致。剪切测试可施加 3500 ~ 7000kgf/cm² （50 ~ 100kpsi）的应力，剪切低矮的焊球所需要的应力更低，而剪切高的球形键合点所需的应力可能会超过较高力的数值（这些数值可能会因为金属发生屈服而有所降低），这个力容易使 Si 中已存在的微裂纹发生扩展，从而引发弹坑的形成。

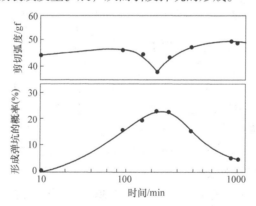

图 8-7　Si 上 1μm 厚纯 Al 键合焊盘上的 Au 球形键合点在热老化（250℃）后，老化时间与形成弹坑的百分比和剪切强度的关系图（来自 Clatterbaugh[8-15]，©IEEE）

目前，还未探索到关于这种 Au-Al 应力机制的一些令人兴奋的结果，例如，塑封器件需要在 175℃进行 3 ~ 6h 的塑封后烘烤，且通过计算表明约 13h 可使 1μm 厚的 Al 层完全转化为金属间化合物⊖。然而，出于多种原因，组装过程中的

⊖　现代超大规模集成电路金属层正在变得更薄，因此完全形成金属间化合物的温度保持时间 (Au 球形键合在 Al 层上) 也正在降低。

保温时间可能会非常长，该保温时间的中点与 Clatterbaugh 报道的形成 10% 弹坑时的时间温度大致相等⊖。因此，塑封器件中大多数键合焊盘都至少部分已转化为 Au_2Al，使得底层结构存有高应力。在某些情况下，在键合后可能需要涂覆多种外涂层并在各种不同的高温下进行固化。在键合（在该过程中总会形成金属间化合物）、金属化或塑封过程中的任何异常都可能会增加形成弹坑的可能性，然而这些不同工步中产生的这些多种应力的作用源通常是容易被忽视的。

在加热后 Au-Al 键合点下形成的弹坑，还未被其他人直接证实。然而，在塑封钎焊过程中，从表面贴装的热冲击中已经观察到了相似的真实弹坑（如图 8-8 所示），这是直接的证明。

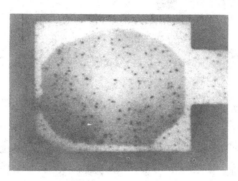

图 8-8 含 1%、大颗粒 Si 的 Al 键合焊盘示例图，通过红外显微镜从芯片底面观察：较大的颗粒物尺寸接近 1μm，阴影是焊盘上部球形键合点的红外图（来自 Footner[8-18]）

还有一些关于不同应力协同作用形成弹坑的示例。自动载带键合（TAB）中，来自不适当沉积的凸点或金属扩散阻挡层（即 Ni）的过应力，早已为人所知地，会在剪切 TAB 凸点时形成弹坑。在受控塌陷倒装芯片器件中，来自钎焊料凸点下 Sn-Cu 金属间化合物的应力会导致 SiO_2 底层玻璃断裂。

为了更清楚地理解 C-N 效应需要开展更多地研究工作，一些研究者未观察到（或至少报道）这个效应，但是近年来 Noolu（参见附录 5B）为关于应变引发的金属间化合物的研究工作提供了一些合理的解释，一些如 Al 膜层和 / 或 SiO_2 厚度因素、包括 Si 和 Cu 的掺杂，以及不同的烘烤温度的变量（导致形成不同的金属间化合物，不同扩散速率常数和可能存在的不同应变折减特征）都明显会影响这个过程。基于研究的完整性，这项研究工作的变量还应该包含不同的键合引线，例如 Cu 丝，以及键合设备变量的影响，例如超声能量、温度和时间。识别导致这个问题发生的特定金属间化合物，对于完全理解和将这些现象与 Noolu 的研究工作相结合是必需的。

⊖ 使用 Arrhenius 公式 $t^{1/2}=5.2 \times 10^{-4}\exp(-15900/kT)$，其中 t 是时间，T 是温度，注意这是所有物相的平均扩散。其他人已经测试到的某一种或另一种金属间相在同等温度下向 Al 层中扩散 1μm 的时间更短（约 2h）。

8.1.7　硅结节引发的弹坑

通常会采取在 Al 金属层中添加 1% 的 Si 的手段，以阻止 Si 从较浅的结中向金属中发生逆扩散，因为这种逆扩散会降低器件的电学性能。在 Al 键合焊盘已经发现了微米量级的 Si 结节，且其可作为应力集中点在热超声 Au 球形键合过程中使底层的玻璃产生裂纹[8-17]，可靠性测试揭示出焊盘和底层 Si 之间存在漏电现象。从塑封过程的多个方面都已证实会向键合焊盘施加应力如图 8-9 所示。将弹坑降至最少的纠正措施包括：升高键合温度（250℃）、降低超声功率、降低模塑应力和从焊盘底部去除易断裂的磷玻璃层。通过红外显微镜观察到的，含有这种 Si 颗粒的一个键合焊盘示例参见图 8-8[8-18]，其他研究人员也证实了 Si 结节可导致键合焊盘发生弹坑的现象[8-2, 8-5]。某组织通过改变焊盘下的结构（在 Al 焊盘下采用 0.3μm 厚度的硬 Ti-W 层）和改变键合规程，或采用（热）焊球快速下降的措施解决了这一问题。然而，这些已发表的实验都没有考虑塑封或其他剪切力的应用，其中在塑封器件表面贴装的钎焊过程中已经观察到 Si 结节弹坑[8-5]，在这种情况下，发现超声能量（而非单一力和温度因素）必然会形成初始微裂纹，进而后续会形成弹坑（热压键合不产生这种微裂纹）。

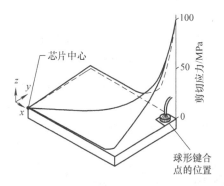

图 8-9　塑封器件由于热循环而在边角球形键合点位置产生高剪切应力的有限元图，这种应力可在表面贴装钎焊过程中形成弹坑（来自 Dunn[8-19]，©IEEE）

如果塑封体已经吸收了水汽，则形成弹坑的风险会增加，热膨胀的"湿"塑封体在快速加热的过程中会对球形键合点施加更大的剪切应力，从而导致弹坑。这些键合焊盘也含有来自 C-N 效应产生的金属间化合应力。

Si 结节 - 弹坑机制的发现引发了一个思考：为什么会存在与键合焊盘厚度一样大的 Si 结节？键合引线制造商长久以来通过适当的热处理（从 350℃快速冷却至 100℃）来控制含 1%Si 掺杂 Al 丝中的结节晶粒尺寸，似乎集成电路制造商很少会忽视含 1%Si 的 Al 的冶金学问题，在金属层沉积和图形化之后，膜层在近 400℃的温度下退火（烧结）长达 30min，在冷却时未考虑 Si 的晶粒尺寸。许多其他的工艺流程可能需要对晶圆进行高温加热，例如聚酰亚胺多膜层固化。但是，由于无法尽可能地保障较快的冷却速率以阻止大的 Si 颗粒长大，加之许多工艺流程文档规定了这种加热步骤后需要缓慢冷却，以阻止可能产生导致晶圆弯曲的应变，所以必须采取一些折中的方案以尽量减少 Si 结节的生长，此外，通过这种折中方案可能会改善器件可靠性的其他方面。最初添加到 Al 中用以阻止由较浅的结中发生逆扩散的 Si，最终将大部分呈现为大的 Si 结节，在这种结节形成后，就会发生这种逆扩散并使器件性能降低。

在研究高温加热后形成的弹坑时，研究人员应该意识到键合焊盘上的 Au-Al 金属间应力可能是来自加热过程，如多种塑封料的固化、稳定化烘烤等加热工序。同时产生的热应力与其他应力（例如来自表面贴装的塑封剪切力、Si 结节、探针损伤以及由于键合设备设置不当而形成的微小边缘弹坑缺陷）相结合会导致弹坑形成，其中单一因素是不会引发这种问题的。在 Al 中添加几个百分点的 Cu 也能导致在多种环境下形成硬的 Cu-Si-Al 金属间化合物，而这些可能会成为弹坑形成结节的额外因素。

由于大尺寸芯片已经进行了塑封，并且进行了表面贴装，在键合点上已经观察到存在另一个潜在的弹坑应力来源，这是"爆米花效应"的一个子集，也可称为"边缘爆米花效应"，因为它会在表面贴装 / 回流焊条件下出现，并且不会使封装体破裂（爆裂）。图 8-9 为由于模塑化合物的快速热膨胀而导致芯片边角球形键合点存有高应力的示例图 [8-19]，在这些情况下，弹坑是金属间应力（来自塑封料固化）、焊盘内 Si 结节造成的键合损伤和塑封器件经过表面贴装钎焊时形成较大的热膨胀应力的协同组合结果，将协同导致弹坑的这些应力因素列于表 8-4⊖ 中。

表 8-4 由 Si 结节和 Au-Al 化合物引起的弹坑应力

形成弹坑应力的协同因素总结
1）含 1%Si 的 Al（约 2%Cu）金属沉积层
2）金属烧结（400℃ +，30min）
3）如果 Cu 含量 >3%，则会形成大量 Au-Si-Cu 合金结节
4）多层绝缘体（聚酰亚胺、氧化物、Lo-k）
5）如果采用聚酰亚胺涂层，逐级升温固化直至 350℃ 以上
6）更多的金属层沉积和烧结
7）更多的聚酰亚胺层（或玻璃，温度高达 350℃）
8）芯片粘贴（树脂固化）
9）引线键合（约 150℃）如果 Al 中含 2% Cu 和 Si，则需提高超声能量，这时微裂纹会产生
10）塑封料固化（175℃，3～5h）
11）存贮环境不同
12）印制电路板（PCB）钎焊（表面贴装 / 回流焊等）
13）弹坑

注：上述所有步骤都会导致 Si 结节增加，其中从第 9 个开始 Au-Al 化合物生长，从而增加形成弹坑的风险。

⊖ 通常，本章所述的大多数边缘弹坑，在塑封器件中经过几百次 −65～150℃ 的温度循环时，便可以显现出来（200 次时出现 1% 累积失效，1000 次时为 7%），而 0～125℃ 的热循环试验则需要 7 倍的循环次数 [8-19]。

8.1.8　多晶硅形成的弹坑

在多晶硅上、Al 焊盘下方的位置，因为键合而非常容易形成弹坑，这已经在私下多次被讨论并且至少已经进行了一次报道[8-9]，引发这个问题的原因并不清晰。显然，由于加工问题导致多晶硅与底层的粘附性差是一个可能的原因，相比于单晶体，多晶硅含有更多的堆叠层错、位错和其他缺陷，因此超声能量可能将与这些缺陷相互作用而使这些多晶结构弱化，就像使金属弱化的方式一样[8-3]。

根据关于 Al 金属层对多晶硅的影响研究[8-20, 8-21]，这个弹坑问题还存在另外一种可能的原因，当对与多晶硅接触的含 1%Si 的 Al 金属层加热时（如在 400℃温度下烧结时间长达 30min 时），金属可能会吸收来自晶界的 Si 并可能会使多晶硅重新排序和弱化。在极端情况下，这将存有大量的独立的多晶硅晶界，从而导致这些晶界与单晶衬底或键合焊盘间的粘附力降低。如今许多先进的器件在 Al 导体下加有一层硬的 Ti 或 Ti/W 等阻挡层，如果这些膜层在 Al 键合焊盘下延伸，将会降低形成弹坑的风险，进而不会出现上述的弹坑机制，多晶硅上出现弹坑的现象也会减少。

8.1.9　砷化镓弹坑

早已众所周知的是，GaAs（以及一些其他低断裂韧度的化合物半导体）对键合形成的弹坑[8-6] 和由机械引发的电活性缺陷（electricallyactive defects）[8-22] 比 Si 更加敏感，GaAs 许多的材料特性[8-23 ~ 8-27] 已经被研究。关于力学性能的研究（当它们是线性时）表明 GaAs 的强度大约比 Si 低一倍，这两个主要的材料特性与 Si 和 GaAs 的弹坑形成、硬度和断裂韧度最为相关，并在表 8-5 中进行了对比。硬度是衡量材料抗变形的能力，断裂韧度衡量已经存在的小裂纹扩展所需的应力或能量，这在本章附录 8A 中对其进行了定义。

表 8-5　GaAs 与 Si 的性能对比

性能	GaAs——I	Si——II（参考文献与 I 相同）
硬度①（维氏 HV，175g 载荷）	（6.9±0.6）GPa[8-26]	（11.7±1.5）GPa
硬度②（努氏 HK，100g 载荷）	590[8-26]	1015
杨氏模量 E	84.8GPa[8-25]	131GPa
断裂韧度（能量）（压痕）②	0.87J/m²[8-22]	2.1J/m²
断裂能量（DCB）③	1.0J/m²[8-24]	2.1J/m²
电缺陷的压缩载荷	380℃时约 2000kgf/cm²[8-22]	
热导率（300K）	0.48W/(cm·℃)	1.57W/(cm·℃)
膨胀系数	5.7×10⁻⁶[8-25]	2.3

① 垂直和平行于解理轴方向平均约 20 次压痕，同一设备、同一操作员测试。

② 裂纹萌生后由压痕测试获得（探针标记或超声损伤后形成弹坑的典型特征），数据来自 GaAs<100>
和 Si<111> 表面上的不同方向。

③ 由双悬臂梁法获得。

表 8-5 中的性能综合了大量研究人员确定的数据，通常这些研究人员不关注键合形成弹坑的问题，而是研究材料常规的力学和断裂性能，GaAs 的强度较 Si 弱很多，因此其可能在不会对 Si 造成影响的情况下产生弹坑。容易通过计算得出：施加在发生形变的球形键合点 [直径 75μm 的焊盘触点，键合过程中施加 50gf（490mN）热压键合载荷] 上的压力约为 1100kgf/cm²，超过了在 GaAs 中形成电缺陷所需压缩载荷的一半以上，并接近其脆性断裂应力，键合参数仅发生小的变动或施加充足的超声能量便会损伤材料。因为机械性能和断裂性能都低，其中任何一个原因都会引发弹坑，这就需要对弹坑表面进行研究以解释这个问题的实际原因，GaAs 形成弹坑的应变 - 速率关系可能与 Si 不同，并且应该进行确定。

源自私人通讯和一份报道的 GaAs 芯片制造商、键合机制造商的（关于弹坑形成）"传统观点"是，热压键合是最安全可用的方法（如果器件 / 封装能在高温中幸存）[8-28]。如果采用热压键合方法，则使用≤ 300℃的温度加热和最小的超声能量，随着大量 GaAs 形成弹坑的研究出现，则出现有相反的建议，一项关于采用带槽劈刀进行 Au 楔形键合的研究发现，高于 120℃的加热温度下形成弹坑的可能性会增加 [8-29]。

热超声球形键合中采用负极电子打火形成焊球被认为是有助于使弹坑降至最少的方法，且目前所有球形键合机均采用此法，尽管其原因尚不清晰（然而，有许多其他原因要求这样做）；超声楔形键合是最不理想的，且其安全键合的工艺窗口最小，然而，许多机构已成功地使用 Au 楔形键合和 Al 楔形键合的方法。在所有情况下，需要高度注意键合机的参数设置和监控，通常使用电容微传声器对超声能量进行监控 [8-6]，结果表明缓慢上升和下降时间⊖对整个超声系统是有益的。同时，采用带多层硬质底层结构的较厚金属层，对于从本质上实现无弹坑器件的生产是有必要的（例如用于键合的镀层结构为 0.1μmTi、0.08μmCr、0.2μmPt 和 0.8μmAu 顶层，或焊盘下 0.3μmTi/W 层）。图 8-10 所示为采取上述改进措施前，一个早期弹坑失效的示例（注意这种多层金属层系统，如 Cu/Lo-k 器件，采用了特殊的复杂支撑结构，参见第 10 章）。由于键合工具"踢跳"，上升时间很快的超声系统长期以来因弹坑问题而被指责，然而本书作者采用宽的带通电容微传声器监控键合过程中的刀头运动进行测试，从未观察到这种"踢跳"，因此由电源引发弹坑的解释没有得到试验支持。

⊖ 现代自动键合机可减缓超声功率的施加和去除过程，并且可在通过试验确定最优倾斜形状后进行编程，然而并没有证据证明适宜的倾斜形状是什么，因此这仍是经验性的。高速自动键合机每次键合时间≤ 10ms，几乎没有用以倾斜向上 / 向下的时间，这样将显著降低自动键合机的产量。

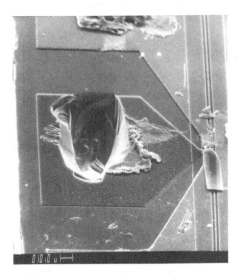

图 8-10　在 GaAs 栅极键合焊盘上进行超声 Al 楔形键合过程中形成弹坑的示例图

（来自 Lysette，©IMAPS）

GaAs 比 Si 更容易产生弹坑，且在 Si 上降低形成弹坑的通用程序也适用于 GaAs。使用最低的超声能量、最小的键合劈刀弹起（bounce）（GaAs 比 Si 更加重要）和厚的多层键合焊盘结构（厚度 >1μm）通常可成功地减少弹坑形成。在洁净的金属上键合时需要使用的超声能量更低，所以 2h 内的键合应该采用紫外 - 臭氧或 O_2、Ar 等离子清洗（参见第 7 章）。因为 GaAs 的热导率约为 Si 的 1/3，而膨胀系数为 Si 的两倍，所以避免进行热冲击是非常重要的。热超声键合中采用阶段预热和瓷嘴加热是可取的，但却不适用于自动键合机。由于 GaAs 的机械强度和断裂能很低，电测试探针损伤形成初始微裂纹的可能性比 Si 大很多，且一旦开始，裂纹在键合过程中超声能量的作用下易于扩展。

如果 GaAs 器件有 Al 金属层且焊盘与 Au 丝键合（或结构相反：Al 丝键合在 Au 层上），那么除了剪切力外，C-N 效应（参见本书附录 5B）可施加适当的金属间化合物应力（2000kgf/cm²）在焊盘下形成位错，该位错可使电性能退化[8-22]，并使其更易于形成弹坑。应该通过采用单金属键合的方式来避免这种金属（Au-Al）组合，或者应该将器件的寿命温度环境保持在低水平。

除了降低机械性能外，GaAs 易于在溶剂环境影响下（如水、乙腈、庚烷和可能的其他常规溶剂等），出现裂纹扩展加速情况（断裂韧度降低 20%）[8-23, 8-24]，虽然这种裂纹加速扩展的现象在芯片的锯齿边缘最为显著，但在常规组装流水线的清洗工步过程中也会影响探测标记或使底面焊盘发生损伤，如果键合点位于该区域之上，则产生弹坑的可能性会增大。值得注意的是，这些溶剂既不影响 Si，实际上也不增大 Si 的断裂韧度。

8.1.10 弹坑问题小结

表 8-6 归纳了弹坑问题的常规解决方案，这些方案对于 Si、GaAs 或任一半导体材料都是有效的。以下为关于弹坑的一些结论：

表 8-6 弹坑问题的常规解决方案（适用于所有半导体上的键合）

1. 设置键合机参数使超声能量降至最低
2. 采用厚金属层
3. 在键合焊盘下方增加硬质金属层（例如 Ti、W）
4. 一定不能将焊盘设计在多晶硅之上
5. 如有可能可采用热压键合方式
6. 芯片清洁（等离子、紫外 - 臭氧）以使键合参数降至最低

1）弹坑可能在晶圆级金属沉积和烧结产生应力的协同作用下形成。

2）广泛理解冶金学、硅与多层断裂特性、键合设备变量、处理、加工、钎焊热冲击和长期的环境作用，对于消除弹坑是有必要的。

3）所有层级人员，从芯片设计师到加工制造和测试工程师，再到组装人员（第一层级和第二层级）必须共同努力以消除这个弹坑问题（比如一些公司在其设计规则中包含封装指南）。

8.2 超声楔形键合点的跟部裂纹

器件用户关注超声 Al 楔形键合点跟部内冶金学裂纹的产生原因已有很长时间了 [8-33]，裂纹产生的原因可能来自以下因素：使用有锋利跟部的楔形键合劈刀⊖、通过操作人员移动微定位器（如果使用手动键合机），或通过仅在键合劈刀从第一键合点向上抬起前或过程中键合机的振动等。然而最常见的原因是在形成第一键合点后劈刀的快速移动。在劈刀向后移动形成线弧前，劈刀（和引线）升高并向前上方移动，这使引线从键合点跟部向上弯曲然后退回，进而形成了裂纹。超声焊接过程中，键合点跟部已经过度加工（变弱），并且通常一次向前和向后的弯曲就足以形成裂纹 [注意，自动键合机中特定线弧成形的部分程序中已可编入特殊劈刀（和形成引线）的运动轨迹，参见本书附录 9A 中 Lee Levine 关于成弧的内容]，并且当第二键合点高度低于第一键合点时，还会产生更多的这类裂纹，这是典型的逆向键合，原因是引线向后弯曲的程度较相同高度的键合点大。自动楔形键合机的一些线弧形成过程也会导致键合点跟部产生裂纹，其引线可能会向后和向前和 / 或沿几个方向弯曲。然而需要注意的是，自动球形键合机不会导致裂纹产生。

⊖ 对于线径为 1mil（25μm）的引线，半径约为 0.3mil（7.6μm）的小曲率线弧通常有助于减少键合点跟部裂纹的发生。

另外，键合点过变形将使键合点跟部变薄并进一步使跟部强度弱化，然后在线弧成形过程中会更容易产生裂纹。空腔封装的器件中因为有热循环可靠性的需求而期望使用高线弧，这需要使用更高的劈刀运动轨迹，从而导致键合点跟部产生裂纹的可能性增加。

器件用户通常认为跟部产生的裂纹会使键合点更容易发生早期现场失效，如果产生的裂纹严重而且器件经受了温度循环，则可能会出现这种失效情况。然而，在 SEM 高倍下观察键合点时，许多"裂纹"转变成了相对良性的劈刀压痕或顶端内的断裂、无定形外观、超声键合的表面层，如图 8-11a 所示，这种"裂纹"中的冶金学缺陷如果不是全部贯穿，则会在后续任何热处理（例如老化）过程中发生局部退火。然而，如图 8-11b 所示，内部含应力集中"尖端"的细小裂纹可能会穿过引线发生扩展，并使器件在使用期限内发生失效。从热循环弯曲 - 疲劳寿命的观点来看，这种裂纹是不可退火的 [8-34]。不论这些键合点是否进行退火，如果后续的操作现场环境不引入由温度循环或一些其他可能使线弧弯曲并使裂纹扩展导致的外力（例如超声清洗导致的振动）所形成的应力，在密封的封装体中良好键合点没有理由因裂纹而应该失效。

上述讨论的主要目的是为了客观地研究键合点跟部裂纹。因为在某些情况下裂纹会非常严重以致于显著降低键合点的拉力强度，该讨论并不是想暗示跟部裂纹的可接受性可以随意判断。如图 8-11b 所示，任一种类型的裂纹在热循环条件下都会导致长期可靠性的问题。然而小形变的键合点（约 1.5 倍线径）中的裂纹在良好的键合线弧和环境条件下，不应该会显著降低键合点的拉力强度或器件寿命。这些裂纹的存在确实证实了键合设备或过程中的某些环节未得到适当的控制，应采取纠正措施。

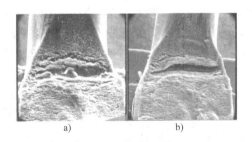
a)   b)

图 8-11 使用线径 50μm（2mil）、含 1%Si 的 Al 丝超声楔形键合形成的跟部裂纹 SEM 图，这两种裂纹都是引线在线弧成形的过程中由于向前然后向后弯曲造成的（也可参见图 8-18 中楔形键合点跟部裂纹的疲劳特性的例子）

a）外露的 Al 结晶体中未发现冶金学的裂纹   b）清楚地显示出一个不可退火的内部裂纹

另外，还发现一个跟部裂纹的问题是，在第一（楔形）键合点跟部下面产生裂纹，而不是在其顶部 [8-35, 8-36]，这在光学检测下是很难被观察到的，且除非操作人员知道要找的是什么，否则在 SEM 下也常被错过这类裂纹，图 8-12 所示为这类裂纹的一个示例。这些都是在一次"异常"的低拉力测试结果（1000ppm 不良品）中偶然被发现的，但是当采用硬的拉拔态脆性引线进行键合时这一数字增大到了 80%，这涉及到整个自动键合序列，其中包括键合点后面的线弧振动。针对（跟部）断裂表面的检查表明在键合点底部（裂纹所在之处）存在脆性断裂，而其上部表现为韧性断裂，在某些情况下，在非常弱的键合点跟部的顶部或底部都可观察到裂纹。

图 8-12　Al 楔形键合点跟部下的裂纹图，裂纹如箭头所指（来自 Fitzsimmons[8-35, 8-36]，©IEEE）

8.3　加速度、振动和冲击对空腔封装的影响

一旦键合过程结束，封装体被密封，且各种力学、热学和电学筛选均已完成时，各种可能的机械式键合失效模式将极大减少。现场出现的振动和离心类型的力很少会严重到足以导致冶金学疲劳或其他键合损伤，通常，封装体中的引线端或已组装系统中的大尺寸元器件在这些力的作用下足以在损伤键合点前便会失效。可能会引发共振并损伤典型形态的 Au 丝或 Al 丝键合点的最低振动频率，分别约为 10kHz 和 40kHz，损伤一个 25μm 线径 Au 丝或 Al 丝的良好键合点所需垂直方向的离心力通常大于 100 000gf，然而，这取决于键合长度和线弧高度，当离心力低至 8kgf 时，Au 键合点便可能会被移向侧面（和与相邻键合点发生短路）或坍塌到基板上 [8-39]。

8.3.1　引线键合可靠性的离心试验

引线键合的离心应力试验不能用于塑料包封的零件，该塑封器件在所有器件类型中占据了 95% 的比例。在 2008 年可能只有一些高可靠性、军用和太空器件、传感器和非常规器件需要进行离心应力试验，在本书中进行讲解是为了那些关键/

非常规用途的特殊的、重要的、空腔零件。

针对空腔（密封的）封装中引线键合的离心力 [8-37, 8-38] 目前已经开展了若干的计算研究工作，这些计算是基于假设试验中引线形状为悬空状，且这些公式对于相似的形状产生的力也相似，在文献 [8-37] 中推导出的公式见式（8-1）~ 式（8-3），该键合系统的参数与键合-拉力测试中的部分内容相同（参见本书第 4 章图 4-1），但其变量定义如下。

引线中张力 F_{wt}，以及端子和裸芯片接触点间的力 F_{wd}，单位以 gf 表示：

$$F_{wt} = \rho \pi r^2 G(\alpha + h) \tag{8-1}$$

$$F_{wd} = \rho \pi r^2 G(\alpha + h + H) \tag{8-2}$$

$$\text{当 } d \geqslant 2(H+h) \text{ 时，} \alpha \cong \frac{d^2}{4h(1+\sqrt{1+(H/h)}+2H} \tag{8-3}$$

式中，ρ 为引线密度（g/cm³）；r 为引线线径（cm）；h 为封装焊盘和线弧最高点间的垂直距离（cm）；H 为封装焊盘和裸芯片键合点间的垂直距离（cm）；d 为键合点间的平行距离（cm）；G 为离心加速度（采用重力单位）。

即使在异常情况下，$d/(h+H)$ 的值低至 2 时，采用 α 的近似值对 F_{wt} 和 F_{wd} 仅会引入不超过 10% 的误差。然而，α 的确切值可从以下公式中得到：

$$h+H+\alpha = \alpha \cosh(D/2\alpha) \tag{8-4}$$

式中，$D/2$ 是裸芯片上键合点与线弧顶点间的横向距离。实际上，最大的不确定性来自于对 h 值的估算，h 是离心力使线弧（用来描述悬空曲线）发生形变后线弧顶点和封装焊盘表面间的距离。式（8-1）采用确切 α 值的一个有用的图形如图 8-13 所示，其给出了在 30 000g 离心力的作用下，临近键合点单根 Au 丝（25μm 线径）中的张力在不同 d/h 值时与 d 的关系函数。例如，该图显示一个键合间距为 0.15cm（≈60mil）、线弧高度为 0.015cm（≈6.0mil）的引线键合，其中 Au 丝的张力约为 0.55gf。在拉力测试时，如果将拉钩置于线弧中点，仅需施加一个 0.25gf 拉力则会产生这种张力。在 Au 球形键合情况下，必须考虑焊球巨大的质量 [由 0.03 ~ 0.05cm（12 ~ 20mil）长度的引线制成]，如果作用于 3.5mil 球经焊球上的力与上述示例中的矢量方向上的引线力相加，则总力将增加到 0.7gf。上述所有情况下，如果采用 Al 丝，则离心力将会减小到 $0.14F_{Au}$ 且很少会引发问题。

上述的离心试验过程在垂直方向上产生的力太小，以致于不能对引线键合测试中起到什么作用，为了获得与 Mil-Std 883G/H 非破坏性拉力测试要求等效的力 [25μm 线径 Al 丝要求为 2.0gf，Au 丝要求为 2.4gf（Au）]，必须在器件上施加 100 000g 以上的加速度，这是一个极端且不切实际的数值。

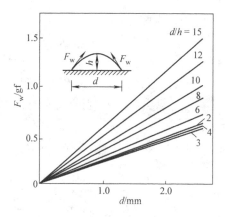

图 8-13　临近键合点处单根 Au 丝（25μm 线径）中的张力 F_w，脱离结果来自于直接垂直于键合表面方向上的离心力，其值为 30 000g，该图中以不同 d/h 时与 d 的关系函数绘出；在给定 d 值的情况下，当 $d/h \approx 3$ 时 F_w 最低；关于其他不同于 30 000g 的加速度值条件下的 F_w 值，可通过将 F_w 值乘以所关注的加速度与 30 000g 加速度的比值获得；25μm（1mil）线径 Al 丝键合的 F_w 数值，可通过将 Au 丝的 F_w 乘以 0.14 获得（这些数值很低以致于很少被关注）（来自 Schaff[8-37]）

考虑到典型的线径 25μm Au 丝制成的球径 90μm（3.5mil）的键合焊球的剪切力在 50gf 量级（张力会高 40%），因此很明显，离心试验对确保这种引线键合的质量是无益的，然而，如果偶然将封装器件贴置在错误方向上（侧向应用）的离心力中，这种试验会损伤 Au 丝键合点，例如在炮射环境中可能出现的情况[8-39]。在这种情况下发现 30μm（1.3mil）线径 Au 丝（球形键合）线弧易于向侧方移动并与相邻引线或端子发生短路，也会向下塌陷并于芯片边缘发生短路。当引线长度约为 2.5mm（100mil）、加速度为 5000g 时可观察到 Au 丝线弧发生摆动，加速度在 8000 ~ 10 000g 范围内时出现短路。引线长度缩短至 1.9mm（75mil）时，在施加 11 000g 加速度时侧向无失效，且在垂直方向施加 20 000g 加速度下也没有出现失效。因此，当对含 Au 丝的空腔封装电子器件进行离心试验时，必须给予充足的关注，且在所有情况下，必须详细注明是短丝。虽然不与引线键合明确相关，但可以为混合微电子器件离心试验提供常规的数学分析，且在考虑该课题或现代 SIP-MCM 试验时可能有用[8-40]。

8.3.2　超声清洗、运载火箭热冲击、振动等对空腔封装引线键合的影响

如同引线键合开展的离心试验，因为目前许多封装结构为塑料包封，所以键合引线不会受到超声清洗或其他振动应力。然而针对需要进行空腔封装的少数情况，尤其是对于占比不足 5% 的高可靠性和非常规器件，例如太空任务、测井、传感器、光电子及其他类似用途的器件，通常不可以采用塑料包封。

关于密封的（空腔）器件超声清洗导致键合点退化的情况已有几项已发表的报道和数不清的私人通讯[8-33, 8-41, 8-42]，都在关注 Au 丝键合。然而，只有一项[8-33]

展示了 Al 丝键合点的退化，但却没有充足的细节用以评估失效。如同其他引线的键合都有其共振频率一样，一旦引发就将发生振动并可能产生疲劳和断裂，注意太空发射器内的热冲击和其他振动源可能会引发类似的损伤。图 8-14 所示为 Au 丝键合点在超声清洗过程中发生疲劳的一个示例，引线键合的共振频率通常较高（约 20kHz，且随材料、线径和长度变化而发生变化），激发源是来自超声清洗机、振动试验和相似的应力。根据对于引线键合的几种振动模式及其共振频率进行的计算 [8-37]，有几种振动模式是有可能造成共振的，然而当整个线弧发生边对边振动（横向模式）时导致发生的共振频率最低、位移最大，以至造成损伤。不同长度和弧高的 Au 丝和 Al 丝键合点的计算共振频率图如图 8-15 所示。

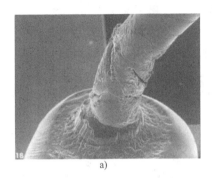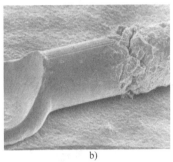

图 8-14　线径 25μm（1mil）引线键合点超声疲劳的扫描电镜（SEM）图

a）一个被浸入超声清洗机的扁平封装中的金球键合点　b）一个有类似疲劳的楔形键合点

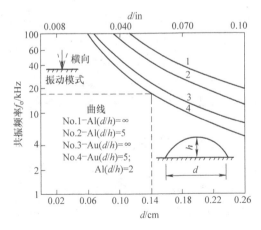

图 8-15　线径 25μm（1mil）Au 丝和 Al 丝键合在横向振动模式下，共振频率 f_0 与键合间距 d 的关系图：其中环形跨线的 d/h 比值为 2（半环形）、5（中间值）和无限大（直线）；跨线顶点的高度为 h（来自 Schafft [8-37]）

　　由于存在多种（长度、弧高、线径等）键合结构，空腔封装体在超声清洗过程中的键合点存在失效的潜在危险，这些失效在已转载的 PCB 上或甚至在某给定的封装中可能会遇到。一个多芯片封装可能会包含 0.018～0.038mm（0.7～1.5mil）线径范围的 Au 丝或 Al 丝键合。由自动键合机制成的键合点到键合点的长度，可能长至近 6mm（多数 <4mm），线弧高度也会不同。

关于 PCB 贴装密封（空腔）器件采用 25μm 线径 Al 丝键合开展的一项研究，用于确定超声清洗损伤的范围[8-44]，研究虽然未给出引线长度和弧高，但计算得出了共振频率在 40kHz 左右，这可暗示出其长度约为 1～1.2mm（40～50mil），比大部分的键合引线短，其清洗频率为 39kHz～41kHz、43kHz 和 66kHz，除了少量高功率密度清洗和长时间（>1h）清洗外，未观察到损伤。过去很少有关于 Al 丝在超声清洗过程中失效的报道，有个别文献[8-43]出现定义不清晰的情况。因此，采用 25μm 线径的短 Al 丝键合的密封器件进行超声清洗通常应该是安全的。问题是 Au 丝在超声清洗中肯定会发生失效，且在任何含有这些器件的给定 PCB 上通常还混装有含 Al 丝的器件，可能仅在特定的高可靠性装备的情况下才可保证用户不出现问题。

如果同时将许多板子放在一个大槽中进行清洗，在特定区域内有可能存在超声波共振/反射的情况，并会激发出能量的最大值，因此人们会认为只有特定尺寸的特定键合点在已知的器件上和已知的超声频率清洗下会受到损伤，且在板上特定区域内的这种损伤会达到最大。

为了通过游离微粒的 PIND（颗粒碰撞噪声检测）试验而对复杂封装和 IC 器件的空腔封装进行超声清洗，这与密封封装的清洗相似。只有一小部分因浸入清洗剂中而发生键合点的共振频率向下偏移。然而，虽然清洗液的黏度会抑制振动幅度并降低损伤，但存在的气穴现象作用将非常严重，因此通过在不同设备中运行的非正式测试表明，在这个过程中某些键合点的拉力强度会弱化或键合点实际发生断裂，其中涉及的变量作用很难被表征出来。

过去，多数的超声清洗机的频率被设计在 20kHz 范围，且多数报告在这个频率范围内由高能工业超声清洗机导致的键合失效，参见图 8-14。目前，超声清洗机的频率可以更高，在 40kHz 范围内、宽带（20～100kHz）或几百上千赫兹范围内，考虑到图 8-15 中键合点的共振频率和多数引线键合都可能具有曲线 2、3 和 4 的几何范围内的结构，高频（>50kHz）清洗机会损伤引线键合是不太可能的，尽管为证实这点还未在 Au 丝键合上进行明确试验。人们应该意识到如果出现气穴现象，在任何频率下对空腔封装进行清洗都会损伤半导体器件。

8.3.3　冲击和振动对引线键合的影响（长引线的问题）

由于多数键合引线的长度都较短，人们很少会考虑到用于航天或其他设备筛选的常规系统级随机振动（20g，由 10Hz 到 1kHz 或 2kHz）将是有害的。然而，已经有几例堆叠的内存芯片上非常长（25μm 直径）的键合 Au 丝发生失效的示例[8-45]，这些键合 Au 丝长度在 3.8～5mm（150～200mil）之间，其在不同方向上遭受到随机振动（高达 2kHz）和 20g 的冲击。当在一侧到另一侧的方向上振动时，观察到了过形变的月牙形键合点出现断脱的失效现象。图 8-15 中对于这些长度键合点的推断表明这种长的键合引线是有可能发生共振的，从而导致断裂发生。真实的振动频率可采用一种含有磁场技术的振动方式进行测试 [8-46]，这种长线弧的共振发生在低至 1.4kHz 的范围内。此外，横向方向上的冲击可致使弱的月牙形键合点发生断裂，而在一个失效示例中观察到了良好的键合点"缠绕在另一个键合点上"的现象。

通常可预测到常规线弧的 Au 键合点在高于 10kHz 的频率时发生共振，然而太空应用的多层堆叠芯片和其他非常规器件常常要求使用长的且无塑料包封的键合引线，而且芯片上间距很近的键合焊盘会导致长线弧向较宽的封装间距展开，同时现代自动键合机可"操控线弧"，因此不会出现短路。正是因为存在一定的间隙，可能不会保护键合点在振动或冲击中发生共振或短路，从而可能出现失效。

因此，由于现代自动键合机可形成长线弧，且长线弧键合点相比过去正被越来越频繁地使用（参见本书附录 9A）。在特定的空腔封装中，设计人员和用户都必须理解低等级的振动和冲击存在引发键合点失效的可能性。

8.4　功率和温度循环对引线键合的影响

许多年前，Gaffney 首次观察到由循环温度变化导致空腔封装中引线键合的失效现象 [8-47]，从那以后出现了一些关于这类失效的补充研究 [8-48 ~ 8-51]。在器件功率循环的加热和冷却过程中，由于 Al 丝和封装体之间不同的热膨胀系数导致引线反复弯曲，从而引发失效，如图 8-16 所示，图中弯曲最大的部分也就是失效的部位，发生在变薄了的楔形键合点跟部。相对于封装体上的键合点跟部，芯片上键合点跟部经受的温度陡增更大，所以观察到的失效频率更高。实验研究了大量 Al 合金丝的冶金学弯曲疲劳，发现含 1%Mg 的 Al 丝要优于通常使用的含 1%Si 的 Al 合金丝 [8-50]，参见本书第 3 章 3.8 节。

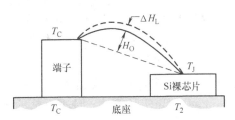

图 8-16　键合引线由于器件功率循环而弯曲的示意图：实线表示键合引线在室温下的位置，虚线表示在高温下的位置；引线可能是 Al 丝或 Au 丝，并且封装体（底座）可能是柯伐金属、氧化铝或其他低膨胀系数的基板 / 封装材料；在第一个近似值的基础上，引线的膨胀程度是在温度为 T_C 和 T_J 的平均值、底座温度为 T_C 和 T_2 平均值的情况下进行计算的；弯曲程度 ΔH_L，大约与弧高和两键合点间跨距的比值呈反比

温度循环过程中的键合引线弯曲程度与弧高大致成反比，为了使细线径引线的键合弯曲程度最小化，弧高应该约为两键合点跨距的 25%[8-51]。图 8-17 所示为拥有图 8-16 中所示键合引线几何结构的弯曲程度的计算结果，如果线弧呈三角形（就像经过非破坏性引线键合的拉力测试后那样），则弯曲程度会增大 20%，但是其应力将会集中在弯曲处，此处的强度应该强于键合点跟部。即使一些高线弧的25μm（1mil）线径含 1%Si 的 Al 丝键合点的跟部有开裂现象，随后也可承受超过 100 000 次功率循环[8-51]，而拉紧（平的）线弧在承受几百到几千次功率循环就出现了失效。为了获得最高的可靠性，Villella[8-48] 推荐使用掺 Mg 引线和高的键合线弧（然而，细线径掺 Mg 引线除了进行特殊定制外，现如今已经无法获得，且其 ASTM 标准也已经被停用）。使用高线弧作为防护措施以防止弯曲疲劳，这在 50μm（2mil）线径 Al 丝键合点上得以证实。图 8-18 所示为一个高频功率器件上的典型键合点，该器件含有 47 个这种高的键合线弧（弧高大于两键合点间距的 25%）。该器件经历了 227 627 次完整的功率循环后而无键合点失效，其结温在38～170℃范围内。许多这些制备键合点的特点是在键合点跟部有裂纹，但由于是高线弧的原因而没有出现失效。

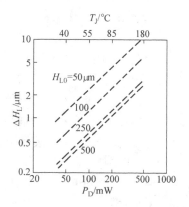

图 8-17 键合引线弯曲程度 ΔH_L 与功率损耗 P_D 的函数关系图：图中圆弧形键合线弧的初始弧高 H_{L0} 值不同 [这项分析的研究对象是 TO-18 封装内 500mW、50mA 的 Si 晶体管中端子到裸芯片间的 25μm（1mil）线径 Al 丝键合点，其中柯伐封装体和焊盘的镀层均为镀 Au 层。图中也已给出了结温 T_J]

虽然高线弧在功率和温度循环条件下消除了一定的应力，但在很多情况下采用高线弧的方式还是不可行或不切实际的。一种很显然的情况是当空腔封装体的顶部太低以至于可能会接触到线弧；另一种情况是在封装（多芯片）在非常高的频率下运行时出现，且高线弧会增加键合点的感抗，在这种情况下，必须在性能和可靠性之间进行折中，通常感抗问题可通过封装设计来解决，其中选用非常短的线弧，因此较低的线弧将可消除适量的应力。

a)　　　　　　　　　　　　　　b)

图 8-18　在功率循环后的 50μm（2mil）线径含 1%Si 的 Al 丝超声引线键合点的 SEM 照片，其弧高大于两键合点间距的 25%。该器件经历了 227，627 次完整功率循环，其结温在 38 ~ 170℃范围内，且无键合点发生失效。由于反复的热应力导致 Al 键合焊盘表层的重构现象明显，然而该器件仍可运行工作

当球形键合点经受温度循环时，通常恰好在焊球上部的"热影响区"处发生断裂，研究发现如果一个"加工过的线弧"（参见本书附录 9A 成弧）在远离这个"区"的位置弯折使用，则应力最大的位置就在此处而不是在焊球上部的位置，因而改善了键合点的疲劳寿命。

Au-Al 金属间化合物存在着另外一个热循环问题。假如没有空洞，它们比纯金属的强度更高，但也更脆。如果一个键合点含有金属间化合物，则远比单一的纯 Au 丝或 Al 丝更易受到弯曲损伤。第 5 章图 5-10 给出了仅经历 20 次循环便开裂的 Au 楔形键合点的示例，除了脆性以外，金属间化合物的生长也由于温度循环过程的作用得到增强。所以一定要意识到，器件中的 Au-Al 偶在反复温度变化中可能会失效。

在空腔封装体中，虽然细线径引线的键合点失效可通过增加弧高得到规避，但是这种方法对于粗线径引线而言，仅在引线的硬度可避免整个线弧被容易弯曲（因此应力可以消除）的时候才有部分的作用。然而，一些功率器件的粗线径引线的键合点在 5 000 ~ 20 000 次功率循环后，会由于冶金疲劳而可能发生失效，图 8-19 所示为这类失效中的一个典型示例。

需要注意的是，疲劳发生在每根引线的弯折处并靠近键合点跟部的部位，在温度循环的过程中这些部位的应力比较集中。这些都是较早的键合点 / 技术，然而其冶金学性能和现如今的粗引线（参见本书第 3 章图 3-4 中最低的曲线）完全相同，因此这种疲劳是相似的。

对于解决这种粗引线的疲劳问题，几种可行的方法可供使用：这种器件中的线径 200μm（8mil）的引线是 99.99% 纯 Al 丝，然而合金添加物总是可增加 Al 的 α 固溶体的疲劳强度 [8-52]，因此，掺 Mg 引线作为一种较好的冶金体系应该可延长功率器件中的引线键合寿命。无弯折点的平滑线弧的加工方法也会有所帮助，横截面积大的薄带引线配合高线弧可以改善可靠性，因为薄带引线在键合线弧平面

上更容易弯曲，所以薄带引线具有与高线弧的细引线键合的优点。

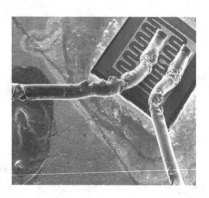

图 8-19　2N4863 型功率晶体管上线径 200μm（8mil）99.99% 纯 Al 丝键合点在功率循环后的 SEM 照片：在 18 606 次功率循环后，键合引线发生疲劳且器件失效，壳温范围为 25 ~ 125℃（结温可能已经达到近 180℃），冶金疲劳发生在键合点跟部和线弧的弯折处；虽然这是一种早期器件（中的引线键合技术），但在 2008 年仍在使用冶金性能相同的引线，而引线疲劳情况与现如今的看起来一样

因为整个封装体都达到了温度极限，温度循环（整个器件由外部进行加热和冷却）比上述的功率循环更加严苛。即使如此，弧高相对于键合长度的推荐比例（25%）仍然是有效的，并且会使这种不良影响最小化。

塑封失效

上述关于键合引线弯曲疲劳的讨论适用于空腔封装体中的键合点。在塑封器件中，已经观察到多种不同的热循环失效现象，这些失效通常发生在 Au 球颈部的上方位置。这种失效的原因是引线、Si 和包封料之间的热膨胀系数不同，这与线弧高度和引线弯曲无关，而与正在膨胀 / 收缩的包封料施加的应力相关。包封料将该引线牢牢地包裹住，如果在包封料之下采用适用裸芯片的涂层则可能出现图 8-19 所示疲劳扩展的现象 [8-53]。对于常规的单组份包封料，引线通常部分发生"颈缩"（韧性断裂）和断裂。其他时候，在引线断裂处附近可看到辉纹（滑移），位于围绕塑封芯片周边的球形键合点由于受到包封料热膨胀产生的力而可能出现剪切现象 [8-54]（也可参见 8.1.7 节），通常，在现有引线键合加工水平的基础上，对于防止这些失效几乎无能为力。去除包封料中的水汽和在板上进行表面贴装钎焊时将热冲击降至最小，可以合理有效地抑制包封料的膨胀问题。

硅橡胶已经被用作封装腔体填充物，以防止一些汽车和其他领域器件内的水汽失效发生，但是它会在温度循环过程中变得非常坚硬从而使得细线键合点断裂。目前采用的是硅凝胶，它非常软以致在热循环过程中可保持精细引线的键合点完整，这种材料在混动汽车领域中已使用多年且没有发生温度循环失效。唯一需要注意的是这种循环不可在凝胶的玻璃化转变温度（通常约 −55℃）以下运行，否则硬化的凝胶将使键合点断裂，在常规的汽车环境中不会使用这种温度。

附录 8A　断裂韧度

当裂纹尖端的应力强度 K 或 G 达到临界值 K 或 G_L 时出现不稳定的断裂，对于小裂纹尖端的塑性变形（平面应变条件），断裂不稳定性的临界应力强度因子 K_{IC} 是一项材料性能参数，K_{IC} 是材料无不稳定的裂纹延伸出现时所能承受的裂纹尖端的最大应力场强度。断裂韧度是指材料抵抗现有裂纹扩展各种措施的通用术语，通常表示为应力强度 K_c，或裂纹延伸的能量释放率 G_c[8-55]。这些变量间的关系由下面的 Griffith 方程给出：

$$U = \frac{\pi a^2 \sigma^2}{E} \quad （Griffith\ 方程） \tag{8A-1}$$

式中，U 为一个长度为 a（cm）现有裂纹扩展时发生弹性能量的降低值，E 为杨氏模量。

$$K_c = \sigma_c \sqrt{\pi a} \frac{g}{cm^2} \sqrt{cm} \quad （断裂韧度） \tag{8A-2}$$

$G_c = \pi \sigma_c\ a$ over

$$E = \frac{K_c^2}{E} \frac{g}{cm^2} \times cm \quad （断裂韧度） \tag{8A-3}$$

式中，σ 为应力 $\left(\dfrac{g}{cm^2}\right)$；$a$ 为裂纹长度（cm）。

附录 8B　引线键合机参数的实验设计（DOE）

Lee Levine ⊖

1. 引言

2008 年，半导体互连数量超过 14 万亿 [8-56] 且超过 90% 为引线键合。在大批量 IC 生产中当引线 / 缺陷率低于 10ppm 范围是可取的，然而类似这样的良率并不容易达到。统计过程控制、实验设计（Design of Experiment，DOE）、过程能力研究以及设备和材料表征都是研究这个过程和持续改进这个过程的工具。

DOE 是统计学领域内的一个主题 [8-57]，它为控制具有多变量的过程问题（例如引线键合）提供了一种有效的、结构化方法。通过利用多种变量参数高效地探索键合过程，DOE 可帮助工程师确定哪个参数对该过程有显著的影响。一旦通过筛选试验确定了显著影响因子，然后补充试验提供响应表面的映射，从而使得过程得到有效优化。

相比之下，实施科学实验的传统方法是每次仅改变一个变量，同时保持其他

⊖　过程解决方案顾问，New Tripoli，PA 18066。

所有参数不变，实验数据的变化可归因于这个变量的改变。这种方法有两个问题：耗时且不能评估两个变量参数之间的相互作用，因为它们必须同时发生变化才能看到相互作用，通常相互作用效应是控制一个过程中最强和最重要的因素。

2. 数学就在软件之中，给出的数值就是工程师对工程的认知

目前有许多统计分析和 DOE 软件包是可用的 [8-58, 8-59]，所有软件都有优点和缺点，但通常大多数工程师需要一个可提供统计分析和 DOE 功能的软件包。

对工程任务的认知的核心是给出的数值，因此工程师的认知、判断和观察技能都是关键的。DOE 是研究多个变量影响一个过程的最有效的方法，但通常在观察实验的过程中，工程师所观察的结果是最有价值的结果。

3. 什么是统计、影响和相互作用

统计量是从数据样本中计算出的任何量值，用于描述样本群的属性。图 8B-1 以图表形式定义了变量 A 和 B 对一个过程的主要影响，从中可看出变量 A 和 B 之间没有相互作用，但每个变量在独立于另一个变量的水平上对于该过程有相同的影响。图 8B-2 展示出在有强相互作用时的变量 A 和 B 之间的影响，A 和 B 的变化影响均取决于另一个变量的水平，它们相互作用。一次一个变量的经典实验方法的缺点是不能检测相互作用，而有时相互作用的影响是最重要的实验结果。将 DOE 用于检测变量间的相互作用并进行实验以确定其是否具有统计的显著性，其主要优点是能够通过检测获得具有统计信心的影响和相互作用的结论。

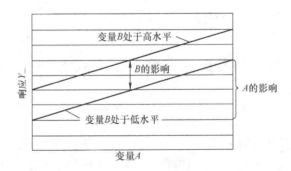

图 8B-1　什么是影响（无相互作用：无论另一个变量是高或低，A 或 B 的影响都是独立的）

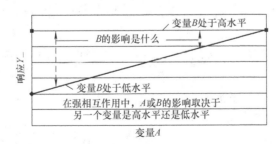

图 8B-2　什么是相互作用（DOE 的一个优势是统计验证：影响是真实的还是仅是数据中的随机波动？）

4. 什么是 DOE

DOE 是一种用于确定影响因素（X）和响应（Y）之间的关系并对这种关系进行实验，以确定其在统计学上是否有效的一种结构化的、有组织的方法。选择的特定实验的运行是由该实验的设计决定的，以便从结果中得出有效的统计学推论。这些运行活动就是 DOE，当以图表形式展现时，这些结果称为响应面。

5. 选择变量和选择范围

几类变量可用在 DOE 中，一些变量（例如可程序化的键合参数）在某数值范围内可轻易改变；其他变量（例如瓷嘴设计和合金材料）在某个试验设计内并不容易改变，它们被称为分类变量，选择可程序化的变量用于筛选试验，不同于分类变量的重复 DOE 允许采用配对的 t- 试验进行比较。

在引线键合过程中有 4 个主要变量参数，根据重要性排序为：超声能量、键合温度、键合力和键合时间。第 5 个变量参数冲击速度（冲击力）通常比键合时间的影响更大而经常在筛选试验中被取代。图 8B-3 所示为引线键合主要的独立变量，初始筛选试验的结果通常可识别出主要的问题或缺陷，在随后的 DOE 中，选择变量参数以解决这些问题。例如，如果不良的月牙形键合点是被检测到的变量，可选择采用第二键合点超声功率、键合力、冲击速度和键合温度的 DOE 以解决这个问题，又如弹坑的发现将 DOE 关注点改变为采用第一键合点的变量。将没有显著影响的变量排除，可以更加集中精力处理更重要的问题。

四个主要过程变量参数
1) 超声功率
2) 键合温度
3) 键合力
4) 键合时间
最重要的变量参数
1) 超声功率
2) C/V(冲击力)
3) 键合力
4) 键合温度
分类变量
1)瓷嘴
2)引线

图 8B-3　引线键合机的独立变量

筛选试验中每个变量参数的设置应该覆盖较大的范围，但合理性是前提。采用较大的范围可以保证任何趋势的斜率都将是正确的。然而，DOE 的目的不是对这个过程的极限值进行试验，而是针对将所关心的数值作为一个合理范围进行采样。如果某个变量较为显著且结果显示这个极限值是可取的，则在后续的 DOE 中可探索这个新的范围。

图 8B-4 所示为引线键合机的多个响应变量，响应变量可能是可测量的任何事

项，例如拉力测试、剪切测试、某个样品中的缺陷数量、弧高、键合位置、第二键合点固定距离的弧高和焊球尺寸的数值，它们都是已经用于引线键合试验的测量项。更困难的响应包括属性数据（好/坏）、横截面金相照片、金属间化合物生长研究以及热老化研究。在谨慎的试验中，这些更困难的响应变量也可在 DOE 中使用。在使用有限元分析（Finite Element Analysis，FEA）的新趋势中，采用 FEA 的输入参数作为独立变量，并以 FEA 的输出作为依赖变量，使 DOE 能够有效地利用 FEA 建立 FEA 输出的响应面模型。

```
1) 键合强度
   ① 焊球、鱼尾形键合点、中间
      跨距拉力
   ② 剪切强度
   ③ 剪切/ua
   ④ 键合点尺寸
2) 弧高测试
3) 缺陷和模式(脱焊，剥离…)
4) 示波器测试
5) 其他感兴趣的并且可测试的任
   何事项
6) 对比: 图片、压痕范围、数据采
   集表等(有一定难度)
```

图 8B-4　引线键合机响应变量

6. 序贯试验

DOE 是控制实验过程最好且最有效的方法。序贯试验，选择变量、观察和执行试验设计、分析数据并使用 Pareto 图来关注最重要的问题，将会推动这个实验过程的发展，以获得更好的产品和更高的良率，序贯试验执行这些数据以推动持续的过程改进。

7. 过程能力

过程能力基准（C_p 和 C_{pk}）是高质量过程的重要限定条件。过程能力的定义是在已经消除所有非自然的、可解释的干扰后某个过程的自然变化，且该过程是在统计控制状态下运行的。C_{pk} 值是衡量过程的鲁棒性，提高 C_{pk} 需要一个连续的迭代过程，该过程使用成功的 DOE 和响应面试验以减少残差。过程能力研究的是 DOE 设计的一个特定类别，用以衡量常规的过程变动，它们只有一个变量——时间，且必须包含充足的时间以捕捉到过程的常规漂移。每个连续试验的结果都被纳进变量的选择，进而建立过程知识的数据库。过程变化、设计变化和材料变化都针对知识基线进行了试验。随着残差降低，过程趋向于管控加强和更高的可靠性，良率提高也就成了一种自动实现的效益。

8. 提高良率的试验

在过程正在运行的地方，当良率不可接受时，响应面技术对于优化这个过程是有用的。在进行调整时，过程输出的变化被称为响应面，典型的响应面由拉力强度、剪切强度、焊球键合点球径、弹坑、弧高、直线度等测量所得数据组成。在半导体组装中，术语"键合窗口"已经被用于描述响应面。响应面图形的重要性在于其同时给出了一个良好的过程表现和几个重要变量的相互作用。

一旦过程是在低缺陷率的情况下运行，其他的技术是比 DOE 将更加有效的。针对高良率过程，叠加特殊控制图的使用 [8-60, 8-61] 将驱使该过程比 DOE 更快地获得更高的良率。为确定过程是否仍在控制中，人们采用现有的过程数据来确定过程记录（Process of Record，POR）的上控制限（Upper Control Limit，UCL）和下控制限（Lower Control Limits，LCL），通过 UCL 和 LCL 对缺陷事件进行跟踪。当进行过程更改时，将针对 UCL 和 LCL 进行记录以确定是否获得了新的 POR(在 UCL 之上的操作）或确定是否应该放弃更改（在 LCL 之下的操作）。

9. 测量的重复性和再现性

每个测量系统都需要进行表征以确保其具有可重复性和公正性，当测量值接近测量系统的分辨率时，确保测量系统的误差小于测量值本身尤为关键，否则将会因数据不可信而得出较差的工程决策。在细间距引线键合中，采用光学显微镜测量的焊球和线弧规格经常处于显微镜的能力极限。一项简单测量的重复性和再现性研究、同一特征的多次测量和采用配对 t- 试验的对比测量通常就能够反映系统存在的问题。

10. 结论

针对非常高良率的过程，控制和优化引线键合过程需要结合使用统计学方法和工具，这些工具包括 DOE、响应面方法、过程能力、测量能力和控制图，通过这些工具的使用及对来料和供应商的严格控制，获得非常高的良率和高质量产品是有可能的。

参考文献

8-1 Kale, V. S., "Control of Semiconductor Failures Caused by Cratering of Bonding Pads," *Proc. of the 1979 International Microelectronics Syinp.*, Los Angeles, California, Nov. 13-15, 1979, pp. 311–318.

8-2 Ching, T. B. and Schroen, W. H., "Bond Pad Structure Reliability," *24th Annual Proc., Reliability Physics*, Monterey, California, 1988, pp. 64–70.

8-3 Harman, G. G. and Leedy, K. O., "An Experimental Model of the Microelectronic Ultrasonic Wire Bonding Mechanism," *10th Annual Proc., Reliability Physics*, Las Vegas, Nevada, 1972, pp. 49–56.

8-4 Winchell, V. H., "An Evaluation of Silicon Damage Resulting from Ultrasonic Wire Bonding," *14th Annual Proc., Reliability Physics*, Las Vegas, Nevada, 1976, pp. 98–107, also see Winchell, V. H. and Berg, H. M., "Enhancing Ultrasonic Bond Development," *IEEE Trans. on Components, Hybrids, and Manufacturing Technology*, Vol. 1, 1978, pp. 211–219.

8-5 Koyama, H., Shiozaki, H., Okumura, I., Mizugashira, S., Higuchi, H., and Ajiki, T., "A New Bond Failure Wire Crater in Surface Mount Device," *26th Annual Proc., Reliability Physics*, Monterey, California, 1988, pp. 59–63.

8-6 Lycette, W. H., Knight, E. R., and Hinch, S. W., "Thermosonic and Ultrasonic Wire Bonding to GaAs FETs," *Intl. J. Hybrid Microelectronics*, Vol. 5, Nov. 1982, pp. 512–517.

8-7 Heinen, G., Stierman, R. J., Edwards, D., and Nye, L., "Wire Bonds over Active Circuits," *44th Electronic Components and Technology Conf.*, Washington, D.C., May 1-4, 1994, pp. 922–928.

8-8 Mori, S., Yoshida, H., and Uchiyama, N., "The Development of New Copper Ball Bonding Wire," *Proc. 38th Electronic Components Conf*, Los Angeles., California, May 9-11, 1988, pp. 539–545.

8-9 Chen, Y. S. and Fatemi, H., "Au Wire Bonding Evaluation by Fractional Factorial Designed Experiment," *The International Journal for Hybrid Microelectronics.*, Vol. 10, no. 3, 1987, pp. 1–7.

8-10 McKenna, R. G. and Mahle, R. L., "High Impact Bonding to Improve Reliability of VLSI Die in Plastic Packages," *39th Proc. IEEE Electronics Components Conf.*,

Houston, Texas, May 21-24, 1989, pp. 424–427.

8-11 Hirota, J., Machida, K., Okuda T., Shimotomai M., and Kawanaka, R., "The Development of Copper Wire Bonding for Plastic Molded Semiconductor Packages," *Proc. 35th Electronic Components Conference*, Washington, D.C., May 20-25, 1985, pp. 116–121.

8-12 Ravi, K. V. and White, R., "Reliability Improvement in 1-mil Aluminum Wire Bonds for Semiconductors." Final Report (Motorola SPD), NASA Contract NAS8-26636, Dec. 6, 1971.

8-13 Srikanth, N., "Critical Study of Microforging Au Ball on Al Coated Silicon Substrate Using Finite Element Method," *Materials Science and Technology*, Vol. 23, no. 10, 2007, pp. 1199–1207.

8-14 Srikanth, N., Murali, S., Wong, Y. M., Vath III, C. J., "Critical Study of Thermosonic Copper Ball Bonding," *Thin Solid Films*, 462-463, 2004, 339-345 is in Table 8-3.

8-15 Clatterbaugh, G. V., Weiner, J. A., and Charles, H. K. Jr., "Gold-Aluminum Intermetallics: Ball Bond Shear Testing and Thin Film Reaction Couples," *IEEE Trans. on Components, Hybrids, and Manufacturing Technology*, Vol. CHMT-7, 1984, pp. 349–356. Also see earlier publications by Charles and Clatterbaugh, *International Journal for Hybrid Microelectronics*, Vol. 6, 1983, pp. 171–186. Also, more recently, Clatterbaugh, G. V. and Charles, H. K., "The Effect of High Temperature Intermetallic Growth on Ball Shear Induced Cratering," *IEEE Trans on CHMT*, Vol. 13, no. 1, March 1990, pp. 167–175.

8-16 Takei, W. J. and Francombe, M. H., "Measurement of Diffusion-Induced Strains At Metal Bond Interfaces," in *Solid State Electronics*, Pergamon Press, 1968, Vol. 11, pp. 205–208.

8-17 Koch, T., Richling, W., Whitlock, J., and Hall, D., "A Bond Failure Mechanism," *Proc. 24th Annual Proc., Reliability Physics*, Anaheim, California, 1986, pp. 55–60.

8-18 Footner, P. K., et al., "A Study of Gold Ball Bond Intermetallic Formation in PEDs Using Infra-Red Microscopy," *Proc. IEEE IRPS*, 1986, pp. 102–108.

8-19 Dunn, C. F. and McPherson, J. W., "Temperature-Cycling Acceleration Factors for Aluminum Metallization Failure in VLSI Applications," *Proc. IEEE IRPS*, 1990, pp. 252–255.

8-20 Pramanik, D. and Saxena, A. N., "VLSI Metallization and Its Alloys, Part 1," *Solid State Technology*, Jan. 1983, pp. 127–133. See also Pramanik, D. and Saxena, A. N., "VLSI Metallization and Its Alloys, Part II," *Solid State Technology*, March 1983, pp. 131–138.

8-21 Umemura, E., Onoda, H., and Madokoro, S., "High Reliable Al-Si Alloy/Si Contacts by Rapid Thermal Sintering," *26th Annual Proc., Reliability Physics*, Monterey, California, 1988, pp. 230–233.

8-22 Hasegawa, F. and Ito, H., "Degradation of a Gunn Diode by Dislocations Induced during Thermocompression Bonding," *Appl. Phys. Letters*, Vol. 21, No. 3, Aug. 1, 1972, pp. 107–108.

8-23 Forman, R. A., Hill, J. R., Bell, M. I., White, G. S., Freiman, S. W., and Ford, W., "Strain Patterns in Gallium Arsenide Wafers: Origins and Effects, Defect Recognition and Image Processing" in E. R. Weber (ed.), *III-V Compounds II*, Elsevier Science Publishers B. V., Amsterdam, 1987, pp. 63–71.

8-24 White, G. S., Freiman, S. W, Fuller, E. R. Jr., and Baker, T. L., "Effects of Crystal Bonding on Brittle Fracture," *J. Matls. Sci.*, Vol. 3, 1988, pp. 491–497.

8-25 Vidano, R. P., Paananen, D. W., Miers, T. H., Krause, J., Agricola, K. R., and Hauser, R. L., "Mechanical Stress Reliability Factors for Packaging GaAs MMIC and LSIC Components," *IEEE Trans. on Components, Hybrids, and Manufacturing Technology*, Vol. 12, 1987, pp. 612–617.

8-26 Smith, J., NIST, private communication.

8-27 Nishiguchi, M., Goto, N., and Nishizawa, H., "Mechanical Reliability Effects of Back-Grinding upon GaAs LSI Chips," *Proc. of the 43rd Electronic Components and Technology Conf.*, Orlando, Florida, June 1-4, 1993, pp. 1072–1080.

8-28 Riches, S. T. and White, G. L., "Wire Bonding to GaAs Electronic Devices," *Proc. of the 6th European Microelectronics Conf. (ISHM)*, Bournemouth, U.K., June 3-5, 1987, pp. 143–151.

8-29 Weiss, S., Zakel, E., and Reichl, H., "A Reliable Thermosonic Wire Bond of GaAs-Devices Analyzed by Infrared-Microscopy," *Proc. 44th Electronic Components and Technology Conf.*, Washington, D.C., May 1-4, 1994, pp. 929–937.

8-30 Olsen, D., Wright, R., and Berg, H., "Effects of Intermetallics on the Reliability of Tin Coated Cu, Ag, and Ni Parts," *13th Annual Proc., Reliability Physics*, Las Vegas, Nevada, 1975, pp. 80–86.

8-31 Kashiwabara, M. and Hattori, S., "Formation of Al-Au Intermetallic Compounds and Resistance Increase for Ultrasonic Al Wire Bonding," *Review of the Electrical Communication Laboratory*, Vol. 17, 1969, pp. 1001–1013.

8-32 Douglas, and Davies, G., "The Influence of Electronic Flame-Off-Polarity on the Structure of Gold Wire Balls" and "An Investigation into the Microstructure and Micro Hardness of Various Ball-Formed Copper Wires," *American Fine Wire Corp.* Reports, 1988.

8-33 Harman, G. G., "Metallurgical Failure Modes of Wire Bonds," *12th Annual Proc., Reliability Physics Symp.*, Las Vegas, Nevada, April 2-4, 1974, pp. 131–141.

8-34 Plumbridge, W. J. and Ryder, D. A., "The Metallography of Fatigue," *Metallurgical Reviews*, Vol. 14-15, 1970, pp. 129–145. See also Alden, T. H. and Backoffen, W. A., "The Formation of Fatigue Cracks in Aluminum Single Crystals," Acta Metallurgica, Vol. 9, 1961, pp. 352–366.

8-35 Fitzsimmons, R. T., "Brittle Cracks Induced in AlSi Wire by the Ultrasonic Bonding Tool," *IEEE Trans. on CHMT*, Vol. 14, Dec. 1991, pp. 838–847.

8-36 Fitzsimmons, R. T. and Chia, H., "Propagation Mechanism and Metallurgical Characterization of First Bond Brittle Heel Cracks in Al Si Wire," *42nd Electronics Components and Technology Conf.*, May 1992, pp. 162–166.

8-37 Schafft, H. A., "Testing and Fabrication of Wire-Bond Electrical Connections, A Comprehensive Survey," *Nat. Bur. Stands.* (U.S.), Tech. Note 726, 1972.

8-38 Lidbove, C., Perkins, R. W., and Kokini, K., "Microcircuit Package Stress Analysis," *Final Technical Report RADC-TR-81-382*, Rome Air Development Center, 1982, pp. 1–351.

8-39 Poonawala, M., "Evaluation of Gold Wire Bonds in a Cannon-Launched Environment," *33rd Proc. IEEE Electronics Components Conf.*, Orlando, Florida, May 16-18, 1983, pp. 189–192.

8-40 Hartouni, E., "Mathematical Analysis of Centrifuge Testing on a Large-Scale Hybrid Microelectronic Assembly," *The Intl. J. Hybrid Micro.*, Vol. 5, Feb. 1982, pp. 30–33.

8-41 Ramsey, T. H., "Metallurgical Behavior of Gold Wire in Thermal Compression Bonding," *Solid State Technology*, Vol. 16, Oct. 1973, pp. 43–47.

8-42 Riddle, J., "High Cycle Fatigue (Ultrasonic) not Corrosion in Fine Microelectronic Bonding Wire," *Proc. ASM, Third Conf. on Electronics Packaging, Materials and Processes and Corrosion in Microelectronics*, Minneapolis, Minnesota, April 28-30, 1987, pp. 185–191.

8-43 *Microcircuit Manufacturing Control Handbook*, Integrated Circuit Engineering Corporation, Scottsdale, Arizona, 1977, pp. P5–J5, 5A.

8-44 Crawford, T. and Vuono, B., "Ultrasonic Cleaning of Military PWAs," *Proc. NEPCON West*, 1991, pp. 1541–1551.

8-45 Leidecker, H., NASA, Goddard, private communication.

8-46 Tustaniwskyj, J. I., Usell, R. J., and Smiley, S. A., "Progress Towards a Cost Effective 100% Wire Bond Quality Screen," *Proc. 37th IEEE Electronics Components Conf.*, 1987, pp. 557–565. See also US patent 4,677,370, June 30, 1987.

8-47 Gaffney, J., "Internal Lead Fatigue through Thermal Expansion in Semiconductor Devices," *IEEE Trans. Electron Devices*, Vol. 15, 1968, p. 617.

8-48 Villella, F. and Nowakowski, M. F., "Investigation of Fatigue Problem in 1-mil Diameter Thermocompression and Ultrasonic Bonding of Aluminum Wire," *NASA Technical Memorandum, NASA TM-X-64566*, 1970. Also see Nowakowski, M. F. and Villella, F., "Thermal Excursion Can Cause Bond Problems," *9th Annual Proc. IEEE Reliability Physics Symp.*, Las Vegas, Nevada, 1971, pp. 172–177.

8-49 For a summary and recommendations from [8-47], see Villella, F. and Martin, R., "Does Your Bonding Process Doom Devices to Failure?" *Circuits Manufacturing*, Jan. 1973, pp. 22–30.

8-50 Ravi, K. V. and Philofsky, E. M., "Reliability Improvement of Wire Bonds Subjected to Fatigue Stresses," *10th Annual Proc. IEEE Reliability Physics Symp.*, Las Vegas, Nevada, 1972, pp. 143–149.

8-51 Phillips, W. E., in G. G. Harman (ed.), *Microelectronic Ultrasonic Bonding, Nat. Bur. Stands.* (U.S.), Spec. Publ. 400-2, 1974, pp. 80–86.

8-52 Riches, J. W., Sherby, O. D., and Dorn, J. E., "The Fatigue Properties of Some Binary Alpha Solid Solutions of Aluminum," *Trans. ASM*, Vol. 44, 1952, pp. 882–895.

8-53 Kinsman, K. R., Natarajan, B., and Gealer, C.A., "Coatings for Strain Compliance in Plastic Packages: Opportunities and Realities," *Thin Solid Films*, Vol. 166, 1988, pp. 83–96.

8-54 Shirley, C. G. and Blish, R. C., "Thin-Film Cracking and Wire Ball Shear in Plastic DIPS due to Temperature Cycle and Thermal Shock," *25th Annual Proc., Reliability Physics Symp.*, San Diego, California, April 7-9, 1987, pp. 238–249.

8-55 Barsom, J. M. and Rolfe, S. T., *Fracture and Fatigue Control in Structures*, 2d ed., Prentice-Hall, Englewood Cliffs, New Jersey, 1987.

8-56 VLSI Research Inc., 2005.

8-57 G.E.P. Box, W.G. Hunter, J.S. Hunter, *Statistics for Experimenters*, Wiley, New York, 1978.

8-58 Minitab Statistical Software, www.minitab.com

8-59 JMP® Statistical Discovery Software, www.jmp.com

8-60 Bissell, A. F., "Control Charts and Customs for High Precision Processes," Total *Quality Management and Business Excellence*, Vol 1, no. 2, 1990, pp. 221–228.

8-61 Goh, T. N., "A Control Chart for Very High Yield Processes," *Quality Assurance*, Vol. 13, no. 1, March 1987, p. 18.

第 9 章　先进引线键合技术

9.1　高良率、更细节距引线键合和特定线弧的技术及问题

9.1.1　现代高良率引线键合技术介绍

四十年前，如果引线键合的良率在 98% 左右，则认为是可接受的，但该指标在现如今是无法忍受的。在当时，大部分 IC 只有 8 ~ 10 个 I/O，键合机是手动操作的，并且漏焊的键合点可以在封装体从键合机上取下之前进行返工。2008 年以后，每个芯片上有成千上万个 I/O，这需要使用高速键合机（每秒键合 12 根引线或更多）[⊖]，同时还面临着全球范围内激烈的市场竞争。因此，器件在高性能和成本的驱动下，现代制造强调引线键合的高良率。在组装和封装过程中，通常要求每个制造环节（例如切片、裸芯片粘接、引线键合、塑封、表面贴装等）都要具有高的良率。在芯片组装的所有环节中，引线键合（或其他互连方式）对器件良率的影响最大，原因是每个芯片上都有大量的 I/O，而每根引线又有两个键合点。此外，如果互连失效损伤了芯片（形成弹坑），经常会导致封装损失或返工困难，这在目前的生产速度和经济成本状况下是被禁止的。因此，为提升器件封装良率，应该集中精力努力提升互连的良率。

采用某些自动键合机可实现 30μm 节距的键合，但目前还没有这种节距的可用芯片。随着节距的减小，键合引线的线径也要相应变细。在更细线径的需求下，可应用的 Au 丝线径达到 15μm。因此，细节距引线键合应运而生。与早期可接受的节距键合相比，细节距键合几乎在每个维度都需要进行更多的策划和花费更高的成本（注意，目前乃至未来很多年，大量芯片仍然保持不小于 100μm 的焊盘节距）。

目前（2008 年），全球半导体行业每年实现 12 万亿 ~ 14 万亿次的引线互连

⊖　定义高速自动键合机的键合速度（引线数 /s）是复杂的。最简单明了的是：最小线弧的键合速度远远高于现实中的生产速度，甚至在一个芯片周围的键合比一个简单运行的键合速度慢。长引线需要的键合时间更长。复杂的线弧将极大地降低键合过程的速度（参见本章附录 9-A）。使用料盒将芯片装载到键合位置也减慢了平均速度。因此，键合机制造商会如实声明在实际使用过程中的运行速度可能永远无法达到最高速度。

（两个键合点 / 线弧）。实现这一目标的基础设施非常庞大，在可预见的未来，没有任何新的互连方法可以替代它们，因此，大多数芯片仍将继续使用引线键合的互连方法。倒装芯片（C-4）及未知的技术，例如光子互连，将会用于最先进的器件制造，其市场份额也将会增大。目前，在大批量生产中引线键合良率损失的典型值在 25 ~ 100ppm 范围内，某些会低于 20ppm。为了实现该较低的数值，必须深刻认识所有影响键合良率和可靠性的因素（因为这些因素都是相互关联的）。

为了讨论高良率和细节距键合的细节，必须假设读者已经理解在本书中包含的键合技术常规要素，包括键合焊盘和键合引线的冶金学特性（第 3 章）、测试方法（第 4 章）、金属间化合物的形成（第 5 章）、镀层（第 6 章的 6-A 和 6-B 两部分）、清洗（第 7 章）及力学问题（如弹坑）（第 8 章），但特定细节距键合技术的演变，将在下文进行讨论。此外，键合机必须通过有效的统计学设计方法来进行参数设置（附录 8B）。在没有理解和管控键合过程的情况下，就不可能实现高良率和细节距的引线键合。同样，为达到这些目的，必须正确完成所有事情，并且必须理解每个已解决的生产问题。快速固化（更改某些内容并奏效），不理解失效原因，则通常会导致后期问题再次出现。

9.1.2 高良率键合的要求（金属层表面、硬度、清洁度）

表 9-1 概述了高良率键合的要求，其中每一项都在前面的章节中详细讨论过，并在此进行了总结。而且，其中一些概念也早已经在参考文献 [9-1] 中描述过。

表 9-1 高良率和细节距的键合要求

（1）在芯片和封装体上良好可键合的金属层
·均匀的、可重复的特征
·较软——硬度与引线接近
·大多数的杂质降低了良率（Cu、Ti 等）
·厚度：1 ~ 1.2μm，在加工层级可增加纯铝焊盘管帽（厚 0.3μm）以提高可键合性，并预防弹坑
·不受无机物和有机物污染（等离子清洗作为最终的加工工艺）
（2）均匀引线
·小尺寸公差（球形键合用 25μm Au 丝的尺寸公差小于 1.25μm）
·冶金学性能一致（延伸率，拉断力）
（3）键合机可控、一致（键合力、超声能量等）
·精准的键合焊盘定位系统
·可重复地、快速地成球
（4）围绕特定自动键合机的局限性和特征进行封装设计
（5）键合机夹具根据特定的封装形式进行设计
（6）粘接的裸芯片位置精准和水平。

1. 键合焊盘金属层，铝层

高良率键合的第一个要求是芯片和封装体上的金属层都是可键合的。遗憾的是，芯片金属层的特性可能由其他因素决定，例如，适当的电迁移性能往往要求在 Al 金属层里或下面增加添加层。Ti-Ni 或者 Ti-W 层有时会被夹在焊盘中间或者下面，偶尔（过程相关）Ti 还会迁移到表面[9-2]并被氧化，这会降低可键合性。经常将 Cu 添加到 Al 中，重量百分比为 0.5% ~ 2%，通常，如果 Cu 含量超过了2%，可键合性将会降低。大多数情况下，添加 1% 的 Cu 就足以阻碍电迁移，这种低含量的 Cu 可导致 θ 相（Al_2Cu）在各种晶圆热处理过程中发生堆积或聚集[9-3]。该量级的 Cu 掺杂会增加金属间层的易腐蚀性[9-1, 9-4]，并可能会导致表层上的 Cu 氧化，这需要键合工程师来解决不易键合的金属层问题。这个问题部分的冶金学研究已在本书第 5 章的 5.3.2 节中进行过讨论，解决这个问题的方法是如图 9-1 所示的 Cu 掺杂的金属层上覆盖大约 3000Å 的纯 Al 层。这样做肯定会增加加工步骤和成本，但可以提高键合良率（还有其他方法可以避免 Cu、TiN 和其他杂质，一些器件使用特殊的底层、金属三明治结构等，可将纯 Al 层留在表层）。

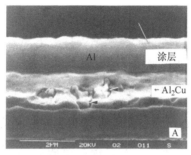

图 9-1 所示的含 1.5%Cu 的键合焊盘中的 Al-Cu 金属间化合物降低了可键合性。将厚度为 3000Å 的纯 Al 帽层沉积到 Al-Cu 层上将可提高可键合性[9-1][图中显示了含 1.5%Cu 的键合焊盘 Al 金属层包含了 Al-Cu 金属间化合物，包括一层纯 Al 或含 1%Si 的 Al 帽层[9-1]（©IEEE）]

键合焊盘的硬度对可键合性的影响如图 9-2 所示[9-5, 9-6]（注意：这些实验很难进行，应该使用现代设备进行复现）。通常，在 Au 丝和 Al 焊盘的硬度接近匹配时，两者之间的可键合性最高[9-6, 9-7]。在 Al 焊盘中添加约 0.2%Ti 可以提高抗电子迁移的能力，该添加元素不会增加腐蚀，但是 Ti 可能会扩散到焊盘表面，从而降低键合良率。此外，硬度将会提高到 100HK 以上（努氏硬度），这需要增加热超声能量或者将键合温度设置到约 320℃，才能获得较高的键合良率。裸芯片粘接还需用一个环氧树脂的高温固化过程，如果还没有使用，则需要进行昂贵的鉴定试验。总之，除了 Si，其他添加在纯 Al 中的掺杂物都会在某种程度上降低可键合性。

许多可键合性问题的解决方案可以消除晶圆厂冶金键合焊盘条件下的键合良率的损失，这一点已经知道了一段时间，这需要在 Cu 掺杂的键合焊盘金属层上沉积一层约 0.3μm 的纯铝层，如图 9-2 所示。幸运的是，今天许多 IC 晶圆厂已经将意图生产高可键性的芯片焊盘作为设计准则，其中一部分原因是 Cu/Lo-k 芯片在最初阶段根本不可能获得键合的高良率（参见本书第 10 章）。

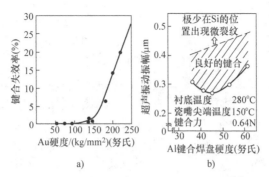

a)   b)

图 9-2 a）Au 膜层硬度与金键合点脱落（可键合性）的关系图[9-5]；b）在 Cu 球键合中，Al 键合焊盘硬度与键合超声能量的关系图[9-6]；在图 a）中，Au 球硬度在约 40HK 以下键合失效率应该最小；另外对于 Cu 焊球（硬度约为 55HK），（硬化的）Al 焊盘在硬度接近 45HK 时达到最低值（©IEEE）

2. 金属层清洁度

如果要达到期望的高键合良率，无论焊盘采用什么特殊金属层，其表层在组装环节都需要进行清洗。在本书第 7 章已经提到有许多关于清洗方法和工艺的研究。一项最新的研究针对用于 PCB、PBGA 等上的引线键合，特别是对 Ni 基金属层的清洗 / 键合进行了报道[9-8]（参见本书第 6-B 节），氧气 / 氩气等离子体和紫外线 / 臭氧是最佳的清洗方式，但必须认识到在封装或芯片中 Ag、Cu 或 Ni 都可能会被氧化，继而会降低这些金属层上的键合良率。对于小批量、高可靠性的混合电路、MCM、SIP、传感器以及大型单芯片封装而言，这种清洗方式是从成本维度考虑强制要求的，但通常不适用于大批量的 IC 制造（尽管可以使用自动在线等离子体清洗机）。晶圆加工过程中可能会留下几种主要污染物，关于晶圆键合焊盘的清洗内容已有研究[9-5, 9-7]，这些污染物可能包含 S、Cl、Fl、TiN、含 F 聚合物、玻璃和含 C 物质，其中一些污染物在晶圆键合焊盘上俄歇光谱中的显示如图 9-3 所示，该图也显示出氧等离子体去除大多数残留污染物的有效性。但是，除非通过溅射方式，否则氧等离子体无法将玻璃或其他无机物从焊盘上去除。所以，在早期加工过程中去除这些污染物是非常重要的。晶圆在运输到封装厂的过程中，在键合焊盘上会带有加工残留的污染物。这些污染物在后续洗涤、切割过程中都不能被消除，因此将会降低可键合性。对于晶圆厂而言，在运输或者存贮前，采用氧气（或者氧气 - 氩气）等离子体清洗晶圆是一件很简单的事情，之后由加工引入的污染物将不会像过去一样影响键合良率或者可靠性！

在晶圆清洗之后，为避免存贮或运输受到再次污染必须进行适当的包装。已经研究了晶圆存贮对污染的影响[9-9]，表明晶圆应该放在含 Al 晶圆承载器的密封 Al 罐中进行存贮和运输。在塑料中存贮将最终会导致有机污染物的积聚，如果晶圆必须放在塑料中进行存贮和运输，则在封装厂切割之前应该对晶圆进行等离子体或者紫外线 - 臭氧清洗，清洗整个晶圆将会更高效、经济。

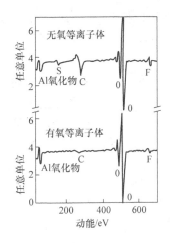

图 9-3　氧气等离子清洗对 Al 键合焊盘表面的影响图。为了去除晶圆加工引入的污染物，在晶圆级加工环节进行等离子清洗的 Auger 图（来自 Klein[9-5]，©IEEE）

3. 当今先进的高性能器件使用 Cu（而不是 Al）来实现芯片互连

芯片上的 Cu 键合焊盘被扩散阻挡层保护，在实际键合焊盘表面沉积一层大约 1μm 厚的纯 Al 层。因此，最近的 Cu/Lo-k 器件没有类似传统多数 Al 互连器件的键合焊盘问题，然而，该焊盘也必须采用上述方法进行清洗，参见本书第 10 章对该技术描述。目前，绝大多数器件仍然是基于 Al 互连，但这种现状在未来将会发生改变。

4. 封装金属层

芯片外材料的金属层，无论是引线框架、陶瓷，还是 BGA 中的多层塑料基板等，都可能会和芯片金属层一样导致键合良率的严重问题。Au、Ag、Pd 和 Ni 都是芯片外最常用的金属层材料，参见本书第 6 章。芯片外材料的清洁与芯片焊盘清洁同样重要，参见本书第 7 章。由于封装类型非常多，内部键合焊盘所采用的金属种类众多，产生的问题也非常复杂。通常每种金属采用的清洗和存贮条件都不相同，可氧化的金属（如 Ni，Cu）不能通过紫外线 / 臭氧或者氧等离子体去除，但可以使用氩气或氢气 + 氩气通过溅射 / 还原的方法解决。电镀的金属膜层在硬度、晶体结构、杂质和气氛含量等方面可能有所区别，这些都会影响可键合性。每种键合方式都必须实施适当的质量评价试验（如楔形键合的拉力测试和球形键合的剪切测试）。

9.1.3　键合设备及其管控

如前文所述，关于个别键合设备的特征和参数设置程序的内容超出了本书的讨论范围，因为这些变化非常大，而且将随着新键合模式的出现不断变化。每种键合机的具体信息都可以从制造商处获得，制造商通常会提供应用课程的培训。

用于生产过程中的所有键合机都必须使用合适的 DOE 方法来针对芯片和封装的金属层开展参数设置，参见本书第 8 章的附录 8B。然而，在混合电路、SIP、带悬垂焊盘区域的堆叠芯片等内部实现键合高良率的键合机参数设置和管控，其困难远大于大批量生产的 IC，该内容已经在前面章节中讨论过。大多数传感器、混合电路和 MCM 的产量都相对较低，但是堆叠的芯片、SIP 等的产量则可能非常高，所有这些可能包含大量来自不同制造商的芯片，并且每个芯片的金属层都不相同或者至少经历的热处理方式不同。不同晶圆厂残留在键合焊盘上的污染和后续的处理方法往往并不相同。随着生产的进行，从同一供应商订购的芯片可能来自不同批次 / 设计的晶圆，并且金属层和残留的污染物也可能会有所不同。因此，为了获得最高的键合良率，在裸芯片的聚合物粘接（粘接过程中产生的污染物）后和数小时之内的键合，采用紫外线 - 臭氧或者氧等离子体清洗变得非常重要。按照这些程序，当在陶瓷基板内芯片上键合时，已经可以达到最高的良率[9-5]。排除所有其他因素，在给定的条件下选择特定的键合技术也会影响良率。许多其他机器条件和因素都可能在 10 ~ 100ppm 范围内影响良率（例如键合工具的设计，而且要保持其与键合焊盘的方向垂直）。

9.1.4　少数键合的可靠性（小样本量统计）

关于小批量芯片及基板金属层上的键合参数设置，可键合性和可靠性数据通常是通过在基板和芯片上的金属化焊盘上进行键合而获得。然而，在使用小样本量时影响高良率问题的往往是小于 100ppm 的良率生产管控。一种解决方法是在小样本数内使用楔形键合点（符合卡方统计确定的正态分布）的变形宽度结合可靠性试验数据来实现键合工序控制。PCB 上芯片直装（Chip on Board，COB）器件用这种方法来预测键合可靠性（寿命）[9-10]。这虽然不是一个通用的解决方法，但这一概念可用于开发更为通用的小样本量的键合工艺控制。例如，Shu[9-11] 提出了一个预测细节距键合良率的示例，他在细节距键合用试验裸芯片上测量了相邻球形键合点之间的间隙，假设它们符合正态分布，并使用该假设来计算各种细节距引线键合状态下相邻焊球之间短路的概率。基于这个示例，提出了一种可能的解决方案：采用小样本良率或可靠性控制来研究失效模式，确定并合并最可能发生失效的分布，采用该结果来预测良率或可靠性。随着生产的继续，在累积生产控制图表的基础上，对该方法的信心将不断增加。在上述的示例中，基于可测量的键合参数的预测将应用于各种产品。因此，即使小批量生产运行很少，但也可以及时获得大量的良率或可靠性数据。经讨论，根据因果关系（鱼骨图）图表，已经发布了关于在统计过程控制下进行小批量引线键合的必要程序[9-12]，该过程可在开始时通过键合机 DOE 的参数设置来进行改善（参见第 8 章附录 8B）。

小批量生产的系统（比如 SIP、MCM、特定器件 / 系统以及小规模集成电路制造）设计师们经常要求对引线键合进行常规的可靠性预测（每 1000 个器件每小时出现的缺陷数）。虽然这样的数值是可取的，但期望出现任何已确定的数字都是不现实的。在器件的制造过程和长期环境中有非常多的变量，以至于如果用这个假设值来预测键合寿命，就相当于计算机术语中的"垃圾输入，垃圾输出（garbage in，garbage out）"。使这个预测几乎变得不可能的一些变量有：键合类型和冶金学问题（Au 丝 - 球焊 - 楔焊、Al 丝和 Au 丝 - 楔焊 - 楔焊、Al、Au、Ag、Ni、Pd 等焊盘）、键合质量的参数设置（DOE 或其他）、在键合之前使用任何清洗工序（等离子体、紫外线 - 臭氧、溶剂，其他工艺或者不清洗）、弧高（如果是空腔）、塑封（采用哪种树脂）、是否细节距、形成弹坑的概率、芯片金属层结构、环境（温度、功率或者温度循环次数）、范围、保温时间、时长、湿度。然而，一个特定的已知类型器件的可靠性可以通过适当数量的应力试验和统计学方法评估的结果进行确定。如果来自不同厂商的所有芯片都有纯的、均匀的铝金属化帽层，见图 9.1，则小批量高良率键合的参数设置和控制都将大幅度简单化，这样的可靠性预测将可能更有效。对于制造高良率键合的小批量系统而言，提出的劝告是相同的，为了达到这一目的，必须正确地做每一件事，必须理解每一个已解决的生产问题的解决方案（否则该问题可能会再次出现）！

9.1.5　封装相关的键合良率问题

Klein[9-5] 已经研究了不同的封装类型对键合良率的影响及其对引线框架夹持的依赖关系。他发现硬质陶瓷封装是最佳的，而小尺寸封装（可能是它们很难被夹持）是较差的。引线框架和封装夹持会影响键合的良率已经是公认很久的事情了，一个夹持不良的封装将会通过共振（振动）而不能将能量集中在键合界面区域内而导致超声能量的耗散⊖，夹持不良的明显特征是样品 / 基板上的键合点有非常大的形变。陶瓷封装由于其刚性，与裸的引线框架相比，通常可实现更高的键合良率。而且，薄的、小外形、细节距的引线框架，比大尺寸引线框架有更低的键合良率。因此，封装和夹持的选择对引线键合的良率有显著作用。

9.1.6　潜在的良率问题和解决方案

1. 引线线径公差

在 ASTM F72-06 标准中（本书第 3 章附录 3A 对此标准有列举），25μm 键合金丝的线径公差（在 ASTM 的允许公差 ±3%，或者最大线径变为 6% 以内）会导致球形键合形成焊球球径的变动[9-13]。如果线径稍微变大，则来自 EFO 的热能

⊖　在键合 - 夹持实验之前，将石松子粉末（或等效物）撒在封装体上，可以很容易地证明共振现象。夹持不良的封装体将在共振节点处发生粉末堆积并出现最大的无粉末区域，这种共振模式在粗径引线键合实验中非常明显（注意：这种非常细的粉末往往会覆盖满整个键合机的工作台面，所以应该小心处理这些粉末。这样的实验通常在手动键合机上实施）。所有这些粗引线的键合实验都会展现出一些共振现象，但仍然是有用的。

就会更多地传导到熔融区域的外面，从而导致形成的焊球较小。对于典型 25μm 线径 Au 丝制成的无空气结球球径的最大尺寸偏差仅为 5μm。然而，这些因素会和 EFO 引线键合机系统的其他变量共同作用而增加偏差。不同的焊球尺寸需要设置的键合机最佳参数不同，可能会在高良率的范围内影响键合良率。为了得到最高的键合良率（例如 <25ppm 缺陷），引线线径的公差应该控制在 ±（1% ~ 2%）范围内。楔形键合用金丝相似的尺寸公差应该不影响键合，因为热传导的作用与球形键合不同（在设计的试验中，使用相同线径 Au 丝制成焊球尺寸的改变可以通过改变 EFO 的参数设置进行试验仿真）。

2. 探针留下的损伤

芯片封装人员在晶圆测试的过程中无法避免在焊盘上留下探针损伤的痕迹。然而，如果观察到探针损伤痕迹并且发生键合问题，这将成为拒收批次晶圆的理由，这样的探针测试痕迹只有在细节距中才会成为一个问题[9-14 ~ 9-16]。研究发现，仅当探针接触测试的次数超过 2 次时，60μm 节距焊盘上的探针损伤是可以接受的，如图 9-4 所示。然而，节距越小，焊点拉脱就越容易发生。对于 35μm 节距焊盘，由探针痕迹造成脱焊（Non-Stick-on-Pads，NSOP）的比例高达 84%，其探针只有一次接触测试[9-16]。尽管已经设计了几种焊盘（例如硬化焊盘、层压焊盘和波纹焊盘等）来解决此问题，但已有几项研究发现最实际有效的方法还是将探针测试位置和键合区域错开，如图 9-5 所示。在这种情况下，延伸出来的焊盘可与有源区重叠，该区域将不会被探针应力损伤。这种设计不需要更大的芯片尺寸，但是需要不同的目视检验标准，可能需要对这些文件进行修改。

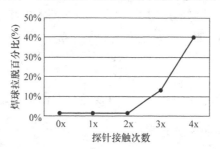

图 9-4　约 60μm 节距焊盘上焊球的拉脱数与探针接触次数的关系图[9-14]（©IEEE）

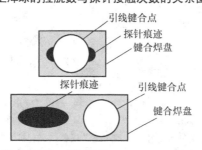

图 9-5　上图：常规的细节距焊盘；下图：避免探针测试过程中的损伤而将焊盘伸长的示意图（这种设计可能需要不同的目视检验标准）[9-16]（©IEEE）

9.1.7　其他影响器件良率的因素

1. 超声系统

在过去，引线键合机的超声系统采用的是 60kHz 的超声能量，然而从 20 世纪 90 年代开始，键合频率已经提高到约 120kHz，这一时期的出版物表明，可以通过增加超声频率的方式来改善键合良率，该研究工作提供了一种可以增加键合良率的一组新工艺参数。目前制造自动键合机的制造厂商已经广泛采用高频系统。参见本书第 2 章第 2.4 节和该章参考文献，以便更详细地讨论高频键合技术。

2. 引线偏移

引线偏移是指在转移模塑料的过程中键合线弧发生了移动。最坏的情况是相邻引线发生接触并产生短路。从技术上讲，引线偏移并不是引线键合的一部分，但是会影响塑封器件的良率。因此，在设计这类引线键合工艺时必须考虑引线偏移的情况。

在模塑的过程中，热的模塑料将会产生充足的静压力，使引线变形并有时会把引线推向另一根引线，导致短路。后一种情况很少发生，但线弧变形则经常发生。许多行业规范允许高达 5%（永久）的线弧位移或变形，然而，这只是一个任意值，不适用于塑封器件中长的细节距引线。粗节距通常能够安全的接受更大的位移。引线的线径越细，线弧越高越长，由于引线偏移而被拒收的情况则越多。细节距封装很少有扇出，通常引脚数更多而需要更长的引线，这导致在最小引线偏移情况下发生引线短路的概率增大。线弧形状也会影响发生短路的概率。区域阵列键合还可能导致出现其他的复杂问题。

引线偏移是一个复杂的问题，取决于引线线径、刚度（铜丝的刚度要高于金丝）、线弧形状、相对于模塑料流动的方向（模具浇口的位置和尺寸）、芯片的高度和位置，以及模具设计。此外，它还受到模塑料化合物黏度和其他参数的影响[9-17, 9-18, 9-19]。为了使这种影响最小化，许多实验使用了 X 射线和 / 或者去除模塑料的方法，目前的研究工作还包括使用有限元模拟计算设计的模具、浇口和模塑料的流动。必须经常估算热填充树脂的动态流动特性，而没有经过实验验证的有限元分析结果可能是不准确的。引线偏移的建模实现通常是用大型的、通用的 FEA 软件包，这些软件可用于引线偏移设计[9-20]。

9.1.8　线弧

Lee Levine 在附录 9A 中专门针对引线线弧进行了讨论，并举例说明了许多较长的键合引线和形状等。和引线偏移一样，线弧也不是一个直接的键合问题，它是由键合设备及其成弧软件控制的。然而，线弧能够影响可靠性和球形键合封装的良率，因此使用者应该理解其作用。通常在堆叠芯片、CSP、BGA 等封装形式中，线弧是非常低的，仅为 50 ~ 75μm（2 ~ 3mil）。其他一些封装形式需要长且平的线弧或者特殊形状线弧以避免接触到部分芯片或者封装体。最简单和最早的成弧技术是将引线在朝向第二键合点位置前反向移动，这就形成了一条不会下垂的、平滑的弧线。最近，键合机厂商在成弧过程中已经通过一系列劈刀的移动（例如向后和向前，向上和向下等）形成非常特殊的线弧形状，并且已经有专利和论文描述了这些复杂的成弧模式 [9-21 ~ 9-23]。这些模式可产生长且平的线弧，带扭结和单弯的线弧。这些线弧的变化被命名为"处理过的弧线""小巧线弧"等。现在如果没有线弧控制则无法实现许多特殊封装的引线键合，附录 9A 对此有详细描述。然而，我们知道，任何特殊线弧形状都会显著减缓键合机的运行速度。特殊的线弧形状已经被设计出来用于特殊用途。图 9-6 给出了一种特别低的稳定线弧。

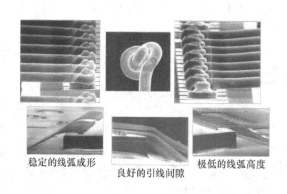

稳定的线弧成形　　良好的引线间隙　　极低的线弧高度

图 9-6　高度低于 40μm 的超低"蜗牛"线弧（来自新加坡的 ASM 公司）

堆叠芯片

另外一种需要特殊线弧和其他特殊引线键合技术的是堆叠芯片，这类芯片首次将厚度减薄到 50 ~ 200μm，经常用于替代悬臂式芯片，为实现这种独特的目的需要设计使用非常特殊的键合机 / 程序。在偏置的芯片中间有一层胶水层或者中间介质层，这些堆垛逐层形成，每加一层便进行键合，这通常用于存储芯片，原因是其散热较低。然而，当用于功率芯片时，将其放置在堆垛的底层用于散热。目前，大多数堆叠芯片被应用在大批量生产的便携式装置中，例如移动电话。尽管堆叠芯片已经被证实有 25 层或者 30 层，但大多数应用是少于 10 层的，图 9-7a 所示为几种堆叠芯片。这是一个专业的课题，感兴趣的读者应该可从国际半导体技术发展组装和封装路线图（ITRS A&P Roadmap）、系统级封装白皮书 2008（SIP white paper）和制造商文献等等开始学习。组装和封装路线图中的部分内容预测了未来裸芯片堆叠的层数（如图 9-7b 所示）。

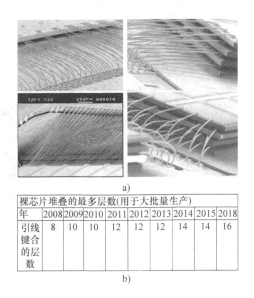

a)

裸芯片堆叠的最多层数(用于大批量生产)								
年	2008	2009	2010	2011	2012	2013	2014	2015	2018
引线键合的层数	8	10	10	12	12	12	14	14	16

b)

图 9-7　a）使用引线键合互连的裸芯片堆叠示例图（首先将钉头凸点键合在裸芯片上，然后将球形新月形键合点键合到封装体上，下一层也同样操作），右图是 4 层堆叠裸芯片的示例图，引线键合的复杂性是显而易见的（由 Amkor 提供）b）从国际半导体技术发展组装和封装技术发展路线图摘录的关于引线键合的堆叠芯片的部分内容，预测了在世界上的某个地方，堆叠裸芯片将进入大批量生产的年份

9.1.9　细节距球形和楔形键合

细节距键合的发展可能比本书中提到的发展速度更快，这是引线键合技术的前沿。虽然作者认为下文合理地说明了该技术的状态（2008 年），但这种情况将可能会在这本书出版之前就发生了变化（改善）。大多数的技术进步来自于自动键合机、瓷嘴设计、采用的引线和相关设备的改善，而不是基于用户的改善。现阶段，用于 IC 生产的先进自动键合机具备 30 ~ 35μm 节距的键合能力，有些可能更细，但由于没有适当的芯片 / 基础设施可用，因此推迟了其实施。每年都会有许多会议集 / 论文以及键合机制造商报道这一课题，读者应该获得这些资料，并联系这些公司，在任何给定的时间内评估这些最先进的技术。细节距键合需要特殊的瓷嘴，这种瓷嘴由于其特殊的形状通常被称作瓶颈（bottleneck）瓷嘴，这种设计避免了撞到相邻的引线，如图 9-8 所示。

随着节距的减小，应该注意到界面可靠性问题和出现的其他问题更多，下文将会提到一些问题。在 Au 丝中引入一些新的掺杂物，其主要变化与 Au-Al 金属间化合物的可靠性有关。作为真情实况，人们应该意识到大多数芯片和封装都不被归类为细节距，这些通常都是最先进的或者特殊的芯片。后来随着新晶圆厂的建立，特征尺寸缩小，才将更细节距转向更为传统的芯片。

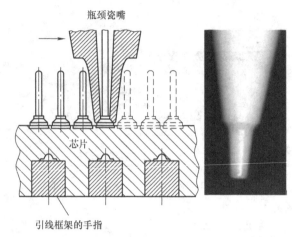

瓶颈瓷嘴

芯片

引线框架的手指

图 9-8 左图为瓶颈瓷嘴的示意图，从左到右进行键合，这种设计是为了避免触碰到最后生产的键合点，这种瓷嘴是易碎的并且容易发生断裂；右图为尖端收窄的照片，对于非常细的节距，尖端更加窄小且更加脆弱

1. 细节距球形键合

2008 年生产的大多数器件的针脚数仍然很少（<100），用于这种球形键合的键合焊盘节距仍在 80～100μm 范围内。但是，目前制造的高端器件的主流节距为 40μm，后面的图 9-12 给出了一个类似细节距球形键合的示例，而且 35μm 节距球形键合的器件在 2008 年就接近批量生产了。前面的图 9-7 给出了一个使用 25μm 线径 Au 丝在 70μm 节距上进行球形键合的示例，这种键合采用瓶颈瓷嘴以避免使相邻键合引线移动，这种瓷嘴参见图 9-8。本书第 4 章的图 4-18 从视觉上可以看出非常细节距与常规粗节距上的球形键合点间的差异在于键合焊球仅仅比引线大一点。

一些正在使用的引线线径仅为 15μm，并且已经测试了 12μm 的引线。除非有一个解决该问题的方法，否则在塑封过程中，这些细引线将更易于导致引线偏移失效。随着时间的推移，绝缘引线、低黏度的模塑化合物、改进的模具浇口都可能会在一定程度上延长这一限制。实验中已实现了更细节距（<30μm）上的球形键合，但在具有这种节距的芯片可用之前还不会得到应用。

表 9-2 给出了细节距球形键合的典型键合参数。从表中可以看出，70μm 节距工艺使用的键合焊球尺寸约为 47μm，小于引线线径的 2 倍。对于 50μm 节距，键合的焊球球径仅约为 40μm，使用一个约 12gf 剪切力作用，焊球 - 剪切力约为 7.5gf。在 60μm 以下节距，键合 - 拉力测试完全可以用于评估球形键合点的焊接强度，并且剪切测试仅用于参数设置的目的。这种观点是可取的，原因是细节距焊球的剪切测试是缓慢的、困难的，且是容易出错的。对于这种测试需要注

意的是，为了保证 Au-Al 球形键合点的长期可靠性，键合剪切力的级别应该大于 5.5gf/mil^2（参见文献 [9-24] 和第 4 章图 4-23）。

表 9-2 使用 25μm 线径金丝获得的细节距球形键合的工艺参数[①]

机器或者测试参数	100μm 工艺	90μm 工艺	80μm 工艺	70μm 工艺	50μm[②] 工艺	40μm[②] 工艺	35μm[②] 工艺
无空气结球尺寸 /μm	50	—	43.2	40.6	32.4	31	29.5
键合焊球尺寸 /μm	74	61.3	55.8	47	约 40	32	27
键合焊球高度 /μm	16.1	13.5	12.5	5.9	约 6	约 7	约 7

[①] 这些数值是非常典型的，是从文献中收集来的。因为焊球球径可以随着参数设置而改变，所以该表中的数据并不是完全一致的。

[②] 对于细节距（来自 K&S[9-25]）键合，引线线径小于 25μm，可低至 17μm 和 15μm。

2. 细节距楔形键合技术

目前，可使用 18 ～ 20μm 线径的引线在高频（约 120kHz）超声能量下实现 25μm 节距的楔形键合，形成的键合点形变非常小（参见本书第 2 章第 2.4 节）。目前还不清楚这是否会用于实际生产，但如果不是，肯定会在不久的将来实现。

3. 细节距键合中的瓷嘴和劈刀

为了实现细节距键合所有工艺都必须发生改变，瓷嘴和劈刀工具也不例外。为了避免已经成形的线弧发生变形，工具的直径必须缩小。球形键合瓷嘴和楔形键合劈刀的示例如图 9-8 和图 9-9 所示。注意，这些形状都是典型的，但作为示例，帽管（caps）可以是长的、细的锥形结构，而不是瓶颈形状。

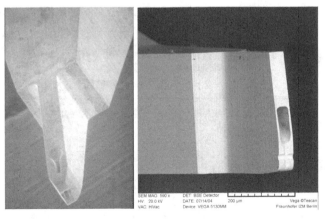

图 9-9 细节距楔形键合的劈刀工具：左图是老式设计（由 Microminiature Tech 提供）；右图是最新的设计，其强度更高（不易碎），该工具在尾部有一个十字形槽，用于细节距楔形键合中的 Au 丝键合（由 Franuhoffer IZM 提供）

9.1.10 细节距键合的可靠性和测试问题

键合节距是两引线键合点中心的距离（也是某键合焊盘到另一个键合焊盘中心间的距离），然而，这个空间的一部分必须用于焊盘间的隔断（绝缘）。因此，由于焊盘上重叠有钝化区而导致其上的可键合区域将进一步减小。对于极细节距的键合，人们担心键合机定位不准确导致键合在钝化区上。这个键合位置可能离焊盘不够远，无法拒收，但这可能会使钝化区产生裂纹，并且裂纹有时会扩展到焊盘外面。在密封的封装中没有文献报道这存在可靠性问题，主要关注的是在水汽渗透的塑封器件中的漏电路径会扩展。还有一些键合点与相邻焊盘或者球形键合点发生叠焊和短路。Ruston[9-24] 给出了几个 47μm 节距球形键合点中可能发生键合位置问题的示例，如图 9-10 所示。一个解决办法是采用更细线径的引线（这将会产生更多的引线偏移问题），这种线径的引线会形成更小的焊球，并且还需要可实现更小位置偏差的新键合设备。最后，在长时间的热老化后，焊球通过了焊球 - 剪切的强度测试，达到了最低的行业标准值 5.5gf/mil^2。应该注意的是，在新型极细节距芯片中还可能会出现相似的问题！

球形键合点向右偏移　球形键合点相互偏移

相邻焊盘短路

图 9-10　在 47μm 细节距（和极细节距）球形键合点位置处，三个可能发生短路的问题示例 [9-24]（©IEEE）

1. 细节距球形键合点的新力学测试问题

表 9-3 是 2008 年的 ITRS 技术路线图中对于到 2016 年引线键合节距的预测表。到 2015 年，球形键合节距将减少到最小值 25μm，同时预计在 2009 年楔形键合节距将达到最小值（参见表注）（ITRS 的所有预测每年都要进行修改，并假定到那时在世界上某个地方将会有这种节距键合的大批量生产）。

表 9-3　2007—2016 年芯片 - 封装基板的技术需求

完成年份	2007	2008	2009	2010	2012	2014	2016
引线键合，焊球，单列直插封装 /μm	40	35	35	35	30	30	25
双列交错排列节距 /μm	55	50	45	45	40	40	35
三层节距 /μm	60	60	60	55	55	45	45
楔形键合节距 /μm	25	25	20[①]	20[①]	20[①]	20[①]	20[①]

① 这些数值可能被延迟应用或不可能在生产中应用。键合机可以达到应用的状态，但可能由于其他因素阻碍或者延缓了实现应用的时间。

节距的不断减小，可能会引起引线键合的问题或者改变制造和测试方式（如

图 9-11 所示)。对于极细节距的键合，拉力测试方法和剪切测试方法都会受到影响。

焊球 - 剪切测试在评估球形键合点的过程中是必不可少的（参见本书第 4 章 4.3 节）。然而，随着节距减少到 50μm 以下，定位越来越小的剪切探头而不碰到相邻的球形键合点是非常困难的，因此会导致测试的数据不准确（准确定位探头需要花费更长的时间并需要具有更优的操作技能，在某种情况下，剪切测试甚至是不可能实现的）。

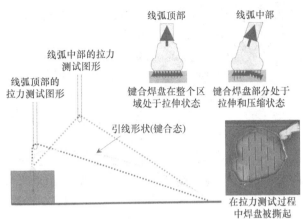

图 9-11　两种拉力测试几何图形的合并图，在线弧的顶部位置（左图）垂直向上拉（永远不会完全垂直向上）将会减少焊盘被撕起的情况，右下图显示了在拉力测试的过程中焊盘被撕起的示例（Jon Brunner 提供，K&S）

Sundararaman[9-26] 在细节距球形键合中首次研究了采用拉力测试来替代剪切测试的方法。他发现在探针痕迹上进行细节距球形键合时，在常规中心拉拔位置处的拉伸应力非常大以至于导致焊球被拉脱剥离。从探针痕迹区开始就很难进行键合，作为一个应力集中源，在引线于热影响区断裂之前，焊球就被拉脱。这种拉升 / 剥离的测试形成的结果应谨慎进行解释，只有当焊球被拉脱并且检查显示形成的金属间化合物很少时，键合拉力测试才应该被认为是失效的。

这种测试大多数被用于铜 / 低介电常数（Cu/Lo-k）芯片中，此种芯片的焊盘或底层与焊盘间的粘附力常常较低，即使在没有探针痕迹应力集中的情况下，焊盘也可能在测试中发生被拉起或者撕起的现象。其他研究工作发现如果拉力角是垂直的，发生 "被撕起" 的现象将最小化，并且引线发生在常规 HAZ 区断裂的现象将增多。图 9-11 显示了预期的几何形状（垂直）示例。注意，"计划的" 线弧顶部拉拔，仍然存在着一些剪切应力，由于角度不完全垂直偶尔也会发生撕裂现象。对于一些极细节距键合，焊球的形状参见图 4-18，如果拉力超过了常用（非 Cu/Lo-k）结构中焊盘与 SiO_2 层间的拉伸粘附力，则会发生这种撕起问题。

与相对宽的节距键合相比，对于细节距键合的实现，几乎在任何方面都需要进行规划并且需要花费昂贵成本来实现。键合焊盘的形状、尺寸及位置必须与自动键合机和裸芯片粘接设备（拥有较好的定位精度和可重复性）相匹配，而且封装布线是特定的。对于纵向集成的公司，这在芯片设计的早期阶段就已经确定了。封装厂通常存在一些问题，但他们经常与高水平的芯片设计人员密切合作。最细节距的楔形键合是通过窄键合焊盘（矩形或平行四边形）来实现的，但这些都不适用于球形键合，即使有迫切的原因需要在后期实现。由于这些限制，这种焊盘的设计除了在纵向集成公司中以外并不常用，或者仅在使用移动探针测试细节距焊盘中作为辅助进行使用（参见图 9-5）。自动楔形键合机的产能低于自动球形键合机（2 ~ 4 根 /s 对比 > 10 根 /s），因此，楔形键合的成本要高于球形键合，楔形键合的数量只占键合总数的 5%。

一些封装结构在垂直方向上有两个或者更多的键合焊盘。键合引线相互彼此交叉是有可能的，尤其是在封装拐角处的扇出键合。在一排引线间发生短路是可能发生的，并且有必要谨慎设计，控制键合线弧以满足最小间隙的要求（参见附录 9A）。这即是一个高良率也是细节距键合的问题，针对这个目的设计了偏差分析的专用电子表格程序，包括键合线弧和引线间距预测，以及所有封装的偏差，一些现代自动键合机的软件就具有这种功能。然而，键合机的运行速度将越来越快，定位将越来越准确，键合线弧的控制越来越高，如果所有已键合的引线都是直接从芯片中连接出来的（没有扇出），则良率更高。这需要芯片和封装设计人员之间完全的配合协调。在细节距陶瓷封装中的直接键合经常会有两层或者更多层的键合，一些现代高密度 SIP、MCM 等封装的键合焊盘可以与芯片上的键合焊盘距离较近，这简化了键合并且提高了良率。

2. 面阵列引线键合

随着自动键合机能力的提升以及芯片中有更多的 I/O，对于多引脚器件而言可能且必须提到面阵列引线键合的概念，这推动了引线键合技术各个方面极限的发展。这种键合机具备极其精确的细节距键合能力，长线弧且线弧有最小可能的凹陷。因此，在相同芯片区域里可以比面阵列倒装芯片可以有更多数量的引线键合 I/O（串扰、电感等其他电气问题可以通过设计加以改善，但仍不会具有倒装芯片的高频性能）。图 9-12 所示为面阵列引线键合的一个示例图。

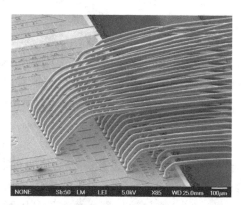

图 9-12　细节距面阵列引线键合的示例图，这些键合焊球的球径为 40μm（由新加坡 ASM 公司提供）

9.1.11　高良率和细节距键合的结论

1）为达到高良率和细节距引线键合的目的，必须把每件事都做正确，同时理解了做的每件事！

2）纵向集成时，芯片设计、封装、键合、裸芯片粘接工艺和实际设备的选择应在芯片生产开始前协同进行。

3）必须理解晶圆厂的冶金学过程（焊盘下层是什么）以及影响键合的所有

的组装过程（例如裸芯片粘接）。

4）必须清除键合焊盘上的污染物，包括晶圆制造和组装过程中残留的污染物（但是，晶圆厂应该保障晶圆表面的清洁性及金属层的可键合性）。

5）必须理解引线键合机的局限性及键合工艺，并控制它们及来料 [与供应商建立类似企业集团（Keiretsu）的关系]。

6）对于细节距，必须持续升级设备（键合机、瓷嘴、清洁度等）。

7）管理必须完全致力于细节距和高良率工艺。

8）如果生产 SIP、混合电路、MCM、MEMS 或者其他复杂的、小批量的产品，从一开始就有两个不利因素。为了达到高良率键合，将必须比 IC 行业付出双倍的努力，但细节距键合可以通过同样的努力来实现。

9.2　PCB、挠性板、BGA、MCM、SIP、软基材器件和高性能系统中的引线键合

9.2.1　引言

传统的厚膜混合电路使用的是陶瓷基板，键合焊盘是直接在陶瓷基材上涂覆一层 Au 或者 Ag（合金）厚膜层。与在陶瓷封装上的键合相比，这不会引入更多的特定问题 [9-27]。因此，如果采用最佳的冶金系统和键合程序，可以获得高良率（≤ 50ppm 缺陷）。然而，其他塑料基材（PCB、BGA 和 SIP 等）可能会引入重大的键合问题，这些是由常见的玻璃纤维或其他填料层压起来形成的环氧类聚合物，在它们的玻璃化转变温度之上可以实现很好的键合。在某些情况下，在陶瓷或层压板基材表面上沉积一层薄膜介质层和金属层（堆积层）可以改善高频信号特性。在其他情况下，可以使用无层压的塑料基材（例如挠性基材）。一些复杂的 IC 芯片有多层聚合物 - 绝缘金属层或特殊的低介电常数介质，例如 SiOC（参见本书第 10 章）。如果把焊盘放置在这些聚合物上面，而不是置于传统的 Si/SiO$_2$ 上，那么其键合可以与软基材上的键合相似。微波混合电路通常是基于聚四氟乙烯（PTFE）"软"基材进行制造的，这需要具有专业的知识并对键合机进行特殊的参数设置。这些塑料基材可以被层压或者有与 PCB 类似的填料，有些很硬并且易于键合。

下面将讨论在软基材上进行引线键合的各项内容，包括聚合物和键合焊盘金属材料的性能、键合机要求，以及在高时钟速率系统中使用引线键合的内容。重要的一点是，如果期待在多层聚合物基板或者其他软基板上进行键合引线，那么必须基于这个目标设计（聚合物和金属层）系统。否则，引线键合的良率可能无法被接受，重新设计耗时且成本高昂 [9-28]。

9.2.2　薄膜介质基板的键合

键合焊盘通常是由镀 Au 的薄膜 Cu 或者 Al 组成，放置于相对软的一层或者

多层聚酰亚胺（PI）或者其他塑料上。但首批软基板是微波混合电路使用的层压或填充的 PTFE（软）基材。在 PTFE 上键合的首个解决方案是将镀厚 Au 的 Cu 盘钎焊到薄金属的键合焊盘上，这为键合形成了一个刚性平台[9-29]。对于软基板，大多数的后续工作都遵循这个等效的解决方案，尽管常常没有意识到这一点。例如，当使用 Cu 导体时，常常使用 Ni 膜层作为表面镀 Au 层（为实现高的可键合性目的）和 Cu 层间的扩散阻挡层，以阻止 Au-Cu 间相互扩散。然而幸运的是，这种 Ni 层也可使键合焊盘变硬，并改善可键合性。

改善聚酰亚胺（PI）焊盘上热超声（TS）球形键合良率的其他方法是，在（在 Si 芯片上）PI 上的 Al 键合焊盘下方增加 0.5μm 厚的硬 Ti 或 Ti/W 层[9-30,9-31,9-32,9-33]，（这种硬金属层长期以来一直被用于 Al 和 GaAsIC 芯片焊盘下方，以防止产生弹坑）。此外，据报道，在相同的键合机参数下，产生的焊球形变会更大，这是改善可键合性的正常现象。这两项研究中使用多种可靠性试验验证了键合质量已得到改善。

如同 PI 涂覆的芯片一样，在薄膜高性能基板上，Ti、Cr 等硬的底层也被用于提高 Cu 键合焊盘的硬度。（经常要求这些硬的金属层有良好的粘附性，以及对 PI 基材起到防腐蚀的作用，但是由于这些金属膜层是有损耗的，针对高时钟速率系统的应用，膜层必须很薄，≤ 1000Å，参见 9.2.6 节）。为改善镀 Au 的 Cu 键合焊盘，在 Cu 焊盘上面镀一层较厚的 Ni 层（3 ~ 8μm）然后再镀一层厚 1μm 的软的、可键合的 Au 层。所有这些硬层都能减少焊盘在键合过程中的变形，从而增加键合的良率。尽管这些凹杯、弯曲、Cu 丝痕迹凹陷、键合焊盘的变形等术语在这个领域已经被使用了很多年，但仍然是 Takeda[9-34] 用来测量这种效应对挠性聚酰亚胺 PCB 上键合焊盘的影响，他使用线径 35μm 镀 Au 的 Cu 丝楔形键合到 18μm 厚 Cu 键合焊盘（上表面镀有 2μm 厚 Au 层）上（因为镀 Au 的 Cu 丝比 Au 丝或者 Al 丝硬很多，这很容易出现凹杯现象）。键合过程中留下了很明显的焊盘压痕（使用轮廓仪进行测量），如图 9-13 所示，压痕深度取决于超声能量和键合力。他们还发现键合焊盘区域越大，引线键合的良率越高。事实上，键合 Cu 丝比常用的 Au 丝和 Al 丝都硬，这可推断出其所产生的压痕更为明显，因此，也更容易进行测量。凹杯痕迹会导致键合的良率较差。在 Cu 基和顶层可键合的 Au 层中间电镀一层 3μm 厚的 Ni 层后，凹杯现象减少，键合良率增加，可满足批量制造的要求。图 9-14 举例说明了凹杯现象。由于高的垂直应力，金属焊盘的边缘可能会与

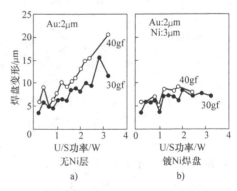

图 9-13　在聚酰亚胺挠性基板上键合焊盘压痕（凹杯）的深度随着超声能量和键合力的变化图（©IMAPS）

a）在 18μm 厚 Cu 层上面仅有 2μm 厚的 Au 层

b）在 Cu 层和 Au 层中间增加有 3μm 厚的 Ni 层[9-34]

聚合物分层（开裂）。在这种情况下，增加一层粘附层（通常为 Cr 或 Ti）将防止分层[9-32]。

在过去，一些技术人员开发出了一种在室温下使用正在加热的瓷嘴将 Au 丝超声键合到基板上的方法并获得其键合参数，这是为了使挠性 PI 薄膜发生的热软化最小化并允许使用较低的键合力。这种组合可有助于防止键合焊盘发生凹杯的现象，但采用硬的 Ni 层（Ni 平台）才是更好的解决方案。此外，热的瓷嘴在现代自动键合机中是难以使用的；因此，硬的 Ni 层或者键合焊盘的支撑结构（类似于 Cu/Lo-k 器件，参见本书第 10 章）已经成为键合焊盘下面的必需结构。

如果键合焊盘的金属层是刚性的

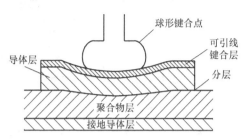

图 9-14　引线键合后发生形变的键合焊盘和聚合物的结构：这个示例说明在软聚合物层上沉积的 Cu-Au 金属层上进行引线键合的过程中，键合焊盘发生凹杯的现象（金属层和聚合物层发生弯曲）；由于垂直方向上存有高的应力，金属焊盘的边缘可能会与聚合物层分离开来；该示例图由有限元模型仿真的结果绘制[9-30]（©IMAPS）

（例如，拥有足够硬的金属顶层或底层并覆盖了大面积区域，可抑制下沉现象发生），那么对于玻璃层压基板在高于其 T_g 下进行键合则通常是可能的。因为有足够的刚性，可获得不形成凹杯的平台，然后即使降低键合温度（为了降低聚合物的软化程度）对键合也不会产生大的影响。然而，膨胀系数发生变化，对任何金属胶粘剂都会产生影响，并且在某些情况下会将整个刚性键合焊盘弹性压缩到软塑料层中，所以不建议在高于基材的 T_g 时进行键合。

一些研究人员推测在键合焊盘下面的软塑料层吸收了超声能量，从而降低了引线键合的良率，但这从未得到证实。然而，如果硬的金属层结构可将形成凹杯现象的可能性降低到最小程度，则在最软的基板、PTFE 和聚乙烯上将可实现键合，这意味着凹杯结构（金属发生屈服）在消耗超声能量方面比软塑料更加有害（假设焊盘尺寸足够大，以防止焊盘在施加超声和键合的过程中动态地沉入到软基板中）。此外，为了获得最高的键合良率，应该延迟施加超声能量，直到所有机械的凹杯现象和下沉都稳定后为止。

解决动态下沉和凹杯的设计方案是直接在键合焊盘下面或者金属层和聚合物中间增加一层硬的金属，比如 Ti、Ti/W、或 Ni。这可减少或防止凹杯现象的发生，并且可获得可靠的键。图 9-15 所示为可以达到上述状态的一个结构（包含所有变化）示例图。

9.2.3　层压基板的键合

大多数层压基板（如塑封 BGA、SiP 等）与 PCB 上的引线键合类似，其中层

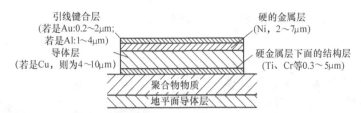

引线键合层
(若是Au:0.2～2μm;
若是Al:1～4μm)

硬的金属层
(Ni，2～7μm)

导体层
(若是Cu，则为4～10μm)

硬金属层下面的结构层
(Ti、Cr等0.3～5μm)

聚合物物质

地平面导体层

图9-15　一种通用的、加硬的金属键合焊盘和聚合物基板的结构示例图，该结构可用于高性能基板/系统上的引线键合[9-30]；地平面层将在第9.2.6节中进行讨论（©IMAPS）

压基板一般由玻璃-环氧层压板制备而成。金属焊盘相对较厚，并且通常使用PCB行业所用"盎司（oz）"Cu来表示（"1oz Cu"是36μm或1.4mil厚）。层压板Cu导体的最常用厚度是18μm（0.5oz）。环氧-玻璃纤维（其他聚合物和纤维也可能会被用到）基板在其玻璃转换温度（T_g）以下时，是硬的且刚性较大。当在较低的中等温度以下进行键合时，该技术几乎没有问题。Al楔形键合在25℃温度时进行且很少关注硬化的键合焊盘问题（在Cu焊盘下面有≤2μm的Ni层）的，具有相似基板的板上COB器件已经使用很多年，并且手表-模组就是使用这个技术制备的。关于单层或多层基板上的BGA，SIP等结构内的引线键合技术也都是相似的。这些类型的基板可能同时采用Au-TS（在T_g温度以下，加热工作台上）和冷Al-US两种方法进行键合。

图9-16所示为一个采用导电环氧树脂实现倒装芯片互连PCB的横截面示例图，图中给出了多种玻璃纤维层压聚合物基板上的键合问题，该结构在某些键合焊盘下的特定区域内提供了一定的支撑。应该指出的是，一些板子使用无纺布聚合物"纸"作为支撑，如果其T_g较高（例如芳族聚酰胺），那么它将均匀地支撑起所有的键合焊盘，甚至高于环氧树脂板的T_g。

在某些情况下，键合过程中，聚合物（温度在$T_{g'}$上或由于施加超声的使用）可能变得非常软以致于整个刚性键合焊盘下沉到软的塑料中。在瓷嘴（工具）下降后的最初几毫秒内，键合焊盘发生动态下沉（通常在施加超声能量的时间内）将会改变（降低）有效的键合力，这将导致键合质量/良率降低。在温

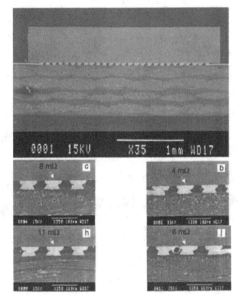

图9-16　某玻璃纤维填充的PCB的横截面图，显示出存在的玻璃纤维，这取决于位置，在表面上可能有或没有机械支撑的键合焊盘；如果温度接近T_g，塑料变软；左图显示出了在没有纤维支撑的区域里，将更容易发生键合过程中的下沉现象（或者键合良率低）（来自Liu[9-35]）

度 $T_g^{[9-30]}$ 以上首次观察到在聚合物基板上实现键合，但在室温下在低模量的基板上也可实现键合。

9.2.4　增层

增层是没有添加任何增强玻璃纤维的纯聚合物（通常是环氧树脂）膜层（见图 9-16）。它们被沉积在一个常规 PCB 的顶层，其中在顶层上有薄的、细线条的金属层。然后可使用激光进行钻孔，并实现层间的细孔连接。这种细孔 / 金属线允许在使用常规低频板 / 基板的情况下实现更高频率的应用。通常，许多使用这样方式的层板组合可满足高密度、高频系统对低成本的需求。因为成本和应用的需求，在移动电话板和高密度 / 高频系统中经常使用该技术。如果增层或板子有接近于键合温度的 $T_{g'}$，则引线键合（不是倒装芯片）将导致下沉和低良率。图 9-17 所示为在镀 Au 增层上 Au 楔形键合的过程中出现动态下沉的一个示例图。

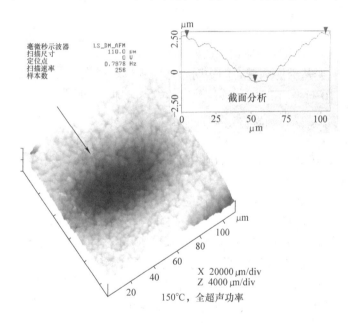

图 9-17　25μm Au 丝楔形键合到 PCB 环氧增层的镀 Au 焊盘上（Au 丝没有焊接到镀 Au 层上）发生下沉现象图（箭头所指）；键合温度为 150℃，接近增层的 T_g；在 AFM 切片分析中，测量到的下沉深度约为 2.5μm（AFM 测试是由 NIST 公司的 J.Kopanski 完成的）

在瓷嘴（工具）下降后的首个 10 ~ 100ms 内，动态的键合焊盘下沉改变了（降低）焊盘上的有效键合力。这种下沉发生在常规施加 US 能量和键合焊点形成期间（通过实验确定的最佳延迟时间）。这种动态改变的键合力需要使用更多的 US 能量，否则键合将无法完成（解决方法是推迟施加超声能量的时间）。因此，在生产中不建议在接近或高于基板或增层 T_g 的温度下进行键合，除非键合焊盘既刚硬又面积大，足以防止下沉，或者（通过实验确定）延迟施加 US 能量的时间，直到动态下沉的过程稳定为止 [9-36]。这种延迟的作用已经被多次非正式地验证了。如果键合焊盘较小，PTFE、PI 等其他软基材在室温下也会出现下沉现象，类似的延迟通常会改善键合。

一般来说，带裸芯片（COB）的大型 PCB（通常由 FR-4 制成，T_g 约为 120℃）通常使用冷 US 方法进行 Al 丝键合，以防止板子发生热弯曲和因超过材料的 T_g 而可能导致软化。在适当的温度（≤ 110℃）下进行 TS 键合通常是可能的，使用加热的劈刀工具也是有帮助的。具有较高 T_g（170 ~ 190℃）特殊树脂的 PBGA 等类似基板可允许使用更高的温度进行热超声键合（以及钎焊）。如果这些基材被加工成大型面板，那么需要特殊的基板夹具（通常由真空辅助）将该结构牢固地固定在工作台上，这在设计上可能是一个挑战。即使是小的、薄层压板模块基板必须被牢固地夹持住，以避免 TS 键合的过程中发生翘曲，这将降低键合良率。然而，在某些情况下，已经证明真空压持对于夹持单个 BGA 尺寸大小的基板是充足的。PCB/BGA 基板越厚，特殊的夹持工装将变得不那么重要。在一个小的、28mm²、1mm 厚的玻璃纤维增强型 BT- 树脂模块的两侧，在无支撑的中心上成功地实现了热超声键合 [9-37]。当这类基板遇到键合问题时，通常可以通过上述方法进行解决，如有必要，可使用图 10-11 所示的键合焊盘结构和延迟施加 US 能量的时间。

9.2.5 聚合物基板的材料性能对引线键合的影响

研究发现，在 IC 芯片上的有源区内进行热超声键合的最佳聚酰亚胺具有最高的弹性模量 E（应力除以应变，低于弹性极限）[9-33]。这一材料性能与聚合物的刚性有关，因此，在键合过程中，这又应该与材料形成的凹杯或压痕有关（各向异性材料中压缩模量应该能更好地反映柔软性，但拉伸模量通常是唯一可测量的模量特性）。在键合过程中，无支撑的焊盘和聚合物的总形变见图 9-14，其吸收了相当多的超声能量。这种形变也可能会导致键合焊盘金属与聚合物的分层 / 开裂 [9-32]。表 9-4 给出了几种聚合物基材的弹性模量数值，其数值范围为 0.5 ~ 30GPa，较高的值来自较硬的材料，这种材料将给键合焊盘更好的支撑，因此可以预防键合过程发生凹杯现象。有低模量数值的聚合物要求具有更厚的硬金属层（如 4 ~ 12μm 的 Ni 层）及更大面积的键合焊盘以阻止它们在键合载荷的作用下下沉到软聚合物中。

为了与聚合物进行对比，表 9-5 给出了常用作（组合）键合焊盘金属的材料性能。值得注意的是，Ti 的模量太低，无法解释其在硅芯片聚酰亚胺上 Al 焊盘支撑方面的成功应用 [9-6, 9-7]。然而，屈服强度和硬度似乎都可体现键合焊盘的良好能力，以防止在键合过程中发生塑性形变（凹杯）。已经将屈服强度用在有限元模型中，仿真结果与观察到的凹杯结果基本一致，见图 9-14。从表 9-5 中可以明显看出，电镀和化学镀 Ni 层和 Cu 层均有范围较宽的屈服强度和硬度。结果是，对于给定的金属厚度，凹杯的程度将取决于所使用金属薄膜的特定属性。例如，含

表 9-4　几种电子封装聚合物的模量[①]

材料	弹性模量 E GPa（@25℃）	E/GPa（@T/℃）	玻璃转化温度 T_g/℃	参考文献
FR-4	23，不同的制造方法和测试方向，范围在 11 ~ 25	21（100）；15.4（150）	115 ~ 125	Fu, Brown, Ume[9-38]
环氧 - 玻璃（BT）	17	—	> 170	制造商
环氧 - 芳纶纸填料	30	—	194	Sanyu Rec Co., Ltd, 日本大阪
聚酰亚胺（无填充的薄膜）	2.5(挠性，薄膜) 7 ~ 13（用于硅芯片涂层）	2.0（200）	−350	E. I. Dupont, 各类制造商和参考文献 [9-33]
BCB	2 ~ 2.5	1.4 ~ 1.8（200）取决于固化	> 350	DowChemical, Midland，MI 和参考文献 [9-39]
PTFE 化合物（填充的）	0.5 ~ 0.9（陶瓷）1 ~ 1.3（微小玻璃）	0.45 ~ 0.49（100）	> 300，如果有，微小转变型约为 75	Rogers Corp., Chandler, AZ, 以及其他

①　某些弹性模量 E 值由填料的类型和测量轴心的选择决定。因此，可认为数值是典型的，聚酰亚胺和 BCB 的性能可能会随着不同的固化而改变性能。除非另有注明，数值从制造厂商的资料中获得。

1% ~ 3%P 与含 8% ~ 12%P 的化学镀 Ni 层相比，屈服强度要高得多。超声能量对聚合物和金属层软化的定量作用是一个主要的未知项，关于该课题的可用资料非常少。Al、Cu 和 Au 在超声能量的作用下显著软化（参见本书第 2 章），并且容易键合（焊接）。Ni、Ti 和 W 在常规超声键合能量密度下不能被软化，因此在键合过程中，可形成有良好刚性的平台。Ni 的屈服强度和硬度比 Ti 和 W 低得多，但比 Cu 高。如此，已经观察到 Ni 层应该需要更厚的厚度而使键合焊盘变硬（3 ~ 8μm 的 Ni 层与 0.3 ~ 0.5μm 的 Ti 层或者 Ti-W 层相比）（注意，细节距焊盘上非常厚的镀 Ni 层可能会产生结节或圆形的键合表面，这将会降低自动键合的良率）。

表 9-5　PCB 和软基板[①]上所用材料的部分性能表

金属	模量 /GPa	屈服强度 /MPa	显微硬度（薄膜）/（kg/mm²）	布氏硬度（块体）/（kg/mm²）
Al，1%Si	70	35（由退火决定）	50 ~ 120	30
Au	80	低，1 ~ 3（由掺杂和退火决定）	40 ~ 100	30
Cu	130	27 ~ 40	140 ~ 170	35
Ni	207	60 ~ 130+	450 ~ 800EL 150 ~ 800EP	75
Ti	110	140		200
W	410	140	460	365

①　EL 为化学镀，EP 为电镀（膜层）。大多数值为室温下由块体样本测得，仅能作为参考（例如，Ti 对氧和氮含量敏感、化学镀 Ni 对磷含量敏感等）。

许多 HPS 基材具有各向异性（定向）和 / 或随填料或层压类型而变化的特性
[例如：一些 PTFE 基板含有微粒填充（陶瓷或玻璃）时，在 23℃温度下可能有
约 1GPa 的压缩模量，但对于含有玻璃织物填充时有约 10GPa 的压缩模量]。对于
引线键合而言，后者应该更佳。在某些情况下（例如挠性 PI 和一些填充聚合物基
板），金属膜层被不同的聚合物粘合到基板上（例如丙烯酸，T_g 约 45 ~ 55℃），并
且该层的厚度足够厚（约 25μm）。各种聚合物基的胶水通常具有相对较低的热力
学性能值（即 T_g 和熔点，模量小于 PI 膜层的 50% 等），这些性能可能会限制引线
键合温度并影响与已知的基板性能相同或者更多的其他键合特征（还需要注意的
是，在焊盘下方任何残留在胶层中的微小气泡可能会抑制引线键合 [9-40]）。通常，
聚合物基板的组装人员并不容易获得胶层的材料特性，事实上，他们在购买基板
时可能也不考虑这些性能。高 T_g 的胶水是可用的，但是对于引线键合而言直接键
合的 Cu 层比用不同聚合物胶水粘接到挠性基板上好。

当在高温下进行 TS 键合时，还必须考虑到基板的温度特性。当温度达到聚
合物的 T_g 时，模量降低（材料变软），这可以通过减少相对软的或薄金属层焊盘
的动态下沉阻力来影响键合。图 9-17 给出了最常用的 PC 板材料（低温 FR-4）在
温度大于 T_g 时发生软化的一个示例 [9-38]。其他环氧基的板材没有相应的数据，但
其应该会有类似的形状曲线，朝向较高的温度移动以获得更高的 T_g。注意 FR-4
板在 150℃时（以上）模量约为 15.5GPa，该数值仍然远远高于 PTFE 板和 PI（在
挠性或沉积态的膜层上）。然而，我们注意到，嵌入的玻璃纤维限制了曲线右侧的
最低值。若没有其支撑，模量将只有几 GPa（典型 PCB 的横截面参见图 9-16）。

需要一种能更好地反映键合焊盘凹杯阻力的新测量方法。各向异性材料的压
缩模量优于拉伸弹性模量，但即使有，也不是最佳的测量方法。如果一个小的键
合焊盘刚好位于玻璃纤维集束间的空隙区域上（参见图 9-16），在温度高于 T_g 时
该板将局部更软，而且一般的模量测量将不会显示出问题。一种更好的测量方法
是，在给定力的作用下，记录球形探头在键合焊盘、胶膜层（如果有）和聚合物
基板上的凹陷深度，这应该作为温度的函数来进行测量，并且比单独测量聚合物
基板的模量更能反映出与引线键合有关材料的整体性能。

键合优化

在聚合物基板上其他可能改善键合的方法是使用更细线径的引线（例如18μm
与 25μm 相比），如果进行球形键合则形成更小的焊球。这些允许使用较低的键合
参数（力 / 功率），从而减少动态凹杯的现象发生，其他一切则都是相同的。如果
使用 US Al 楔形键合，使用更软的（25μm 线径 Al 丝的拉断力：12 ~ 14g 与 16 ~
18g 相比）和 / 或更小线径的线材可达到相同的结果。一般而言，由于聚合物发生
软化，尤其是在金属层下方有胶层时，在室温下采用 Al 丝进行楔形键合比在高温
下采用金丝进行（楔形或球形）键合更容易。在加热阶段将热量传导通过一个相
对厚的玻璃填充聚合物，并在一个区域内获得均匀的温度分布也是缓慢和困难的。

然而，在作决定之前，应该考虑聚合物的特殊材料性能。通常在 25℃温度时，在没有特别厚度或硬度的键合焊盘结构的环氧层压基板（例如 FR-4）上进行 Al 楔形键合是可以实现的。由于下沉与小焊盘的键合问题相关，下沉过程会动态地改变界面上的键合力直到稳定为止，如前文所述，应该通过延迟施加 US 功率时间来改善这一问题，对于接近 T_g 键合温度的每种类型的基板而言，该延迟时间应该根据经验进行确定。

已经将在聚酰亚胺类型基板焊盘上的楔形键合参数与在陶瓷基板焊盘上的键合进行了对比。如果所有设备参数保持不变，与常规陶瓷基板的键合相比，（特别是在低模量基板上）键合的拉力强度值将更低。在其他的示例中 [9-32,9-33]，当在 IC 芯片 PI 上的 Al 焊盘上进行球形键合时，即使焊盘下面有 0.5μm 厚的 Ti 层，发现也需要使用更高的键合力（约 110gf 与 80gf 相比）。此外，研究发现，在 90μm 厚 PI 上的 Au/Cu（无硬 Ni 层）焊盘上的键合时间需要 350ms，同时需要更大的功率，而在陶瓷上的键合时间需要 50ms[9-41]。长的键合时间使得大多数的焊接发声延迟直到下沉或由载荷引发的凹杯现象稳定。如果在键合工具触地后键合机没有可延迟施加 US 能量的调节时间，这将会是另一种选择。

在非常软的基板上进行大批量、高良率的引线键合可能需要结合使用高频能量、为键合而优化的焊盘金属层（即软的、可键合的金层）、DOE- 键合机的参数设置、US 能量的延迟施加以及键合前的等离子体或 UV- 臭氧清洗。当然，正如本章和本书其他章节所讨论的那样，为达到该目的需要对所有常规键合的可靠性和良率问题有充分的理解。

9.2.6　高性能系统封装中引线键合的其他注意事项

键合引线电感

在所有的芯片互连方式中，倒装芯片具有最低的电感。然而，短的键合引线长期被用于 1GHz 频率以上的电路中。一个基于直引线自感经典公式的简单运算，能容易得到并给出一个适用于许多计算的快速估算方法（FEA 建模可以用于获得一个精确的解决方案）。多年前，Terman 给出了这样一个方程 [9-42]，该方程在现代电气工程手册中也有提及：

$$L = 2 \times 10^4 \times l \times [\ln(4l/d) - 1 + \mu\varepsilon] \tag{9-1}$$

式中，L 是电感（单位为 nH）；l 是引线的长度；d 是其线径（两者单位均为 μm）；μ 是磁导率（假设为 1）。趋肤效应的校正因子 ε 是引线线径和频率的函数，对于线径为 25μm 和 33μm 的金丝在频率 1GHz 时 ε 值约为 0.07，可以忽略不计。对于小于 100kHz 的低频率而言，ε 值为 0.25。较粗线径的引线产生的电感值较小。由式（9-1）可知，一根键合引线的电感约为 1nH/mm。图 9-18 所示为键合引线电感和互感测量值的曲线图 [9-43]，该图包括相邻键合引线的自感和互感的值。平行的信号线也在一定程度上降低电感。另一种技术是使用带 50Ω 端的特殊间隔地和信号线结构，以实现 2.4GHz 或更高性能的应用 [9-44]。

在高时钟速率封装中使用引线键合技术时，最重要的设计考虑是使其尽可能短（约 1mm）。这可以通过减薄芯片、将芯片放置在凹处，以及将封装 / 基板上的焊盘尽可能地接近芯片来实现，这通常意味着没有长对角的键合引线。

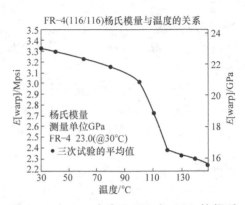

图 9-18　FR-4 玻璃层压环氧 PCB 的杨氏模量随着温度变化的典型函数曲线：这种特殊板子的 T_g 约为 110℃，但不同制造商的 FR-4 板 T_g 可以高到约 140℃ [9-38]（©IEEE）

9.2.7　典型封装 / 板中导体金属结构的趋肤效应

在大多数引线键合的系统中，金属层结构包含有两层或者更多金属层这是必需的，见图 9-15。主导体通常是 Cu 层或 Al 层，但该结构可能包括一层含电阻的（损耗）导体，如 Cr、Ti、Pd、W 和 / 或 Ni，后者既有损耗又有磁性。这些损耗层在高性能板中有几种用途，可能改善主导体与聚合物间的粘附性、提供腐蚀防护，并在某些情况下作为扩散阻挡层。如果厚度足够，如前文所述，还可以通过提供一个刚性的、不形成凹杯现象的键合平台以改善可键合性。

电阻层或膜层在高频时可能会导致趋肤效应损耗，其中假设使用相同的金属结构进行信号传导。这些损耗的程度将取决于金属膜层的特性、厚度及其相对于地平面的位置。从图 9-15 中可以看

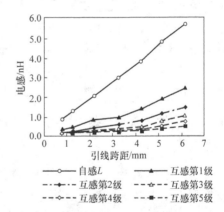

图 9-19　键合引线的自感和互感与引线跨距的关系图 [9-43]（©IMAPS）

出，如果金属电阻膜层位于主导体和接地面之间，则电流将会集中在该膜层中，损耗将发生在 GHz 频率的范围内。表 9-6 列出了用于高时钟速率导体金属的趋肤深度，这将取决于膜层—电阻率、厚度和磁特性。粘附层和腐蚀防护层可以很薄（约 1000Å），如果是这样，则可忽略引入的损耗 [9-45]。然而，该层必须相对较厚（Ti 为 3000 ~ 4000Å 范围），以作为软基板上用于键合的刚性平台。在一定的厚度和频率的结合下，趋肤效应将会带来非常大的电损耗！如果硬的损耗金属层被限制在键合焊盘的区域内，则完全可以避免这些损耗。为了做到这一点，键合焊盘必须与其他信号导体分开加工处理，这会带来一定的成本损失。或者，信号可以

通过一个通孔传导到表面下方的优质导体处。

大多数 PCB 在主导体（通常是 Cu 层）上面有硬的电阻层（通常是 Ni 层）。假设如图 9-15 所示接地平面位于下方（无硬底层），这在高频下将不会导致趋肤效应损耗。在 HPS 中的趋肤效应和其他高频损耗已经被广泛研究[9-45~9-47]。

表 9-6 典型 MCM 金属层的趋肤效应深度与频率的关系

金属	电阻率 / μΩ·cm	趋肤深度，不同频率的 δ（μm）			
		1GHz	10GHz	20GHz	40GHz
Al	2.65	2.59	0.82	0.58	0.41
Cr	12.9	5.71	1.81	1.28	0.91
Cu	1.67	2.05	0.65	0.46	0.33
Au	2.35	2.43	0.77	0.55	0.39
Ni[①]	6.84-（60）	0.59-（12.3）	0.19-（3.9）	0.13-（2.8）	0.093-（1.9）
Ti	42.0	10.3	3.26	2.31	1.63

① Ni 的数值范围是以渗透率（50）计算而来，第一个数字针对 Ni 块体，第二个数字（括号内）针对高 P 含量的化学镀 Ni，较低的 P 含量得到了中等的渗透率数值。所有化学镀 Ni 的电阻率值均远高于块体 Ni 的数值且计算中电阻率由于 P 和其他杂质的存在而必定发生改变。

9.2.8 小结

提升软基板焊盘上引线键合良率的解决方案是增加键合焊盘金属厚度和面积，增加一层硬金属底层（例如约 0.3μm 厚 Ti 层），硬的金属顶层（例如 3~8μm 厚 Ni 层），或者这些方法的组合并在最上方覆有高可键合性的金属（例如 Al 层或者 Au 层）。这将把焊盘转换成一个刚性平台，在键合过程中不会形成"凹杯"或"凹陷"等现象。大多数操作人员使用硬化焊盘后的报告说，各种软基板上的键合所需参数"正常化"或者比"正常"参数高约 10% 到 20% 的范围。讨论了聚合物的材料性能，键合工艺一般与聚合物或层压板的弹性模量和键合焊盘金属层的屈服强度相关。在给定焊盘结构上键合的过程中，模量数值越高，材料的刚性越高，产生的凹杯现象越少。如果聚合物有低的模量（或者键合温度接近其 T_g），那么焊盘必须要大一些以阻止其动态下沉到软材料中，或者延迟施加 US 能量的时间（5~10ms）直到焊盘下沉稳定后。下沉和凹杯现象会降低键合良量。因此，为了提高软基板上的键合良率，材料性能至少与实际的键合机参数设置同等重要。即使使用上述解决方案，只有在遵循最佳的冶金、键合和（UV-臭氧或等离子体）清洗程序，才能实现高良率的键合，具体参见本书第 5~7 章。

9.3 极端温度/环境中的引线键合

9.3.1 引言

本节简要介绍了用于极端的高温环境（HTE）和低温环境（LTE）下的封装

芯片内引线键合互连的材料和要求。能够在这些环境下工作的器件可用于未来对其他太阳系行星的空间探测、测井、地热测量、火箭和喷气发动机、汽车发动机附近的传感器等。现代 SiC 和其他高温器件能够在高达 500℃ 的温度下工作，尽管用于这种高温条件下的封装材料 / 技术既具有挑战性且又昂贵。用于 Si 芯片互连的常见冶金，Au-Al（引线键合，铝金属层焊盘）在 HTE 中会失效，但一般可用于 LTE 中。所需材料发生变化，如 Au-Au（或者其他昂贵的和同材质的金属界面），基板 / 芯片 CTE 匹配等，是系统在这些热环境和温度变化环境中生存的必要条件。下面的一些概念 / 问题已经在第二章、第五章以及参考文献 [9-48 ~ 9-52] 中进行了描述。文献 [9-48] 全面概述了极端环境器件中的材料和引线键合。

9.3.2 高温环境互连要求

在 HTE 范围内应该避免使用最常用的 Au-Al 引线键合，以及形成脆性金属间化合物和 / 或 Kirkendall 空洞的任何其他冶金界面。Au-Au 键合能随着时间和温度的升高而改善，而不是退化（参见本书第 5 章图 5-16）。因此，对于 HTE 中的引线和倒装芯片中的键合点，首选具有高熔点同材质金属界面或形成固溶体的金属 -Au（或其他贵金属）系统。Au 凸点 /Au 球可以用来代替常规的 Sn 球倒装芯片互连。这种芯片金焊盘上被植上有 Au 球或者钉头凸点，然后将整个芯片 TC/TS 键合到陶瓷基板上的 Au 金属层上（CTE 匹配）。这形成了可靠的 HTE 倒装芯片互连（假设芯片和基板有近似匹配的 CTE，基板略高于芯片）。

在 HTE 和 LTE 的大范围 ΔT 温度 / 功率循环过程中，会发生引线的冶金疲劳损伤。而且，深井探测和传感器的应用可以在较宽的温度范围内循环。McCluskey[9-50,9-51] 已经报道，即使键合的界面（键合熔核）强度仍然很强，但高温退火态 Al 丝的疲劳寿命和引线互连完整性也会降低，在这种情况下循环温度的高温达到 200℃。目前还没有粗线径（或任何尺寸）的圆 Al 丝和 Al 带线的高温循环的数据。假设大的薄带线在键合线弧平面上是柔韧的，则薄带线在高温下与相同横截面 / 冶金性能的圆引线相比具有更长的疲劳寿命。本书第 8 章图 8-19 给出了粗线径 Al 丝疲劳的示例。粗线径圆引线是较硬的，应力集中在所有弯曲和焊接处（键合点跟部），在这些地方失效经常发生疲劳失效。线径（例如 25μm）的引线是柔软的，大多数疲劳应力集中在键合点的跟部，这里会发生疲劳。多种因素（引线线径、形状、弧高、冶金，包括添加剂 / 掺杂剂和应变 - 速率）决定了键合引线的疲劳敏感性和寿命（高的、光滑的线弧和低的键合形变为细线径引线提供了最佳的抗疲劳保护）。在典型的热循环、低应变速率和高达 125℃ 的温度下，Au 丝比 Al 丝更耐疲劳 [9-53]。对于更高的温度，没有相应的数据可用。

在高温（而不是低温），必须适当地降低键合引线的电流承载能力以避免发生熔断，Al 丝（熔点是 660℃）载流能力肯定比 Au 丝（熔点是 1064℃）降低的更多。

高温将导致细线径 Al 丝发生退火，从而使其拉断力和键合拉力强度降低到其初始值的 30% 以下。粗线径 Al 丝（≥ 100μm）通常在加工的过程中进行退火，所以在高温下其拉断力仅发生轻微的降低。Al-Al 或 Al-Ni 焊接的键合界面在高温下仍保持牢固，所以任何引线发生的退火现象（拉伸强度降低）通常不认为其是可靠性问题。然而，键合引线的温度循环疲劳寿命可能变短，如上所述[9-51]，在实施温度循环之前必须确定这一点。球形键合用 Au 丝是已经退火过的，其强度将最小程度地发生改变。然而，楔形键合用的细线径金丝的强度将发生退火（软化），但强度的降低程度低于同等 Al 丝。高温循环对细线径 Au 丝、Al 丝疲劳性能的影响研究较少，温度研究表明，在高达 125℃ 的温度下，疲劳寿命普遍随温度升高而降低，并且与应变速率有显著的相关性[9-53]（参见本书第 3 章）。现代 Au 丝中含有用于稳定的特殊杂质，以往研究认为这些杂质可以提高金丝的高温疲劳寿命；然而，典型的 Al 丝从过去至今并没有发生改变。

在高温环境中使用 Pt 丝，但其需要有的高键合力，而且在 US 楔形键合过程中发生显著的加工硬化现象，类似于 Cu 丝（参见本书第 3 章）。Pt 楔形键合会使 SiC 产生弹坑，而 SiC 是已知材料中最坚硬的材料之一[9-49]。此外，Pt 和 Pd 的电导率也非常低，仅约为 Au 或 Al 的 20%。通常，Pt 和 Pd 在高温下的（≥ 300℃）（TS 键合）楔形键合最佳。两者均可用于球形键合，但在此方面的报道较少。因为 Pt 和 Pd 有相对低的热导率（约为 Au 的 20%），所以有时其被用于 LTE 系统中。在 75 ~ 150μm（3 ~ 6mil）线径范围内，如果应用适当，Pt 和 Pd 可以通过电火花法焊接到基板和封装体上（参见本书第 2 章）。

关于 HTE 和 LTE 下冶金界面（键合）可靠性的概述如图 9-20 所示。

如图 9-21 所示，Johnson 给出了存储在 300℃ 温度下金键合界面寿命的示例，这种稳定的寿命与本书第 5 章中关于 Au-Au 键合的讨论是一致的。

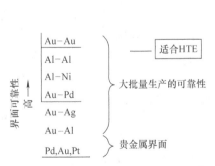

图 9-20　在两个极端环境中可以可靠使用的冶金界面图：所有界面都适于 LTE，但是，仅带下划线 / 框标记的界面才适于 HTE

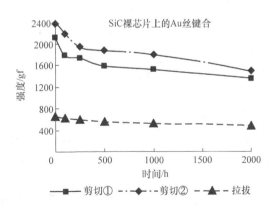

图 9-21　在 225℃ 下，线径 250μm 的 Au 丝与裸芯片 Ti/Ti:W/Au 金属层（镀 Au 层厚度为 3μm）楔形键合的平均拉力 / 剪切强度，在 300℃ 随存储时间变化的关系图[9-49]（©IEEE）

9.3.3 低温环境互连要求

对于 LTE 和中等温度的范围，最高温度达 125℃，在芯片 Al 金属层（键合焊盘）上的传统互连（Au 丝和 Al 丝键合）是可接受的。人们不会使用常规的层压基板，而是陶瓷基板。在封装体设计时选择的一些材料性能参见表 9-7。温度下降到约 55℃时，选择的元器件应该使其膨胀差值最小化。

表 9-7　用于高温和低温环境中的芯片和基板的一些材料性能表

元器件	材料	热膨胀系数 /（ppm/℃）	热导率 /（W/cm·℃）
芯片	Si	2.6	1.57
	SiC	1 ~ 3（T-dep）	~ 5（>T dep）
	GaN	~ 3	1.3
	GaAs	5.7	0.48
基板	SiC	1 ~ 3	0.8 ~ 2
	Si_3N_4	2.5 ~ 3.3	0.3 ~ 0.6
	AlN	4.6	1.75
	Al_2O_3	~ 6	0.35
	BeO	6 ~ 7	~ 3

注：元器件的选择应该使热膨胀的差值最小化。导热系数值在低温时可能会 / 将会发生改变，可能无法获得准确的数据。（数据来自 SRC-CINDAS）

9.3.4 极端温度下的封装效应

HTE 下的封装体经常由金属 / 玻璃 / 陶瓷组成（经典的密封混合电路封装）。在密封封装常规的玻璃 - 金属密封体（可伐 - 玻璃）中，由于迟滞、蠕变和 / 或开裂产生的封装可靠性问题会导致在 HTE 和尤其是 LTE 中的温度循环过程中发生失效。在 –100℃ 以下的范围内，玻璃 - 金属密封体会发生膨胀 / 收缩迟滞，这可能导致开裂或分层。在 HTE 中，穿过软化的玻璃密封体的任何引线端，在约 300℃ 时，都将会在机械应力下发生屈服，从而可能导致与其连接的任何键合引线发生损伤。扩散过程一般遵循 Arrhenius 方程，并且将会在 HTE 中大幅加速。Au 金属层与陶瓷之间的金属粘附层，以及芯片金属层下方 / 上方的扩散阻挡层可能会发生失效，必须将其视为潜在的可靠性风险，这可能会削弱与其键合的引线。

虽然在 LTE 中使用的芯片可以是 Si 基芯片，但在 HTE 中不是，最有可能使用的将是 SiC 或者 GaP，GaAs，在温度相对较低的 HTE 范围内使用 Si-Ge。芯片和导体之间的金属层将最有可能是贵金属和扩散阻挡层的复合层。用于 HTE 中裸芯片的固晶材料必须是金属的，而不是聚合物（环氧树脂），就像目前在常规器件上使用的那样。在一些中等温度范围内，银 - 玻璃（最大温度约为 350℃）可能是可被接受的裸芯片 - 固晶材料。对于 SiC 的裸芯片固晶，可以采用 $Ni/Ti/TaSi_2$，$Ti/TaSi_2/Pt$，$Ni/Ti/Pt/Au$，或者 Au-Sn 材料。目前，对于 HTE（高达 500℃）无论是这些或任何其他裸芯片的固晶材料都不合格。因此，高温引线键合的发展速度远超过裸芯片固晶和其他封装材料 / 技术。

9.3.5 小结

上文已经描述了用于极高温度和极低温度环境 [从约 500℃（HTE）到 –100℃（LTE）] 芯片中引线键合和 Au 球凸点倒装互连材料的性能和需求。在 HTE 范围内应该避免使用最常用的 Au-Al 引线键合界面，以及任何其他形成脆性的金属间化合物和 / 或 Kirkendall 空洞的冶金界面。Au-Au 键合（和其他贵金属）随着温度的升高和时间的推移是稳定的或者改善的（参见本书第 5 章）；因此，在 HTE 中，Au（或其他贵金属）显然是引线键合和倒装芯片键合点的首选。同材质的金属界面，如 Al-Al 界面也是可靠的。对于 LTE 和中等温度范围，芯片 Al 金属层（键合焊盘）上的传统互连（Au-Al 引线键合）是可接受的。（此外，倒装芯片常规的钎焊料凸点在无塑料底部填充的情况下是可接受的）。文中给出了芯片和基板 CTE 匹配的材料信息，结果表明通过选择适当的材料，互连可以在一个较宽温度范围内的极端温度环境中是可靠的。关于完整高温电子学领域的概述，请参阅参考文献 [9-54]。

附录 9A 引线键合机拱弧

9A.1 引言

在引线键合中最简单的形式是一段引线的两端互相连接（键合），以形成一个电气电路，将键合点之间的线段称为线弧。在历史上，球形键合线弧的高度为 10 ~ 15mil，具有平滑的、无应力的形状。随着引线键合机的自动化，在焊球上方未拉伸热影响区（Heat Affected Zone, HAZ）的情况下制备低应力的线弧变得更加困难，原因是自动键合机的动力学装置与手动操作控制的键合机不同。引线一端受热熔融形成焊球使得焊球的上方区域受热成为 HAZ。HAZ 的性能与其他位置的引线明显不同，原因是热量使晶粒组织结构发生再结晶，再结晶的晶粒比引线中冷加工的晶粒强度要弱。控制 99.99% 的化学成分（100ppm 剩余微量元素）成为细化 HAZ 再结晶晶粒尺寸和提供额外强度的必要条件。添加 7 ~ 10ppm 范围内的 Be 可实现这些性能，并可适应高速自动键合机的发展需求。现如今，所有 99.99% 的键合合金金丝剩余杂质含量在 100ppm 范围内。然而，许多特殊用途的 Au 丝相比可以有更高的杂质含量（非 99.99%/Au）。每个引线制造商都有多种不同性能的合金，可为复杂的应用提供最佳性能的键合引线。为模仿手动机器操作人员的行为，开发出了专用的机器运动，观察发现，在制成第一个键合点后，手动机器操作人员通常会有一个远离第二个键合点的运动行为，从而促使反向键合运动的开发。弯折 HAZ 区内的引线发生加工硬化，从而改变引线的力学性能。特定的弯曲运动，如反向运动弯曲（首先像远离第二焊点方向弯曲，然后朝向第二键合点的方向运动），用于控制线弧最终的高度和形状，并减少第二键合点附近的凹陷。在键合第二键合点之前拉动引线，使引线变直，并降低线弧的最终高度。

目前最先进封装的引线节距（相邻引线之间的距离）为 30μm。细节距键合的要求反过来又要求驱使引线长度更长、线径更细、瓷嘴尖端更小、线弧更直且凹陷更少、机器运动控制更好。因为细节距器件通常有更多的互连引线，这需要更快的键合运动和更高的加速度以维持生产力和盈利能力。持续研究引线键合工艺、引线、工具、硬件和软件已经可满足这些要求，通过使用试验设计方法和先进的分析工具，所有这些方法都已经得到了持续的改善，从而改进了过程控制并使能力获得了提升。

9A.2 机器的运动和轨迹

引线键合机在三个轴向（X、Y 和 Z）上以平滑、连续、协调的运动方式同时移动。将引线喂入瓷嘴，并通过机器运动发生弯曲以实现所需的引线形状。机器在运行中计算并进行调整以使机器在每个轴向上沿着精确计算的轨迹移动，运动轨迹必须被控制并在循迹误差仅有几个微米内协调运行，几个微米的变化可能会显著影响线弧的形状和可重复性。引线输出量和弯曲需要在运行过程中进行调整，这需要考虑到因裸芯片贴放位置的变动而引起引线长度的变化。所有这些都需要在高达 16 根引线 /s 的键合速度下同时完成，XY 方向上的加速度变化率超过 12g/s，Z 方向上的加速度变化率超过 150g/s。最新的引线键合机采用了新的、更快、更精确的伺服控制，可实现重复循环和更复杂的线弧形状。最简单标准的引线键合线弧从焊球到第二键合点的键合过程需要采用四个独立的运动，形成复杂的线弧形状可能需要 12 个以上的运动，如图 9A-1 所示。扭结、弯曲、平段、平滑的曲线部分都是由软件中线弧参数的编程而形成。引线长度是基于模型的线弧形状和焊球与第二键合点之间实际计算的距离来控制和调整的。当每个裸芯片被检索到键合点位置上时，机器视觉系统使用模式识别来定位裸芯片和引线端，然后，机器智能系统会修正每个键合点的位置，并调整测定的引线长度以获得可重复的线弧形状和高度。

9A.3 线弧形状

形成线弧的主要原因是为了提供间隙，并避免来自相邻引线、裸芯片或基板的干扰（电气短路）。一些楔形键合的应用需要控制阻抗，其中引线长度、高度和形状都要受控在严格的公差范围内。随着机器能力和器件需求的发展以及封装密度的增加，引线的形状和特征，即引线"线弧"，随着时间的推移发生了显著的变化。

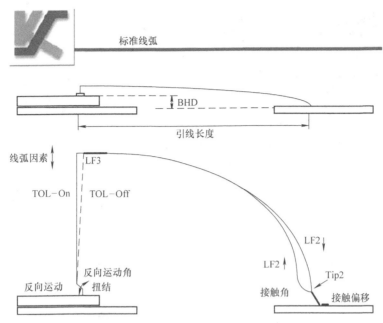

封装形式：QFP（<170 mil 引线），分立元件

状态：常见的基本线弧形状

动作：在第一键合和第二键合点之间 4 个 *XYZ* 方向上的独立运动

图 9A-1　标准线弧的形成图

9A.4　预弯曲

　　HAZ 内的键合机运动可用于冷加工和弯曲功能。标准的键合引线线弧在 HAZ 区内使用反向运动模式，使引线朝着远离第二键合点的开始方向弯曲，使 HAZ 冷加工。当按线弧轨迹将 HAZ 内的引线弯回垂直位置上时，冷硬化后的 HAZ 将会更硬，引线线弧将会更笔直，凹陷的情况会比没有反向运动情况时更少。其他的运动模式可以用来提供其他的引线弯曲模式，以形成可用的线弧形状。根据 BGA 封装的需求，这些形状可以在第二键合点附近提供更多的支撑，在第二键合点附近有电源和接地环结构。当在芯片级封装（CSP）

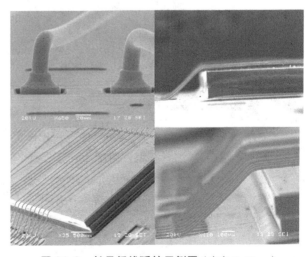

图 9A-2　长且低线弧的示例图（来自 Oerlikon）

或工作环中应用时，还能提供线弧平坦（平行于裸芯片表面）部分，线弧到第二键合点时会急剧弯曲。引线的刚度需要进行优化，以便均匀地产生弯曲。目前正在开发新的引线类型，既可提供 HAZ 上方引线的刚度又可提供改善可键合性的软焊球。

9A.5 CSP 和 BGA 线弧

针对具备良好控制弯曲和扭结的引线键合拱弧能力，已经持续开发超过了 12 年 [9A-1, 9A-2]。在 1993 年，首个工作线弧形状的专利被授权 [9A-3]，这些形状使 CSP 线弧的开发成为可能。CSP 引线线弧在第二键合点附近为母线提供间隙而设计成更多弯曲的线弧，从而演变成了 BGA 线弧。现如今，薄型芯片、堆叠芯片和多芯片封装的需求正在推动更低线弧的发展，目前最先进的引线键合机具备提供多达 20 种线弧形状的能力。为适应封装设计的要求，还在不断开发更多新的线弧形状。在键合机软件库中的线弧形状都有已编程的参数，对于遇到的各种各样的封装形式，不仅具有形成所需引线形状的能力，而且还可提供灵活的控制系统。

图 9A-3　堆叠芯片的线弧（来自 K&S）

9A.6 堆叠芯片和多芯片封装

堆叠芯片封装的出现对引线键合机提出了新的要求。在越来越薄的封装中需要集成越来越多层的裸芯片。切割生产后的裸芯片厚度已经被减薄到 100μm，现在已经降低到 75μm，甚至 50μm 厚的裸芯片也被引入大规模生产中。悬臂高出达 5mm 的堆叠薄悬臂裸芯片在键合过程中出现明显偏转，这种偏转会影响键合，位于裸芯片边角处的键合焊盘与那些位于裸芯片边缘中心处的偏转差异较大；因此，必须考虑将键合的可变性与焊盘位置的关系。此外，FEM 和高速视频拍摄的裸芯片偏转，能很好地理解这一过程，并可提供良好的问题解决方案。裸芯片偏转和恢复导致延迟的时间是显著的并降低了产能。

在相同封装中，多芯片封装通常需要芯片到芯片间的键合，通常有几种不同类型的线弧和不同的第二键合点高度（Z 轴向）。芯片间的键合有非常多的附加要求，原因是瓷嘴接触到裸芯片表面会不可避免的损伤裸芯片上的敏感元件。SSB（带焊球支撑的键合）是个三键合点的序列，可实现这种应用。首先在裸芯片 1 上键合一个球形凸点，并在瓷嘴下方形成一个新的焊球，然后第二个焊球以标准的引线键合模式键合到裸芯片 2 上，最后将第二键合点键合在裸芯片 1 上的球形凸点上方，完成第三个键合序列。SSB 被称为反向键合，原因是球形键合点通常是位于引线框架端，并且第二键合点 / 凸点是位于上面的裸芯片上。这避免了第二个键合点直接键合在裸芯片表面上，这将是一个可靠性的风险点。SSB 弧高很低，原因是第二键合点和凸点通常位于上面的裸芯片上。然而，因为增加了一个序列，所以 3—键合序列的键合速度要比标准键合的速度慢很多。

问题是线弧越低、越长，生产效率就越低—需要更多的动作。

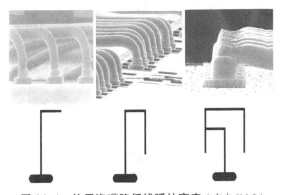

图 9A-4　使用瓷嘴降低线弧的高度（来自 K&S）

9A.7　瓷嘴形成低线弧

最近，引入了新型正向键合线弧形状，可以在不牺牲产能的情况下生产高度小于 75μm 的线弧。在堆叠芯片封装的最低层裸芯片中形成超低线弧的键合形状是非常重要的，尤其是当引线位于伸出悬臂的裸芯片下方时。在使用该线弧轮廓进行球形键合的过程中，瓷嘴从反向键合位置移动并下降到焊球表面，将引线压到焊球上。然后瓷嘴移动到第二键合点的位置并完成第二键合点的键合。该线弧轮廓可实现小于 50μm 的线弧高度，消耗的产能成本很小。

9A.8　瓷嘴形状及其对拖拽 / 摩擦的影响

瓷嘴用于将超声能量传递到键合点上从而控制焊点尺寸和形状，瓷嘴内部与外部的形状和尺寸为形成键合点的形状提供了必要的结构特征，还在送丝过程中提供了摩擦的来源。为了控制引线的输送和提供张力，摩擦和拖拽是必要的，但过多的摩擦可能会破坏键合点和引线，使 HAZ 中的焊球颈部拉伸，从而导致线弧形状变形，并刮伤和撕裂引线表面。控制低拖拽的瓷嘴，并具备瓷嘴长寿命的设计特征，可能会增加工艺的价值。在引线键合的过程中，这些独特的键合工具提供了更佳的线弧高度控制和形状稳定性，显著降低了使用常规瓷嘴形成的线弧失效。

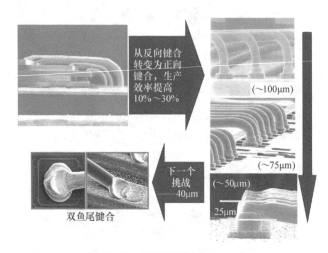

图 9A-5　超低线弧（来自 K&S）

图 9A-6　引线键合的线弧缺陷图（来自 Oerlikon）

9A.9　引线的作用

引线的性能在引线键合机精确、重复拱弧的能力方面起到非常重要的作用。

多年来，这些性能已经经历了不断的改进，可为现如今的封装提供更长、更低和更直线弧的能力。键合 Au 丝通常指定为 99.99%（4 个 9）的纯度，通过谨慎控制 100ppm 杂质的化学成分以达到机械和电学性能的要求。目前已经被引入市场的新型合金成分在 3 个 9 的范围内，在极细节距（<50μm 焊球球径）应用中在不显著牺牲电学性能的情况下提供了较高的长期可靠性。

9A.10　球形凸点和钉头凸点

球形凸点和钉头凸点可被归类为线弧的演变体，原因是在焊球上方键合机将引线断开，未形成线弧，钉头凸点有三种不同的类别。常规的球形凸点端部是在 HAZ 内，原因是该区域是引线强度最弱的区域，而引线会先在强度最弱的区域内断开。键合机形成球形键合点，在上升到正确的高度后形成一个新的焊球，线夹关闭，键合头再次上升到 EFO 的打火位置，在这个移动的过程中引线在 HAZ 内断开。引线合金化会显著影响引线再结晶温度，并对断开的引线尖端的高度和可变化性有较大影响。合金引线再结晶的温度越高，尾部越短，可变化性越小。

具有更佳 Z 轴控制能力的新型键合机能够在上升距离仅有几个微米的范围内形成焊球，然后水平移动剪切掉焊球上方的引线，并制成一个扁平的凸点。额外的运动需要花费更多的时间，但该过程仍然非常快（>20 个凸点 /s），平面度也足以适用于多种应用。

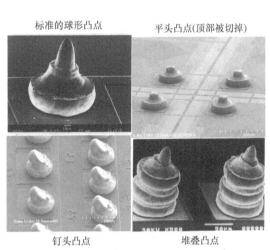

标准的球形凸点　　平头凸点(顶部被切掉)

钉头凸点　　堆叠凸点

图 9A-7　凸点键合的演变（来自 K&S）

图 9A-8　改善可靠性后的凸点图（来自 K&S）

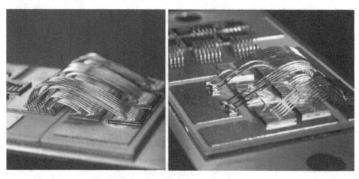

图 9A-9　粗线楔形键合和薄带线键合（来自 Orthodyne）

　　制备钉头凸点时首先形成一个球形键合点，键合头上升一小段距离后下降，并在焊球的边缘形成第二键合点。引线/线弧具有开口销形外观，线弧高度约为 3 ~ 5mil。在大多数情况下，为实现凸点与基板互连通常钉头凸点被浸没在导电胶中。

　　楔形键合需要多一个机器运动轴，以便对准楔形工具，这在键合过程中是定向的。这个多出来的轴导致楔形键合过程显著变慢，键合定位精确度也变差。历史上，细线和粗线的楔形键合都是比较简单的运动，"H 形"或"梯形"运动是最常见的。在一个"H 形"运动中，劈刀从第一键合点直接上升，移动到线弧的顶部，水平移动到第二键合点，然后下降。在梯形线弧运动中，劈刀以一定的角度升起，通常接近劈刀送丝孔的角度，到达线弧的顶部并向第二键合点移动。在程序设定点的位置，劈刀开始向第二键合点倾斜下降。最近，更复杂的线弧形状，靠近第二键合点有拉出运动并获得更佳的轴向控制，已经成为可应用的技术。现在可以实现键合点的偏移，所以第一键合点和第二键合点不必像以前要求的那样准确对齐。

　　由于薄带线电感小、载流能力大，因此经常需要使用薄带线。通常在微波应用中，RF 器件设计标准要求薄带线键合几乎是水平的，第一键合点和第二键合点之间长度最短。薄带线键合是楔形键合的演变体。薄带线通常是将圆形引线轧平而制成。

图 9A-10　粗线楔形键合模组（来自 Orthodyne）

9A.11　刚度 - 杨氏模量

即使引线非常细，也应该将其理解为结构件。通过圆形悬臂梁的最简单模型可充分理解显著变量（挠度、长度、线径、材质）之间的关系。刚度，定义为在荷载作用下的抗挠曲性能，是长度的三次方关系，是线径的四次方关系（当长度增加 10% 时，挠度增加 33%，当线径减少 10% 时，挠度增加 46%）。引线的化学成分和热处理对杨氏模量的影响较小，但影响呈线性。

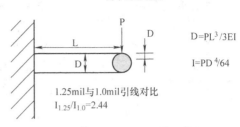

刚度模型
简单的悬臂梁

$D = PL^3/3EI$

$I = PD^4/64$

1.25mil与1.0mil引线对比
$I_{1.25}/I_{1.0} = 2.44$

图 9A-11　引线刚度模型图

参考文献

9-1　Harman, G. G., "Wire-Bonding-Towards 6σ Yield and Fine Pitch," *IEEE Trans. on CHMT*, Vol. 15, Dec. 1992, pp. 1005–1012.

9-2　Onoda, H., Hashimoto, K., and Touchi, K., "Analysis of Electromigration-induced Failures in High-temperature Sputtered Al-Alloy Metallization," *J. Vac. Sci. Technol.*, Vol. A 13, 1995, pp. 1546–1555.

9-3　Puttlitz, A. F., Ryan, J. G., and Sullivan, T. D., "Semiconductor Interlevel Shorts Caused by Hillock Formation in Cu-Al Metallization," *IEEE Trans. on CHMT*, Vol. 12, Dec. 1989. pp. 619–626.

9-4　Thomas, S. and Berg, H. M., "Micro-Corrosion of Al-Cu Bonding Pads," *23rd Ann. Proc. IEEE Reliability Physics Symposium*, March 26–28, 1985, pp. 153–158.

9-5　Klein, H. P., Durmutz, U., Pauthner, H., and Rohrich, H., "Aluminum Bond Pad Requirements for Reliable Wirebonds," *Proc. IEEE Intl. Symp. on Physics and Failure Analysis of ICs*, Singapore, Nov. 7–9, 1989, pp. 44–49.

9-6　Hirota, J., Machida, K., Okuda, T., Shimotomai, M., and Kawanaka, R., "The Development of Copper Wire Bonding for Plastic Molded Semiconductor Packages," *35th Proc. IEEE Electronic Components Conf.*, May 20–22, 1985, pp. 116–121.

9-7　Lowery, R. K. and Linn, J. H., "How Microcircuit Bond Pads Effect Device Yield," *Semiconductor International*, Vol. 14, May 1991, pp. 174–176.

9-8　Jang-Kyo, K. and Benny, P. L., "Effects of Metallization Characteristics on Gold Wire Bondability of Organic Printed Circuit Boards," *J. Elect. Mat.*, Vol. 30, No. 8, 2001, pp. 1001–1011.

9-9　White, M. L., "Detection and Control of Organic Contaminants on Surfaces," *Proc. 27th Ann. Symposium on Frequency Control*, Cherry Hill, New Jersey, 1973, pp. 79–88. Also see U.S. Patent #3,505,006, April 1970.

9-10　Heleine, T. L., Murcko, R. M., and Wang, S-C., "A Wire Bond Reliability Model," *Proc. 41st IEEE Electronic Components and Technology Conf.*, May 11–16, 1991, p. 378.

9-11　Shu, B., "Fine Pitch Wire Bonding Development Using a New Multipurpose, Multi-pad Pitch Test Die," *Proc. 41st IEEE Electronic Components and Technology Conf.*, May 11–16, 1991, pp. 511–518.

9-12　Eisenberg, H. B. and Jensen, I., "When Control Charting is Not Enough. A Wirebond Process Improvement Experience," *Proc. 1990, Intl. Microelectronics Symposium*, Chicago, IL, Oct. 15–17, 1990, pp. 61–66.

9-13　Shaeffer, M., "Creation of a New High Yield Wire Specification, presented at the ASTM F1.07 Meeting," Andover, MA, June 28, 1990.

9-14　Hotchkiss, G., Ryan, G., Subido, W., Broz, J., Mitchell, S., Rincon, R., Rolda, R., and Guimbaolibot, L., "Effects of Probe Damage on Wire Bond Integrity," *Electronic Components and Technology Conference*, May 29–31, 2001, Orlando FL, USA, pp. 1175–1180.

9-15 Sauter, W., Aoki, T., Hisada, T., Miyai, H., Petrarca, K., Beaulieu, F., Allard, S., Power, J., and Agbesi, M., "Problems with Wirebonding on Probe Marks and Possible Solutions," *Electronic Components and Technology Conference*, May 27–30, 2003, New Orleans, LA, USA, pp. 1350–1358.

9-16 Yong, L., Tran, T. A., Lee, S., Williams, B., and Ross, J., "Novel Method of Separating Probe and Wire Bond Regions Without Increasing Die Size," *Electronic Components and Technology Conference*, New Orleans, LA, USA. May 27–30, 2003, pp. 1323–1329.

9-17 Reusch, R. K., "Wire Sweep in Small-Outline Packages," *Proc 6th IEPS Conf.*, San Diego, CA, Nov 17–19, 1986. pp. 25–34. (A thorough paper, discusses transfer mould process-stress strain curve for 1.3 mil Au wire—6% elongation—wire sweep vs diameter 1 mil and 1.3 mil wire, factorial experiment.)

9-18 Nguyen, L. T., "Reactive Flow Simulation in Transfer Molding of IC Packages," *Proc. of the 43rd Electronic Components & Technology Conf.*, June 1–4, 1993, Orlando, Fl, pp. 375–390.

9-19 Tay, A. A. O., Yeo, K. S., and Wu, J. H., "The Effect of Wirebond Geometry and Die Setting on Wire Sweep," *IEEE Trans. on CPMT-Part B* Vol. 18 No 1, Feb. 1995, pp. 201–209.

9-20 Tummala, R. R. and Rymaszewski, E. J, ed., *Microelectronics Packaging Handbook*, Van Nostrand Reinhold, 1989, and second edition, Springer, 1997.

9-21 Holdgrafer, W. J., Levine, L. R., and Gauntt, D. L., "Method of Making Constant Clearance Flat Link Wire Interconnections," U. S. Patent # 5,205,463, April 27, 1993.

9-22 Grover, R., Shu, W. K., and Lee, S. S., "Wire Bond Profile Development for Fine Pitch-Long Wire Assembly," *IEEE Trans. on Semiconductor Mfg.*, Vol. 7, Aug. 1994, pp. 393–399.

9-23 Egger, H. and von Flue, D., "Improved Looping for Gold Ball Bonding," *Proc. Semicon Tech. Symp.*, Singapore, April 24–26, 1996, pp. 27–30.

9-24 Ruston, M, Tran, T. A., Yong L., Youngblood, A., Ravenscraft, D., Fuaida Harun, K., "Assembly Challenges Related to Fine Pitch In-line and Staggered Bond Pad Devices," *2003 Electronic Components and Technology Conference*, New Orleans, LA, pp. 1334–1343.

9-25 Beleran, J., Wulff, F., and Breach, C. D., "Gold Ball-Bond Mechanical Reliability at 40 μm Pitch: Squash Height and Bake Temperature Effects," *Proc. IEEE EPTC*, Dec. 8–10 2004, pp. 701–706.

9-26 Sundararaman, V., Edwards, D. R., Subido W. E, and Test, H. R., "Wire Pull on Fine Pitch Pads: An Obsolete 'Test for First Bond Integrity?," *Proc ECTC*, May 21–24, 2000, Las Vegas, NV, pp. 416–420.

9-27 Charles, H., "Chip Level Interconnect: Wire Bonding for Multichip Modules," in *Chip on Board Technologies for Multichip Modules*, J. Lau, Editor, Van Nostrand, 1994, pp. 124–185.

9-28 Harman, G. G., "Wire Bonding—Towards 6σ Yield and Fine Pitch," *Proc. Trans. on CHMT*, Vol. 15, Dec. 1992, pp. 1005–1012.

9-29 Brathwaite, N. E., "Chip and Wire Assembly for MCMs," *Electronic Packaging and Production*, Vol. 34, Feb. 1994, pp. 70–72.

9-30 Harman, G. G., "Wire Bonding to Multichip Modules and Other Soft Substrates," *Proc. 1995 Intl. Conf. on Multichip Modules*, Denver Colorado, April 19–21, 1995, pp. 292–301. Also see updated version, *Proc. NATO ARW on MCM & Sensor Technologies*, Budapest, Hungary, May 18–20, 1995. Kluwer Academic Pub., 1997.

9-31 Conroy, B. L. and Cruzan, C. T., "Ultrasonic Bonding to Metallized Plastic," NASA Tech Brief Vol. 10, Jan./Feb. 1986, pp. 48, item # 29.

9-32 Murali, V., Gasparek, M., Bahansali, A., Chen, S. H., and Dais, R., "Wirebonding of Aluminum/Polyimide Multilayer Structures," *Int. Rel. Physics Symposium Proc. (IRPS)*, San Diego, California, March 31–April 1, 1992, pp. 24–30.

9-33 Heinen, G., Stierman, R. J., Edwards, D., and Nye, L., "Wire Bonds Over Active Circuits," *44th Electronic Components & Technology Conference*, Washington, D.C., May 1–4, 1994, pp. 922–928.

9-34 Takeda, K., Ohmasa, M., Kurosu, N., and Hosaka, J., "Ultrasonic Wirebonding Using Gold Plated Copper Wire onto Flexible Printed Circuit Board," *Proc. 1994 IMC (Japan)*, April 20–22, 1994, pp. 173–177.

9-35 Liu, J., Lai, Z., Kristianses, H., and Khoo, C., "Overview of Conductive Adhesive Joining Technology in Electronics Packaging Applications," *Proc. 3rd Intl. Conf. on Adhesive Joining & Coating Technology in Electronics Mfg.* (Adhesives '98) Binghamton, NY, Sept. 28–30, 1998, MS. 1-1.)

9-36 Benton, B. K., Palomar Technologies, Carlsbad, CA, Private communication, <bbenton@bonders.com>.

9-37 Anderson, H., "Wire Bonding Dual-Sided MCM-L Modules," *Proc. Intl. Conf. Multichip Modules*, April 13–15, 1994, Denver, Colorado, pp. 424–429.

9-38 Fu, C., Brown, R. C., and Ume C., "Temperature-Dependent Material Characterizations for Thin Epoxy FR-4/E-Glass Woven Laminate," *Proc. 43rd Elect. Comp. Tech. Conf.*, June 1–4, 1993, Orlando, Florida, pp. 560–562. Note: authors will send figures on request.

9-39 Strandberg, J., Theide, H., Karlsson, A., and Weiland, A., "High Reliability 4-metal Layer MCM-D Structure with BCB as Dielectric," *Proc. Intl. Conf. Multichip Modules*, April 19–21, 1995, Denver, Colorado, pp. 223–228.

9-40 Christiansen, R. A., "Wire Bonding Chip on Board," in *Chip on Board Technologies for Multichip Modules*, J. Lau, Editor, Van Nostrand, 1994, pp. 275–341; also numerous private communications.

9-41 Nii, M., Omori, J., et al., "Evaluation of Copper/Polyimide Thin Film Substrate for Multi-chip Module," *Proc. Intl. Microelectronics Conf.*, Yokahama, Japan, June 3–5, 1992, pp. 259–264.

9-42 Terman, F. E., *Radio Engineers' Handbook*, McGraw Hill, New York, 1943, pp. 47–5.

9-43 Tsai, C. T., Anderson, H., and Yip, W-Y., "Electrical Characterization of Bonding Wires," *Proc. Intl. Symp. Microelectronics* (ISHM) Boston, Massachusetts, Nov. 15–17, 1994, pp. 479–484.

9-44 Hayashi, K., Nagayama, Y., Shirai, Y., Nakamura, A., Otsuka, K., Nagai, K., and Imaizumi I., "A Wire Bonding Structure Package for 2.4 GHz Frequency," *Proc. VLSI Packaging Workshop*, Yorktown Heights, New York, October 1993, Paper IV-1.

9-45 Gilbert, B. K. and Pan, G. W., "Packaging of GaAs Signal Processors on Multichip Modules," *IEEE Trans. on CHMT*, Vol. 15, Feb. 1992, pp. 15–28.

9-46 Hwang, L. T. and Turlik, I., "A Review of The Skin Effect as Applied to Thin Film Interconnections," *IEEE Trans. on CHMT*, Vol. 15, Feb. 1992, pp. 43–55.

9-47 Salmon, L. G., "Evaluation of Thin Film MCM Materials for High-Speed Applications," *IEEE Trans. on CHMT*, Vol. 16, June 1993, pp. 388–391.

9-48 Johnson, R. W., "Electronics Packaging for Extreme Environments," *Proc. of the International Planetary Probe Workshop*, Bordeaux, France, June 25–29, 2007.

9-49 Johnson, R. W., Wang, C., Liu, Y., and Scofield, J. D., "Power Device Packaging Technologies for Extreme Environments," *IEEE Transactions on Electronics Packaging Manufacturing*, Vol. 30, No. 3, July 2007, pp. 182–191.

9-50 Hansen, P. and McCluskey, P., "Failure Models in Power Device Interconnects," *Proc. 2007 European Conference on Power Electronics and Applications*, Sept. 2–5, 2007, pp. 1–9.

9-51 Benoit, J., Chen, S., Grzybowski, R., Lin, S., Jain, R., and McCluskey, P., "Wire Bond Metallurgy for High Temperature Electronics," *Proc. 4th IEEE Int'l High Temperature Electronics Conference*, Albuquerque, NM, June 14–18, 1998, pp. 109–113.

9-52 Salmon, J. S., Johnson, R. W., and Palmer, M., "Thick Film Hybrid Packaging Techniques for 500°C Operation," *Proc. 4th Intl High Temp. Elect. Conf.*, Albuquerque, NM, June 16–19, 1998, pp. 103–108.

9-53 Deyhim, A., Yost, B., Lii, M., and Li, C-Y., "Characterization of the Fatigue Properties of Bonding Wires," *Proc.ECTC*, Orlando FL, May 28–31, 1996, pp. 836–841.

9-54 Kirschman, R. K., High Temperature Electronics, 1999 - IEEE Press.s

9A-1 Levine, L. and Sheaffer, M., "Wire Bonding Strategies to Meet Thin Packaging Requirements," Part I, *Solid State Technology*, March 1993.

9A-2 Holdgrafer, W. J., Sheaffer, M. J., and Levine, L. R., "Method of Making Low Profile Fine Wire Interconnections," U.S. Patent 5,111,989 (5/12/1992).

9A-3 Holdgrafer, W. J., Levine, L. R., and Gauntt, D. L., "Method of Making Constant Clearance Flat Link Fine Wire Interconnections," U.S. Patent 5,205,463, (4/27/1993).

第 10 章　铜/低介电常数（Cu/Lo-k）器件——键合和封装

10.1　引言

对于从事有关先进引线键合的人员来说，理解位于焊盘下方、可能会影响键合过程（或被键合过程影响）的全部结构层的性能是非常有必要的。本章包含用以理解铜/低介电常数（Cu/Lo-k）器件中的材料、材料科学、工程化内容，并讨论其对引线键合问题的影响，同时还对倒装芯片问题进行了评述。本章的目的不是要成为一篇关于这一课题新技术的高水平论著，而是作为背景材料用来理解这一最新技术的复杂性及其对引线键合生产和可靠性的影响。

因为用于 Cu/Lo-k 器件的键合焊盘下面具有复杂的多层结构，且具有较低的弹性模量，所以对封装/引线键合行业提出了严峻挑战。本章先描述了不同的电介质，之后讲述了大马士革（damascene）铜结构是如何形成的及其与常规使用的平面沉积的成膜方法之间的区别，此外还讨论了与器件封装有关的失效模式和减少失效的方法。下一章（第 11 章）是讨论引线键合的建模仿真，包括键合对 Cu/Lo-k 器件的影响。

目前，大多数 Lo-k 材料使用某种 CVDOSG[有机硅酸盐玻璃（SiOC）]，这种材料比过去普遍使用在传统芯片上作为电介质/绝缘体的纯 SiO_2 具有更低的弹性模量（更软/强度更弱）。当增加孔隙以进一步降低介电常数时，Lo-k 模量甚至会更低。这种电介质，通常堆叠 5~12 层[有多级铜互连（布线）]，这对封装过程和随后器件的可靠性提出了挑战。此外，所有嵌入电介质中的铜互连都要镀覆上薄的扩散阻挡层[<10nm（100Å）]，以防止器件退化和失效（因为 Cu 可以同时使 Si 和电介质性能退化）。引线键合过程中，或者温度循环过程中的系统内倒装芯片（FC）应力可能会损伤这些内埋的阻挡层和电介质，而这些破损在生产、封装或常规的鉴定过程中是无法检测到的，并可能会导致长期的失效问题。

因此，为获得可靠的引线键合，必须重视电介质材料和扩散阻挡层这些底层材料的复杂性能，像研究键合可靠性/良率过程的冶金性能一样重要。在 Lo-k 材料具有低模量的情况下，具有特殊的支撑结构是有必要的，以防止键合应力造成的损伤。

10.2　Cu/Lo-k 技术

现代芯片通常内连多层 Cu，并用各种低模量、Lo-k 的绝缘体进行绝缘，这与在氧化层或氮化层上沉积单层铝的传统芯片有很大区别。两种技术的对比如图 10-1 所示。其中，图 10-1a 是比较传统的引线键合过程，不需要特殊的知识或注意事项；图 10-1b 给出了 Cu/Lo-k 芯片中使用的叠层简化示例。在与这些结构层引线键合和封装过程中，必须非常谨慎，防止叠层发生分层或翘曲变形。倒装芯片在封装过程中也会出现这些问题，尤其是在温度循环的操作过程中。此外，在发生这种问题时，引线或倒装芯片叠层材料的损伤可能并不明显，但在组装和长时间服役后，由于 Cu 扩散到电介质或半导体中，可能会导致失效。

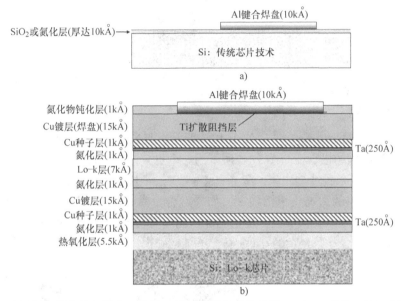

图 10-1　常规镀铝芯片的材料叠层比较：图 a 采用非常简单的 Cu/Lo-k 芯片；图 b 所示的键合过程中的复杂性和潜在的易损伤性是显而易见的；由于这些叠层的复杂性，所以在这个实验图中只显示一层 Lo-k 电介质（图 b 来自 SEMATECH，有修改）；一般来说，新型设计可以减少氮化层和阻挡层的厚度（注：1Å=0.1nm）

铜具有比铝高约 35% 的电导率（参见本书第 3 章），既可减少延迟时间，又可减少半导体芯片上有源器件之间的电损耗。然而，由于 Cu 不能像 Al 那样刻蚀成细线宽的线路，因此，有必要开发一种不同的沉积方法并实现细节距结构的分层显现（delineating）。图 10-2 所示为 Cu 大马士革工艺流程。图 10-2a 显示了从沟槽底部向上的镀 Cu 工艺，在这之前是蚀刻到电介质层，并在其内部表层上沉积一层薄阻挡层。然后，沉积一层 Cu 种子层，最后从底部向上电镀 Cu，并进行化学机械抛光（CMP）平坦化。图 10-2b 给出了更多的制造细节，如果形成两个沟槽，然后同时填充铜，例如在一个沟槽上叠加一个通孔，这样就形成一个双大马士革结构。由此产生的细节距结构可用于至少 45nm 的半导体制造节点。

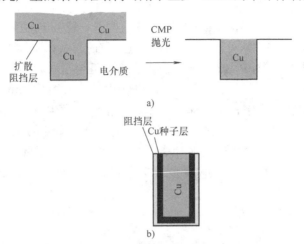

a)

b)

图 10-2　基础的 Cu 大马士革（沟槽）工艺图：首先在 Lo-k 电介质中蚀刻沟槽，然后在沟槽内表层上沉积一层薄的扩散阻挡层，接着沉积一层 Cu 种子层，最后从底部向上电镀 Cu；外表面经 CMP 抛光平坦化后，形成分层显现清晰的线路

　　一种更复杂的 Cu/Lo-k 结构如图 10-3 所示，是嵌在 Lo-k 电介质中的四金属层 Cu 大马士革结构的横截面。图 10-4 所示为一个更复杂的结构（多达五金属层），为例证说明将其电介质蚀刻出来。复杂的 Cu 线路、阻挡层包覆结构通常被支撑 / 嵌入在低 Lo-k 材料的大马士革沟槽中。如果键合（或其他封装过程）应力较高，则容易发生破损。因此，很明显，现代芯片可能会对引线键合或倒装芯片互连带来新的问题，这可能会导致复杂的 Cu 大马士革结构破损，从而降低器件的可靠性。

a)

b)

图 10-3　一种嵌入在 Lo-k 电介质中的四金属层 Cu 大马士革结构图：该截面显示了大马士革沟槽中的单个 Cu 金属化线路。沟槽周围是 Lo-k 电介质（来自 IBM）

图 10-4　某典型 Cu/Lo-k 芯片的金属结构示例图，其中电介质被刻蚀出来，体现出现代 Cu 金属层芯片的大马士革 Lo-k 结构的极其复杂性（来自 IBM）

10.2.1 Lo-k 电介质

自 Si 技术开始，芯片上使用的标准电介质是 SiO_2，这种材料介电常数 k（ε）约为 4。定义 Lo-k 材料的介电常数 $\varepsilon < 3$，2.4 ~ 2.8 为典型值。目前，大多数 Lo-k 材料是某种形式的 OSG（有机硅酸盐玻璃），即在化学气相沉积（CVD）过程中加入碳 - 氢化合物而生成的 SiO_2。在 CVD 过程中加入 CH_3 生成的二氧化硅介电常数 k 范围如下面公式所示。添加的 CH_3 越多，模量越低，范围为（a）约 70GPa（不添加 CH_3：强且硬）低至（c）约 4GPa（CH_3 含量最大：弱且软）。

介电常数随 C 的增加而变化：

$$（a）SiO_2 \approx 4$$
$$（b）SiO_{1.5}CH_3 \approx 3.1 \tag{10-1}$$
$$（c）SiO_{0.5}(CH_3)_3 \approx 2.5$$

还可以通过增加孔隙来获得更低的介电常数，但这会降低材料机械性能，从而导致引线可键合性变差，芯片可靠性降低。

图 10-5 所示为 OSG 力学性能下降的一个示例图（其中硬度和模量都随着碳氢量的增加而急剧下降）[10-2]。要获得低于 2.4 的介电常数，需要增加孔隙的数量，而这也会进一步降低材料的力学性能。遗憾的是，尽管 Lo-k 电介质是未来芯片技术所需要的，但其只能以一种形式实现。

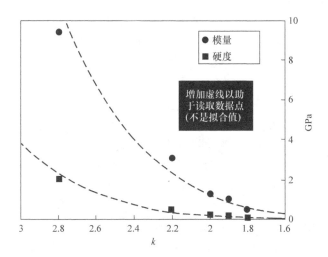

图 10-5 随着 C-H 量的增加，有机硅酸盐玻璃的力学性能降低，对于这些材料，只有通过引入孔隙才能将 k 值降低到 2.4 以下 [10-2]（来自 Intel）

虽然这些 OSG 材料明显比 SiO_2 弱得多，但是比早期的 Lo-k 有机材料好，并且与晶圆厂的需求匹配。表 10-1 给出了目前 Lo-k 材料的相关性能，并与 SiO_2 进行了比较。SiLK（缩写）是最新考虑的有机材料，但从未投入生产，它的模量太低而 CTE 太高，不适合集成在芯片上，这是典型有机材料的问题（应该注意的是，表格中的精确值取决于测量的细节，并且随着参数的变化，如压痕深度、纳米压头工具的加载或卸载等变化，测量数值可能会有很大的变化）。参考文献 [10-3] 给出了 OSG Lo-k 的许多细节和测量技术。

至今，Lo-k 电介质材料仍发展迅速，预测表 10-1 中 OSG Lo-k 材料及其性能将被更新甚至取代。一些独特的解决方案，如空气间隙、复合电介质等，可能被嵌入到 Lo-k 结构中以进一步降低介电常数。最新的研究表明，纳米材料可用于生成部分空气间隙，以获得约 2.0 的介电常数（相对于真空条件下的 1.0）。这种材料技术的发展将会提高器件的性能，但是可能会给使用这种材料的芯片引线键合带来问题。

所有嵌入在 Lo-k 电介质中的 Cu 线路都必须覆上薄的扩散阻挡层，以防止 Cu 漂移 / 扩散到电介质或 Si 中，从而改变其性能，最终导致器件的退化或损坏。这种薄阻挡层的完整性一直是一个潜在的芯片可靠性问题，薄层可能会被引线键合时产生的应力损伤，该应力可使 Cu 和水蒸气扩散，最终降低器件的可靠性。此外，防止水蒸气进入 Lo-k 叠层是很有必要的，这有时可以通过添加 SiO_2 顶层来实现。图 10-6 列出了一些潜在的可靠性危害，例如水汽和 Cu 扩散到双大马士革结构的 Lo-k 层中。

10.2.2 铜键合焊盘的表面保护层和可键合性镀层

传统的芯片引线键合是在 Si 或 SiO_2 上的 Al 焊盘上进行的。这为热超声键合提供了理想冶金学的和刚性的键合平台（参见图 10-1a）。然而，Cu 键合焊盘位于低模量的电介质层上，该电介质层被包覆于薄脆的扩散阻挡层中，在与 Lo-k 结构键合时可能产生裂纹（参见图 10-1b），这可能会导致低键合良率和 / 或器件可靠性问题。此外，还需要保护 Cu 键合焊盘的上表层不被氧化、硫化等。这可以通过在 Cu 层上镀涂各种金属层的方法来实现，即在 Au 或 Al 层上镀涂一层阻挡层（这是目前最常用的方法，参见图 10-1b）。Al 焊盘与晶圆厂工艺兼容，并且非常适合引线键合。然而，芯片制造需要沉积扩散阻挡层、掩膜层和刻蚀步骤，因此使得芯片制造比较昂贵。还有一种可能性是，如果键合过程使 Cu 与 Al 之间的扩散阻挡层出现裂纹，则可靠性可能会比没有扩散阻挡层时更差。如果低模量的电介质层在键合焊盘下方，就会发生杯突或下沉（参见本书第 9 章）。另一个潜在的问题是 Al/ 阻挡层 /Cu 方法已经申请了专利 [10-5]，可能无法获得或者成本高昂。

表 10-2 给出了一些 Cu 键合焊盘上潜在的非 Al 保护性镀层，其中一些相对于目前广泛使用的 Al/ 阻挡层 /Cu 焊盘较简单或成本较低。图 10-7 给出了几种界面的可靠性（Au 与 Au/Ni、Cu 与 Au/Ni、Cu 与 Cu 和 Au 与 Cu），存储条件为 150℃,1500h[10-6]。所有这些界面都是容易键合的，因此可以考虑成本或其他条件来决定生产的选择。表 10-2 中的材料与晶圆厂工艺是不兼容的，后续工序还必须在晶圆厂外执行，这与 Al/ 阻挡层 /Cu 金属层系统相比是一个缺点（注 : 晶圆厂的选择通常比封装行业的选择更重要）。

表 10-1　Cu/Lo-k 结构的低介电常数材料对比表

材料①	有机 -O 无机 -I	$k(\varepsilon)$ @25℃	模量 /GPa @25℃	硬度 /GPa	断裂韧性 /MPa·m$^{\frac{1}{2}}$③	CTE② / (×10^{-6}℃)	来源
SiLK Y②	O	2.6~2.2	2.45	0.31	0.42~0.66	62	Dow Chem.
黑色金刚石 II（SiO₂+C）	I/O（OSG）④⑤	2.4~2.7	6~7.7	1.3~3.6	0.2~0.3	17~23	Applied Matls.
Corel	I/O（OSG）④⑤	2.7	约为 7	—	—	—	Novellus
Aurora	I/O（OSG）④⑤	2.4~2.8	6~12	1.1~2.2	—	17	ASM
纳米玻璃硅（凝胶）孔隙 < 5nm	I	1.3~2.5	0.5~2.3	0.03~0.1	< 0.04~0.14	4（不等）	多种来源
SiO₂	I	3.8~4.1	72~100	9.5	0.46	1~2	多种来源

①当没有其他标识符可用时，使用商品名称对材料进行描述，这不代表任何认可。
②有机低介电常数材料的CTE值，一般随温度升高。报告中的数值为平均值，温度范围为 25~100℃。
③与 SiO₂、SiN、Ta 或 TaN 材料界面的断裂韧性。
④有机硅硅酸盐玻璃 SiO₂+C。
⑤晶圆厂内通过改变压力、浓度等方法改变 OSG 的性能，从而改变材料中的 C-H 含量 [参见式（10-1）]，从而降低模量和硬度，增加 CTE，因此，上面的数值不是绝对的，这些产品中的每一种都可能不同。

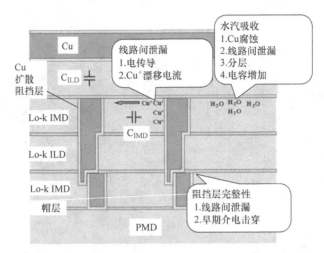

图 10-6　双大马士革结构中几种潜在可靠性风险的示意图：如果在顶部的 Cu 焊盘上进行键合，就可能会使阻挡层破损进而加速失效；IMD 为金属间电介质层，ILD 为层间电介质层，PMD 为预金属化电介质层（Si 层上方）[10-4]（©IEEE）

表 10-2　用于引线键合和保护的 Cu 焊盘表面镀层

可键合的顶层表面金属
1）铜（氧化层降低 / 破坏可键合性）
2）可提高可键合性的潜在金属层 / 叠层
a）Au/ 阻挡层 /Cu、Au/Ni/Cu 或 Au/Cu（已知都是可靠的）
b）Al/ 阻挡层 /Cu，也是众所周知的键合表面，在 2008 年时使用最多
c）Ag/Cu, 已知的可靠界面（在细节距上的 Ag 迁移可能会有问题）
d）Pd/Cu（或与 Ni 等），一个众所周知的可靠界面
e）其他（上述组合）

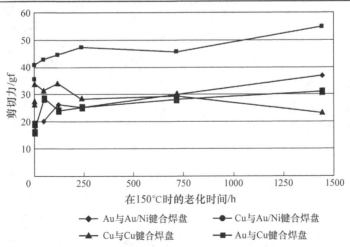

图 10-7　几种界面的高温存储试验，使用键合的焊球性能体现键合焊盘的性能：1500h 时均可靠，但 Au 与 Al 之间的剪切力（Cu 与 Au 曲线下方）开始按预期减小，显然，Au 与 Cu 的任何组合在常规器件中使用都是足够可靠的（来自 IMEC）

10.3　集成电路 Lo-k 材料上铜焊盘的引线键合

在获得适当的表面可键合性和 Cu 的防氧化保护层之后，必须解决低模量基板焊盘上的引线键合问题。解决方案可结合过去从多芯片模组的键合中获得的知识，其键合焊盘通常位于类似的低模量电介质层上。Cu/Lo-k 芯片和多芯片 SiP 在部分环节具有相同的问题，可以共享一些相同的解决方案（参见本书第 9 章）。

在许多种层压结构中，分层是一种潜在的失效模式，引线键合和其他封装过程中的动态应力会产生这种分层。目前已发表了几种 Lo-k 材料上焊盘及其底层的键合应力有限元模型，所有这些模型表明，键合下方及其周围存有高应力。图 10-8 所示为 Cu 焊球落在 Cu 键合焊盘上进行键合时机械应力分布的典型有限元分析[10-8]（注：Au 球键合可减少约 20% 的应力）。没有人能为超声能量的直接原子界面焊接作用进行建模，不过目前已经公布了一些不错的近似模型[10-8]。一些研究还表明，在低模量材料上的键合会产生使焊盘剥落的主要应力，如图 10-9 所示[10-9,10-10]。这种物理损伤在图 10-10 中有清晰的说明。这种焊盘剥落通常被称为弹坑（cratering），尽管技术上这是不正确的，除非有电介质层或硅的损伤。这些数据解释了为什么早期低模量有机 Lo-k 材料不成功的原因（如表 10-1 中的 SiLK 和许多其他材料）。

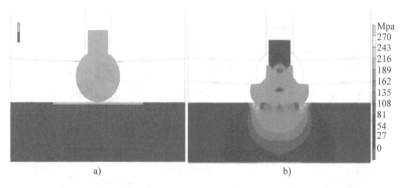

图 10-8　引线键合初期 Cu 焊球与 Cu 键合焊盘之间的有限元分析图，显示了焊球、焊盘及下方电介质层内的 Von Mises 应力：当键合开始时，大部分的应力将被施加到 Lo-k 材料和下方的铜扩散阻挡层中；随着超声能量的施加，应力会增加，可能会损伤 Lo-k 材料和 Cu 扩散阻挡层；图 b 显示了焊球在落到焊盘后的 Von Mises 应力[10-7]（来自 IEEE）

为了防止发生这种损伤，IC 行业已经开发了焊盘底部的支撑系统，其中一种结构如图 10-11 所示，并在参考文献 [10-9] 中对其进行了讨论。这种典型结构包括焊盘下面的一些金属通孔，向下延伸到芯片或其氧化物保护层。这些结构将键合应力从焊盘直接传递到下方的高模量 Si 芯片，在那里应力被耗散或传递到封装体中，从而保护 Lo-k 电介质、Cu 和扩散阻挡层。

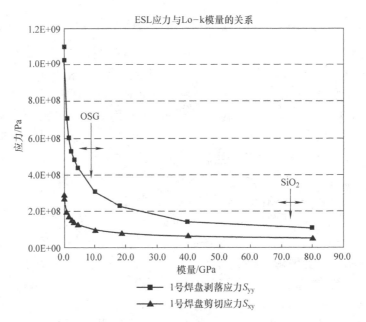

图 10-9　引线键合应力与 Lo-k 电介质材料的模量关系图：在引线键合过程中，模量越低焊盘剥落的可能性越大；因为模量随着 ε 值的减小而减小，而高性能需要低的 ε 值，所以焊盘剥落问题是 Lo-k 器件中一个常见的问题[10-9]（©IEEE）

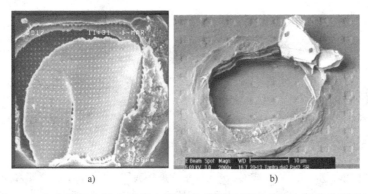

图 10-10　在 Lo-k 电介质层上键合后焊盘剥落的典型示例图（这也被称为弹坑，即使 Si 完整[10-10]）（©IEEE）

　　这些集成电路具有铜金属层以及在键合焊盘下方有 Cu/Lo-k 电介质，而不是如图 10-1 所示的老式集成电路中那样含有 SiO_2 或 Si。部分 Lo-k 材料在比常规热超声键合温度（125～200℃）更高的温度（高达 425℃）下与晶圆进行加工。因此，它们的 T_g 被设计得很高，不会像某些 MCM-SiP 基板那样造成与温度相关的键合问题。在某些情况下，在键合温度的作用下，模量已经很低的 OSG Lo-k 材料的模量将继续降低，并会影响键合。

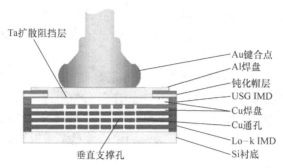

图 10-11 某典型焊盘底部支撑结构的示例图，键合过程中可将机械应力传递到位于下方的高强度的硅氧化物中，可防止 Cu 扩散阻挡层开裂以及防止 Lo-k 介电材料承受过大应力，进而可减少键合焊盘来自键合过程中的损伤[10-9]（©IEEE）

在大多数 MCM-SiP 上器件键合和在先进 Cu/Lo-k 芯片上键合的最重要区别是后者的键合焊盘相对较小（<60μm 以及节距最终下降到 20μm，ITRS 2007 Roadmap），导致低模量材料和下方的阻挡膜层发生下沉和 / 或机械损伤。此外，金属 / 电介质叠层是多层的，且非常复杂。如前所述，在 Si 之上通常有超过 12 层的金属层、电介质层、阻挡层和氧化层。此外，在键合过程中，需要如图 10-11 所示的支撑结构来保护 Lo-k 材料。如果没有这些结构，发生的任何电介质下沉或杯突都会导致键合焊盘下方的阻挡层开裂 / 损伤，进而导致焊盘剥落、漏电流和 / 或降低高频性能。通过优化引线键合参数和材料，可以最大限度地减少对 Lo-k 层、Cu 互连层和扩散阻挡层的潜在键合损伤，可总结为

1）尽量减少超声能量和夹紧力；

2）减少焊球直径或引线硬度（楔形键合）；

3）在键合工具落到焊盘后延迟超声能量的施加；

4）键合前使用等离子体清洗焊盘。

这些措施在表 10-3 中进行了总结，与本书第 9 章中讨论的内容相似。

表 10-3 键合 Cu/Lo-k 时的注意事项

1）使用细线径的引线（例如 18～25μm）；如果进行键合，可形成更小的焊球（需要更低的力 / 功率）

2）如果进行 Al 楔形键合，使用软的引线（拉断力 12～14gf 与 16～18gf，25μm 线径需要更小的力 / 功率）

3）如果焊盘 / 电介质发生下沉，对于相同的引线，可能仍然需要 10%～20% 更高的键合机参数（但这可能会使 Lo-k 芯片损伤）

4）延迟施加超声能量（约 10～25ms），以便在开始施加超声能量之前，使焊盘键合力的应力稳定下来

5）在键合前清洗焊盘，降低键合时所需的超声能量

焊盘下方含有 Lo-k 材料芯片的引线键合损伤概述如下：可出现各种电介质和冶金损伤，导致封装器件长期可靠性问题，包括扩散阻挡层开裂、Cu 扩散到 Lo/k 电介质中、Lo/k 材料开裂和分层，以及键合焊盘凹陷（杯突）。具有高膨胀系数和低导热系数的 Lo-k 材料会增加温度循环应力，并会进一步增大已有的任何损伤。在与 MCM-SiP，PCB、PBGA、柔性电路等聚合物堆积层（buildup-layers）中的低模量电介质上焊盘进行键合时，都会遇到许多上述问题（参见本书第 9 章），这些问题可用某些相似的方案进行解决。设计良好的 Lo-k 焊盘底部结构应该不会对键合参数产生负面影响而且在实际键合过程中应该是不常遇见的。

10.3.1　Lo-k 倒装芯片损伤

尽管关于倒装芯片互连的 Lo-k 器件问题或解决方案的细节内容超出了本书的范围，但是指出此类器件中的倒装连接存在的封装问题是很实用的。引线键合的损伤都是来自动态键合过程中对焊盘及其底层产生的应力，对于倒装而言，与引线键合器件的制造过程不同，倒装焊料回流的制造应力通常很小或不存在，然而这些问题在器件后续的工作过程中可能会发生，尤其是发生在产生大量热量并导致温度循环应力的高性能器件中。这些问题通常发生在有机基板贴装的器件中（如塑封 BGA 等），而底部填料的性能变得非常关键，需要折中选择[10-11]。

图 10-12[10-12] 所示为有机基板上贴装的倒装芯片器件温度循环损伤的示例图。裂纹和分层出现在焊料凸点界面和 Lo-k 层内。在某些情况下，已提议使用特殊的应力缓冲层，以最大程度地减少对芯片和塑封结构的损伤[10-13]，在将来期待这些或其他技术的发展。

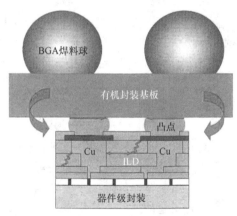

图 10-12　温度循环应力诱导有机基板上贴装的倒装芯片器件中产生裂纹的示例图：裂纹起源于凸点到基板、UBM 到基板和大马士革 Cu 到基板材料的界面[10-12]

（来自 *Chip Scale Review*）

10.4　结论

Cu/Lo-k 互连作为一种新技术，目前提供了许多选择形式的可能性，可替代用于键合焊盘和内连（芯片内）的金属和电介质（SiO_2）技术。每个组织都可根据自己的特殊需求和能力做出最佳的材料选择。在本章成稿的 2008 年，引线键合首选的焊盘顶表面层为 Al/ 阻挡层 /Cu，首选的 Lo-k 电介质是表 10-1 所示的 OSG [或空气间隙（air gaps）——在某些先进应用中]。新型电介质正在被持续研究开发，所以这些结构可能会发生改变。焊盘底部的键合支撑结构仍在随着新型设计而不断发展。预期将来所选择的材料 / 结构，在组装 / 封装操作过程将是不可见的。然而，在一些实验室中的研究工作涉及开发一种 Au 键合焊盘的兼容工艺（将 Au 直接镀在 Cu 上）；因此，金属层也可能随之发生改变。

如果在某些情况下，计划在"软基材"焊盘上进行引线键合，无论是多芯片封装、SiP 或 Cu/Lo-k 器件，必须在整个系统设计（电介质层 / 金属层 / 支撑结构）时考虑键合；否则，引线键合和器件良率和 / 或器件可靠性都可能是不可接受的，并且后续重新设计的成本非常昂贵。目前，微电子领域的引线键合正在进入一个新的发展阶段，理解焊盘底部的材料 / 冶金结构至少与理解和控制引线键合工艺本身同样重要。

参考文献

10-1 Ho, P. S., "Material Issues and Impact on Reliability of Cu/Low k Interconnects," Microelectronics Research Center University of Texas at Austin Talk Presented at the AVS Chapter meeting 10/2002 (on university web site).

10-2 Garner, C. M., Kloster, G., Atwood, G., and Mosley, L., "Challenges for Dielectric Materials in Future Integrated Circuit Technologies," *Presented at the 13th Workshop on Dielectrics in Microelectronics*, Kinsale, Ireland, June 2004, summarized in *Microelectronics Reliability*, Vol. 45, No. 5-6, May-June 2005. pp. 919–924.

10-3 Vella, J. B., Adhihetty, I. S., Junker, K., and Volinsky, A. A., "Mechanical Properties and Fracture Toughness of Organo-Silicate Glass (OSG) Low-k Dielectric Thin Films for Microelectronic Applications," *International Journal of Fracture*, Vol. 119/120, 2003, pp. 487–499.

10-4 Tsu, R., McPherson, J. W., and McKee, W. R., "Leakage and Breakdown Reliability Issues Associated with Low-k Dielectrics in a Dual-damascene Cu Process," *Proceeding. 38th Annual IEEE Reliability Physics Symposium*, San Jose, CA, 04/10-23/2000, pp. 348–353.

10-5 Cheung R. W. and Ming-Ren Lin, "Advanced Copper Interconnect System That Is Compatible with Existing IC Wire Bonding Technology", U.S. Patent 5,785,236, issued July 28, 1998.

10-6 Ho, M., Lam, W., Stoukatch, S., Ratchev, P., Vath, C., and Beyne, E., "Direct Gold and Copper Wires Bonding on Copper," *Microelectronics Reliability*, Vol. 43, No. 6, 2003, pp. 913–923.

10-7 Chen, J., Degryse, D., Ratchev, P., and Wolf, de I., "Mechanical Issues of Cu-to-Cu Wire Bonding," *IEEE Trans. on CPT.*, Vol. 27, No. 3, Sept. 2004, pp. 539–544.

10-8 Liu, Y., Irving, S. T., and Luk, T., "Thermosonic Wire Bonding Process Simulation and Bond Pad over Active, Stress Analysis," *Proc. 54th ECTC*, Vol. 1, pp. 383–391. Las Vegas, NV, 1–4 June 2004. Also see; Chang-Lin Yeh, Yi-Shao Lai, and Jenq-Dah Wu, "Dynamic Analysis of Wirebonding Process on Cu/low-K Wafers," *Electronics Packaging Technology*, (EPTC 2003), Singapore, Dec., 10-12, 2003, pp. 282–286.

10-9 Huang, T. C., Liang, M. S., Lee, T. L., Chen, S. C., Yu, C. H., and Liang, M. S., "Wire Bonding Analysis and Yield Improvements for Cu Low-K IMD Chip Packaging," *6th VLSI Packaging WS*, Kyoto, Japan, Nov. 12-14, 2002. Also in *Advanced Metallization Conf.*, pp. 67–73, 2002.

10-10 Lee, C-C., Tran, TuAnh., and Miller, C., "Overview of Metal Lifted Failure Modes During Fine-Pitch Wirebonding Low K/Copper Dies with Bond Over Active (BOA) Circuitry Design," *57th Electronic Components and Technology Conference*, Reno, NV, May 29-June 1, 2007, pp. 1775–1781.

10-11 Paquet, M. C., Gaynes, M., Duchesne, E., Questad, D., Bélanger L., and Sylvestre, J., "Underfill Selection Strategy for Pb-Free, Low-K and Fine Pitch Organic Flip Chip Applications," *Electronic Components and Technology Conference,* 2006, pp. 1063–1595, and IBID, L. Li, J. Xue, M. Ahmad and M. Brillhart, "Materials Effects on Reliability of FC-PBGA Packages for Cu/Low-k Chips," pp. 1590–1594.

10-12 Lanzone, R., "How Flip-Chip Package Interactions Affect the Manufacture of High-Performance ICs," *Chip Scale Review,* Jan.-Feb. 2006, pp. 25–45.

10-13 Lee, C. C., Liu, H. C., Chiang, K. N., "3-D Structure Design and Reliability Analysis of Wafer Level Package With Stress Buffer Mechanism," *IEEE Trans CPT,* Vol. 30, March 2007, pp. 110–118.

第 11 章 引线键合工艺建模与仿真 ⁽一⁾

本章提出了一个将引线键合工艺与键合焊盘下方的 Si 器件整合在一起的瞬时非线性动态有限元框架。主要讨论两个方面：一是组装第一键合点工艺的影响；二是键合焊盘下方器件布线的影响。仿真内容主要包括了超声瞬时动态键合过程以及在第一次键合时应力波向键合焊盘和 Si 器件的传递过程，通过引入 Pierce 应变速率相关模型来模拟冲击应变硬化效应。本章研究和讨论了超声振幅和超声频率对键合工艺的影响，此外，还分析讨论了键合焊盘下方器件金属层的不同布线方式以降低焊盘有源区设计上方焊盘的动态冲击响应。通过建模，揭示了在不同的应变率、超声振幅和超声频率、摩擦系数以及键合焊盘厚度和焊盘下方器件布线的情况下对引线键合和焊盘下方器件的应力和变形冲击。最后，还讨论了在冷却到较低温度后，衬底温度对残余应力的影响。

11.1 引言

引线键合是组装过程中半导体芯片与外界互连的关键加工阶段 [11-1]。到了这一阶段，器件的大部分成本已被消耗完，特别是对于高密度引线键合和有源区上方的键合焊盘（Bond Pad Over Active, BPOA）设计 [11-2, 11-3]。为了降低成本并获得优化的引线键合解决方案，对引线键合工艺进行建模，有助于确定优化的引线键合参数和识别潜在的失效机制 [11-4]。目前，有大量关于引线键合过程的建模研究 [11-5 ~ 11-10]。Dominiek 等 [11-7] 和 Vincent 等 [11-9] 研究了键合焊盘下方的 Cu/Lo-k 互连；Liu 等 [11-11] 研究了电子封装组装过程中引线键合的线弧成形。Yeh 等 [11-12] 对 Cu/Lo-k 晶圆上的引线拉力测试进行了瞬态仿真。然而，对于压焊过程中无空气结球（Free Air Ball, FAB）的仿真，大多数研究人员只考虑了静态或准动态的纯机械的键合加载。因为难以实现收敛，所以在同一模型中很少有仿真同时包括了动态非线性引线键合过程和 Si 器件上的应力。实际上，引线键合是一个复杂的、多物理量的、在很短时间内完成的瞬时动态过程。Si 上器件和引线键合两者的动态影响是至关重要的。因此，以前的建模方法似乎是不够全面的 [11-10]。

众所周知，引线键合时，键合焊盘下方常见的失效模式有弹坑、剥落和开裂。

⊖ 本章由刘勇（仙童半导体公司；yong.liu@fairchildsemi.com）撰写。

与失效模式相关且影响键合过程和键合焊盘器件质量的主要五个因素是 [11-10,11-13]：键合力或形变、超声振幅和频率、FAB 与键合焊盘之间的摩擦和金属间化合物、衬底温度，以及持续时间。此时面临的挑战是：如何描述超声的动态效应？如果改变键合焊盘的设计，会对键合过程和应力分布产生怎样的影响？当系统冷却至室温时，残余应力如何影响键合焊盘器件？在本章中，介绍了与引线键合相关的建模与仿真方法，并建立了静态和瞬时非线性动态键合分析的有限元框架，该框架将引线键合过程和互连 / 键合焊盘下的 Si 器件整合在一起。动态仿真的重点是超声瞬时动态键合过程和向键合焊盘和 Si 器件上传递的应力波。由于键合机瓷嘴硬度高，可将其认为是一个刚性体，这导致瓷嘴与 FAB 之间存在刚性和弹塑性接触对，而 FAB 与键合焊盘之间的接触面可考虑为动态摩擦的非线性接触对。可以引入 Pierce 应变速率相关模型来仿真冲击应变硬化效应。

本章将介绍四个方面的内容：①具有不同参数的引线键合工艺，包括超声振幅和频率、FAB 与键合焊盘之间的摩擦、键合焊盘及其下方的器件、衬底冷却后的残余应力；② BPOA 引线键合与晶圆探针测试对的影响对比；③层压基板上的引线键合；④楔形键合的影响与热机械应力的关系。

11.2 假设、材料性能和分析方法

仿真有助于理解引线键合过程中的应力冲击，并检验有源器件上键合焊盘结构对产生应力的相对影响。然而，建模并不能处理键合过程中的每一个环节。为了进行有效的仿真，提出以下假设：

1）假设 FAB 的温度与衬底相同（实际上存在一些差异，原因是 FAB 的形成及其移动接触到焊盘过程中的瞬间温度冷却）。

2）假设键合过程中 FAB 是速率相关的弹塑性材料。键合焊盘和其余金属层均为弹塑性材料，而其他材料都是线性弹性体。

3）本章将不考虑在键合点成形时因为超声能量而引起的接触界面金属间作用和扩散。确定对金属间冲击模型的等效方法还需要进行更深入的研究，如确定一定局部范围内的等效材料参数以及 FAB 和键合焊盘之间的摩擦系数。

4）假设瓷嘴是一个刚性体，原因是其具有很高的杨氏模量和硬度。这里不考虑瓷嘴传递到 FAB 的惯性力。

5）不考虑 FAB 与键合焊盘间摩擦产生的热量和温度。

当超声能量通过瓷嘴施加到 FAB 上时，会导致其屈服强度降低，并经过一段时间后，位错的迁移率和密度增加 [11-13]。当应变率处于"位错滑移区域"时，随着形变的发生，材料发生应变硬化。当硬化的材料向焊球 - 焊盘界面处传递能量时，界面处出现平面滑移位移，形成新的金属表层。在新暴露出的金属表面上，超声使接触扩散键合增强（在一定温度下，动态摩擦引起金属间效应）。随着超声频率的增加，在某个频率点（例如 120kHz 或以上）之后，FAB 材料刚开始时可

能不会明显软化，但当应变率处于"多晶格同步滑移区域"时，该材料硬化，并向焊球 - 焊盘界面处传递能量[11-14, 11-15]。Ikeda 等[11-1]指出：Au 焊球在受到瓷嘴以 0.98N/s 的加载速度冲击时，可能导致其局部应变率超过 1000（1/s）。根据 Ikeda 的 Hopkinson 冲击杆试验，随着应变速率硬化的 FAB 屈服应力可近似为

$$\sigma_s = \sigma_0 + H'\dot{\varepsilon}^{pl} \tag{11.1}$$

式中，$\sigma_s = 0.0327\text{GPa}$；$H' = 0.00057\text{GPa} \cdot \text{s}$。

式（11.1）可以进一步表示为与速率相关的 Peirce 模型

$$\sigma_s = \left[1 + \frac{\dot{\varepsilon}^{pl}}{\gamma}\right]^m \sigma_0 \tag{11.2}$$

式中，$m = 1$；$\gamma = 561.4$（1/s）。

材料参数见表 11-1，FAB、键合焊盘和金属层均为非线性（双线性）材料，其余材料均可考虑为线性弹性体。

建模中可采用通用的 ANSYS® 有限元代码，并选择与速率相关 Peirce 模型中的一种非线性大形变和瞬时动态隐式算法。因为键合机瓷嘴具有高硬度而被视为刚性体，这导致瓷嘴和 FAB 之间形成刚性体和弹塑性体的接触对。然而考虑到动态摩擦的情况，FAB 和键合焊盘之间的接触面为非线性接触对。

表 11-1　材料参数

材料	模量 /GPa	CTE/（$\times 10^{-6}$/℃）	泊松比	屈服应力 /GPa
Si	169.5	3.2	0.23	
ILD	70.0	4	0.25	
TiW	117.0	10.2	0.25	
Al（Cu）	70.0	10	0.35	0.2（25℃） 0.05（45℃）
Au（FAB）	60.0	14	0.44	0.0327（200℃）
W（插塞）	409.6	4.5	0.28	

11.3　不同参数的引线键合工艺[11-10]

图 11-1 中所示为焊盘结构的二维概念模型，该模型是从典型的裸芯片结构中截取出来的，其结构特点是在 Si 上具有三层金属层和三层电介质（ILD）层。FAB 的典型球经为 70μm，键合焊盘长度为 90μm。Si 底部是固定的，两侧在水平方向上受限。图 11-2 所示为 FAB 和键合焊盘系统模型的网格图。瓷嘴以高速和不同频率向下移动一定高度（键合高度）按压 FAB。图 11-3 给出了在典型振幅 1μm、频率 100kHz 下瓷嘴的超声水平循环运动示意。

图 11-4 所示为典型的键合力与时间的关系。图 11-4 中存在两个阶段，阶段 1

包括接触冲击产生的材料应变硬化，以及在大约 100～150 个超声循环后的材料软化现象（类似于参考文献 [11-16]）；然后以较低的恒定键合力进入阶段 2。

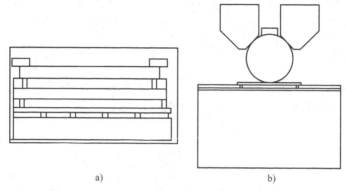

a)   b)

图 11-1　焊盘结构的二维概念模型

a）键合焊盘结构　b）键合系统

图 11-2　FAB 和键合焊盘系统
模型的网格图

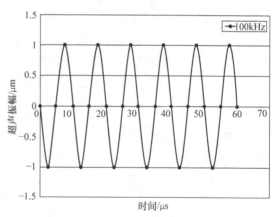

图 11-3　在 1μm 振幅和 100kHz 频率下超声循环
运动与时间的关系图

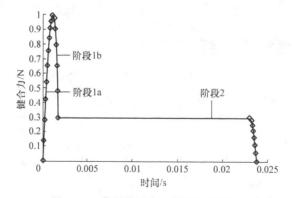

图 11-4　典型的键合力与时间的关系

11.3.1 超声振幅的影响

超声振幅对键合影响的结果如图 11-5 ~ 图 11-10 所示，这些结果是在 138kHz 的固定超声频率下获得的。

图 11-5 显示了在键合过程中的应力随瓷嘴移动而发生变化，并且只有当瓷嘴移动到中心区域时才会出现应力均衡情况。图 11-6 表明振幅为 1.0μm 时的 Von Mises 应力比振幅为 0.25μm 时的应力大 37% 左右。

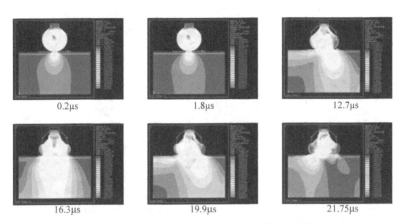

图 11-5 Von Mises 应力分布随时间的变化

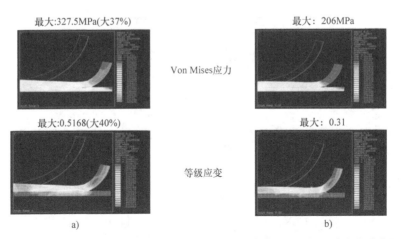

图 11-6 在 1.0μm 和 0.25μm 超声振幅下焊盘和焊球之间接触层的应力分布图

a）振幅：1.0μm b）振幅：0.25μm

　　如图 11-7 所示，随着超声振幅的增加，焊盘中的最大主应力增加；最大的 Von Mises 应力和剪切应力在开始阶段减小，而在振幅大于 0.5μm 后增加。图 11-8 表明传递到 Si 上的应力也具有相似规律。图 11-9 显示，随着振幅的增加，水平方向上的弹坑形变增加，而垂直方向的弹坑形变减少，两个方向上的应变均随着振幅值的增加而增加。另外，随着超声振幅的增加，键合焊盘（金属 3）中的所有应力均增加，如图 11-10 所示。上述结果表明，超声振幅对引线键合过程中的应力和弹坑形变有显著影响。

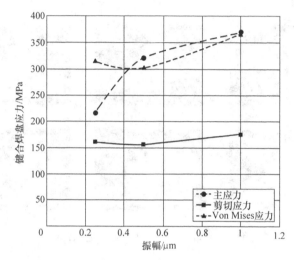

图 11-7　焊盘中的应力与超声振幅的关系图

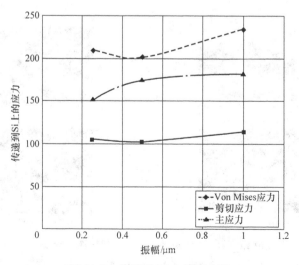

图 11-8　传递到 Si 上的应力图

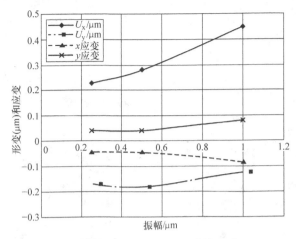

图 11-9　键合焊盘弹坑形变和应变

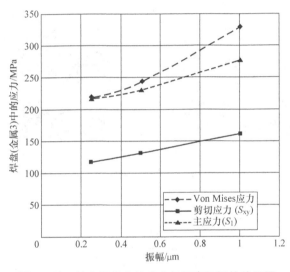

图 11-10　键合焊盘中的应力与超声振幅的关系图

11.3.2　超声频率的影响

在 1μm 固定超声振幅下，不同频率对键合的影响结果如图 11-11～图 11-15 所示。图 11-11 比较了 138kHz 和 60kHz 频率下的 Von Mises 应力和应变，在 138kHz 频率下，Von Mises 应力增加约 7.5%，等效应变增加约 8.5%。

图 11-12 表明，随着超声频率增加，焊盘中最大主应力增加，而最大的 Von Mises 应力和剪切应力在开始阶段先减小，在频率大于 100kHz 时增加。这可以解释频率的影响：刚开始时，FAB 在较低的频率下会软化，而频率增至 100kHz 后，因对速率敏感而引起的应变硬化特性成为主导，使得应力增加。但是这些变化并不明显。从图 11-13 中可以看出，在不同频率下传递到 Si 上的所有应力具有相似的特性，即应

力随频率增加在开始阶段先减小，在频率大于 100kHz 后增大。如图 11-14 所示，随着频率增加，尽管键合焊盘内垂直方向上的弹坑形变具有相同的特性，但键合焊盘内的弹坑应变和形变没有显著差异。另外，图 11-15 表明键合焊盘中的应力随着超声频率的增加而增加。总体来说，超声频率对键合的影响没有振幅的影响显著，这可能与模型假设中没有考虑瓷嘴的惯性力而导致的误差有关。

最大：327.5MPa (大37%)   最大：303MPa

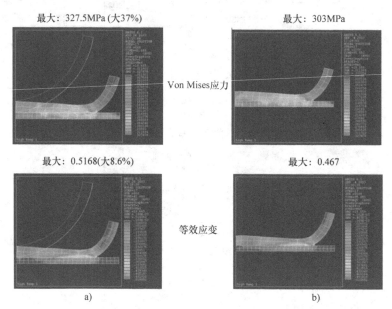

Von Mises应力

最大：0.5168(大8.6%)   最大：0.467

等效应变

a)   b)

图 11-11   在 138kHz 和 60kHz 频率下焊盘和焊球之间接触层的应力分布图
a）138kHz   b）60kHz

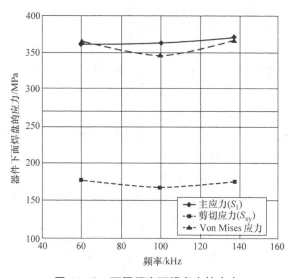

图 11-12   不同频率下焊盘中的应力

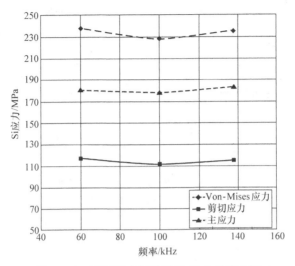

图 11-13　不同频率下传递到 Si 上的应力图

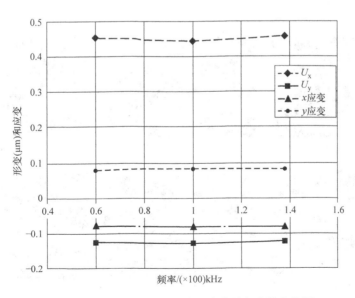

图 11-14　键合焊盘弹坑形变和应变随频率的变化图

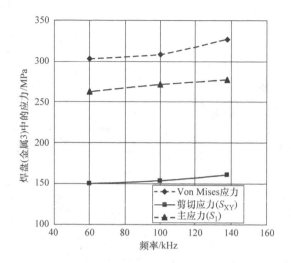

图 11-15　键合焊盘中的应力与频率的关系图

11.3.3　摩擦系数的影响

在焊球和焊盘界面上的摩擦键合是一个复杂的多物理过程，当有充足的能量能够克服阻挡层和表面氧化层的活化能时，就会发生键合；并且焊球与焊盘界面间的相对运动为零。基于这一假设，可不考虑由摩擦引起的热量以及由此引起的金属间扩散问题。不同摩擦系数对键合影响的结果如图 11-16 ~ 图 11-19 所示。

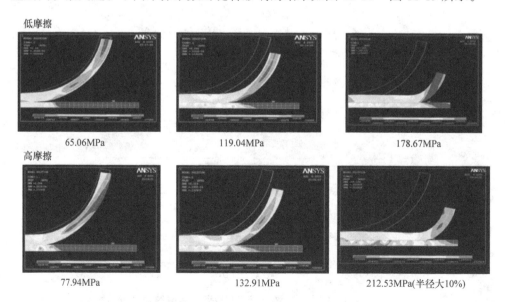

图 11-16　在较高摩擦（摩擦系数为 1.5）和较低摩擦（摩擦系数为 0.2）下的 Von Mises 应力对比图

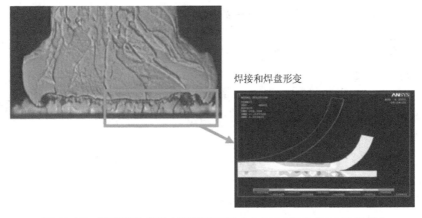

焊接和焊盘形变

图 11-17 带摩擦的焊球 / 焊盘形变图（C-SAM 图片由 KNS 提供）

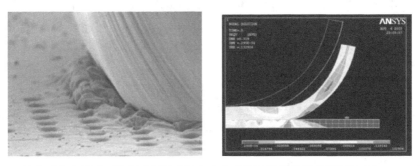

图 11-18 键合过程中焊球 / 焊盘形变图（最大应力出现在接触边缘的界面处）（C-SAM 图片由
KNS 提供）

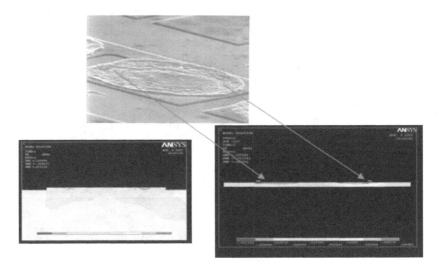

图 11-19 焊盘弹坑和 2D 截面建模结果图（C-SAM 图片由 KNS 提供）

图 11-16 展示出具有较高摩擦系数和较低摩擦系数的不同阶段的 Von Mises 应力对比情况。结果表明，在最后阶段，虽然高摩擦下的应力是低摩擦下的 1.18 倍左右，但高摩擦下的焊球 / 焊盘键合的半径却比低摩擦下的半径大 10% 左右。

图 11-17 ~ 图 11-19 表明，在水平（径向）方向上，焊盘形变非常不均匀。较高的摩擦系数会产生较大的焊球 / 焊盘接触面积和键合形变。但这可能导致形成更高的应力和更大的弹坑。如果在引线键合过程中产生的应力和形变在失效判据范围内，则最好增加摩擦系数。

图 11-20 和图 11-21 给出了键合焊盘应力和形变与摩擦系数的关系曲线。随着摩擦系数的增加，应力和形变增加。经过某一点（1.5）之后，应力和形变没有明显变化。这是可以理解的，因为当摩擦系数变得足够大时，焊球和焊盘会粘在一起，不会在刚开始时发生相对运动。

优化引线键合组装工艺是减少 BPOA 设计中产生弹坑和裂纹失效的一种方法。另一种方法是测试器件上方不同的键合焊盘结构，并确定传递到 Si 上的应力有多少。下一节将讨论不同键合焊盘厚度和焊盘结构的影响。

11.3.4 键合焊盘厚度的影响

增加键合焊盘厚度是一种简单、低成本的减少弹坑的方法。对不同键合焊盘厚度的模拟结果如图 11-22 ~ 图 11-25 所示。

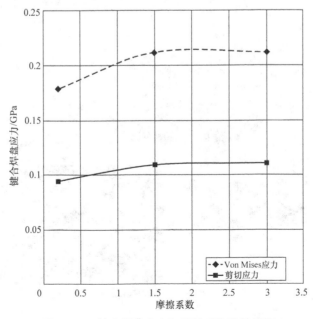

图 11-20 键合焊盘应力与摩擦系数的关系图

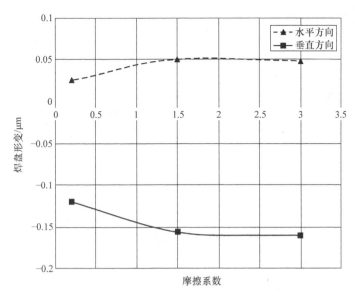

图 11-21　键合焊盘形变程度与摩擦系数的关系图

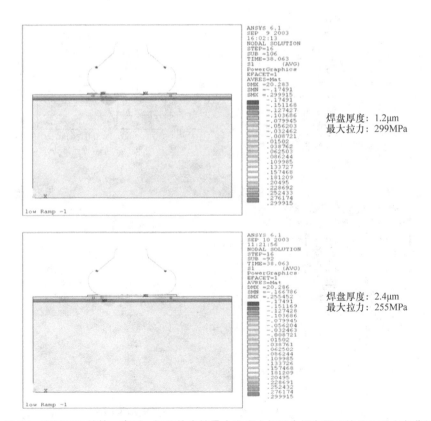

图 11-22　在循环 6 的第一步时，裸芯片中的最大主应力与键合焊盘厚度的关系图（瓷嘴向左）

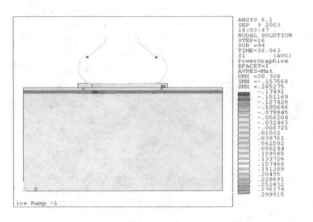

焊盘厚度：5.0μm
最大拉力：265MPa

图 11-22　在循环 6 的第一步时，裸芯片中的最大主应力与键合焊盘厚度的关系图（瓷嘴向左）（续）

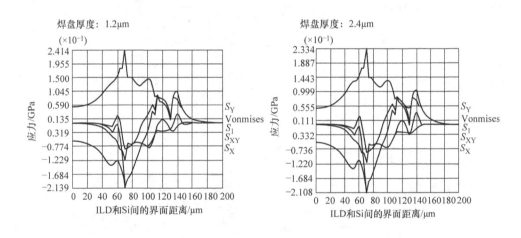

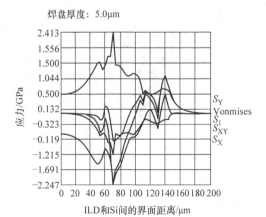

S_1：第一主应力　S_X：水平应力　S_Y：垂直应力
Vonmises：Von Mises应力　S_{XY}：剪切应力

图 11-23　在循环 6 的第一步时，传递到 ILD 和 Si 间的界面上的应力图（瓷嘴向左）

图 11-22 给出了在三种不同键合焊盘厚度下，裸芯片受到的最大主应力的对比图。图 11-23 给出了传递到 Si 界面上的剖面应力分布对比图。两图均表明，随着键合焊盘厚度的增加，传递到 Si 上的应力没有明显降低。然而，键合焊盘中的塑性等效应变和塑性应变密度会迅速降低（如图 11-24 和图 11-25 所示），正是键合焊盘的这一特性，减少了引线键合过程中的弹坑产生。

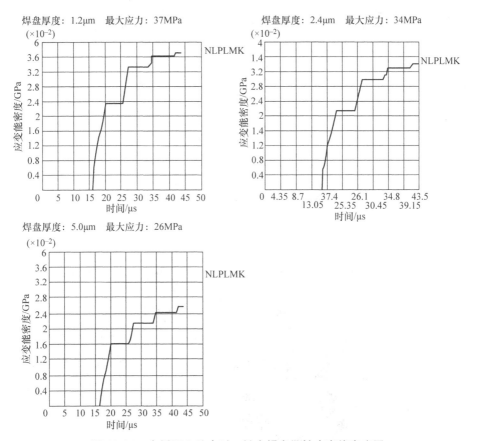

图 11-24　在循环 6 结束时，键合焊盘塑性应变能密度图

11.3.5　焊盘结构的影响

本小节讨论两种不同的焊盘下层结构，一种是在键合焊盘下方添加一层薄的 TiW 层（如图 11-26 所示），另一种是在三层 ILD 中采用密度更均匀的插塞（plug）（如图 11-27 所示）。

表 11-2 给出了有和没有 TiW 薄层结构的 Von Mises 应力比较。这些数据表明，添加 TiW 薄层可减少传递到 Si 上的少量应力，但是，这会在 ILD 和金属层中引入更大的应力。

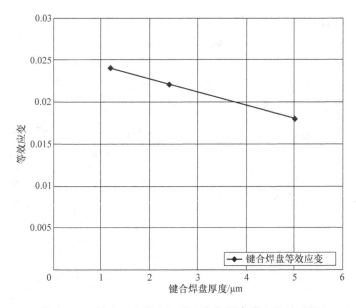

图 11-25　键合焊盘最大塑性应变与焊盘厚度的关系图

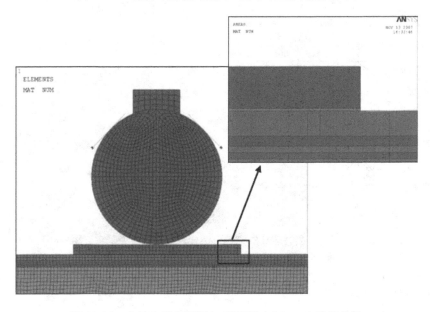

图 11-26　在键合焊盘下添加 TiW 层（0.3μm）的结构图

　　表 11-3 和图 11-28 显示了在 ILD 中使用和不使用高密度插塞时的 Von Mises 应力比较。结果表明，采用均匀的高密度插塞，可以减小传递到 Si 上的应力。但是在 ILD 层中的应力会增加。

　　由上面的结果可知，改变键合焊盘结构是需要进行折中权衡的。需要做可靠性试验，以确保新器件可以承受引线键合过程。

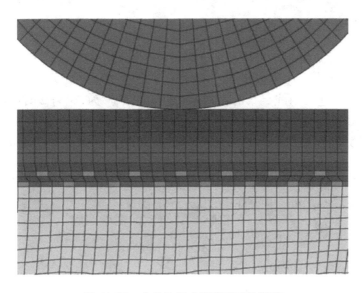

图 11-27　在 ILD 层中更高密度的插塞

表 11-2　有无 TiW 层的第一种焊盘结构的 Von Mises 应力对比表

准动态	有 TiW	无 TiW
ILD 内的最大应力 /MPa	281	276
传递到硅上的应力 /MPa	268	272
金属层内的最大应力 /MPa	180	171

表 11-3　第二种焊盘结构的 Von Mises 应力对比表

准动态	具有更高密度的均匀插塞	目前的设计
ILD 内的最大应力 /MPa	294	276
传递到硅上的应力 /MPa	260	272
金属层内的最大应力 /MPa	173	171

图 11-28　有和无高密度均匀插塞时的 Von Mises 应力对比图

11.3.6　键合后衬底冷却温度建模

引线键合后的残余应力是一个有趣的课题，其与衬底温度和键合焊盘的剥离失效有关[11-17,11-18]。参考文献 [11-17] 研究了在不同衬底温度下，热超声球形键合工艺的优化。超声引线键合的振幅为 0.25μm、频率为 138kHz 时，衬底温度为 240℃。在引线键合后，系统冷却至 50℃。首先对衬底温度为 240℃下的应力分布进行了全瞬时动态键合模拟仿真，然后移除瓷嘴并冷却至 50℃。结果表明，当温度降至 50℃时，焊球中的大部分应力都会降低。图 11-29 给出了冷却前后剪切应力分布的示例。然而，焊球下方的应力会增加，最大的 Von Mises 应力出现在插塞和 ILD 之间的界面处，如图 11-30 所示。

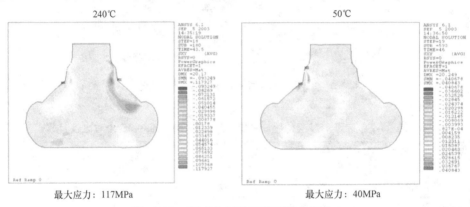

最大应力：117MPa　　　　　　　　最大应力：40MPa

图 11-29　焊球冷却至 50℃后的剪切应力

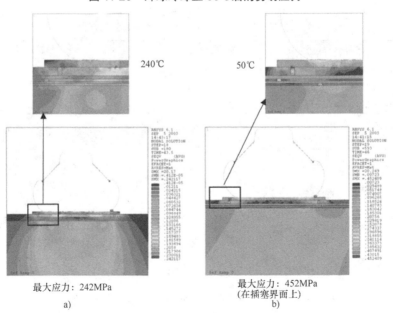

最大应力：242MPa　　　　　　　最大应力：452MPa
　　　　　　　　　　　　　　　（在插塞界面上）
　　　　a)　　　　　　　　　　　　　b)

图 11-30　冷却至 50℃后插塞界面上出现的最大应力图

a）冷却前　b）冷却后

图 11-31 给出了焊球和焊盘接触界面处的剪切应力对比，位置值代表了逆时针朝向的剪切应力，其在系统温度冷却至 50℃后减小，但是顺时针方向的剪切应力明显增大。图 11-32 比较了传递到 ILD 和 Si 之间界面上的应力。冷却后，由于 CTE 失配，应力增加。但是，由于瓷嘴被移开，焊球和焊盘接触边缘处应力的快速跳动得以缓和。

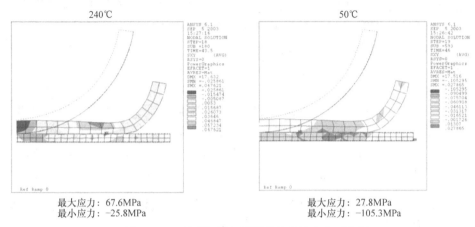

最大应力：67.6MPa　　　　　　　　　　最大应力：27.8MPa
最小应力：−25.8MPa　　　　　　　　　　最小应力：−105.3MPa

图 11-31　焊球和焊盘界面处的剪切应力对比图

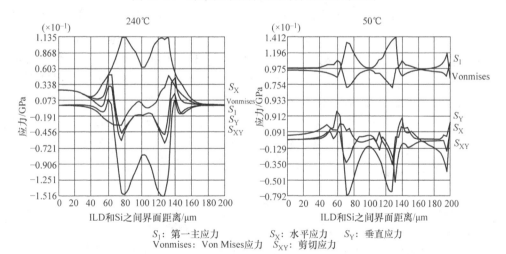

S_1：第一主应力　　　　S_X：水平应力　　　S_Y：垂直应力
Vonmises：Von Mises应力　　S_{XY}：剪切应力

图 11-32　传递到 ILD 和 Si 界面上的应力图

11.3.7　小结

引线键合是一个复杂的多物理过程。本节开发了一种模型仿真框架，并尝试用一种全瞬时非线性动态有限元方法来模拟引线键合的焊盘结构和组装过程。主要结论如下。

1）在引线键合组装过程中，增加超声振幅必然会增大键合应力、传递到 Si 上的应力以及径向的弹坑。增加超声频率似乎存在一个最优点，应力在开始时减小，在某一点后增加。但是，增量似乎没有振幅的影响显著；这可能与我们没有考虑引线键合过程中瓷嘴的惯性力有关。提高 FAB 和键合焊盘之间的摩擦系数会增加引线键合应力和传递到 Si 上的应力，但接触摩擦越大，发生形变后的键合效果越好。

2）对于键合焊盘及其下方的结构来说，增加键合焊盘厚度可以降低键合焊盘的塑性能密度和应变，这有助于减少弹坑失效，但应力似乎没有明显降低。改变键合焊盘的结构，例如在键合焊盘下添加一层薄的 TiW 层，以及在 ILD 中引入更高密度的插塞，均可以减小传递到 Si 上的应力，但这会导致 ILD 内的应力增加。这在 BPOA 结构的设计中存在一个最优的折中设计。

3）冷却过程中衬底温度的影响是显著的。温度冷却至 50℃时，焊球中的应力会减小；但由于 CTE 失配，焊球下方的应力会增加。最大应力出现在插塞和 ILD 之间的界面处。然而，应力的跳动在焊球和焊盘接触边缘的位置得以缓和，这表明冷却后的应力比冷却前更均匀。

11.4　有源区上方键合焊盘的引线键合与晶圆探针测试的影响比较 [11-19,11-20]

键合焊盘下方的区域可用于器件内放置有源区域，以使裸芯片面积及其成本最小化。建模是一种理解应力对引线键合工艺和有源器件上方的键合焊盘（BPOA）影响的方法，且可以进一步帮助我们改进键合工艺和 BPOA 设计，从而避免出现诸如裂纹/键合点脱落之类的裸芯片失效。在键合焊盘结构相同的情况下，晶圆探针测试引起的失效程度是否与键合工艺引起的失效等同？引线键合或晶圆探针测试，哪一种更严重？本节提供了针对键合焊盘结构的晶圆探针测试与引线键合的模型比较。因此，本节将对比引线键合和晶圆探针测试对某一 BPOA 结构的影响。

11.4.1　探针测试模型

探针测试结构如图 11-33 和图 11-34 所示。因为探测光束的几何尺寸远大于探头尖端，为了进行有效的模拟仿真和分析，做出以下假设。

1）探测光束遵循 Euler 光束理论，因此可以通过分析获得探针超程（Over Travel, OT）距离和探针尖端力（P）之间的解析关系：

$$P = \frac{\pi E \Delta}{64 \left\{ \dfrac{d + C_d(L_1 - L)}{3C_d^2[d + C_d(L_1 - L)]^2} + C_1 L + D_1 \right\}} \tag{11.3}$$

式中，Δ 是 OT；$C_d = \dfrac{d - d_t}{L_2}$；$I = \dfrac{\pi d^4}{64}$。

$$C_1 = \frac{(LL_1 - L_1^2)}{EI} - \frac{32[d + 2C_d(L - L_1)]}{3\pi ECd_d^2 d^3}$$

$$D_1 = \frac{(LL_1^2/2 - L_1^3/6)}{EI} - C_1 L_1 - \frac{32[2d + C_d(L - L_1)]}{3\pi EC_d^3 d^2}$$

（11.4）

本研究中使用的是特定的测试探针，通过式（11.3）获得的 OT 和探针尖端力之间的关系在表 11-4 中列出。

2）基于假设 1），可以为局部探针尖端和 BPOA 结构建立有限元模型（见图 11-34），该结构包括了探针尖端与键合焊盘的接触对。

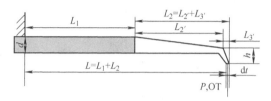

图 11-33　探针测试结构

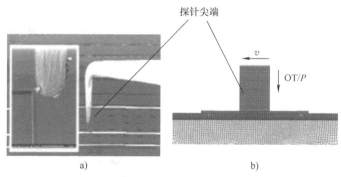

a）　　　　　　　　　　　　　　　b）

图 11-34　探针测试模型：探针尖端与键合焊盘接触

a）典型的探针尖端[11-19]　　b）探针尖端模型

表 11-4　OT 与接触力关系表

OT/mil	探测力 P/gf	探针尖端力 P/mN	探针尖端压力 p/GPa
2	4.31	42.2	0.0833
4	8.62	84.4	0.167
6	12.93	126.7	0.25
8	17.2	168.9	0.333
10	21.55	211.1	0.417

注：探针尺寸：L=4.874mm，L_1=2.169mm，L_2=2.705mm，d=0.254mm，dt=0.0254mm（探针尖端直径），BCF=2.15g/mil。

图 11-35 给出了用于比较探针测试和引线键合的损伤程度的引线键合模型。表 11-5 中列出了材料参数，FAB、键合焊盘和金属层是非线性（双线性）材料，其余材料包括探针尖端都被认为是线弹性材料。

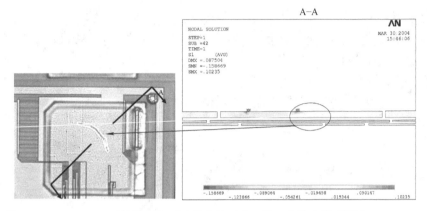

图 11-35　OT=6mil 时的模型与测试的失效对比，第一主应力最大值为 102.3MPa

表 11-5　材料参数

材料	泊松比	模量 /GPa	屈服应力 /GPa
Si	0.23	169.5	
ILD	0.25	70.0	
TiW	0.25	117.0	
Al（Cu）	0.35	70.0	0.2（25℃） 0.05（450℃）
Au（FAB）	0.44	60.0	0.0327（200℃）
W	0.28	409.6	
75W/Re25（探针）	0.3	430.3	

11.4.2　探针测试建模

在探针超程过程中，探针穿过焊盘表面的薄氧化物时会形成电接触。由于探针尖端的接触面积很小，会在焊盘键合层，包括 BPOA 结构的金属层和介电层中产生一定的局部弯曲形变和拉伸应力。通常如 TEOS 的电介质具有很强的压缩强度，但是拉伸强度较弱。在可靠性筛选中检查电介质失效是关键的 BPOA 失效准则之一。因此，本节采用介电层失效准则来判断模型和测试结果。

探针测试的模型结果如表 11-6 和图 11-35 所示。

表 11-6 给出了 BPOA 结构中具有不同金属和不同 ILD 厚度第一主应力的探针测试建模结果。从表 11-6 中可以看出，由于 ILD 的最大拉伸屈服强度为 76MPa，因此当应力超出该屈服强度的所有黄色区域所示的数据时，都将诱发裂

纹产生。仿真结果与实验结果匹配一致[11-20]。图 11-10 给出了两者的失效对比，可以看出，在探针向下接触的过程中，产生了局部弯曲和拉伸应力（第一主应力）。当局部拉伸应力超过 ILD 拉伸屈服强度时，裂纹就会出现。这是 ILD 探测失效的根本原因。

表 11-6　ILD 中第一主应力的建模结果，其中 ILD 的最大拉伸强度为 76MPa[20]OT=6mil，第一主应力最大值为 102.3MPa

ILD3 厚度	Met3 厚度		
	2.16（-10%）μm	2.4μm	3.0（+20%）μm
2.7（-10%）μm	4mil 51MPa	6mil 103.2MPa	6mil 91.8 MPa
3μm	4mil 52MPa	6mil 102.3 MPa	6mil 91.7 MPa
3.6（+20%）μm	6mil 105MPa	6mil 101MPa	8mil 129.3 MPa

11.4.3　探针测试与引线键合建模

本节提供了在键合焊盘结构进行探针测试和引线键合的建模仿真比较。图 11-36 给出了频率为 138kHz 时的引线键合模型和探针测试模型的仿真结果。

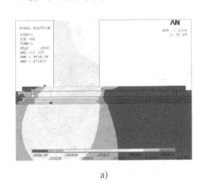
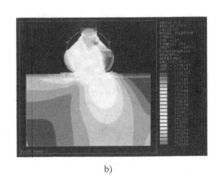

a)　　　　　　　　　　　　　　　　b)

图 11-36　引线键合和探针测试的模型图

a）探针测试　b）引线键合

在键合焊盘不同 ILD 和金属层厚度的情况下，引线键合时的第一主应力 S_1 见表 11-7。

将表 11-6 中的探针测试模型结果与表 11-7 中的引线键合结果进行对比，可以看出，探针测试中的 ILD 第一主应力对 ILD3 的厚度不敏感，而引线键合的应力对 ILD3 和金属 3 的厚度均敏感。表 11-7 中的引线键合试验 3 结果相似于表 11-6 中 OT 6 mil 下厚度为 2.7 μm 的 ILD3 与厚度为 2.4 μm 的金属 3 的探针测试试验结果。对于引线键合中常规的 ILD 和 BPOA 结构的金属层，其 ILD 的第一主应力为 89MPa（如图 11-37 所示），根据表 11-6 中的插值，相当于同一 BPOA 结构在 OT 5.47mil 下的探针测试值。然而，常规的探针测试仅使用不超过 3mil 的 OT，因此常规的引线键合对 ILD 层的损伤要大于探针测试。

表 11-7　引线键合建模仿真结果

试验	ILD3 厚度 /μm	MET3 厚度 /μm	S_1/MPa
1	3	2.4	89
2	3	3	71
3	2.4	2.4	100
4	2.4	3.0	76

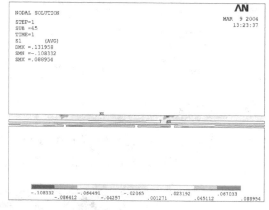

图 11-37　引线键合时 ILD 中的第一主应力

11.4.4　小结

1）探针测试建模仿真结果表明，探针测试 OT、探针类型以及探针尖端在键合焊盘表面的刮擦是造成损伤的重要参数。建模仿真结果表明，当 ILD 中的局部弯曲或拉伸第一主应力一旦超过 ILD 拉伸屈服强度时，将会使 ILD 中产生裂纹。这可能是 ILD 失效的根本原因。

2）通过对相同 BPOA 结构的探针测试和引线键合模型进行对比，表明对于常规的 BPOA 结构进行引线键合和常规的探针测试，引线键合对 ILD 的损伤程度大于探针测试。

11.5　层压基板上的引线键合 [11-8]

在层压基板上进行引线键合是一个值得研究的主题。因为层压基板可吸收大量的引线键合能量，所以对引线键合而言是一个难点，尤其是对于只有部分支撑的层压基板。本节的目的是研究层压基板上键合过程的应力和形变机制，并理解不同引线键合参数对层压基板底部只有部分支撑的键合焊盘应力平衡和形变的影响。模拟仿真将考虑超声瞬时动态键合过程和应力波传递到键合焊盘与层压基板界面处的情况。同时还研究了不同层压基板材料参数对键合焊盘结构的影响。此外，还研究和讨论了不同超声参数（如键合力和频率）的键合过程对具有部分支撑的层压基板结构的影响。实验测试工作包括不同超声功率和键合力参数下的 DOE 研究，DOE 的测试响应使用焊球 - 剪切强度进行表征。最后对模拟仿真结果和实验结果进行了趋势比较和讨论。

11.5.1 问题定义和材料属性

层压基板上基础的键合焊盘结构是通过在层压材料上镀上 Cu、Ni 和 Au 层而形成的，如图 11-38 所示。引线键合区域位于通孔附近，也非常靠近裸芯片的边缘。此外，因为基板焊盘底部被设计为只有部分支撑，所以这增加了引线键合过程形成良好键合点的难度。在键合过程中，可将 FAB 认为是与速率相关的弹塑性材料，将键合焊盘和其他金属层也视为弹塑性材料。其余的所有材料都被视为是线弹性的。相关的材料属性见表 11-8。

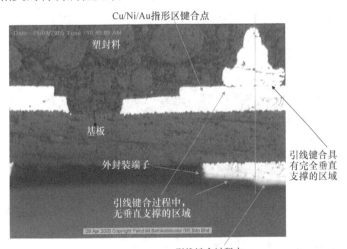

图 11-38 引线键合结构——底部有部分支撑的层压基板图

表 11-8 材料参数

材料	模量 /GPa	泊松比	屈服应力 /GPa
层压基板	20.5	0.39	
Ni	205	0.3	
Cu	110	0.3	
Al（Cu）	70.0	0.35	0.2（25℃） 0.05（450℃）
Au（FAB）	60.0	0.44	0.0327（200℃）

图 11-39 所示为压焊前在 FAB 上方的超声瓷嘴示意图。图 11-40 展示了引线键合过程中 FAB 和键合焊盘系统发生局部（带一半通孔）形变的栅格模型。

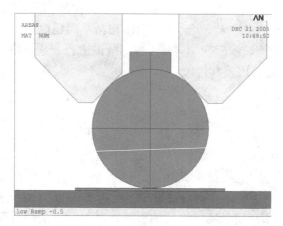

图 11-39　层压基板上，在 FAB 上方的超声瓷嘴示意图

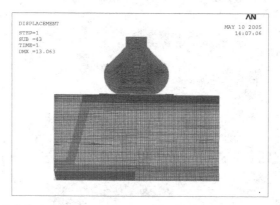

图 11-40　具有部分支撑的层压基板发生形变的 FAB 和键合焊盘的栅格模型

11.5.2　模型仿真结果与讨论

1. 引线键合力对层压基板上引线键合的影响

关于引线键合力产生的影响结果如图 11-41 ~ 图 11-45 所示。这些结果是在 128kHz 固定超声频率下获得的。

图 11-41 展示了下方带部分支撑层压基板上引线键合（650mN 键合力）的整体 Von Mises 应力场。结果表明，键合焊盘结构的左右两侧均存在一定程度的不平衡，在层压基板和铜材料层之间的界面处也可以看到存有较高的应力。图 11-42 展示出沿键合焊盘与焊球界面的应力变化（Von Mises 应力、剪切应力、主应力和垂直应力），左侧的最大 Von Mises 应力比右侧的大 16%。图 11-43 显示了焊球和键合焊盘表面的摩擦应力分布，左、右两侧发现有 45% 的应力不平衡。图 11-44

展示了键合点倾斜的剖面，由于应力不平衡，很可能会发生如右侧所示部分未形成键合的区域（见图 11-42）。

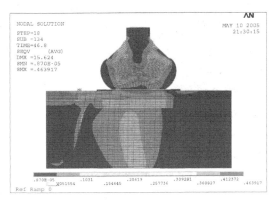

图 11-41　引线键合力为 650 mN 时的 Von Mises 应力分布图

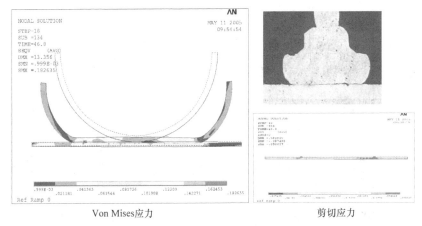

Von Mises应力　　　　　　　　　剪切应力

图 11-42　在左侧有部分支撑的界面层处的 Von Mises 应力和剪切应力图

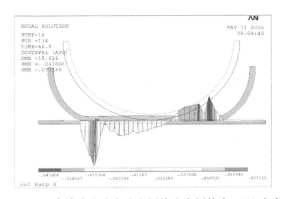

图 11-43　摩擦应力分布（左侧值比右侧值大 45% 左右）

为了研究引线键合过程中的应力平衡和键合焊盘倾斜，在模型中使用了不同的引线键合力进行仿真。

图 11-45 给出了施加的键合力与键合焊盘倾斜度的关系。随着引线键合力的增加，键合焊盘的倾斜度增加。图 11-46a 所示为在 200mN 键合力下的键合焊盘横截面图，结果表明，在较低的引线键合力情况下，存在未形成键合的区域。图 11-46b 给出了键合焊盘上的应力不平衡度随键合力变化的情况，在理想的情况下，不平衡度为 0%，即键合焊盘两侧的应力水平相同。从图 11-46 可以看出，随着引线键合力的增加，Von Mises 应力不平衡度减小。但是，如果引线键合力过大，则会发生过键合，从而降低键合质量。从图 11-46 中可以看到左侧的应力过大，当引线键合力超过 1000 mN 时，应力平衡度将变为负值。因此，如果我们控制引线键合力，使其不会对键合焊盘施加过大的应力，则可以最大程度地降低应力不平衡。

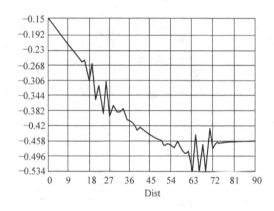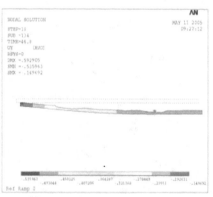

图 11-44　引线键合过程中左侧带部分支撑的键合焊盘倾斜图

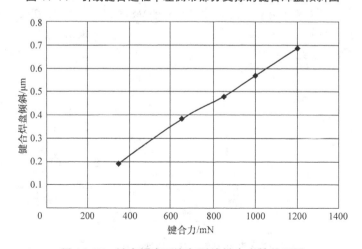

图 11-45　键合焊盘形变与引线键合力的关系图

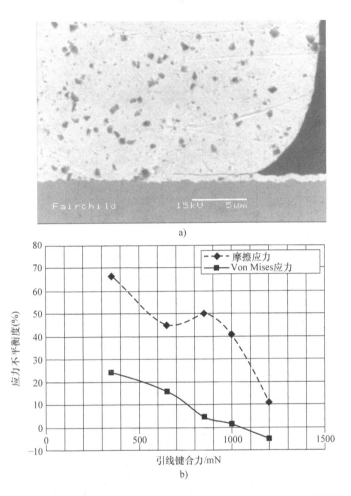

图 11-46　a）键合力为 200mN 时的未形成键合的区域图（右侧）　b）键合焊盘上的应力不平衡（左侧应力 - 右侧应力）/ 左侧应力与引线键合力的关系图

2. 超声频率对层压基板上引线键合的影响

在 650mN 固定的引线键合力下，不同超声频率的影响结果如图 11-47 和图 11-48 所示。图 11-47 给出了不同超声频率下键合焊盘的倾斜情况，可以看出，超声频率产生的影响不明显。

图 11-48 对比了 FAB 和键合焊盘接触面上的摩擦应力与 Von Mises 应力的不平衡状态，从图中可以看出，Von Mises 应力的不平衡度在较低频率下变小，而在较高频率下变大，而摩擦应力的不平衡度在较高频率下略微变大。这可能是因为在较高的频率下，瓷嘴的水平加速度会更大，从而在倾斜的键合焊盘上产生更大的惯性力。

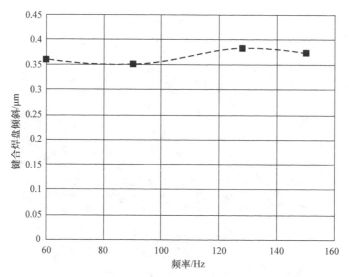

图 11-47　键合焊盘倾斜量与超声频率的关系图

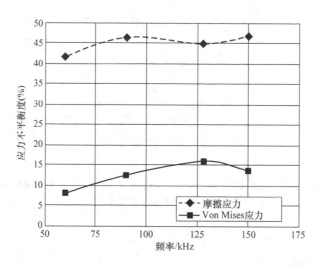

图 11-48　键合焊盘上的应力不平衡度（左侧应力 - 右侧应力）/ 左侧应力与超声频率的关系图

3. 层压基材模量对键合焊盘倾斜的影响

层压基板材料被认为是一种正交各向异性的弹性材料。面外杨氏模量对键合焊盘的倾斜程度非常重要。由图 11-49 可知，随着层压基材的面外模量增加，键合焊盘的倾斜度减小。这表明层压基材较高的面外模量有助于优化层压基板上的引线键合。

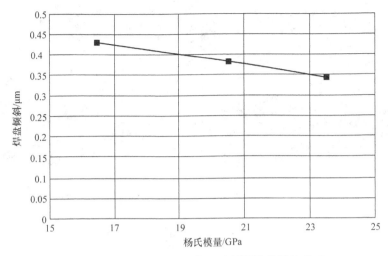

图 11-49 焊盘的倾斜度与层压板面外模量的关系

11.5.3 实验结果

表 11-9 列出了在层压基板上进行引线键合 DOE 时设置不同的键合力和键合功率，每种键合力有三种功率设置。试验结果如图 11-50 和图 11-51 所示。

图 11-50 显示了在两种不同引线键合力的作用下键合焊盘上的瓷嘴印痕。可以清楚地看出，当使用较小的引线键合力 25gf 时，由于不平衡力的作用，键合焊盘上的印痕小于半圆。但是，当引线键合力增加到 85gf 时，瓷嘴印痕似乎是一个完整的圆。这与应力不平衡比与引线键合力关系的模型结果是一致的（见图 11-46）。

表 11-9 DOE（128kHz 的固定频率）

试验序号	键合功率 /mW	键合力 /gf
1	120	25
2	160	25
3	200	25
4	120	50
5	160	50
6	200	50
7	120	75
8	160	75
9	200	75
10	120	100
11	160	100
12	200	100

a)   b)

图 11-50　在 25gf 和 85gf 下显示不平衡补偿效应的键合瓷嘴印痕图

a）25gf 下的小半圆瓷嘴痕迹　b）85gf 下的全圆瓷嘴痕迹

图 11-51 显示，在 120W 的功率下，随着引线键合力的增加，键合焊球的剪切强度显著增大。但在较高功率的情况下，随着键合力的增加，焊球的剪切强度略有下降。这与我们的模型结果一致，在频率为 128kHz 时，随着引线键合力的增加，应力的不平衡度变小，从而获得了更高的键合强度。另一方面，模型表明，随着频率的增加，摩擦应力的不平衡度略有增加。

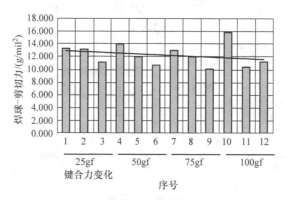

图 11-51　层压基板上的引线键合 DOE

11.5.4　小结

本节通过有限元分析和 DOE，研究了具有部分支撑的层压基板上的引线键合工艺。主要结论如下。

1）对于具有部分支撑的层压基板上的引线键合，增大引线键合力将会增加键合焊盘的倾斜度，但将减少应力不平衡度，并获得更好的焊球剪切响应。但是，过大的引线键合力将会导致键合界面上的应力过大，从而降低了焊球的剪切性能。

2）随着超声频率的增加，应力不平衡将略有增加。但是，超声频率不会影响键合焊盘的倾斜。因此在超声功率和引线键合力之间需要进行权衡。

　　3）对于键合焊盘下方具有部分支撑的层压基材，面外模量越大，键合焊盘的倾斜度越小。因此，选用具有高面外模量的层压基材是提高 BSOB 键合性能的有效途径。

　　上述建模的方法可用于优化、相对比较、分析不同的工艺参数或选择不同的 BPOA 布线。然而，因为引线键合是一个非常复杂的过程，有很多难点需要更深入地进行研究。未来的主要工作包括瓷嘴形状的优化以及试验与模型相结合的可靠性/失效分析。研究 FAB 与键合焊盘之间的金属间化合物，开发一种包括 FAB 与焊盘材料动态本构关系的有效建模方法，都将是引线键合工艺建模的关键研究工作。失效模式和材料测试标准也将是今后要进行的主要工作。

参考文献

11-1. Ikeda,T., Miyazaki, N., Kudo, K. et al, " Failure Estimation of Semiconductor Chip During Wire Bonding Process," *ASME J. of Electronic Packaging*, Vol. 121, 1999, pp. 85–91.

11-2. Hess, K. J., Downey, S. H., and Hall, G. B., et al, "Reliability of Bond Over Active Pad Structures for 0.13-μm CMOS Technology," *Proceedings of 53th Electronic Components and Technology Conference*, New Orleans, May 2003.

11-3. Awad, E., "Active Devices and Wiring under Chip Bond Pads: Stress Simulations and Modeling Methodology," *Proceedings of 54 Electronic Components and Technology Conference*, Las Vegas, NV, May 2004, pp. 1784–1787.

11-4. Takahashi,Y. and Inoue, M., "Numerical Study of Wire Bonding-Analysis of Interfacial Deformation between Wire and Pad," *ASME J. of Electronic Packaging*, Vol. 121, 2002, pp. 27–36.

11-5. Gillotti, G. and Cathcart, R., "Optimizing Wire Bonding Processes for Maximum Factory Portability," *SEMICON West 2002 SEMI Tecgnology Symposium: International Electronics Manfacturing Technology Symposium*, 2002.

11-6. Van Driel, W. D., Janssen, J. H. J., and Van Silfhout, R. B. R., "On Wire Failures in Micro-electronic Packages," *EuroSimE2004*, 004, pp. 53–57.

11-7. Degryse, D., Vandevelde, B., and Beyne, E., "Mechanical FEM Simulation of Bonding Process on Cu LowK Wafers," *IEEE Transactions on Components and Packaging Technologies*, Vol. 27, No. 4, Dec., 2004, pp. 643–650.

11-8. Liu, Y., Allen, H., and Luk, T., "Simulation and Experimental Analysis for a Ball Stitch on Bump Wire Bonding Process above a Laminate Substrate," *Proceedings of 56th Electronic Components and Technology Conference*, 2006, pp. 1918–1923.

11-9. Fiori, V., Beng, L. T., and Downey, S., "3D Multi Scale Modeling of Wire Bonding Induced Peeling in Cu/Low-k Interconnects: Application of an Energy Based Criteria and Correlations with Experiments," *Proceedings of 57th Electronic Components and Technology Conference*, ECTC, 2007, pp. 256–263.

11-10. Liu, Y., Irving, S., and Luk, T., "Thermosonic Wire Bonding Process Simulation and Bond Pad Over Active Stress Analysis," *IEEE Transactions on Electronics Packaging Manufacturing*, Vol. 31, 2008, pp. 61–71.

11-11. Liu, D. S., Chao, Y. C., and Wang, C. H., "Study of Wire Bonding Looping Formation in the Electronic Packaging Process Using the Three-Dimensional Finite Element Method," *Finite Elements in Analysis and Design*, Vol. 40, No. 3, Jan., 2004, pp. 263–286.

11-12. Yeh, Chang-Lin, Lai, Yi-Shao, and Kao, Chin-Li, "Transient Simulation of Wire Pull Test on Cu/Low-K Wafers" *IEEE Transactions on Advanced Packaging*, Vol.29, No. 3, Aug., 2006, pp. 631–638.

11-13. Harman, G., *Wire Bonding Microelectronics Materials, Processes, Reliability, and Yield*, McGraw-Hill, Vol. 1, 1997.

11-14. Langenecker, B., "Effects of Ultrasound on Deformation Characteristics of Metals," *IEEE transactions on Sonics and Ultrasonics*, Vol. SU-13, 1, 1966.

11-15. Shirai, Y., Otsuka, K., Araki, T. et al, "High Reliability Wire Bonding by the 120 KHz Frequency of Ultrasonic," *ICEMM Proceedings*, 1993, pp. 366–375.

11-16. Levine, L., "The Ultrasonic Wedge Bonding Mechanism: Two Theories Converge," *ISHM 1995, Proc*, Los Angeles, California, Oct.24-26, 1995, pp. 242–246.

11-17. Mayer, M., Paul, O., Bolliger, D., and Baltes, H., "Integrated Temperature Microsensors for Characterization and Optimization of Thermosonic Ball Bonding Process," *Proceedings of 49 th Electronic Components and Technology Conference*, San Diego, California, May 1999, pp. 463–468.

11-18. Tan, C. T. and Gan, Z. H., "Failure Mechanisms of Aluminum Bond Pad Peeling During Thermosonic Bonding," *IEEE Transactions on Device and Materials Reliability*, Vol. 3, No. 2, June, 2003, pp. 44–50.

11-19. Liu, Y., Desbiens, D., Luk, T., and Irving, S., "Parameter Optimization for Wafer Probe Using Simulation," *Proceedings of the EuroSimE 2005*, Berlin, Germany, 2005, pp. 156–161.

11-20. Liu, Y., Desbiens, D., Irving, S., and Luk, T., "Probe Test Failure Analysis of Bond Pad over Active Structure by Modeling and Experiment," *55th Electronic Components & Technology Conference*, Lake Buena Vista, FL, USA, May, 2005, pp. 861–866.